35～220kV变电站通用方案

装配式混凝土结构主建筑物标准化设计

国网河南省电力公司
国网河南省电力公司经济技术研究院
组编

·北京·

内　容　提　要

装配式混凝土结构主建筑物标准化设计具有安全可靠、技术先进、经济适用、绿色环保等显著特点，是国家电网有限公司标准化体系建设的又一重大研究成果，对指导全国35～220kV变电站装配式混凝土结构主建筑物标准化设计，提高电网建设质量效率效益水平，都将发挥积极的推动作用和技术引领作用。

本书为《35～220kV变电站通用方案　装配式混凝土结构主建筑物标准化设计》，主要内容包括概述、设计依据、主要技术方案组合、通用设计方案应用方法、装配式建筑物主要设计原则和方法、35～220kV变电站通用设计方案，其中包含HN-220-A2-3、HN-220-B-1、HN-110-A2-3、HN-110-A3-3、HN-110-HGIS（35）、HN-110-HGIS（10）和HN-35-E3-1共7个方案。

本书可供电力系统各设计单位，从事电网建设工程规划、管理、施工、安装、运维、设备制造等专业的技术人员和管理人员使用，也可供高等院校相关专业的师生参考。

图书在版编目（CIP）数据

35～220kV变电站通用方案．装配式混凝土结构主建筑物标准化设计 / 国网河南省电力公司，国网河南省电力公司经济技术研究院组编．-- 北京 : 中国水利水电出版社，2022.8

ISBN 978-7-5226-0934-8

Ⅰ．①3… Ⅱ．①国… ②国… Ⅲ．①变电所－设计方案－河南 Ⅳ．①TM63

中国版本图书馆CIP数据核字(2022)第153341号

书　名	**35～220kV 变电站通用方案** **装配式混凝土结构主建筑物标准化设计** 35～220kV BIANDIANZHAN TONGYONG FANG'AN ZHUANGPEISHI HUNNINGTU JIEGOU ZHU JIANZHUWU BIAOZHUNHUA SHEJI
作　者	国网河南省电力公司　国网河南省电力公司经济技术研究院　组编
出版发行	中国水利水电出版社 （北京市海淀区玉渊潭南路1号D座　100038） 网址：www.waterpub.com.cn E-mail：sales@mwr.gov.cn 电话：（010）68545888（营销中心）
经　售	北京科水图书销售有限公司 电话：（010）68545874、63202643 全国各地新华书店和相关出版物销售网点
排　版	中国水利水电出版社微机排版中心
印　刷	清淞永业（天津）印刷有限公司
规　格	297mm×210mm　横16开　15.25印张　688千字
版　次	2022年8月第1版　2022年8月第1次印刷
印　数	0001—1500册
定　价	**390.00**元

《35～220kV变电站通用方案　装配式混凝土结构主建筑物标准化设计》编委会

《35～220kV变电站通用方案　装配式混凝土结构主建筑物标准化设计》编写人员

主　　编　杨红旗

副 主 编　郭新菊　席小娟

参编人员　肖　波　庞　瑞　路晓军　郭正位　郭　雷　齐道坤　武东亚　景　川　胡　鑫　李旭阳　李大鹏　李　勇　王文峰　李勇杰　杨　敏　梁　晟　郭　静　刘存凯　李　斐　李凌云　傅光辉　郑月松　唐　旻　赵志虎　郭晓菡　康艳芳　张俊波　牛　鑫　卫　璞　徐　扬　周铁军　杨振宇　孙丽亚　徐焓娱　杨建华　张正华　李少军　程　健　韩星辰　高超凡　徐　科　孙园园　文一茗　党隆基　党万涛　谢向鹏　李晓强　王　珊　周洪飞

《35～220kV 变电站通用方案　装配式混凝土结构主建筑物标准化设计》

工　作　组

牵头单位　国网河南省电力公司经济技术研究院

成员单位　河南工业大学

国网河南能源互联网电力设计院有限公司

商丘市天宇电力工程勘测设计有限公司

郑州基泰建设工程有限公司

《35～220kV 变电站通用方案　装配式混凝土结构主建筑物标准化设计》建筑部分编写人员

肖　波　杨　敏　郭　静　牛　鑫　李　斐　郑月松　王政伟
卫　璞　徐　扬　周铁军　杨振宇　孙丽亚　徐焓娱　康艳芳
刘　勋　江　华　韩星辰　杨建华　张正华　程　健　刘梦杰
李　伦　朱雷雷　后　鹏　唐银瑛　冯志阳　任晓克　李知翰
娄海腾　周　锦　李素红　魏百惠　蒋　雷　王　红　王　前
都全红　肖巍巍　王　晓　张　瑾　李　化　李少彪　李　朋

《35～220kV 变电站通用方案　装配式混凝土结构主建筑物标准化设计》结构部分编写人员

庞　瑞　肖　波　路晓军　郭正位　李少军　高超凡　徐　科
孙园园　文一茗　党隆基　景　川　胡　鑫　李旭阳　李大鹏
李　勇　王文峰　李勇杰　刘存凯　李凌云　梁　晟　张俊波
唐　旻　傅光辉　赵志虎　郭晓菡　程　健　党万涛　谢向鹏
李晓强　王　珊　周洪飞　王俊林　黄亚军　李志强　郭伟杰

前言

绿色电网发展是建设生态文明和美丽中国的前提与保障。国网河南省电力公司秉持资源节约、环境友好的绿色智能电网发展理念，不断加快创新驱动，大力推动绿色电网技术发展与应用，努力提升河南电网建设的质量、效率和效益，为国家电网有限公司建设具有中国特色国际领先的能源互联网企业战略目标提供了技术支撑。

为继续深化基建标准化建设，进一步提升工程建设的质量、效率和效益，在国家电网有限公司变电站模块化建设和《国网河南省电力公司35～220kV变电站通用设计施工图实施方案（2020年版）》等标准化工程成果的基础上，国网河南省电力公司经济技术研究院组织编写了《35～220kV变电站通用方案　装配式混凝土结构主建筑物标准化设计》，旨在优化变电站工程设计方案成果，实现变电站零米以上混凝土结构装配式技术方案的标准化设计。

装配式混凝土结构主建筑物标准化设计具有安全可靠、技术先进、经济适用、绿色环保等显著特点，是国家电网有限公司标准化体系建设的又一重大研究成果，对指导河南乃至全国35～220kV变电站装配式混凝土结构主建筑物标准化设计，以及提高电网建设质量效率效益水平，都将发挥积极推动和技术引领作用。

《35～220kV变电站通用方案　装配式混凝土结构主建筑物标准化设计》共分为12章，包括概述、设计依据、主要技术方案组合、通用设计方案应用方法、装配式建筑物主要设计原则和方法、35～220kV变电站通用设计方案，其中包含HN－220－A2－3、HN－220－B－1、HN－110－A2－3、

HN－110－A3－3、HN－110－HGIS（35）、HN－110－HGIS（10）和 HN－35－E3－1 共 7 个方案。

本书在编写过程中得到了国网河南省电力公司相关部门的大力支持，在此谨表感谢。由于作者水平有限，书中难免存在不足之处，敬请广大读者给予指正。

作者

2022 年 1 月

目录

第1章 概述

1.1 工作内容

为进一步推进变电站的标准化设计，全面提升河南电网建设质量，在国家电网有限公司（以下简称“国网公司”）通用设计基础上，结合河南电网特点和工程实际，国网河南省电力公司经济技术研究院组织编写了《35～220kV变电站通用方案 装配式混凝土结构主建筑物标准化设计》。主要包括以下工作：

（1）按照现行规程规范和国网公司智能变电站模块化设计技术要求，编制通用设计技术导则，指导新建变电站工程设计。

（2）在国网公司通用设计的基础上，编制完成35～220kV变电站通用方案装配式混凝土结构主建筑物标准化设计方案7个，其中220kV变电站2个，110kV变电站4个，35kV变电站1个。220kV、110kV变电站为户内GIS和户外HGIS布置形式，35kV为半户内布置形式。

（3）各方案成果包括设计说明、方案图纸和主要节点详图。

（4）35～220kV变电站通用方案装配式混凝土结构主建筑物标准化设计方案土建施工图图纸，随本书出版201张，其中包括HN-220-A2-3方案43张，HN-220-B-1方案38张，HN-110-A2-3方案37张，HN-110-A3-3方案21张，HN-110-HGIS（35）方案21张，HN-110-HGIS（10）方案21张，HN-35-E3-1方案20张。

1.2 目的和意义

为继续深化基建标准化建设，进一步提升工程建设质量、效率和效益，在国网公司变电站模块化建设和通用设计实施方案等标准化工程成果的基础上，国网河南省电力公司经济技术研究院组织编写的《35～220kV变电站通用方案 装配式混凝土结构主建筑物标准化设计》，旨在优化变电站工程设计，实现变电站零米以上的装配式混凝土结构主建筑物标准化设计，从源头推进电网高质量建设和精准管控。

（1）深化标准化建设。集成应用成熟的新技术，在国网公司变电站模块化建设和通用设计实施方案的基础上，优化主建筑物平面布置，采用装配式混凝土结构设计技术方案，实现设计、建设标准化，提升工程技术水平，提升节能环保水平。

（2）提高智能变电站建设效率。采用装配式混凝土结构减少现场湿作业，提高变电站建设全过程精益化管理和建设效率。

（3）全面提高电网建设能力。设计达到施工图深度，技术和装备实现集成和工厂化调试，应用预制装配结构，推进现场机械化施工，减少现场接线和调试工作，提高工程建设安全质量、工艺水平。

1.3 编制原则

在参考河南省电力公司现有35～220kV变电站通用设计的研究成果，并广泛调研河南电网区域特点和装配式混凝土结构建设实践经验的基础上，经过边界技术条件优化重组和创新设计，形成了具有可靠性、先进性、经济性和适用性的35～220kV变电站通用方案装配式混凝土结构主建筑物标准化设计成果。

本标准化设计在研究过程中贯彻执行国家电网有限公司全寿命周期和“国际领先的能源互联网”的设计理念，坚持安全可靠、技术先进、资源节约、环境友好、经济合理和全寿命周期成本优化的设计原则，确保研究成果的可靠性、先进性、经济性、统一性、适应性和灵活性。

（1）可靠性。结合河南省区域地形地质、气象特征以及经济社会发展状况，在充分调研的基础上，经技术经济综合比选，合理确定安全裕度，确保成果的安全可靠。

（2）先进性。在全面应用国网公司现有标准化设计成果的基础上，提高设计创新能力，积极采用“新材料、新技术、新工艺”，形成技术先进的标准化研究成果。

（3）经济性。全面贯彻全寿命周期研究理念，综合考虑工程初期投资和长期运行费用，合理确定设计边界条件、优化结构体系、确定标准化预制装配式构件，确保安全性和经济性的协调统一。

（4）统一性。依据最新规程、规范和国网公司文件精神，参照国网公司标准化设计成果，统一设计技术标准和设备采购标准。

（5）适应性。本标准化设计站址基本条件按以下规定执行：海拔不大于1000m，设计基本地震加速度为0.15g，场地类别按Ⅱ类考虑；设计基准期为50年，基本风速 $v_0=27\text{m/s}$；天然地基，假定地基承载力特征值 $f_{ak}=150\text{kPa}$，假设场地为同一标高，无地下水影响。

第2章 设计依据

2.1 主要设计标准、规程规范

下列设计标准、规程、规范中，凡是注日期的引用文件，其随后所有的修改单或修订版均不适用于本通用设计，凡是不注日期的引用文件，其最新版本适用于本通用设计。

GB 50059—2011《35kV～110kV变电站设计规范》
GB 50229—2019《火力发电厂与变电站设计防火标准》
GB/T 51072—2014《110(66)kV～220kV智能变电站设计规范》
GB 50260—2013《电力设施抗震设计规范》
GB 51309—2018《消防应急照明和疏散指示系统技术标准》
GB 50060—2017《3～110kV高压配电装置设计规范》
GB 50227—2017《并联电容器装置设计规范》
GB/T 30155—2013《智能变电站技术导则》
GB 50116—2013《火灾自动报警系统设计规范》
GB 50006—2010《厂房建筑模数协调标准》
GB 50007—2011《建筑地基基础设计规范》
GB 50009—2012《建筑结构荷载规范》
GB 50010—2010《混凝土结构设计规范》2015年版
GB 50011—2010《建筑抗震设计规范》2016年版
GB 50016—2014《建筑设计防火规范》2018年版
GB 50017—2017《钢结构设计标准》
GB 51251—2017《建筑防烟排烟系统技术标准》
GB 50068—2018《建筑结构可靠度设计统一标准》
GB 50223—2008《建筑工程抗震设防分类标准》
GB 50974—2014《消防给水及消火栓系统技术规范》
GB 50219—2014《水喷雾灭火系统技术规范》
GB 50222—2017《建筑内部装修设计防火规范》
DL 5027—2015《电力设备典型消防规程》
DL/T 5458—2012《变电工程施工图设计内容深度规定》
DL/T 5495—2015《35kV～110kV户内变电站设计规程》
DL/T 5496—2015《220kV～500kV户内变电站设计规程》
DL/T 5352—2018《高压配电装置设计技术规程》
DL/T 5155—2016《220kV～1000kV变电站站用电设计技术规程》
DL/T 5056—2007《变电站总布置设计技术规程》
DL/T 5457—2012《变电站建筑结构设计规程》
DL/T 5143—2018《变电站和换流站给水排水设计规程》
DL/T 5035—2016《发电厂供暖通风与空气调节设计规范》
GB/T 51231—2016《装配式混凝土建筑技术标准》
JGJ 1—2014《装配式混凝土结构技术标准》
T/CECS 631：2019《预制混凝土构件质量检验标准》
DGJ 32/J 184—2016《装配式结构工程施工质量验收规程》
DL/T 5210.1—2018《电力建设施工质量验收及评定规程》
JGJ 224—2010《预制预应力混凝土装配整体式框架结构技术规程》
15G107-1《装配式混凝土结构表示方法及示例》

15G310－1《装配式混凝土连接节点构造》

15G310－2《装配式混凝土连接节点构造》

15G367－1《预制钢筋混凝土板式楼梯》

2.2 有关企业标准、国网公司文件及技术要求

Q/GDW 1381.1—2013《国家电网公司输变电工程施工图设计内容深度规定 第1部分：110（66）kV智能变电站》

Q/GDW 1381.5—2013《国家电网公司输变电工程施工图设计内容深度规定 第5部分：220kV智能变电站》

Q/GDW 1175—2013《变压器、高压并联电抗器和母线保护及辅助装置标准化设计规范》

Q/GDW 11152—2014《智能变电站模块化建设技术导则》

Q/GDW 11277—2014《变电站降噪材料和降噪装置技术要求》

《国家电网有限公司十八项电网重大反事故措施（修订版）》（国家电网设备〔2018〕979号）

《国家电网公司输变电工程通用设计35～110kV智能变电站模块化建设施工图设计》（2016年版）

《国家电网公司输变电工程通用设计220kV变电站模块化建设》（2017年版）

《国网基建部关于发布35～750kV输变电工程设计质量控制“一单一册”（2019年版）的通知》（基建技术〔2019〕20号）

《国网基建部关于发布35～750kV变电站通用设计通信、消防部分修订成果的通知》（基建技术〔2019〕51号）

《电网设备技术标准差异条款统一意见》（国家电网科〔2017〕549号）

《国家电网有限公司基建新技术目录（2020年版）》

《国家电网有限公司35～750kV变电站通用设计、通用设备应用目录（2020年版）》

《国网基建部关于进一步推进110～35kV变电站设备通用互换的工作要求》（基建技术〔2016〕16号）

《国网河南省电力公司发展部关于印发公司配电装置选型问题讨论会会议纪要的通知》（豫电函〔2019〕28号）

《国网基建部关于进一步明确变电站通用设计开关柜选型技术原则的通知》（基建技术〔2014〕48号）

《35～750kV输变电工程设计质量常见问题清册（2020年版）》

第3章

主要技术方案组合

在国网公司通用设计方案的基础上，结合河南省电力公司现有35～220kV变电站通用设计的研究成果，根据电压等级、主变建设规模、配电装置形式等，合理确定35～220kV变电站通用方案装配式混凝土结构主建筑物标准化设计方案。220kV变电站常用设计方案2个、110kV变电站常用设计方案4个、35kV变电站常用设计方案1个，主要技术方案组合见表3-1。河南省35～220kV变电站常用方案与国网通用设计的对比见表3-2。

表3-1　河南省35～220kV变电站常用设计方案

序号	方案编号	使用条件	建设规模（本期/远期）	接线形式	总布置及配电装置	围墙内占地面积（hm^2）/总建筑面积（m^2）
1	HN-220-A2-3	人口密度高、土地昂贵地区；受外界条件限制，站址选择困难地区；复杂地质条件、高差较大的地区特殊环境条件对噪声环境要求较高的地区	主变压器：1/3×240MVA； 220kV出线：4/6回； 110kV出线：8/14回； 10kV出线：14/42回； 10kV电容器：每台主变压器3/3组； 10kV电抗器：每台主变压器2/2组	220kV：本期及远期双母线接线； 110kV：本期及远期双母线接线； 10kV：本期单母线接线，远期单母线四分段接线	全户内一幢楼布置，主变压器户内布置； 一层布置主变压器、220kV GIS、110kV GIS、10kV开关柜（双列布置）及并联电抗器、二次设备；二层布置接地变压器及消弧线圈成套装置、10kV电容器； 220kV全电缆出线；110kV全电缆出线； 各电压等级间隔层设备下放布置，公用及主变压器二次设备布置在二次设备室	0.6125/4514.5
2	HN-220-B-1	人口密度不高、土地相对便宜地区；环境条件较好	主变压器：1/3×180MVA； 220kV出线：4/6回； 110kV出线：4/12回； 10kV出线：8/24回； 10kV电容器：每台主变压器4/4组	220kV：本期及远期双母线接线； 110kV：本期及远期双母线接线； 10kV：本期单母线接线，远期单母线三分段接线	220kV、110kV及主变压器场地平行布置； 220kV户外悬吊管型母线、HGIS设备双列布置，设置1个Ⅱ型预制舱； 110kV户外GIS，设置1个Ⅱ型预制舱； 10kV户内开关柜单列布置； 10kV电容器一列式户外布置； 站用变压器、消弧线圈户外布置； 公用及主变压器二次设备布置于二次设备室	1.2094/760

续表

序号	方案编号	使用条件	建设规模（本期/远期）	接线形式	总布置及配电装置	围墙内占地面积（hm²）/总建筑面积（m²）
3	HN-110-A2-3	人口密度高、土地昂贵地区；受外界条件限制，站址选择困难地区；重污秽地区、对噪声环境要求高的地区	主变压器：1/3×63MVA； 110kV出线：2/4回； 10kV出线：12/36回（14/42回）； 10kV电容器：每台主变压器2/2组	110kV：本期及远期单母线分段接线； 10kV：本期单母线接线，远期单母线三（四）分段接线	全户内一幢楼布置，主变压器户内布置； 一层布置主变压器、110kV GIS、10kV开关柜（双列布置）、蓄电池；二层布置二次设备、接地变压器及消弧线圈成套装置、10kV电容器； 110kV全电缆出线； 各电压等级间隔层设备下放布置，公用及主变压器二次设备布置在二次设备室	0.3400/1790.00
4	HN-110-A3-3	本方案适用于城市近郊、城市开发区、受征地限制的地区、污秽较严重地区、对噪声环境要求较高地区以及架空出线条件困难的工程	主变压器：1/3×50MVA； 110kV出线：2/4回； 10kV出线：12/36回； 10kV电容器：每台主变压器2/2组	110kV：本期及远期单母线分段接线； 10kV：本期单母线接线，远期单母线三（四）分段接线	半户内一幢楼布置，主变压器户外布置； 一层布置110kV GIS、10kV开关柜（双列布置）、蓄电池、二次设备、接地变压器及消弧线圈成套装置、10kV电容器； 110kV全电缆出线； 各电压等级间隔层设备下放布置，公用及主变压器二次设备布置在二次设备室	0.3526/867.94
5	HN-110-HGIS	人口密度低、土地征地费用较低地区，不受外界条件限制、站址选择较为容易，无特殊地形条件以及中度大气污染地区	主变压器：1/3×50MVA； 110kV出线：2/4回； 10kV出线：10/30回； 10kV电容器：每台主变压器2/2组 35kV出线：3/6回； 10kV出线：8/26回； 10kV电容器：每台主变压器2/2组）	110kV：本期及远期单母线分段接线； 10kV：本期单母线接线，远期单母线三分段接线（35kV本期单母线接线，远期单母线分段接线；10kV：本期单母线接线，远期单母线三分段接线）	110、10kV及主变压器场地平行布置； 110kV户外HGIS，架空出线，设置1个Ⅱ型预制舱； 10kV户内开关柜双列布置，全电缆出线； 10kV电容器一列式户外布置； 站用变压器、消弧线圈户外布置（35kV、10kV户内开关柜双列布置，全电缆出线）	0.45864/433.25 （0.47814/584.05）
6	HN-35-E3-1	本方案适用于偏远农村、郊区	主变压器：1×10/2×20MVA； 35kV出线：2/4回； 10kV出线：6/16回； 10kV电容器：每台主变压器2/2组	35kV：本期及远期单母线分段接线； 10kV：本期单母线接线，远期单母线分段接线	主变压器户外布置； 35kV、10kV开关柜户内双列布置，全电缆出线； 10kV电容器一列式户外布置； 站用变压器、消弧线圈户外布置	0.2418/402.25

表 3-2　　河南省35～220kV变电站常用方案与国网通用设计的对比

序号	方案号	国网通用设计	河南省通用方案
1	HN-220-A2-3	主变压器（以下简称“主变”）：本期2组240MVA，远期3组240MVA； 220kV：本期6回，远期12回，电缆出线；本期采用双母线接线，远期采用双母线双分段接线； 110kV：本期10回，远期15回，电缆出线；本期采用单母线分段接线，远期采用单母线三分段接线； 10kV：本期24回，远期36回，电缆出线；本期采用单母线四分段接线，远期采用单母线六分段接线； 10kV并联电容器：每台主变配置10kV并联电容器组2组，每组容量8000kvar； 10kV并联电抗器：每台主变配置10kV并联电抗器3组，每组容量10000kvar； 短路电流控制水平：220kV按50kA控制，110kV按40kA控制，10kV按25kA控制	主变：本期1组240MVA，远期3组240MVA； 220kV：本期4回，远期6回，电缆出线；本期及远期采用双母线接线； 110kV：本期8回，远期14回，电缆出线；本期及远期采用双母线接线； 10kV：本期14回，远期42回，电缆出线；本期采用单母线接线，远期采用单母线四分段接线； 10kV并联电容器：每台主变配置10kV并联电容器组3组，每组容量8000kvar； 10kV并联电抗器：每台主变配置10kV并联电抗器2组，每组容量10000kvar； 短路电流控制水平：220kV按50kA控制，110kV按40kA控制，10kV按40/31.5kA控制
2	HN-220-B-1	主变：本期2组180MVA，远期3组500MVA； 220kV：本期3回，远期6回，架空出线；本期及远期均采用双母线接线； 110kV：本期4回，远期10回，架空出线；本期及远期均采用双母线接线； 10kV：本期16回，远期24回，电缆出线；本期采用单母线分段接线，远期采用单母线三分段接线； 10kV并联电容器：每台主变配置10kV并联电容器组4组，每组容量8000kvar； 短路电流控制水平：220kV按50kA控制，110kV按40kA控制，10kV按40/31.5kA控制	主变：本期1组180MVA，远期3组180MVA； 220kV：本期4回，远期6回，电缆出线；本期及远期采用双母线接线； 110kV：本期4回，远期12回，电缆出线；本期及远期采用双母线接线； 10kV：本期8回，远期24回，电缆出线；本期采用单母线接线，远期采用单母线四分段接线； 10kV并联电容器：每台主变配置10kV并联电容器组4组，每组容量8000kvar； 短路电流控制水平：220kV按50kA控制，110kV按40kA控制，10kV按40/31.5kA控制
3	HN-110-A2-3	主变：本期2组50MVA，远期3组50MVA； 110kV：本期4回，远期6回，电缆出线；本期及远期均采用单母线分段接线； 10kV：本期32回，远期48回，电缆出线；本期采用单母线分段接线，远期采用单母线三分段接线； 10kV并联电容器：每台主变配置10kV并联电容器组2组，每组容量3000kvar； 短路电流控制水平：110kV按40kA控制，10kV按40/31.5kA控制	主变：本期1组63MVA，远期3组63MVA； 110kV：本期2回，远期4回，电缆出线，本期及远期均采用单母线分段接线； 10kV：本期14（12）回，远期42（36）回，电缆出线，本期采用单母线分段接线，远期采用单母线（四）分段接线； 10kV并联电容器：每台主变配置10kV并联电容器组2组，每组容量4800kvar； 短路电流控制水平：110kV按40kA控制，10kV按40/31.5kA控制
4	HN-110-A3-3	主变：本期2组50MVA，远期3组50MVA； 110kV：本期2回，远期3回，电缆出线；本期及远期均采用单母线分段接线； 10kV：本期24回，远期36回，电缆出线；本期采用单母线分段接线，远期采用单母线三分段接线； 10kV并联电容器：每台主变配置10kV并联电容器组2组，每组容量3000kvar； 短路电流控制水平：110kV按40kA控制，10kV按40/31.5kA控制	主变：本期1组50MVA，远期3组50MVA； 110kV：本期2回，远期4回，电缆出线；本期及远期均采用单母线分段接线； 10kV：本期12回，远期36回，电缆出线；本期采用单母线分段接线，远期采用单母线三分段接线； 10kV并联电容器：每台主变配置10kV并联电容器组2组，每组容量3000kvar； 短路电流控制水平：110kV按40kA控制，10kV按40/31.5kA控制
5	HN-110-HGIS	主变：本期2组50MVA，远期2组50MVA； 110kV：本期4回，远期4回，架空出线，本期及远期均采用单母线分段接线； 35kV：本期6回，远期6回，架空出线，本期及远期均采用单母线分段接线； 10kV：本期16回，远期16回，电缆出线，本期及远期均采用单母线分段接线； 10kV并联电容器：每台主变配置10kV并联电容器组2组，容量分别为3600kvar、4800kvar； 短路电流控制水平：110kV按40kA控制，35kV按31.5kA控制，10kV按40/31.5kA控制	主变：本期1组50MVA，远期3组50MVA； 110kV：本期2回，远期4回，架空出线，本期及远期均采用单母线分段接线； 35kV：本期3回，远期6回，架空出线，本期采用单母线接线，远期采用单母线分段接线； 10kV：本期10（8）回，远期30（26）回，电缆出线；本期及远期均采用单母线分段接线； 10kV并联电容器：每台主变配置10kV并联电容器组2组，容量分别为3600kvar、4800kvar； 短路电流控制水平：110kV按40kA控制，35kV按31.5kA控制，10kV按40/31.5kA控制
6	HN-35-E3-1	主变：本期1组20MVA，远期2组20MVA； 35kV：本期2回，远期4回，电缆出线，本期单母线接线，远期采用单母线分段接线； 10kV：本期8回，远期16回，电缆出线，本期单母线接线，远期采用单母线分段接线； 10kV并联电容器：每台主变配置10kV并联电容器组2组，容量分别为1000kvar、2000kvar； 短路电流控制水平：35kV按25kA控制，10kV按25kA控制	主变：本期1组10MVA，远期2组20MVA； 35kV：本期2回，远期4回，电缆出线，本期及远期采用单母线分段接线； 10kV：本期6回，远期16回，电缆出线，本期单母线接线，远期采用单母线分段接线； 10kV并联电容器：每台主变配置10kV并联电容器组2组，远期容量分别为1000kvar、2000kvar；本期容量均为1000kvar； 短路电流控制水平：35kV按25kA控制，10kV按25kA控制

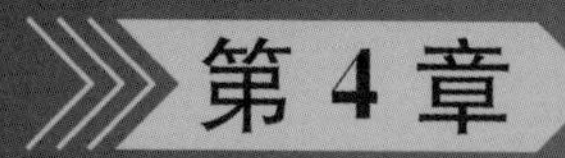

第4章 通用设计方案应用方法

4.1 适用范围

按照变电站主变压器建设规模、配电装置形式等的不同，35～220kV能变电站施工图通用设计共分为7个方案，其中，220kV变电站2个，110kV变电站4个，35kV变电站1个。设计应根据具体工程条件，从中选择适用的方案作为变电站本体设计。

4.2 边界条件

通用设计范围是变电站围墙以内，设计标高零米以上，未包括受外部条件影响的项目，如系统通信、保护通道、进站道路、竖向布置、站外给排水、地基处理等。

站址基本条件按以下规定执行：海拔不大于1000m，设计基本地震加速度为0.15g，场地类别按Ⅱ类考虑；设计基准期为50年，基本风速$v_0=27$m/s；天然地基，假定地基承载力特征值$f_{ak}=150$kPa，假设场地为同一标高，无地下水影响。

4.3 方案编号

通用设计方案编号：方案编号由4个字段组成，国网河南省电力公司代号-变电站电压等级-分类号-方案序列号。

第一字段“河南公司代号”：HN。

第二字段“变电站电压等级”：220、110或35，220代表220kV变电站施工图通用设计方案，110代表110kV变电站施工图通用设计方案，35代表35kV变电站施工图通用设计方案。

第三字段“分类号”：代表高压侧开关设备类型。A代表GIS方案，A2代表全户内站，B代表HGIS方案户外站；E代表户内开关柜方案，E3代表半户内站。

4.4 图纸编号

图纸编号由6个字段组成：

第一字段～第四字段：含义同通用设计方案编号。

第五字段（“专业代号”）：T01土建建筑专业、T02土建结构专业。

4.5 施工图设计

（1）核实详细资料。根据初步设计评审及批复意见，核对工程系统参数核实详勘资料，开展电气、力学等计算，落实通用设计方案。

（2）编制施工图。按照Q/GDW 1381《国家电网公司输变电工程施工图设计内容深度规定》要求，根据工程具体条件，以施工图通用设计卷册目录图纸为基础，编制完成全部施工图。

（3）核实厂家资料。设备中标后，应及时核对厂家资料是否满足通用设备技术及接口要求，不符合规范的应要求厂家修改后重新提供。

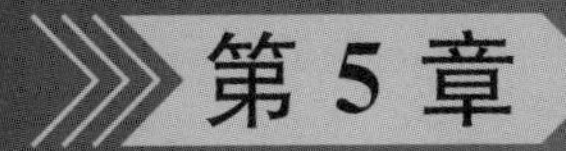

第5章 装配式建筑物主要设计原则和方法

5.1 概述

35～220kV变电站通用方案装配式混凝土结构主建筑物标准化设计通用设计技术导则依据电力行业相关设计规定，总结了国网河南省电力公司智能变电站建设经验，同时结合国家电网有限公司输变电工程通用设计、通用设备、标准工艺及“两型三新一化”相关要求进行编制。

35～220kV变电站通用方案装配式混凝土结构主建筑物标准化设计通用设计的7个典型方案均遵循设计技术导则编制完成，当实际工程与通用设计方案有差异时应根据导则原则合理调整。

5.2 主要设计原则

(1) 在满足建筑使用功能的前提下，设计应采用标准化、系列化设计方法，满足体系化设计的要求，充分考虑构配件的标准化、模数化、多样化，并编制设计、制作和施工安装成套设计文件。

(2) 在前期规划与方案设计阶段，各专业即应充分配合，结合建筑功能与造型，规划好建筑各部位采用的工业化、标准化预制混凝土构配件，并因地制宜地积极采用新材料、新产品和新技术。在总体规划中应考虑构配件的制作和堆放以及起重运输设备服务半径所需空间。

(3) 装配式混凝土结构中的预制构件（柱、梁、墙、板）的划分，应遵循受力合理、连接简单、施工方便、少规格、多组合，并能组装成形式多样的结构系列的原则。

(4) 设计中应遵守模数协调的原则，做到建筑与部品模数协调，以及部品之间的模数协调和部品的集成化和工业化生产，实现土建与装修在模数协调原则下的一体化，并做到装修一次性到位。

(5) 装配式混凝土结构在设计中要满足结构的功能要求，即安全性、适用性、耐久性、可靠性原则，同时满足结构正常使用极限状态和承载能力极限状态的要求。

5.3 设计方法

(1) 在采用全装配式RC变电站抗震设计方面。

就预制装配式楼盖来讲，因楼盖在平面内的刚度较小，在我国抗震规范GB 50011中将其称之为半刚性楼盖。采用全装配式RC楼盖的建筑结构动力特性与现浇混凝土楼盖结构体系有着较大差别，这种差异性将导致意料之外的荷载分布模式和结构体系的变形模式。如果设计荷载取值远小于结构的真实地震作用，将加剧楼盖的平面内变形，进而导致抗侧力体系的过大变形而导致结构的破坏。我国规范对全装配式RC楼盖的抗震设计和采用预制楼盖的建筑结构的抗震设计没有提出系统的设计方法，仅在构造上进行了一些规定，在设计方法上取柔性楼盖和刚性楼盖计算结果平均值，这一设计方法存在一定的安全隐患，在较大程度上限制了预制楼盖结构的应用。因此，编制组在长期全装配式RC楼盖基础研究的基础上，根据全装配式RC楼盖平面内力学特性，提出了采用考虑楼盖实际刚度的计算模型进行抗震设计。抗震设计方法中，采用的抗震分析模型为“串并联多质点系”空间结构模型，如图5.3-1所示，以此来计算采用全装配式RC楼盖的变电站建筑地震作用，进行变电站建筑的抗震分析与验算。

具体设计流程如图 5.3-2 所示。

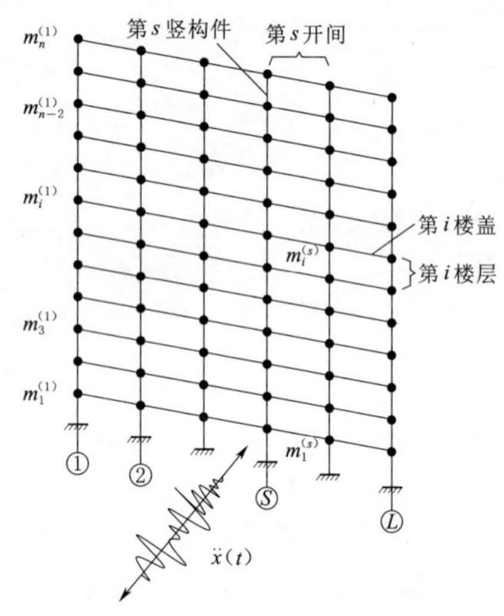

图 5.3-1 二维空间结构的振动模型

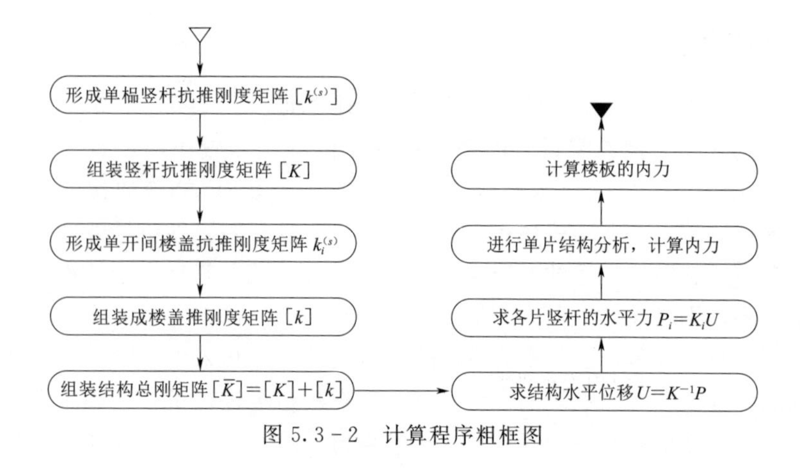

图 5.3-2 计算程序粗框图

（2）在全装配式 RC 变电站竖向承载力设计与竖向振动舒适度设计方面。

由于全装配式 RC 楼盖为正交各向异性板楼盖体系，需考虑楼盖垂直于板缝方向（简称横板向）的受力性能与平行于板缝方向（简称顺板向）存在的差异性。建议采用共轭梁法或等效梁模型理论计算楼盖横板向抗弯刚度，采用变角空间桁架模型计算带板缝全装配式 RC 楼盖扭转刚度，进而建立全装配式 RC 楼盖竖向承载力与竖向振动微分方程，求解楼盖的竖向承载力、变形，验算楼盖竖向振动频率与加速度等，进而进行楼盖竖向振动舒适度验算。

5.4 主要技术特点

（1）全装配式 RC 变电站中混凝土材料是不良传热体，结构中钢筋有足够厚度的混凝土保护层，在特殊情况下保证了结构的防火性和耐腐蚀性，安全可靠性高。

（2）全装配式 RC 变电站项目的预制混凝土构件在工厂中采用机械化、自动化生产，生产构件尺寸精确，保证工程质量和混凝土质量。

（3）施工现场湿作业及二次结构施工大量减少，施工噪声污染持续时间短，减少传统作业所产生的建筑垃圾对环境污染，有利于实现国家“碳达峰”“碳中和”的目标，有利于环境保护。

（4）全装配式 RC 变电站项目中梁柱节点经过拆分为不同形式，在工厂预制。梁柱节点与预制柱（基础）、预制梁分别采用转接块螺栓连接和搭接的形式，同时连接区域后浇超高性能混凝土（UHPC），此种连接形式应用新技术、新材料，安全可靠性高且适用性广。

（5）楼（屋）面板采用分布式连接全装配 RC 楼板（DCPCD），DCPCD 以预制企口平板和挑耳梁（墙）为基本构件，梁（墙）-板之间和板-板之间采用上下匹配的分布式连接件连接。在水平荷载作用下，板缝连接节点可传递楼盖平面内剪力和弯矩；在竖向荷载作用下，板底和板顶的连接件形成力偶可传递横板向的弯矩（双向传力），提高了楼盖的竖向承载力和刚度。

5.5 投资效益分析

在同样设计条件下，将全装配式 RC 变电站与传统现浇混凝土或钢结构变电站进行技术经济比较，全装配式 RC 变电站具有人工费用低、现场工作时间短、材料用量省等优势，从而节约全装配式 RC 变电站投资，充分体现资源节约型、环境友好型的设计理念。

（1）实际工程投资效益分析。

为了检验整套全装配式 RC 变电站设计的经济性，根据实际设计及施工条件，将全装配式 RC 变电站与以往常用的钢结构变电站进行比较，整个工程的综合费用投资相比原设计节省 19%。

（2）静态投资效益分析。

采用全装配式 RC 变电站设计后，施工环节大量减少了对模板和脚手架的使用，明显缩短工期、大量节约人力，在设计、加工、运输、施工等方面可实现更大的规模化、集约化效益。

（3）社会环保综合效益。

全装配式 RC 变电站项目的混凝土构件采用在工厂预制的方式，减少传统作业对环境的污染。预制混凝土构件的标准化推广使用可以统一电力公司的建设标准，大大节约社会资源、缩短工期、降低造价，并使设计、制造和施工规范化，取得送电线路全寿命周期的效益最大化。本标准化设计具有生产效率高、产品质量好、施工速度快、人力费用低等特点，随着标准化的推广应用，将会产生巨大的社会和环保效益。

5.6 站址基本条件

站址基本条件按以下规定执行：海拔不大于 1000m，设计基本地震加速度为 0.15g，场地类别按Ⅱ类考虑；设计基准期为 50 年，基本风速 V_0=27m/s；天然地基，假定地基承载力特征值 f_{ak}=150kPa，假设场地为同一标高，无地下水影响。

5.7 装配式混凝土建筑物布置

（1）变电站应按无人值守运行设计。根据不同电压等级及通用设计方案，设置不同的建筑物，见表 5.7－1。

表 5.7－1　各电压等级变电站内主建筑物名称表

电压等级/kV	35	110	220
220－A2－3			配电装置楼
220－B－1			配电装置室、二次设备室
110－A2－3		配电装置楼	
110－A3－3		配电装置室	
110－HGIS（35）		配电装置室	
110－HGIS（10）		配电装置室	
35－E3－1	配电装置室		

生产用房设置主变压器室、配电装置室、站用变压器室、接地变及消弧线圈室、电容器室、二次设备室、蓄电池室等电气房间，及安全工具间、防汛器材室、资料室/应急操作室等附属房间。如需要，可设置消防控制室。

（2）柱距、层高、跨度、模数宜按 GB/T 50006—2010《厂房建筑模数协调标准》执行。

变电站各主要房间柱距、跨度、层高（净高）数据宜参照表 5.7－2。

表 5.7－2　变电站各主要房间柱距、跨度、层高（净高）表

房　间	柱距/m	跨度/m	层高（净高）/m
35kV/10kV 配电室	6	11	4.5
10kV 配电室	5.56	9	4.0
110kV 主变室	6～7.5	10	7.5
220kV 主变室	7～11	15	13
110kV GIS 室	6～10	10	9
220kV GIS 室	4.5～7.2	12.5	9.5
二次设备室			4～4.5

110kV 全户内变电站电缆层高出室外地坪高度 1.2m，电缆层层高 2.7m；220kV 全户内变电站电缆层高出室外地坪高度 1.5m，电缆层层高 3.6m。

5.8 墙体

（1）建筑物外墙板及其接缝设计应满足结构、热工、防水、防火及建筑装饰等要求，内墙板设计应满足结构、隔声及防火要求。建筑外墙除特殊说明外，采用企口 ALC 板，必须工厂预制完成后现场组装。

ALC 板要求如下：

1）ALC 板均要满足耐火极限 3.0h 以上。

2）外墙板采用 200mm 厚 A 级 ALC 板。

3）除特殊标注外，内隔墙采用 150mm 厚 A 级 ALC 板。

（2）变压器室设计应采取泄压措施。

1）泄压墙可采用泄压螺栓连接方式。

2）泄压墙亦可采用装配式轻质墙体，轻质墙体容重不宜大于 60kg/m^2。

3）各种措施都应具备泄压迅速、强度良好、轻质、耐久、防火和安装拆卸方便等特点。

（3）变压器室运输部位可采用可拆卸墙体。

5.9 楼、屋面

（1）楼、屋面板采用分布式连接全装配 RC 楼板（DCPCD），DCPCD 以预制企口平板和挑耳梁为基本构件，梁-板之间和板-板之间采用上下匹配的分布式连接件连接。屋面宜设计为建筑找坡，平屋面采用结构找坡不得小于5%，建筑找坡不得小于3%；天沟、檐沟纵向找坡不得小于1%；寒冷地区可采用坡屋面，坡屋面坡度应符合设计规范要求。

（2）屋面采用有组织防水，防水等级采用Ⅰ级。

5.10 室内外装饰装修

（1）外墙、内墙涂料装饰。建筑外装饰色彩与周围景观相协调，内墙涂料采用乳胶漆涂料。备餐间、卫生间采用瓷砖墙面。

辅助用房采用坡屋面宜设吊顶。

（2）变电站建筑物楼、地面做法应按照现行地方标准图集或国家标准图集选用，无标准选用时，可按《国家电网公司输变电工程标准工艺（六）标准工艺设计图集》选用。

1）主变压器室、配电装置室、电容器室、站用变压器室、蓄电池室等电气设备房间宜采用自流平地坪（或环氧树脂漆地坪）。

2）二次设备室在楼层布置时，采用抗静电架空地板。

3）电缆夹层采用40mm厚C25细石混凝土面层。

4）其他辅助房间可采用地砖面层，卫生间、室外台阶采用防滑地砖，卫生间四周除门洞外，应做不应小于120mm混凝土翻边。

5.11 门窗

（1）门窗应设计成规整矩形，不应采用异型窗。

（2）门窗宜设计成以1.0m为基本模数的标准洞口，尽量减少门窗尺寸，一般房间外窗宽度不宜超过1.50m，高度不宜超过2.0m。

（3）外门窗宜采用三层中空玻璃（5＋6A＋5＋6A＋5），中间为夹胶玻璃断桥铝合金门窗。蓄电池室的窗采用磨砂玻璃。

（4）建筑外门窗抗风压性能分级不得低于4级，气密性能分级不得低于3级，水密性能分级不得低于3级，保温性能分级为7级，隔音性能分级为4级，外窗采光性能等级不低于3级。

5.12 楼梯、坡道、台阶及散水

（1）装配式混凝土楼梯。楼梯尺寸设计应经济合理。如不需运输设备，楼梯开间尺寸不宜超过3.00m。踏步高度不宜小于0.15m，步宽不宜大于0.30m，踏步应防滑。室内台阶踏步数不应小于2级。当高差不足2级时，应按坡道要求设置。

（2）楼梯梯段改变方向时，扶手转向端处的平台最小宽度不应小于梯段宽度，并不得小于1.20m。

（3）室内楼梯扶手高度不宜小于0.90m。靠楼体井一侧水平扶手长度超过0.50m时，其高度不应小于1.05m。

（4）楼梯栏杆扶手宜采用硬杂木加工木扶手，不应采用不锈钢等高档装饰材料。

（5）预制混凝土散水宽度为0.80m，湿陷性黄土地区不得小于1.50m。散水与建筑物外墙间应留置沉降缝，缝宽20～25mm，纵向6m左右设分隔缝一道。

5.13 建筑节能

（1）控制建筑物窗墙比，窗墙比应满足国家规范要求。

（2）建筑外窗选用中空玻璃，改善门窗的隔热性能。

（3）屋面宜采用保温隔热层设计。

5.14 装配式建筑物结构基本设计规定

（1）主建筑物采用装配式混凝土结构。结构体系宜采用装配式混凝土框架结构，地下电缆层采用现浇钢筋混凝土结构。

（2）根据《建筑结构可靠度设计统一标准》（GB 50068—2018），建筑结构安全等级取为二级；根据《电力设施抗震设计规范》（GB 50260—2013），建筑抗震设防类别取为丙类；荷载标准值、荷载分项系数、荷载组合值系数等，应满足《建筑结构荷载规范》（GB 50009—2019）和《变电站建筑结构设计技术规程》（DL/T 5457—2012）的规定。结构的重要性系数γ_0宜取1.0。

（3）承重结构应按承载力极限状态和正常使用极限状态进行设计，按承载能力极限状态设计时，采用荷载效应的基本组合，按正常使用极限状态设计时，采用荷载效应的标准组合。

5.15 装配式建筑物材料

（1）全装配式预制梁柱等主要承重构件宜采用工厂预制混凝土结构，预制构件混凝土强度等级见表5.15-1。不同建筑选用混凝土强度等级有所不同，具体以图纸中工程结构说明为准。

表 5.15-1　　预制构件混凝土强度等级

垫层	基础、柱（基础~-0.05）	柱（-0.05~柱顶）	梁、板、楼梯	圈梁、构造柱
C15	C35	C30	C30	C25

（2）必须选用国家标准钢材 HPB300 钢筋和 HRB400 钢筋。型钢及钢板采用 Q235B 钢材。

（3）钢结构的传力螺栓连接宜选用高强度螺栓连接，高强度螺栓宜选用 8.8 级、10.9 级，高强度螺栓的预拉应力应满足表 5.15-2 的要求，钢结构构件上螺栓钻孔直径宜比螺栓直径大 1.5~2.0mm。

表 5.15-2　　高强度螺栓的预拉力值

螺栓公称直径/mm	M16	M20	M22	M24	M27	M30
螺栓预拉力/kN	100	155	190	225	290	355

（4）Q355 与 Q355 钢之间焊接宜采用 E50 型焊条，Q235 与 Q235 钢之间焊接宜采用 E43 型焊条，Q235 与 Q355 钢之间焊接宜采用 E43 型焊条，焊缝的质量等级不小于二级。

（5）框架纵向受力钢筋的抗拉强度实测值与屈服强度实测值的比值不应小于 1.25；钢筋的屈服强度实测值与强度标准值的比值不应大于 1.3，且钢筋在最大拉力下的总伸长率实测值不应小于 9%。钢筋的强度标准值应具有不小于 95%的保证率。

（6）受力预埋件锚筋不应采用冷加工钢筋，钢材采用 Q235B。

5.16　装配式建筑物结构布置

（1）结构柱网尺寸按照模块化建设通用设计要求进行布置，厂房柱采用矩形截面；框架梁宜采用凸形截面；梁柱采用刚性连接。预制板的布置应综合考虑设备布置和工艺要求，应采取措施减少吊点集中荷载效应对板的影响。

（2）GIS 室楼面或屋面预留吊点埋件，单轨吊车的钢轨型号根据安装跨度和荷载大小，通过计算确定。

5.17　装配式建筑物结构计算的基本原则

（1）全装配式 RC 变电站结构的计算通过有限元分析程序 Midas Gen 和 PKPM 协同进行，对结构在竖向荷载、风荷载及地震荷载作用下的位移和内力进行分析，验算其承载能力极限状态及正常使用极限状态。

（2）进行构件的截面设计时，应分别对每种荷载组合工况进行验算，取其中最不利的情况作为构件的设计内力。荷载及荷载效应组合应满足《建筑结构荷载规范》（GB 50009—2012）的规定。

（3）梁柱节点采用工厂预制的形式，梁柱节点与预制柱（基础）之间采用转接头螺栓连接，连接区域后浇超高性能混凝土（UHPC），转接头钢板的厚度和螺栓的选择应满足节点区域的屈服承载力要求和抗剪强度要求。

（4）梁柱节点与预制梁采用搭接且后浇超高性能混凝土（UHPC）材料的连接方式。从耗能角度考虑，为使梁塑性铰出现在 PC 试件梁后浇连接段设置在离节点核心区 450mm 梁高处，钢筋搭接长度为 $10d$（d 为钢筋直径）。

5.18　预制构件制作及检验

（1）应根据预制构件制作特点制定工艺流程，明确质量要求和质量控制要求。

（2）模具所选用材料应有质量证明书或检验报告，模具应具有足够的刚度、强度、稳定性，模具构造应满足钢筋入模、混凝土浇捣和养护的要求；模具组装完成后需进行去毛、除锈、清渣等工作；符合构件精度要求；与构件混凝土直接接触的钢模表面需均匀涂抹脱模剂。

（3）对于外观要求较高的构件，在模板拼接处如侧模与底模的拼接处须以止水条做好密封处理以免漏浆影响外观。

（4）预埋窗框的固定，预制构件厂按图纸位置在窗框内侧附加钢框用以固定窗框，还需根据窗厂产品要求按间距埋设加强爪件。

（5）钢筋应有产品合格证，并应按有关标准规定进行复试检验，质量必须符合现行有关标准和结构总说明的规定。严格按构件加工图纸要求排布钢筋，并控制保护层厚度。叠合筋应按设计要求露出高度设置。

（6）混凝土用的水泥、骨料（砂、石）、外加剂、掺合料等应有产品合格证，并按有关标准的规定进行复试检验，质量必须符合现行有关标准的规定。混凝土应按国家现行标准《普通混凝土配合比设计规程》（JGJ 55）的有关规定，强度等级、耐久性和工作性能等要求进行配合比设计。混凝土外加剂的选择与使用应满足《混凝土外加剂应用技术规范》（GB 50119—2013）。选择各类外加剂时，应特别注意外加剂的适用范围。

(7) 构件浇筑成型前，模具、隔离剂涂刷、钢筋成品（骨架）质量、保护层控制措施、预留孔道、配件和埋件等，应逐件进行隐蔽验收，符合有关标准规定和设计文件要求后方可浇筑混凝土。

(8) 根据实际情况均匀振捣，要求均匀密实，振捣时应避开钢筋、埋件、管线、面砖等，对于重要勿碰部位提前做好标记。

(9) 构件外表面应光滑无明显凹坑破损，内侧与现浇部分相接面须做均匀拉毛处理，拉深 4～5mm。

(10) 预制构件混凝土浇筑完毕后，应及时按国家混凝土养护的规定操作养护。

(11) 预制构件达到混凝土抗压强度设计值的 75%且不小于 15N/mm^2 时方可拆模起吊。

(12) 按国家规范检测混凝土强度；预埋连接件、插筋、孔洞数量、规格、定位；外观质量检查；外形尺寸检查。成品构件尺寸偏差及变形与裂缝应控制在允许范围内，详见《预制预应力混凝土装配整体式框架结构技术规程》(JGJ 224—2010)。

(13) 对预制构件修补和保护，预制梁、楼梯、楼板存放采用平躺式，且做好包角包面与固定的防护措施。

(14) 预制构件内钢筋弯钩及锚固做法详见《装配式混凝土结构连接节点构造》(15G310－1) 中相关构造要求。

(15) 为确保安全脱模、起吊，应按设计要求预先做金属预埋件拉拔试验，并递交正式的实验报告。

(16) 预制构件模具的允许偏差、预制构件的允许尺寸偏差及检验方法应符合《装配式混凝土结构技术规程》(JGJ 1) 的相关规定；预制构件应按设计要求和现行国家标准《混凝土结构工程施工质量验收规范》(GB 50204—2015) 的有关规定进行结构性能检验。

5.19 运输要求

(1) 运输注意事项。

1) 预制构件运输时，车上应设有专用架，且有可靠的稳定构件措施。预制构件混凝土强度达到设计强度时方可运输。

2) 预制构件运输时，应采用木材或混凝土块作为支撑物，构件接触部位用柔性垫片填实，支撑牢固不得有松动。

(2) 运输方式。

1) 竖立式。适用于预制混凝土构件较大且为不规则形状时，或高度不是很高的扁平预制混凝土构件可排列竖立。竖立式除了需注意超高限制外还要防止倾覆，必须制作专用钢排架，排架常有山形架和 A 字架。构件与排架之间须有限位措施并绑扎牢固，同时做好易碰部位的边角保护。

2) 平躺式。适用于大多数预制混凝土构件，对于预制楼板、墙板等扁平构件，计算出最佳支点距离以指导运输方正确设置，谨慎采取两点以上支点的方式，如采用需专门措施保证每个支点同时受力。构件平躺叠加，支点与上下层构件的接触点必须设置减震措施，如垫橡胶块等，禁止硬碰硬方式。重叠不宜超过 5 层，且各层垫块必须在同一竖向位置。

5.20 构造要求

(1) 建筑物外露钢埋件和钢构件均应进行防腐处理，涂料防腐或热镀锌。

(2) 钢筋锚固长度与搭接长度按《混凝土结构施工图平面整体表示方法制图规则和构造详图》(16G101－01) 和《装配式混凝土结构连接节点构造》(15G310－1～2)。

(3) 钢筋的接头宜设置在受力较小处，框架结构钢筋接头不宜设置在梁柱箍筋加密区，同一纵向受力钢筋不宜设置两个或两个以上接头，框架梁柱及配有抗扭纵筋的非框架梁均采用抗震箍筋。

(4) 楼层梁板上部筋接头应在跨中，下部筋接头在支座；基础拉梁钢筋接头在支座处；板钢筋采用搭接接头时，同一截面钢筋搭接接头数量不得大于钢筋总量的 25%，相邻接头间的最小距离为 $45d$。

(5) 预制柱的设计应符合现行国家标准《混凝土结构设计规范》(GB 50010) 的要求，柱箍筋加密区长度范围参考 16G101－01 标准图集，并应符合下列规定：柱纵向受力钢筋直径不宜小于 20mm；矩形柱截面宽度或圆柱直径不宜小于 400mm，且不宜小于同方向梁宽的 1.5 倍。

(6) 梁、柱纵向钢筋在后浇节点区内采用直线锚固、弯折锚固或机械锚固的方式时，其锚固长度应符合现行国家标准《混凝土结构设计规范》(GB 50010) 中的有关规定；当梁、柱纵向钢筋采用锚固板时，应符合现行行业标准《钢筋锚固板应用技术规程》(JGJ 256) 中的有关规定。

第 6 章 HN－220－A2－3 方案

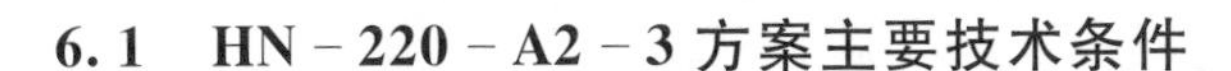

6.1 HN－220－A2－3 方案主要技术条件

HN－220－A2－3 方案主要技术条件见表 6.1－1。

表 6.1－1　　HN－220－A2－3 方案主要技术条件

序号	项　目		本 方 案 技 术 条 件
1	建设规模	主变压器	本期 1 组 240MVA，远期 3 组 240MVA
		出线	220kV：本期 4 回，远期 6 回，电缆出线； 110kV：本期 8 回，远期 14 回，电缆出线； 10kV：本期 14 回，远期 42 回，电缆出线
		无功补偿装置	10kV 并联电容器：每台主变配置 10kV 并联电容器组 3 组，每组容量 8000kvar； 10kV 并联电抗器：每台主变配置 10kV 并联电抗器 2 组，每组容量 10000kvar
2	站址基本条件		海拔＜1000m，设计基本地震加速度 0.15g，设计风速 v_0≤30m/s，地基承载力特征值 f_{ak}=150kPa，无地下水影响，场地同一设计标高
3	电气部分		220kV：本期及远期采用双母线接线； 110kV：本期及远期采用双母线接线； 10kV：本期采用单母线接线，远期采用单母线四分段接线 主变压器选用三相三绕组低损耗自然油循环风冷式有载调压变压器； 220kV：户内 GIS； 110kV：户内 GIS； 10kV：户内空气绝缘开关柜； 10kV：并联电抗器，干式铁芯并联电抗器； 10kV 站用变压器：户内干式
4	建筑部分		本方案围墙内占地面积 6125m^2，全站总建筑面积 4514.5m^2，其中配电装置楼建筑面积 4471.5m^2； 建筑物外墙采用 200mm 厚 ALC 外墙板，内墙采用 150mm 厚 ALC 内墙板或轻质复合内墙板，耐火极限不小于 3h。楼、屋面板采用分布式连接全装配 RC 楼板（DCPCD）
5	结构部分		本方案采用有限元分析程序 Midas Gen 和 PKPM 相互结合、相互印证的方式进行，Midas Gen 中的计算方法采用时程分析法。结构中梁柱节点采用预制的形式，节点与预制柱（基础）、预制梁分别采用转接头螺栓连接和搭接的形式、同时对连接区域后浇超高性能混凝土（UHPC）材料，梁（墙）-板、板-板连接采用上下匹配的分布式连接件连接

6.2 HN－220－A2－3 方案主要设计图纸

6.2.1 总图部分

总图部分见表 6.2－1。

表 6.2－1　　总　图　部　分

序号	图号	图　　名
1	图 6.2.1－01	总平面布置图（HN－220－A2－3－Z01－01）

6.2.2 建筑部分

建筑部分见表 6.2－2。

表 6.2-2　　建筑部分

序号	图号	图名
1	图 6.2.2-01	配电装置楼建筑设计说明（HN-220-A2-3-T01-01）
2	图 6.2.2-02	配电装置楼夹层平面布置图（HN-220-A2-3-T01-02）
3	图 6.2.2-03	配电装置楼一层平面布置图（HN-220-A2-3-T01-03）
4	图 6.2.2-04	配电装置楼二层平面布置图（HN-220-A2-3-T01-04）
5	图 6.2.2-05	配电装置楼屋顶平面布置图（HN-220-A2-3-T01-05）
6	图 6.2.2-06	配电装置楼立面图（HN-220-A2-3-T01-06）
7	图 6.2.2-07	配电装置楼立面图、剖面图（HN-220-A2-3-T01-07）

6.2.3 结构部分

结构部分见表 6.2-3。

表 6.2-3　　结构部分

序号	图号	图名
1	图 6.2.3-01	配电装置楼建筑设计说明（一）（HN-220-A2-3-T02-01）
2	图 6.2.3-02	配电装置楼建筑设计说明（二）（HN-220-A2-3-T02-02）
3	图 6.2.3-03	配电装置楼夹层剪力墙配筋图 1（HN-220-A2-3-T02-03）
4	图 6.2.3-04	配电装置楼夹层剪力墙配筋图 2（HN-220-A2-3-T02-04）
5	图 6.2.3-05	配电装置楼夹层柱配筋图（HN-220-A2-3-T02-05）
6	图 6.2.3-06	配电装置楼夹层梁配筋图（HN-220-A2-3-T02-06）
7	图 6.2.3-07	配电装置楼夹层板配筋图（HN-220-A2-3-T02-07）
8	图 6.2.3-08	配电装置楼一层预制梁配筋图（HN-220-A2-3-T02-08）
9	图 6.2.3-09	配电装置楼二层预制梁配筋图（HN-220-A2-3-T02-09）
10	图 6.2.3-10	配电装置楼三层预制梁配筋图（HN-220-A2-3-T02-10）
11	图 6.2.3-11	配电装置楼一层预制梁柱布置图（HN-220-A2-3-T02-11）
12	图 6.2.3-12	配电装置楼二层预制梁柱布置图（HN-220-A2-3-T02-12）

续表

序号	图号	图名
13	图 6.2.3-13	配电装置楼三层预制梁柱布置图（HN-220-A2-3-T02-13）
14	图 6.2.3-14	配电装置楼一层预制板拆分图（HN-220-A2-3-T02-14）
15	图 6.2.3-15	配电装置楼二层预制板拆分图（HN-220-A2-3-T02-15）
16	图 6.2.3-16	配电装置楼三层预制板拆分图（HN-220-A2-3-T02-16）
17	图 6.2.3-17	配电装置楼一层预埋件布置图（HN-220-A2-3-T02-17）
18	图 6.2.3-18	配电装置楼二层预埋件布置图（HN-220-A2-3-T02-18）
19	图 6.2.3-19	配电装置楼三层预埋件布置图（HN-220-A2-3-T02-19）
20	图 6.2.3-20	配电装置楼一层预制柱配筋图（HN-220-A2-3-T02-20）
21	图 6.2.3-21	配电装置楼二层预制柱配筋图（HN-220-A2-3-T02-21）
22	图 6.2.3-22	配电装置楼三层预制柱配筋图（HN-220-A2-3-T02-22）
23	图 6.2.3-23	配电装置楼一层预制梁拆分图（HN-220-A2-3-T02-23）
24	图 6.2.3-24	配电装置楼二层预制梁拆分图（HN-220-A2-3-T02-24）
25	图 6.2.3-25	配电装置楼三层预制梁拆分图（HN-220-A2-3-T02-25）
26	图 6.2.3-26	配电装置楼预制梁配筋详图（一）（HN-220-A2-3-T02-26）
27	图 6.2.3-27	配电装置楼预制梁配筋详图（二）（HN-220-A2-3-T02-27）
28	图 6.2.3-28	配电装置楼预制板配筋详图（HN-220-A2-3-T02-28）
29	图 6.2.3-29	配电装置楼预制节点详图（一）（HN-220-A2-3-T02-29）
30	图 6.2.3-30	配电装置楼预制节点详图（二）（HN-220-A2-3-T02-30）
31	图 6.2.3-31	配电装置楼预埋件详图（HN-220-A2-3-T02-31）
32	图 6.2.3-32	配电装置楼预制节点配筋详图（HN-220-A2-3-T02-32）
33	图 6.2.3-33	配电装置楼二层设备滑轨布置图（HN-220-A2-3-T02-33）
34	图 6.2.3-34	配电装置楼三层设备滑轨布置图（HN-220-A2-3-T02-34）
35	图 6.2.3-35	配电装置楼二层设备滑轨图附图（HN-220-A2-3-T02-35）

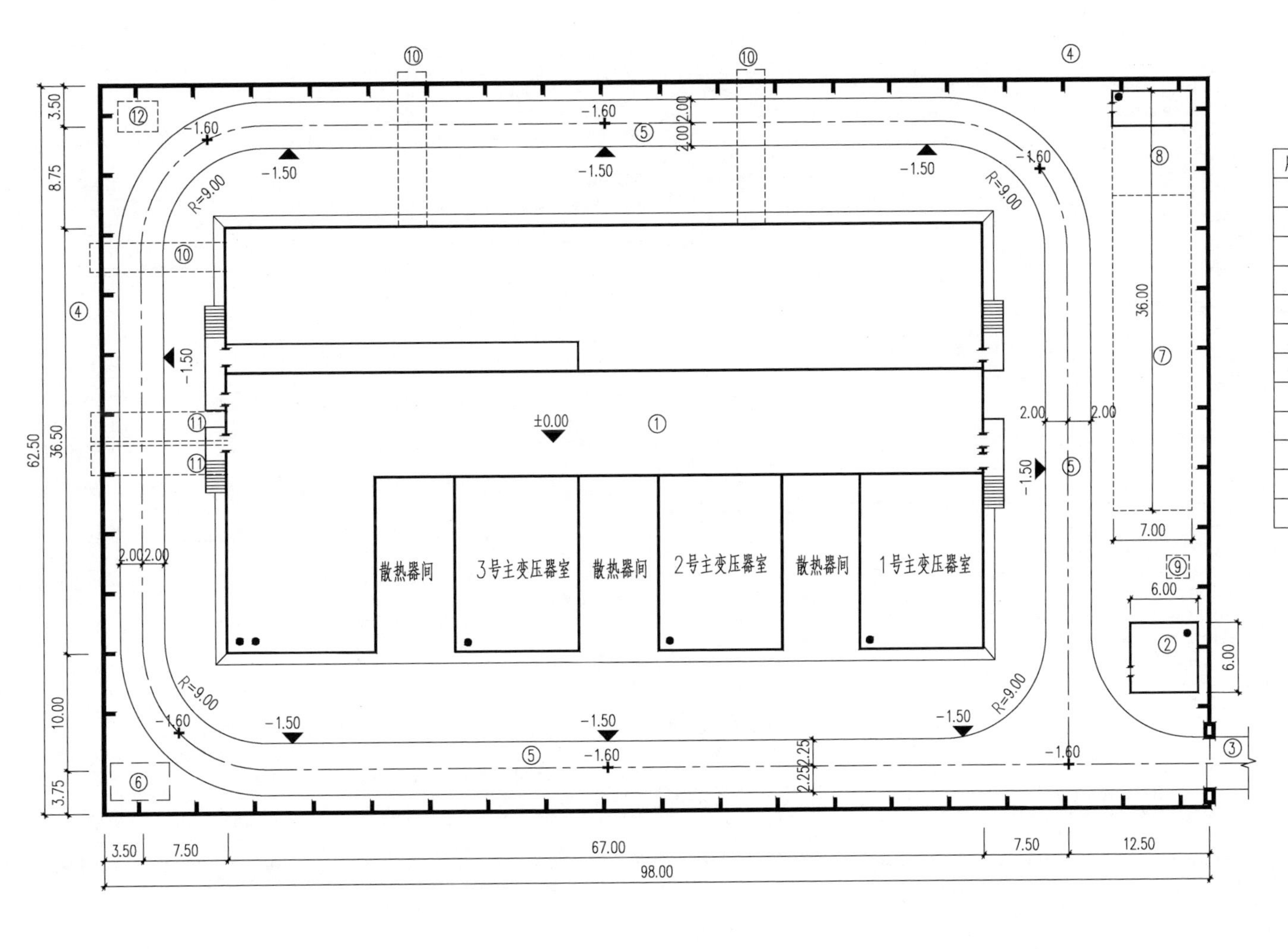

建(构)筑物一览表

序号	名称	单位	数量	备注
①	配电装置楼	栋	1	
②	辅助用房	栋	1	
③	围墙大门	樘	1	
④	围墙	m	315	
⑤	道路	m²	1168	
⑥	事故储油井	座	1	
⑦	消防水池	座	1	地下
⑧	消防泵房	座	1	地下
⑨	化粪池	座	1	地下
⑩	2.5mX2.5m 电缆隧道	m	41.5	出围墙外1m
⑪	2.5mX2.0m 电缆隧道	m	24	
⑫	施工电源	座	1	

主要技术经济指标表

序号	名称	单位	数量	备注
1	站址总用地面积(购地)	hm²	0.6450	合9.675亩
2	站区围墙内用地面积	hm²	0.6125	合9.187亩
3	围墙长度	m	315	
4	站内道路面积	m²	1168	
5	建筑物占地面积	m²	2586.7	
6	总建筑面积	m²	4515	
7	配电装置楼建筑面积	m²	4472	
8	总建筑体积	m³	27924.8	
9	配电装置楼建筑体积	m³	27770	
10	建筑高度	m	13.4	
11	容积率		0.75	
12	建筑密度	%	40.10	

说明：1. 本图尺寸单位为m。
2. 图中“— — —”为购地线；
图中“┸┸┸”为围墙线。

图号	6.2.1-01	图名	总平面布置图(HN-220-A2-3-Z01-01)

建筑项目主要特征表	建筑名称	结构类型	建筑面积/m^2	建筑基底面积/m^2	建筑工程等级	设计使用年限	建筑层数	建筑总高度/m	火灾危险性分类	耐火等级	屋面防水等级	地下室防水等级	抗震设防烈度
	配电装置楼	装配式混凝土结构	4471.5	2543.7	Ⅲ级	50	地下一层、地上两层	13.40	丙	二	Ⅰ	Ⅰ	7

一、主要设计依据

(1) 初步设计、总平面图及各相关专业资料。

(2) 现行的国家有关建筑设计的主要规范及规程：《建筑设计防火规范》(GB 50016—2014) 2018年版、《火力发电厂与变电站设计防火标准》(GB 50229—2019)、《屋面工程技术规范》(GB 50345—2012)、《民用建筑设计统一标准》(GB 50352—2019)、《建筑玻璃应用技术规程》(JGJ 113—2015)、《建筑内部装修设计防火规范》(GB 50222—2017)、《建筑防烟排烟系统技术标准》(GB 51251—2017)、《220kV～500kV户内变电站设计规程》(DL/T 5496—2015)、《220kV～750kV变电站设计技术规程》(DL/T 5128—2012)、《国家电网公司输变电工程施工图设计内容深度规定》。

(3) 本工程需遵照执行《输变电工程建设标准强制性条文实施管理规程》、《国家电网公司输变电工程质量通病防治工作要求及技术措施》和《国家电网公司输变电工程标准工艺(六)标准工艺设计图集》(2014年版)(下文简称BDTJ)中相关规定。工艺标准施工按照《国家电网公司输变电工程标准工艺(三)工艺标准库》(2016年版)中相关要求。

(4) 其他相关的国家和项目所在省、市的法规、规范、规定、标准等。

二、本单体建筑工程概况

(1) 本单体建筑工程概况见本册建筑项目主要特征表。本变电站为无人值守智能变电站。

(2) 本建筑总平面定位坐标详见总平面图；本建筑室内地坪±0.000标高相对应的绝对标高详见总平面图。

(3) 本建筑图中标高单位为米，其余图纸尺寸单位为毫米，各层标注标高为完成面标高(建筑面标高)，屋面标高为结构面标高。

(4) 梁柱的尺寸、定位等详见结构施工图。

三、墙体工程

(1) 材料与厚度：±0.000以下采用MU20蒸压灰砂砖M10水泥砂浆砌筑；±0.000以上采用建筑外墙除特殊说明外采用200mm厚A级ALC板，耐火极限3.00h(蒸压加气混凝土板材简称ALC板)。

防火内墙：内墙为150mm厚A级，ALC板，耐火极限3.0h。细部构造做法参见13J104。

注：工业化墙板系统材料均为工厂预制完成，现场拼接、固定、安装完成，最终以甲方订货为准；墙上预留埋铁需由装配式墙体厂家考虑设置并满足荷载要求。

阴影处墙体为配电箱等设备所在墙体，按照箱体要求适当加厚处理，满足配电箱暗装要求。

(2) 构造要求：建议工业化墙板由专业和具备资质的同一厂家进行排版、设计、供货、施工安装，厂家应考虑墙体上的洞口、门、雨篷安装等要求，设备尺寸大于房间门洞尺寸的房间须待设备安装到位后再安装墙体。

蒸压加气混凝土板材的施工工艺以及各相关构造做法要求参照《蒸压加气混凝土砌块、板材构造》(13J104)。

(3) 外墙窗户及墙体预留洞详见建施及设备平面图，洞口处四周增加檩条，由墙体厂家统一考虑。

(4) 墙体上的空调管留洞、排气洞、过水洞等应注意避开水立管和不影响外窗开启。

(5) 墙上管道及工艺开孔需封堵的孔洞请见各专业相应要求。

(6) 墙上配电箱等设备的预留洞(槽)尺寸及位置需结合设备专业图纸。

(7) 散水宽度根据具体工程情况核定，图中为示意。

四、楼地面工程

本工程楼地面做法详见"室内装修做法表"。

五、屋面防水工程

(1) 雨水管下方设置水簸箕。雨水管及水簸箕做法参见《平屋面建筑构造》(12J201-H6)。

(2) 屋面检修孔做法参见《平屋面建筑构造》(12J201-H20)；设备基座做法参见12J201-H20-3。

(3) 设防要求：按倒置式屋面做法(即防水层在下，保温隔热层在上)；所有防水材料的四周卷起泛水高度，均距结构楼面300mm高；女儿墙阴阳转角处应附加一层防水材料。

(4) 凡管道穿屋面等屋面留孔位置需检查核实后再做防水材料，避免做防水材料后再凿洞。

六、外门窗工程

(1) 外门窗均采用90系列节能型断热桥铝合金型材和5+6A+5+6A+5中空浮法玻璃，中间层为夹胶玻璃。易遭受撞击、冲击而造成人体伤害部位的玻璃均应选用安全玻璃。

外门窗(含阳台门)的气密性、水密性及抗风压性能应符合《建筑外门窗气密、水密、抗风压性能分级及检测办法》(GB/T 7106—2008)的相关规定，其中气密性不应低于4级，水密性不应低于4级，抗风压性不应低于3级，空气隔声性能不应低于3级。

(2) 门窗立面均表示洞口尺寸，门窗加工尺寸应按照装修面厚度予以调整，门窗制作安装应实测核对各洞口尺寸及各门窗编号与个数，以防止由于设计及构造误差造成安装困难，门窗侧边固定连接点的定位原则：每边最端头固定点距门窗边框端头180，其余固定点位置间隔500左右均分。

(3) 门窗立樘：内外门窗立樘除特殊说明外均居墙中(墙樘处)。

(4) 建筑外窗宜加装安全防盗设施，具体形式由建设方确定。

(5) 门窗的立面形式、数量、尺寸、色彩、开启方式、型材、玻璃等详见门窗表和门窗立面图放大图。

七、内装修工程

(1) 本工程各部位内装修做法详见"室内装修做法表"。装修所用材料应采用对人体健康无毒无害的环保型材料，同时符合《民用建筑工程室内环境污染控制标准》(GB 50325—2020)的规定，并应在施工前提供样板，经建设单位和设计单位认可后方可施工。本工程所有建筑材料和设备均应符合管理部门的环保规定和质量标准及节约能源的要求。

(2) 装修时建筑内部污水立管、通气管、雨水管、空调冷凝水管、排气道的位置不得移动。

(3) 未经技术鉴定和设计认可，不得拆改结构构件和进行加层改造。当建筑装修涉及主体结构改动或增加荷载时，须由设计单位进行结构安全性复核，提出具体实施方案后方可施工。

(4) 所有穿过防水层的预埋件、紧固件应采用高性能密封材料密封。

(5) 楼面找平须待设备管线孔洞预留无误后再行施工。

(6) 所有材料、构造、施工应遵照《建筑装饰装修工程质量验收标准》(GB 50210—2018)执行。

八、外装修工程

(1) 建筑立面的颜色和材质详见立面图，外墙面做法详见"室外装修做法表"。外墙面施工前应作出样板，待建设方和设计方认可后方可进行施工，并应遵照《建筑装饰装修工程质量验收标准》(GB 50210—2018)的要求。

(2) 其余外露铁件做一道防锈底漆和二道面漆。不露面铁件做二道防锈漆，金属件接缝要严密，用于室外的金属件接缝处用树脂涂料二道密封。

(3) 窗台节点确保里高外低不泛水，室内抹灰成活面高于室外成活面高差不小于20mm。腰线、檐板以及窗外窗台面层均坡向墙外。

(4) 建筑装饰装修工程所用材料应符合国家有关建筑装饰装修材料有害物质限量标准的规定。

九、噪声防治及主变泄爆措施

(1) 变电站噪声对周围环境的影响符合国标《工业企业厂界噪声标准》(GB 12348—2008)和《声环境质量标准》(GB 3096—2008)规定的2类标准。

(2) 主变室室内墙体吸声、大门、窗、风机等设施降噪均应选择隔声性能合格的产品，由专业厂家二次设计、制作、安装。

(3) 主变室外墙设置轻型泄爆外墙，墙体构造根据《建筑设计防火规范》(GB 50016—2014) 2018年版要求，单位质量不大于0.6kN/m，具备资质厂家二次设计，墙体做法参考《抗爆、泄爆门窗及屋盖、墙体建筑构造》(14J938)相关做法执行。

(4) 泄爆外墙装饰应与整体建筑装饰效果相适应，优先选择同种材料。

十、其他应注意事项

(1) 土建施工时应注意将建筑、结构、水、暖、电气等各专业施工图纸相互对照，确认墙体及楼板各种预留孔洞尺寸及位置无误后方可进行施工。

(2) 若有疑问应提前与设计院沟通解决．施工过程中，如遇各专业施工图纸不符的，不得以其中任何一个专业图纸作为施工依据。

(3) 工业化墙板供货厂家应根据产品实际规格及相关配件规格进行深化设计及排板设计。建筑物装修色彩应先做样，取得建设单位和设计单位的同意后方可施工。

(4) 本设计说明及全部施工图纸未尽之处应按国家各有关施工及验收规范执行。

十一、防水、防潮

地下工程防水等级为一级，构造做法详见12YJ1地防1-1F1。

十二、本站选用建筑标准设计图集

《国家电网公司输变电工程标准工艺(六)标准工艺设计图集》、《国家电网公司输变电工程标准工艺(三)工艺标准库》、《特种门窗(一)》(17J610-1)、《建筑节能门窗(一)》(06J607-1)、《12系列建筑标准设计图集》12YJ系列。

图号	6.2.2-01	图名	配电装置楼建筑设计说明(HN-220-A2-3-T01-01)

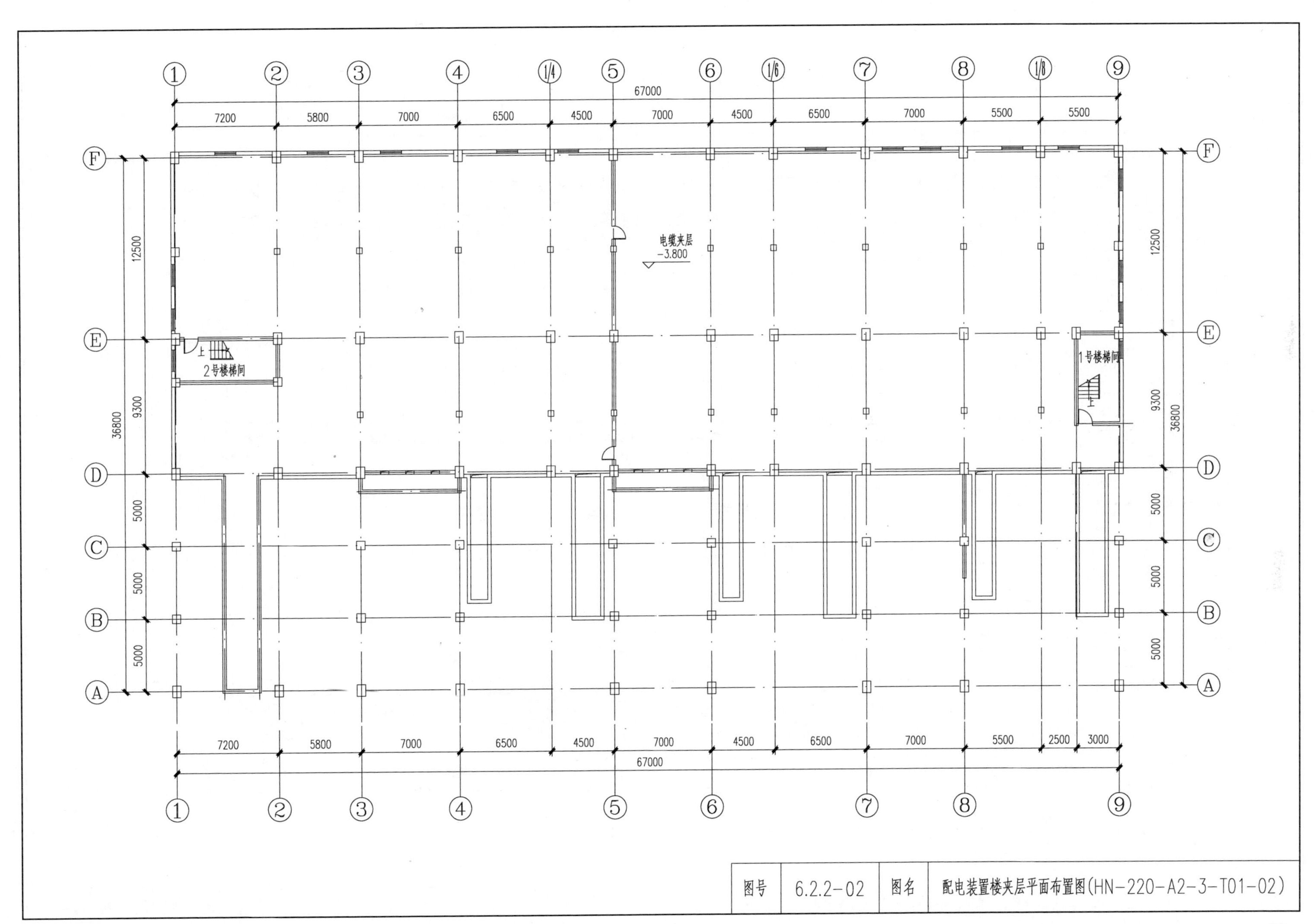

图号	6.2.2-02	图名	配电装置楼夹层平面布置图(HN-220-A2-3-T01-02)

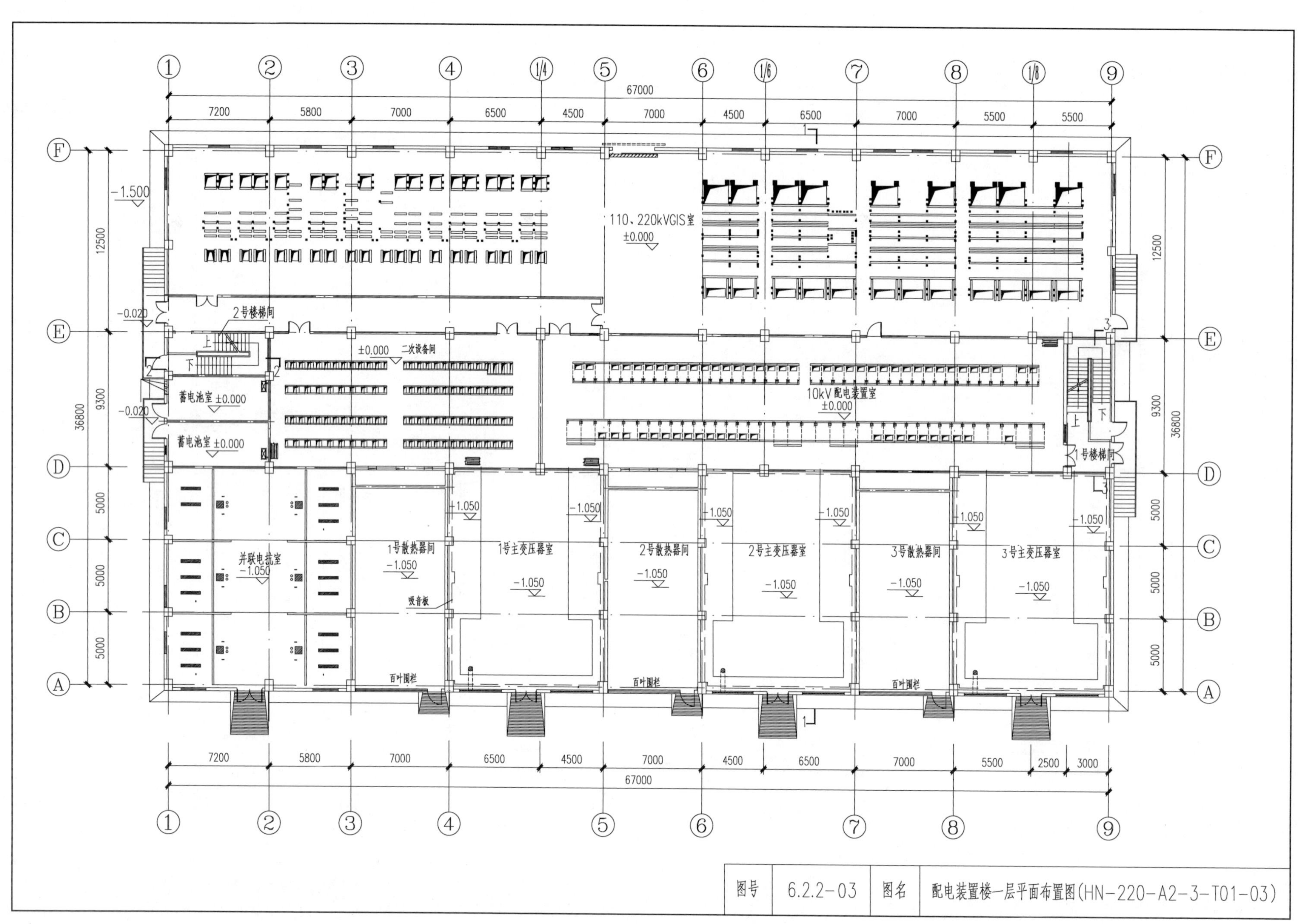

图号	6.2.2-03	图名	配电装置楼一层平面布置图(HN-220-A2-3-T01-03)

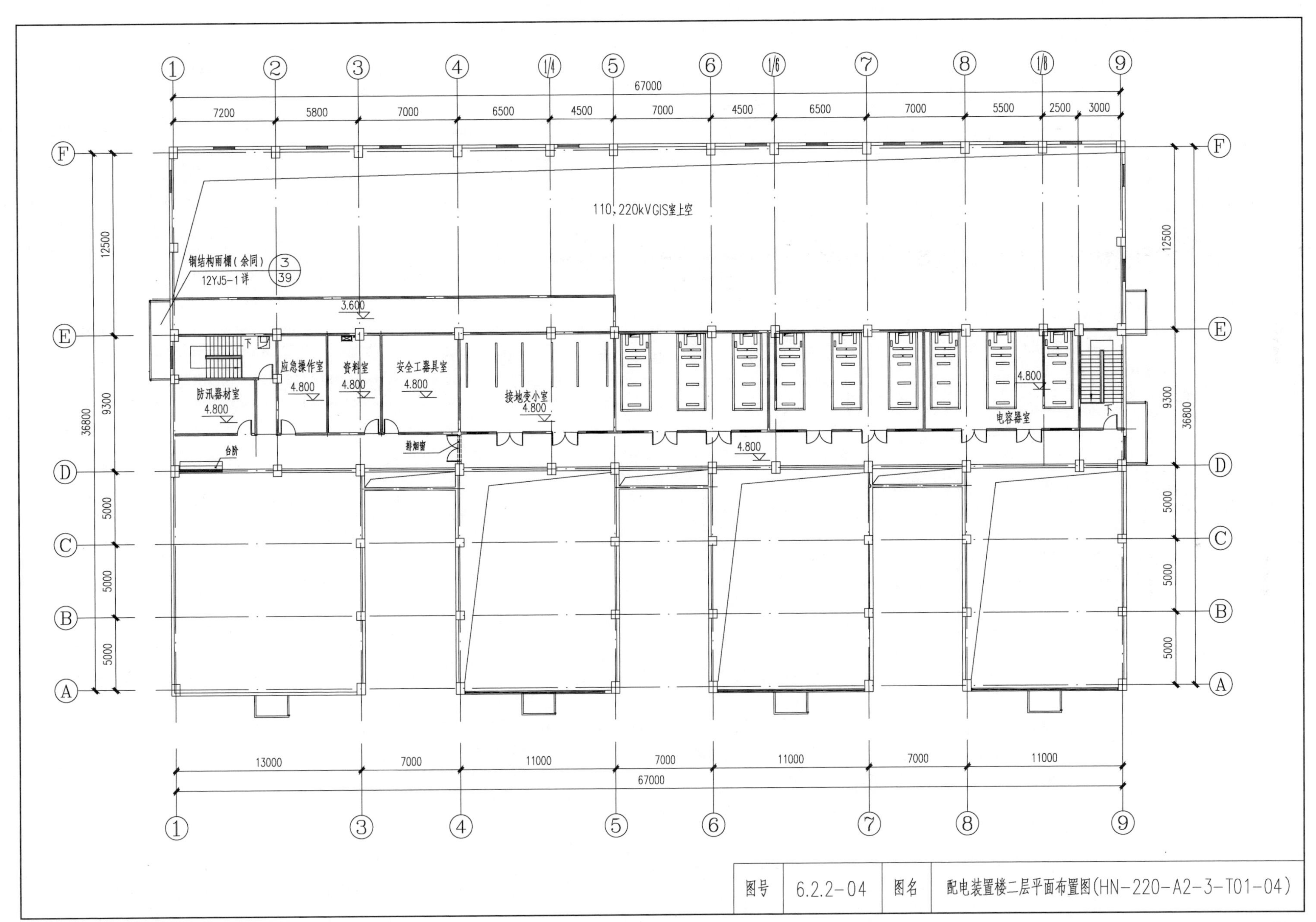

图号	6.2.2-04	图名	配电装置楼二层平面布置图(HN-220-A2-3-T01-04)

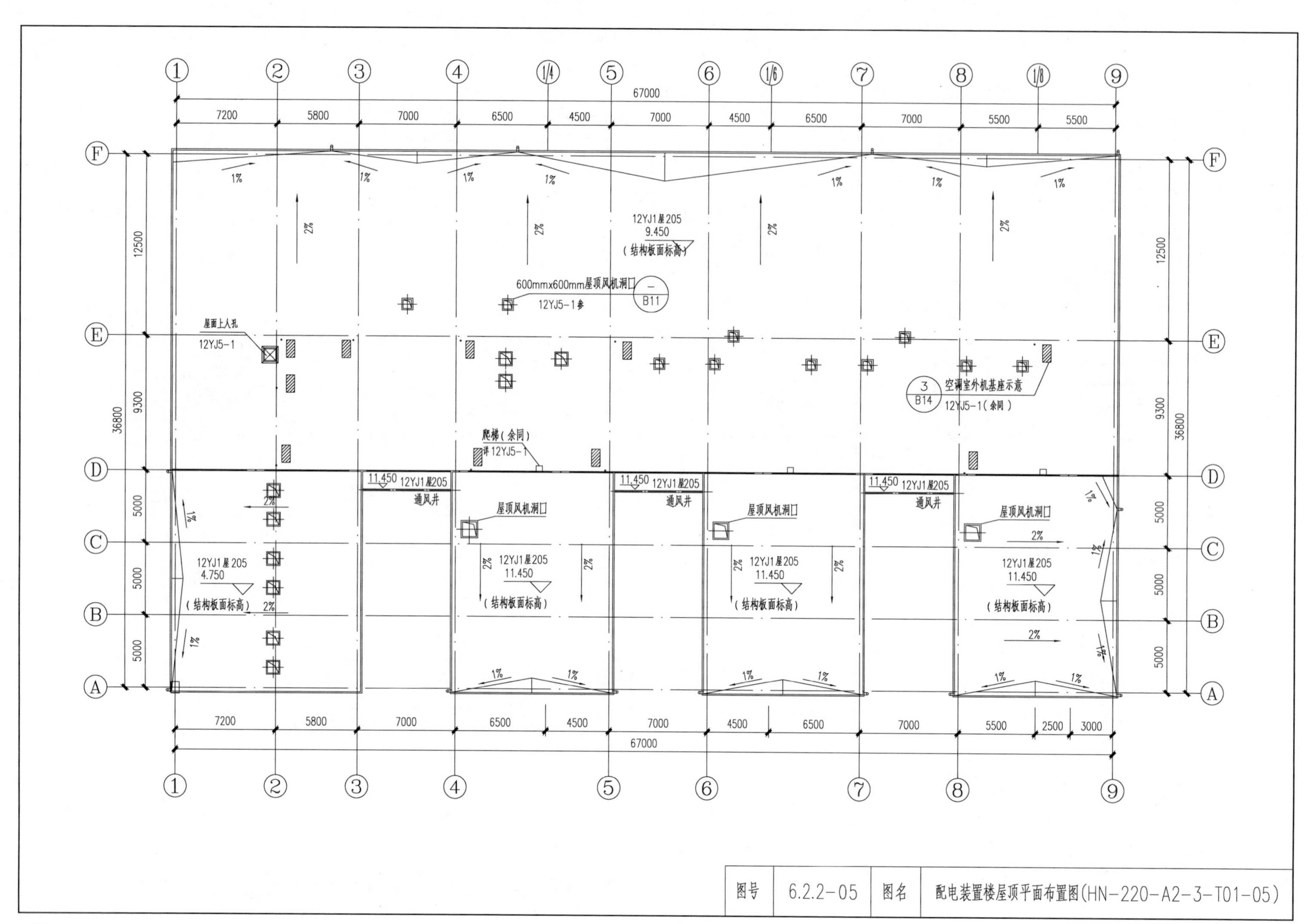

67000
7200
5800
7000
6500
4500
7000
4500
6500
7000
5500
5500
1%
2%
12YJ1屋205
9.450
（结构板面标高）
600mmx600mm屋顶风机洞口
12YJ5-1参
B11
屋面上人孔
12YJ5-1
3
B14
空调室外机基座示意
12YJ5-1（余同）
爬梯（余同）
详12YJ5-1
11.450
12YJ1屋205
通风井
屋顶风机洞口
12YJ1屋205
4.750
（结构板面标高）
12YJ1屋205
11.450
（结构板面标高）
12500
9300
36800
5000
2500
3000
图号
6.2.2-05
图名
配电装置楼屋顶平面布置图（HN-220-A2-3-T01-05）

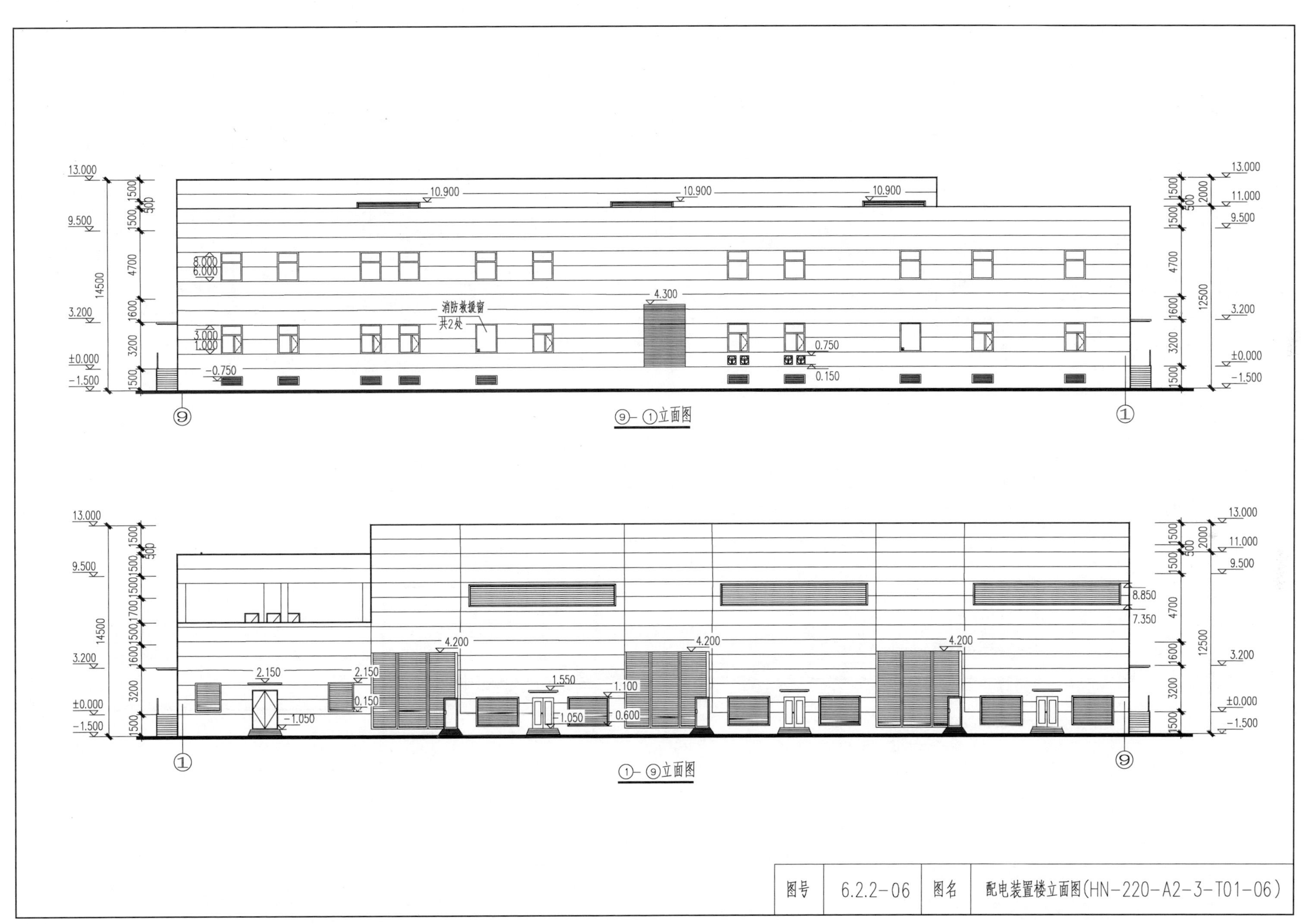

⑨-①立面图
①-⑨立面图
消防救援窗
共2处
13.000
11.000
10.900
9.500
8.850
8.000
7.350
6.000
4.300
4.200
3.200
3.000
2.150
1.550
1.100
1.000
0.750
0.600
0.150
±0.000
-0.750
-1.050
-1.500
14500
12500
4700
3200
2000
1700
1600
1500
500
图号
6.2.2-06
图名
配电装置楼立面图(HN-220-A2-3-T01-06)

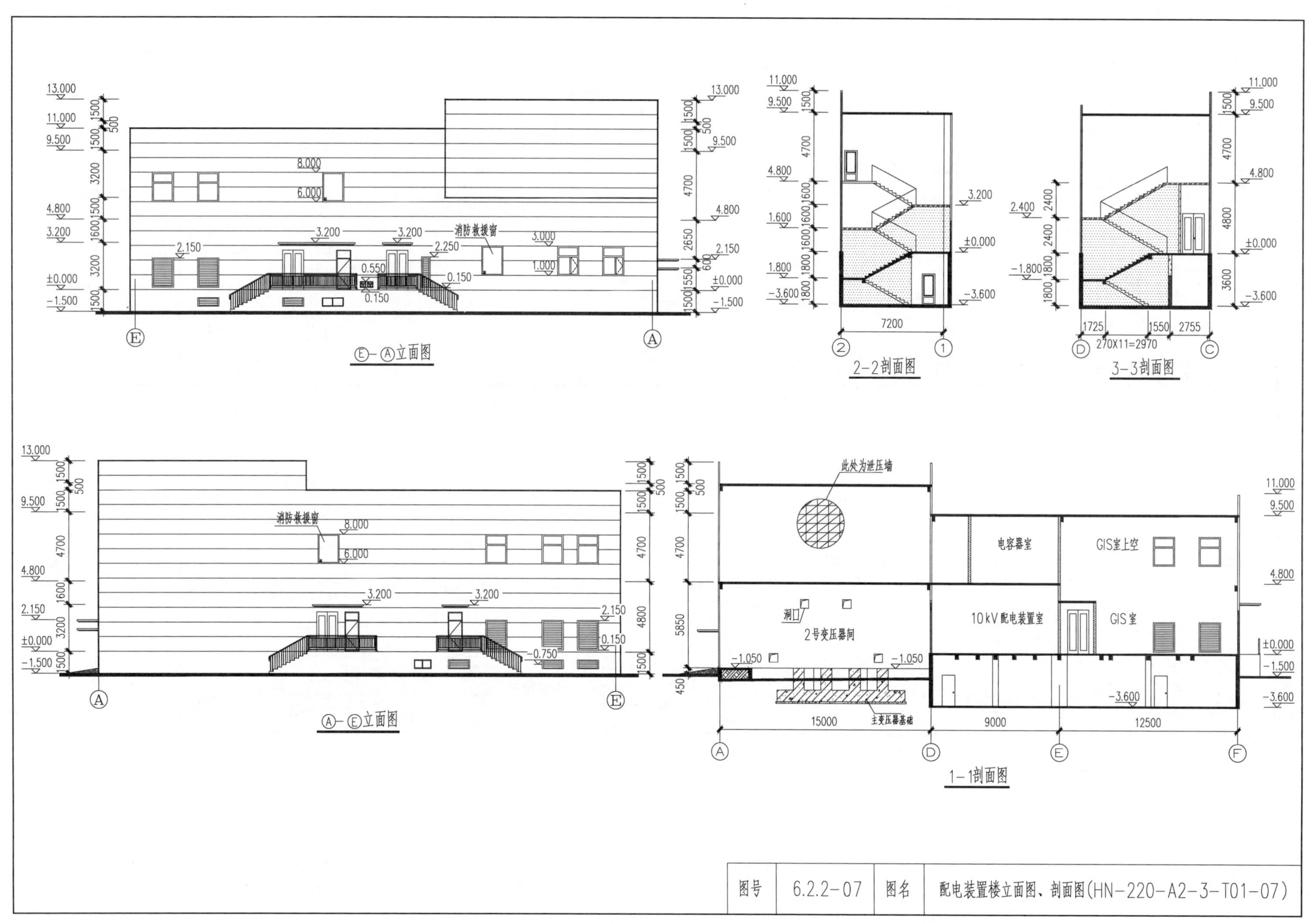

图号	6.2.2-07	图名	配电装置楼立面图、剖面图(HN-220-A2-3-T01-07)

一、工程概况

(1) 本卷册为国网河南省电力公司（以下简称“河南公司”）HN-220-A2-3标准化设计220kV配电装置楼结构图。

(2) 220kV配电装置楼为地下1层、地上局部2层装配式混凝土框架结构。

(3) 本卷册未包含基础设计，采用本方案的工程，需根据具体的工程地质进行具体的基础设计及必要的地基处理。基础部分采用现浇，正负零以上采用全装配式结构，底层柱底与基础采用连接块连接，预留柱伸入基础的钢筋。

(4) 本方案结构设计使用年限为50年，建筑结构安全等级为二级，结构重要性系数为1.0，建筑抗震设防类别丙类，设计使用年限内未经技术鉴定或设计许可，不得改变结构的用途和使用环境。

(5) 本工程图纸所注尺寸均以毫米为单位，标高以米计，±0.00相当于黄海高程×××m，建筑定位详见总平面定位图。

(6) 设计活荷载取值见下表：

种类	标准值/(kN/m^2)	所在区域
基本风压	0.45	n=50年
基本雪压	0.40	n=50年
屋面活荷载	0.70	不上人屋面

二、设计依据

(1) 根据国家电网有限公司部门文件《国网基建部关于发布35～750kV变电站通用设计通信、消防部分修订成果的通知》（基建技术〔2019〕51号）之规定及通用方案，并结合河南省实标而修改后的实施方案，编号为HN-220-A2-3-T02。

(2) 国家有关标准及规范（以下所列规程、规范和标准均按规行版本执行，并且并不限于以下规程、规范和标准，凡与其有关的规程、规范和标准均须执行。当所列规程、规范和标准的规定有不一致时，按较高标准执行）见下表：

名　　称	代　　号
《装配式混凝土建筑技术标准》	GB/T 51231—2016
《装配式混凝土结构技术标准》	JGJ 1—2014
《预制混凝土构件质量检验标准》	T/CECS 631：2019
《装配式结构工程施工质量验收规程》	DGJ32/J 184—2016
《建筑结构可靠度设计统一标准》	GB 50068—2018
《建筑工程抗震设防分类标准》	GB 50223—2008
《建筑抗震设计规范》	GB 50011—2010（2016年版）
《电力设施抗震设计规范》	GB 50260—2013
《建筑结构荷载规范》	GB 50009—2012
《混凝土结构设计规范》	GB 50010—2010（2015年版）
《变电站建筑结构设计技术规程》	DL/T 5457—2012
《220kV～750kV变电站设计技术规程》	DL/T 5218—2012
《建筑地基基础设计规范》	GB 50007—2011
《建筑地基处理技术规范》	JGJ 79—2012
《建筑地基基础工程施工质量验收标准》	GB 50202—2018
《混凝土结构工程施工质量验收规范》	GB 50204—2015
《钢结构设计标准》	GB 50017—2017
《冷弯薄壁型钢结构技术规范》	GB 50018—2002

续表

名　　称	代　　号
《建筑设计防火规范》	GB 50016—2014（2018年版）
《火力发电厂与变电站设计防火标准》	GB 50229—2019
《建筑钢结构防火技术规范》	GB 51249—2017
《钢结构防火涂料》	GB 14907—2018
《建筑钢结构防腐蚀技术规程》	JGJ/T 251—2011
《钢结构焊接规范》	GB 50661—2011
《钢筋焊接及验收规程》	JGJ 18—2012
《钢结构工程施工质量验收标准》	GB 50205—2020
《钢筋机械连接技术规程》	JGJ 107—2016
《电力建设施工质量验收及评定规程》	DL/T 5210.1—2018
《砌体结构工程施工质量验收规范》	GB 50203—2011

三、本方案设计假定自然条件

(1) 基本风压：0.45kN/m^2，地面粗糙度为B类。

(2) 基本雪压：S_0=0.4kN/m^2。

(3) 抗震设防烈度为7度，设计基本地震加速度值为0.15g，设计地震分组为第二组。

(4) 建筑物抗震设防类别为丙类，建筑场地类别为Ⅱ类，特征周期为0.4s。

(5) 抗震构造措施设防烈度7度，钢筋混凝土结构抗震等级为三级。

四、设计计算程序

结构整体受力分析及抗震验算采用中国建筑科学研究院研制的PKPM5.0系列软件、MIDASGEN及静力计算手册进行计算，结构规则性信息为规则。

五、主要结构材料

(1) 混凝土强度等级见下表：

预制构件混凝土强度等级选用表

垫层	基础、柱（基础～－0.050）	柱（－0.05～柱顶）	梁、板、楼梯	圈梁、构造柱
C15	C35	C35	C40	C25

(2) 混凝土耐久性要求见下表：

结构混凝土材料的耐久性基本要求

环境类型	最大水胶比	最低强度等级	最大氯离子含量/%	最大碱含量/(kg/m^3)
一	0.60	C20	0.30	不限制
二a	0.55	C25	0.20	3.0
二b	0.50（0.55）	C30（C25）	0.15	

注：处于严寒和寒冷地区二b类环境中的混凝土应使用引气剂，并可采用括号中的有关参数。

(3) 必须选用国家标准钢材，Φ为HPB300钢筋，⌀为HRB400钢筋。型钢及钢板采用Q235B钢材。

(4) 当钢筋采用焊接时，HPB300钢筋用E43焊条，HRB400钢筋用E55焊条，按《钢筋焊接及验收规程》（JGJ 18—2012）施工和验收。

图号	6.2.3-01	图名	配电装置楼建筑设计说明(一)(HN-220-A2-3-T02-01)

（5）框架纵向受力钢筋的抗拉强度实测值与屈服强度实测值的比值不应小于1.25；且钢筋的屈服强度实测值与强度标准值的比值不应大于1.3，且钢筋在最大拉力下的总伸长率实测值不应小于9%。钢筋的强度标准值应具有不小于95%的保证率。

（6）受力预埋件锚筋不应采用冷加工钢筋，钢材采用Q235B。

六、钢筋混凝土相关问题

（1）完全外露构件、结构外围构件的外侧及±0.000以下构件与土接触的面均为二b类环境，其余为一类环境。

（2）构件的保护层厚度见下表：

环境类别	板、墙、壳	梁、柱、杆
一	15	20
二a	20	25
二b	25	35

注：1. 混凝土强度等级不大于C25时，表中保护层厚度数值应增加5mm。

2. 钢筋混凝土基础设置100mm混凝土垫层，基础中钢筋的混凝土保护层厚度应以垫层顶面算起，且不应小于40mm。

（3）钢筋锚固长度与搭接长度按《混凝土结构施工图平面整体表示方法制图规则和构造详图》（16G101-01）和《装配式混凝土结构连接节点构造》（15G310-1～2）。

（4）钢筋的接头宜设置在受力较小处，框架结构钢筋接头不宜设置在梁柱箍筋加密区，同一纵向受力钢筋不宜设置两个或两个以上接头，框架梁柱及配有抗扭纵筋的非框架梁均采用抗震箍筋。

（5）楼层梁板上部筋接头应在跨中，下部筋接头在支座。基础拉梁钢筋接头在支座处。板钢筋采用搭接接头时，同一截面钢筋搭接接头数量不得大于钢筋总量的25%，相邻接头间的最小距离为45d。

（6）预制柱的设计应符合现行国家标准《混凝土结构设计规范》（GB 50010）的要求，柱箍筋加密区长度范围参考16G101-01标准图集，并应符合下列规定：柱纵向受力钢筋直径不宜小于20mm；矩形柱截面宽度或圆柱直径不宜小于400mm，且不宜小于同方向梁宽的1.5倍。

（7）梁、柱纵向钢筋在后浇节点区内采用直线锚固、弯折锚固或机械锚固的方式时，其锚固长度应符合现行国家标准《混凝土结构设计规范》（GB 50010）中的有关规定；当梁、柱纵向钢筋采用锚固板时，应符合现行行业标准《钢筋锚固板应用技术规程》（JGJ 256）中的有关规定。

七、图纸内容表达

（1）构造及制图执行《混凝土结构施工图平面整体表示方法制图规则和构造详图》（16G101-01）、《装配式混凝土结构表示方法及示例》（15G107-1）和《装配式混凝土结构连接节点构造》（15G310-1～2）。

（2）楼梯采用预制楼梯，具体做法参考《预制钢筋混凝土板式楼梯》（15G367-1）。

（3）图中长度单位为mm，结构标高单位为m。

八、预制构件制作及检验

（1）应根据预制构件制作特点制定工艺流程，明确质量要求和质量控制要求。

（2）模具所选用材料应有质量证明书或检验报告，模具应具有足够的刚度、强度、稳定性，模具构造应满足钢筋入模、混凝土浇捣和养护的要求；模具组装完成后需进行去毛、除锈、清渣等工作；并符合构件精度要求；与构件混凝土直接接触的钢模表面需均匀涂抹脱模剂。

（3）对于外观要求较高的构件，在模板拼接处如侧模与底模的拼接处须以止水条做好密封处理以免漏浆影响外观。

（4）预埋窗框的固定，预制构件厂按图纸位置在窗框内侧附加钢框用以固定窗框，还需根据窗厂产品要求按间距埋设加强爪件。

（5）钢筋应有产品合格证，并应按有关标准规定进行复试检验，质量必须符合现行有关标准和结构总说明的规定。严格按构件加工图纸要求排布钢筋，并控制保护层厚度。叠合筋应按设计要求露出高度设置。

（6）混凝土用的水泥、骨料（砂、石）、外加剂、掺合料等应有产品合格证，并按有关标准的规定进行复试检验，质量必须符合现行有关标准的规定。混凝土应按国家现行标准《普通混凝土配合比设计规程》（JGJ 55）的有关规定，根据混凝土强度等级、耐久性和工作性等要求进行配合比设计。混凝土外加剂的选择与使用应满足《混凝土外加剂应用技术规范》（GB 50119）。选择各类外加剂时，应特别注意外加剂的适用范围。

（7）构件浇筑成型前，模具、隔离剂涂刷、钢筋成品（骨架）质量、保护层控制措施、预留孔道、配件和埋件等，应逐件进行隐蔽验收，符合有关标准规定和设计文件要求后方可浇筑混凝土。

（8）根据实际情况均匀振捣，要求均匀密实，振捣时应避开钢筋、埋件、管线、面砖等，对于重要勿碰部位提前做好标记。

（9）构件外表面应光滑无明显凹坑破损，内侧与现浇部分相接面须做均匀拉毛处理，拉深4～5mm。

（10）预制构件混凝土浇筑完毕后，应及时按国家混凝土养护的规定操作养护。

（11）预制构件达到混凝土抗压强度设计值的75%且不小于15N/mm^{2}时方可拆模起吊。

（12）按国家规范检测混凝土强度；预埋连接件、插筋、孔洞数量、规格、定位；外观质量检查；外形尺寸检查。成品构件尺寸偏差及变形与裂缝应控制在允许范围内，详见《预制预应力混凝土装配整体式框架结构技术规程》（JGJ 224）。

（13）对预制构件修补和保护，预制梁、楼梯、楼板存放采用平躺式，且做好包角包面与固定的防护措施。

（14）预制构件内钢筋弯钩及锚固做法详见《装配式混凝土结构连接节点构造》（15G310-1）中相关构造要求。

（15）为确保安全脱模、起吊，应按设计要求预先做金属预埋件拉拔试验，并递交正式的实验报告。

（16）预制构件模具的允许偏差。预制构件的允许尺寸偏差及检验方法应符合《装配式混凝土结构技术规程》（JGJ 1）的相关规定；预制构件应按设计要求和现行国家标准《混凝土结构工程施工质量验收规范》（GB 50204）的有关规定进行结构性能检验。

九、运输要求

1. 运输注意事项

（1）预制构件运输时，车上应设有专用架，且有可靠的稳定构件措施。预制构件混凝土强度达到设计强度时方可运输。

（2）预制构件运输时，应采用木材或混凝土块作为支撑物，构件接触部位用柔性垫片填实，支撑牢固不得有松动。

2. 运输方式

（1）竖立式：适用于预制混凝土构件较大且为不规则形状时，或高度不是很高的扁平预制混凝土构件可排列竖立。竖立式除了需注意超高限制外还要防止倾覆，必须制作专用钢排架，排架常有山形架和A字架。构件与排架之间须有限位措施并绑扎牢固，同时做好易碰部位的边角保护。

（2）平躺式：适用于大多数预制混凝土构件，对于预制楼板、墙板等扁平构件，计算出最佳支点距离以指导运输方正确设置，谨慎采取二点以上支点的方式，如采用需专门措施保证每个支点同时受力。构件平躺叠加，支点与上下层构件的接触点必须设置减震措施，如垫橡胶块等，禁止硬碰硬方式。重叠不宜超过5层，且各层 垫块必须在同一竖向位置。

十、标准图集

（1）《混凝土结构施工图平面整体表示方法制图规则和构造详图》（16G101-01）。

（2）《混凝土结构施工图平面整体表示方法制图规则和构造详图》（16G101-03）。

（3）《钢筋混凝土抗震构造详图》（11YG002）。

（4）《钢筋混凝土过梁》（11YG301）。

（5）《装配式建筑系列标准应用实施指南（装配式混凝土结构建筑）》。

（6）《装配式混凝土结构表示方法及示例》（15G107-1）。

（7）《装配式混凝土结构连接节点构造》（15G310-1～2）。

（8）《装配式混凝土结构技术规程》（JGJ 1—2014）。

图号	6.2.3-02	图名	配电装置楼建筑设计说明（二）（HN-220-A2-3-T02-02）

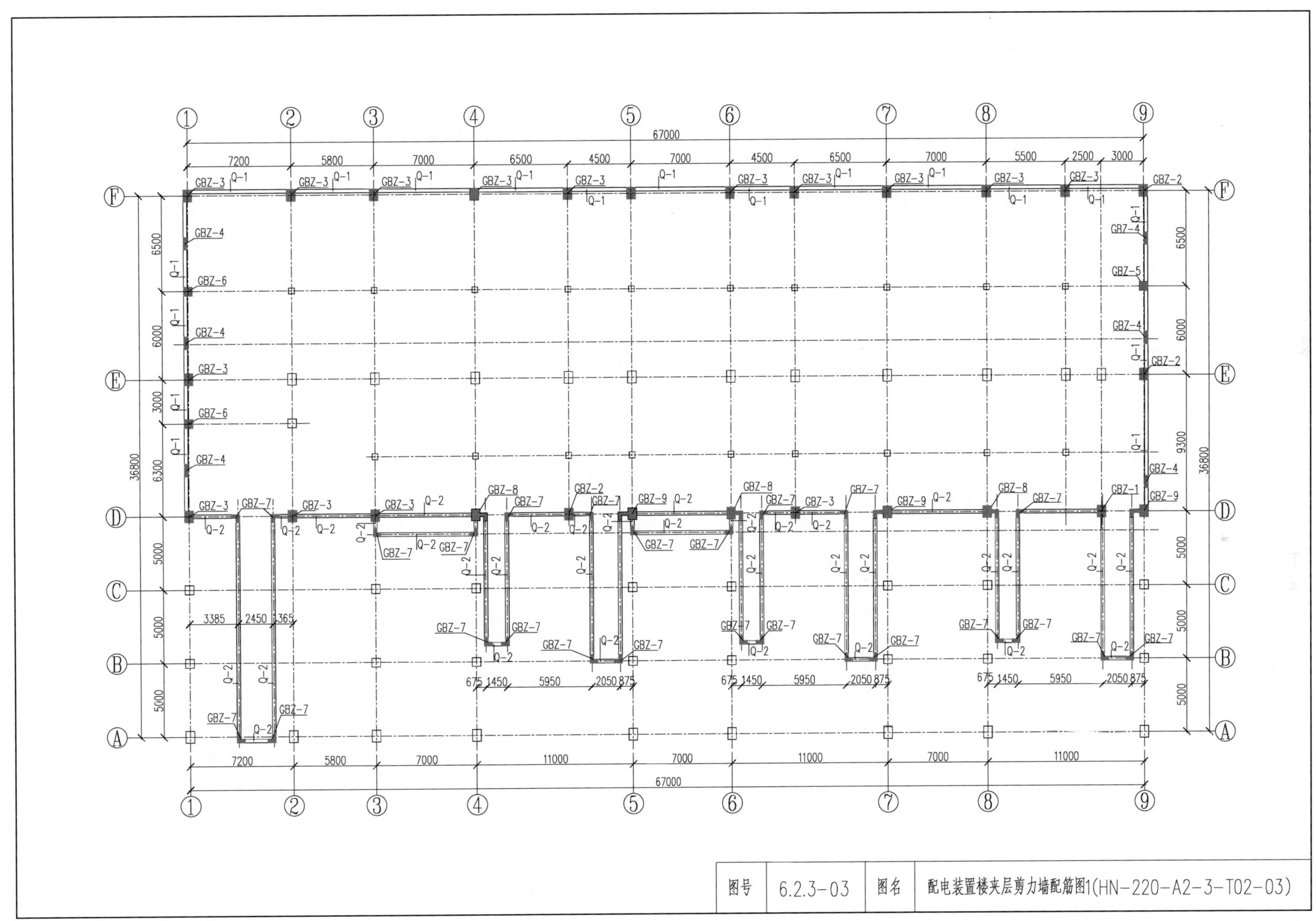

图号	6.2.3-03	图名	配电装置楼夹层剪力墙配筋图1(HN-220-A2-3-T02-03)

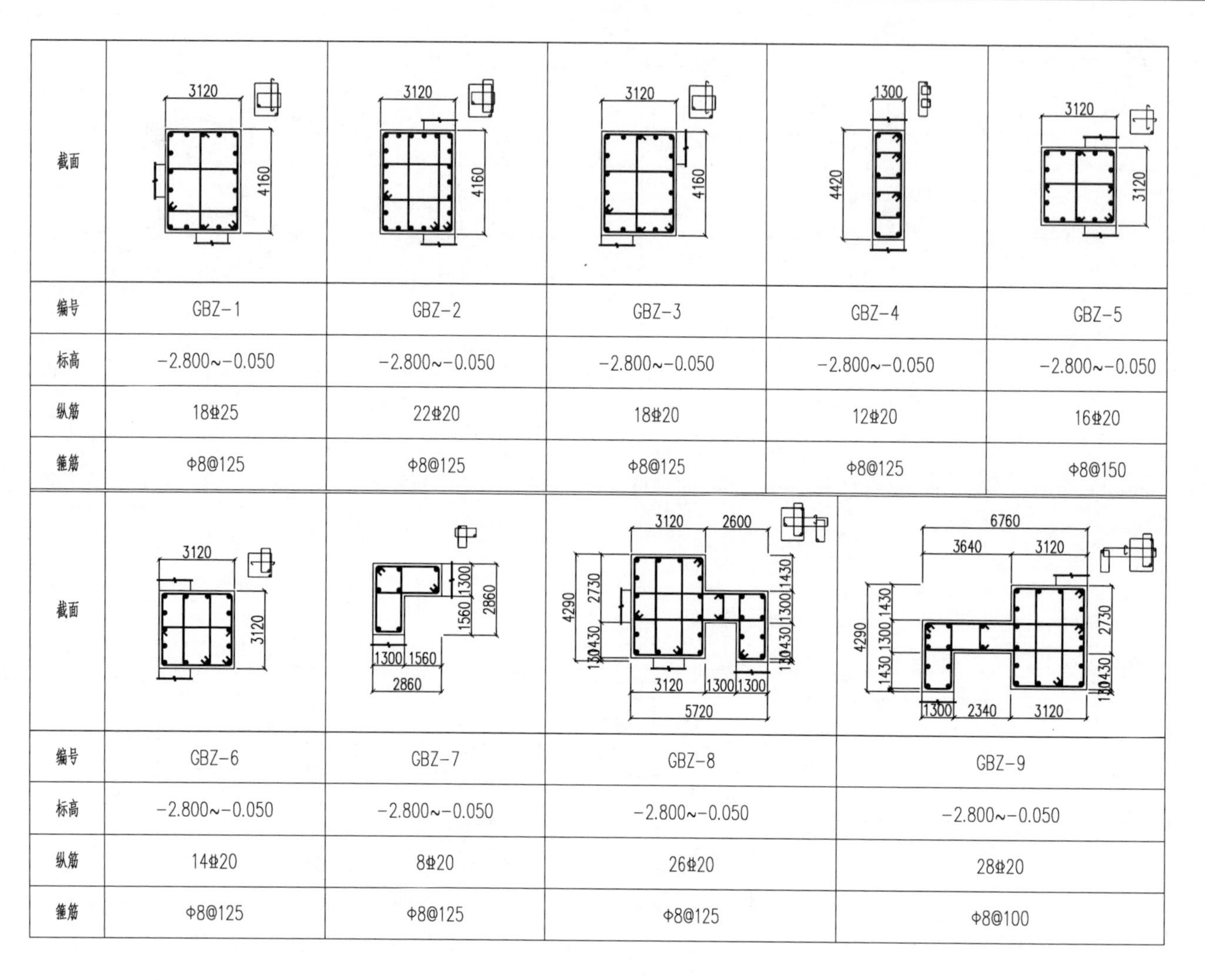

截面					
编号	GBZ-1	GBZ-2	GBZ-3	GBZ-4	GBZ-5
标高	-2.800~-0.050	-2.800~-0.050	-2.800~-0.050	-2.800~-0.050	-2.800~-0.050
纵筋	18⌀25	22⌀20	18⌀20	12⌀20	16⌀20
箍筋	Φ8@125	Φ8@125	Φ8@125	Φ8@125	Φ8@150

截面				
编号	GBZ-6	GBZ-7	GBZ-8	GBZ-9
标高	-2.800~-0.050	-2.800~-0.050	-2.800~-0.050	-2.800~-0.050
纵筋	14⌀20	8⌀20	26⌀20	28⌀20
箍筋	Φ8@125	Φ8@125	Φ8@125	Φ8@100

剪力墙身表

名称	墙厚	水平分布筋	垂直分布筋	拉筋(双向)
Q-1(2排)	250	⌀12@150	⌀12@150	⌀8@450@450
Q-2(2排)	250	⌀12@150	⌀12@200	⌀8@450@450

图号	6.2.3-04	图名	配电装置楼夹层剪力墙配筋图2(HN-220-A2-3-T02-04)

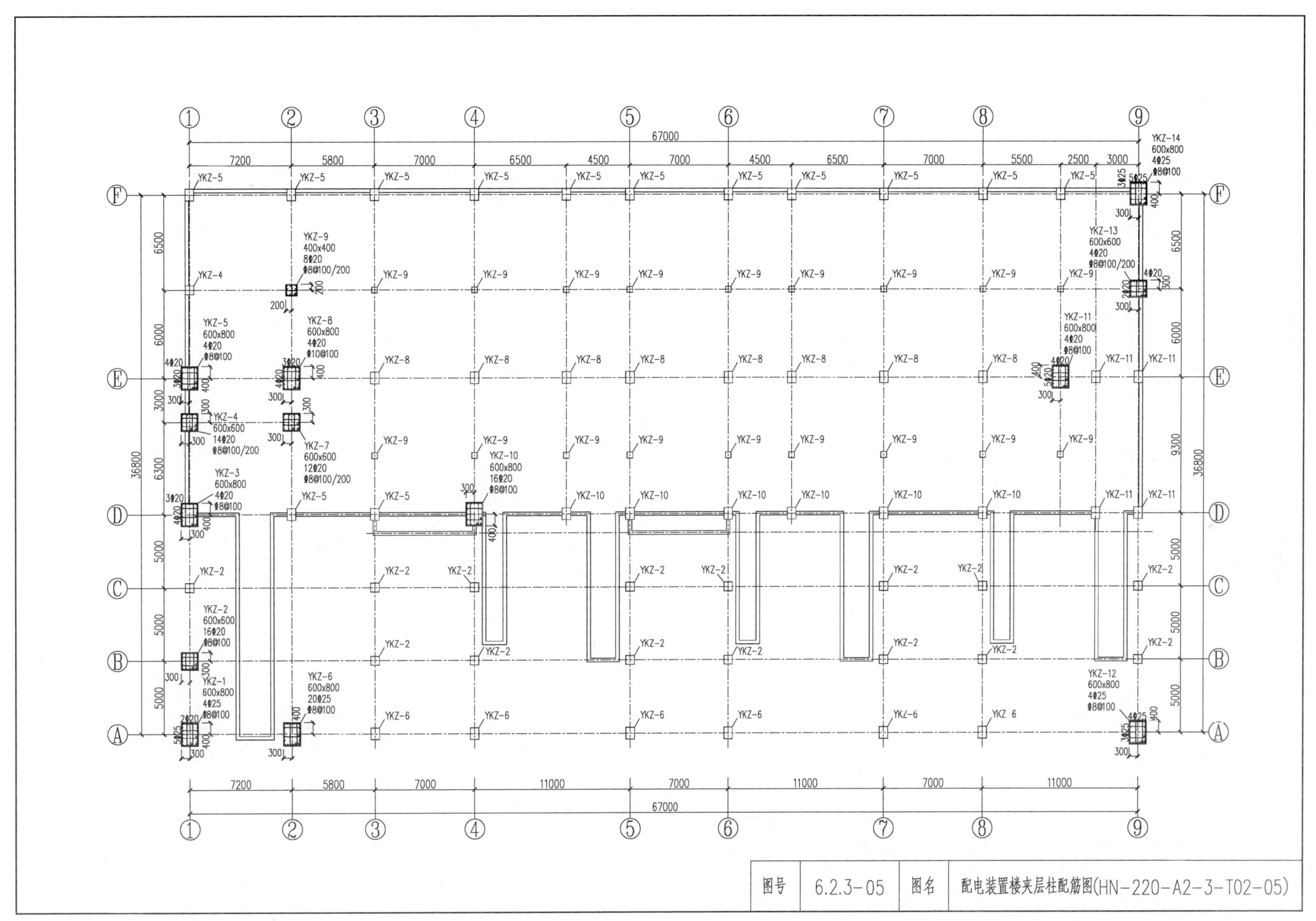

①
②
③
④
⑤
⑥
⑦
⑧
⑨
Ⓐ
Ⓑ
Ⓒ
Ⓓ
Ⓔ
Ⓕ
67000
7200
5800
7000
6500
4500
7000
4500
6500
7000
5500
2500
3000
11000
7000
11000
7000
11000
36800
6500
6000
3000
6300
5000
5000
5000
9300
YKZ-14
600x800
4Φ25
Φ8@100
YKZ-13
600x600
4Φ20
Φ8@100/200
YKZ-11
600x800
4Φ20
Φ8@100
YKZ-12
600x800
4Φ25
Φ8@100
YKZ-9
400x400
8Φ20
Φ8@100/200
YKZ-5
600x800
4Φ20
Φ8@100
YKZ-8
600x800
4Φ20
Φ10@100
YKZ-4
600x600
14Φ20
Φ8@100/200
YKZ-7
600x600
12Φ20
Φ8@100/200
YKZ-3
600x800
4Φ20
Φ8@100
YKZ-10
600x800
16Φ20
Φ8@100
YKZ-2
600x600
16Φ20
Φ8@100
YKZ-1
600x800
4Φ25
Φ8@100
YKZ-6
600x800
20Φ25
Φ8@100
图号
6.2.3-05
图名
配电装置楼夹层柱配筋图(HN-220-A2-3-T02-05)

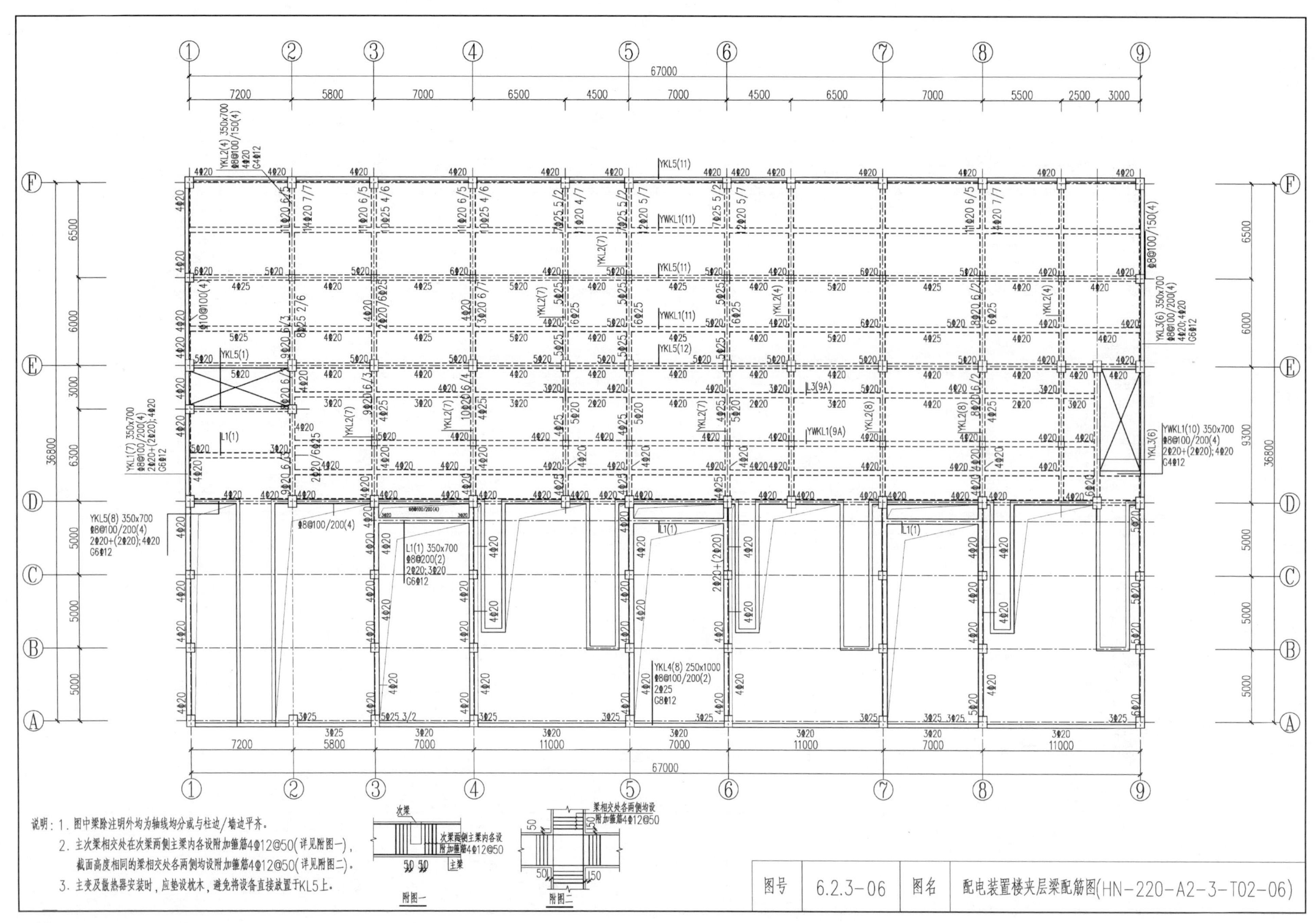
说明：1. 图中梁除注明外均为轴线均分或与柱边/墙边平齐。
2. 主次梁相交处在次梁两侧主梁内各设附加箍筋4Φ12@50(详见附图一)，
截面高度相同的梁相交处各两侧均设附加箍筋4Φ12@50(详见附图二)。
3. 主变及散热器安装时，应垫设枕木，避免将设备直接放置于KL5上。
次梁
次梁两侧主梁内各设附加箍筋4Φ12@50
主梁
附图一
梁相交处各两侧均设附加箍筋4Φ12@50
附图二
图号
6.2.3-06
图名
配电装置楼夹层梁配筋图(HN-220-A2-3-T02-06)
67000
7200
5800
7000
6500
4500
11000
5500
2500
3000
36800
6300
6000
5000
9300
YKL2(4) 350x700
YKL5(11)
YWKL1(11)
YKL5(1)
YKL1(7) 350x700
YKL5(8) 350x700
L1(1) 350x700
YKL3(6) 350x700
YWKL1(10) 350x700
YKL4(8) 250x1000
L3(9A)
YWKL1(9A)
YKL5(12)

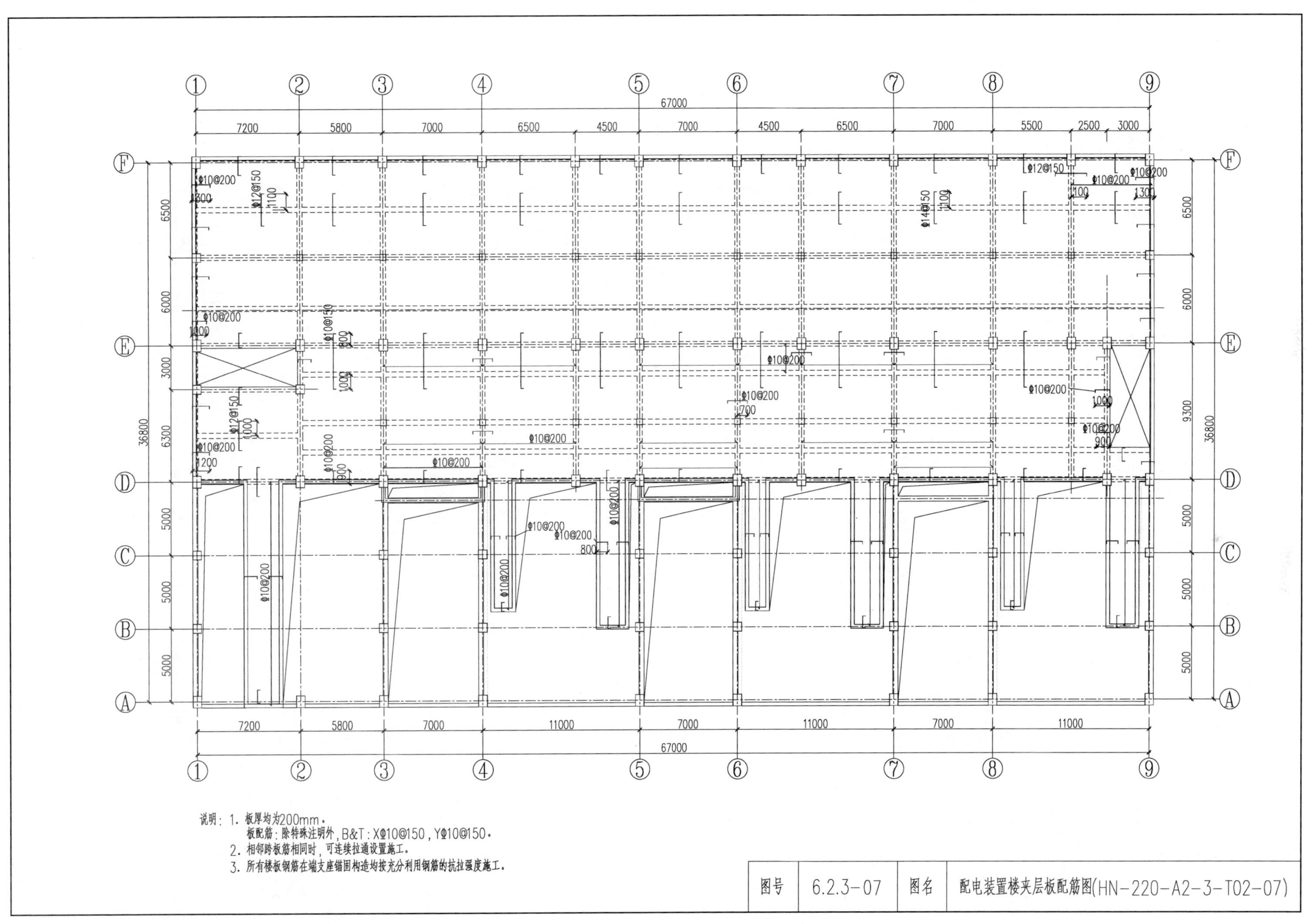

说明：1. 板厚均为200mm。
板配筋：除特殊注明外，B&T：XΦ10@150，YΦ10@150。
2. 相邻跨板筋相同时，可连续拉通设置施工。
3. 所有楼板钢筋在端支座锚固构造均按充分利用钢筋的抗拉强度施工。

图号	6.2.3-07	图名	配电装置楼夹层板配筋图(HN-220-A2-3-T02-07)

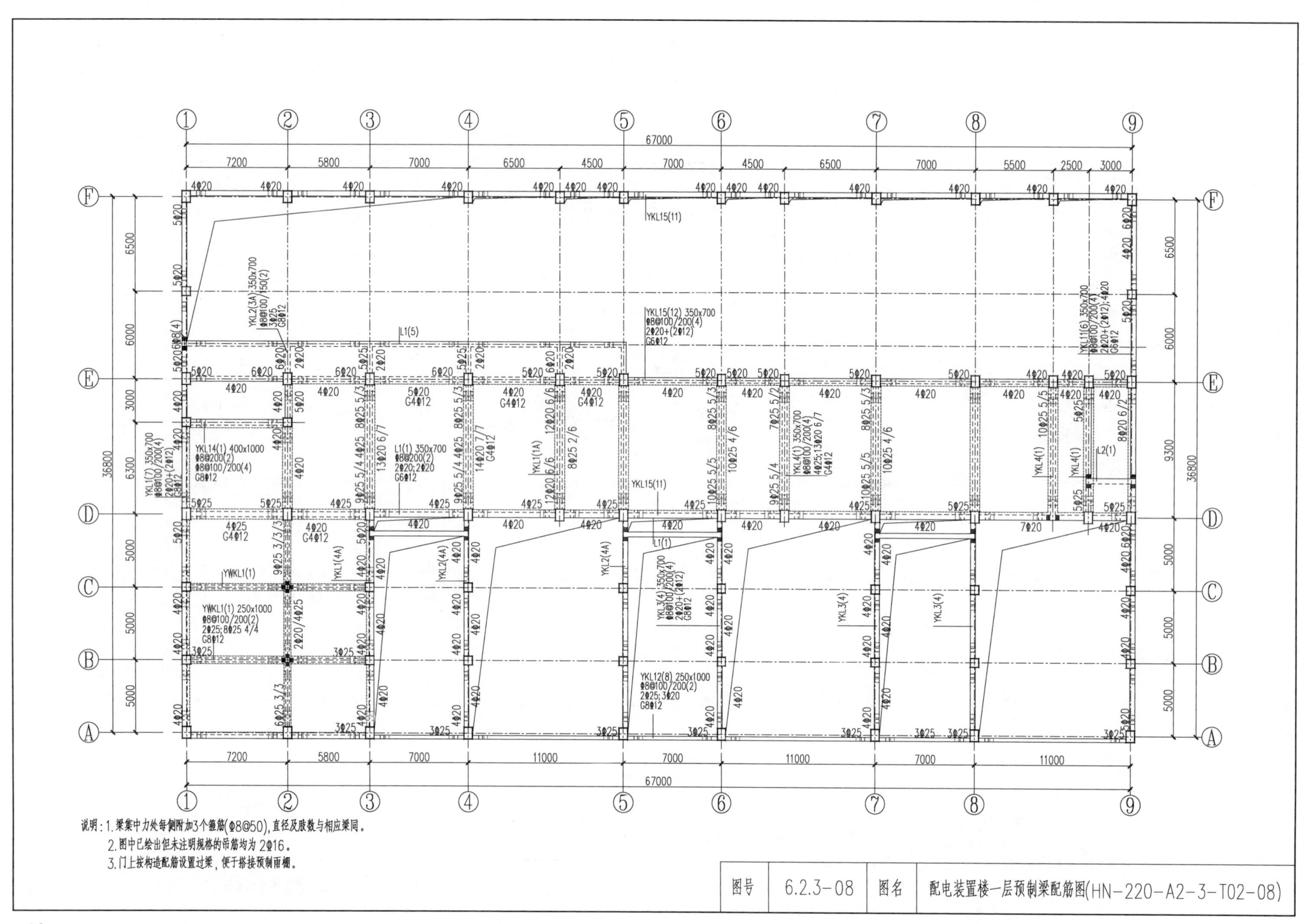
说明：1.梁集中力处每侧附加3个箍筋(φ8@50)，直径及肢数与相应梁同。
2.图中已绘出但未注明规格的吊筋均为2φ16。
3.门上按构造配筋设置过梁，便于搭接预制雨棚。
图号
6.2.3-08
图名
配电装置楼一层预制梁配筋图(HN-220-A2-3-T02-08)
67000
7200
5800
7000
6500
4500
7000
4500
6500
7000
5500
2500
3000
11000
36800
6500
6000
3000
6300
5000
9300
YKL15(11)
YKL15(12) 350x700
L1(5)
YKL2(3A) 350x700
YKL14(1) 400x1000
YKL1(7) 350x700
L1(1) 350x700
YKL1(1A)
YKL4(1) 350x700
YKL11(6) 350x700
L2(1)
YWKL1(1)
YWKL1(1) 250x1000
YKL1(4A)
YKL2(4A)
YKL3(4) 350x700
YKL3(4)
YKL12(8) 250x1000

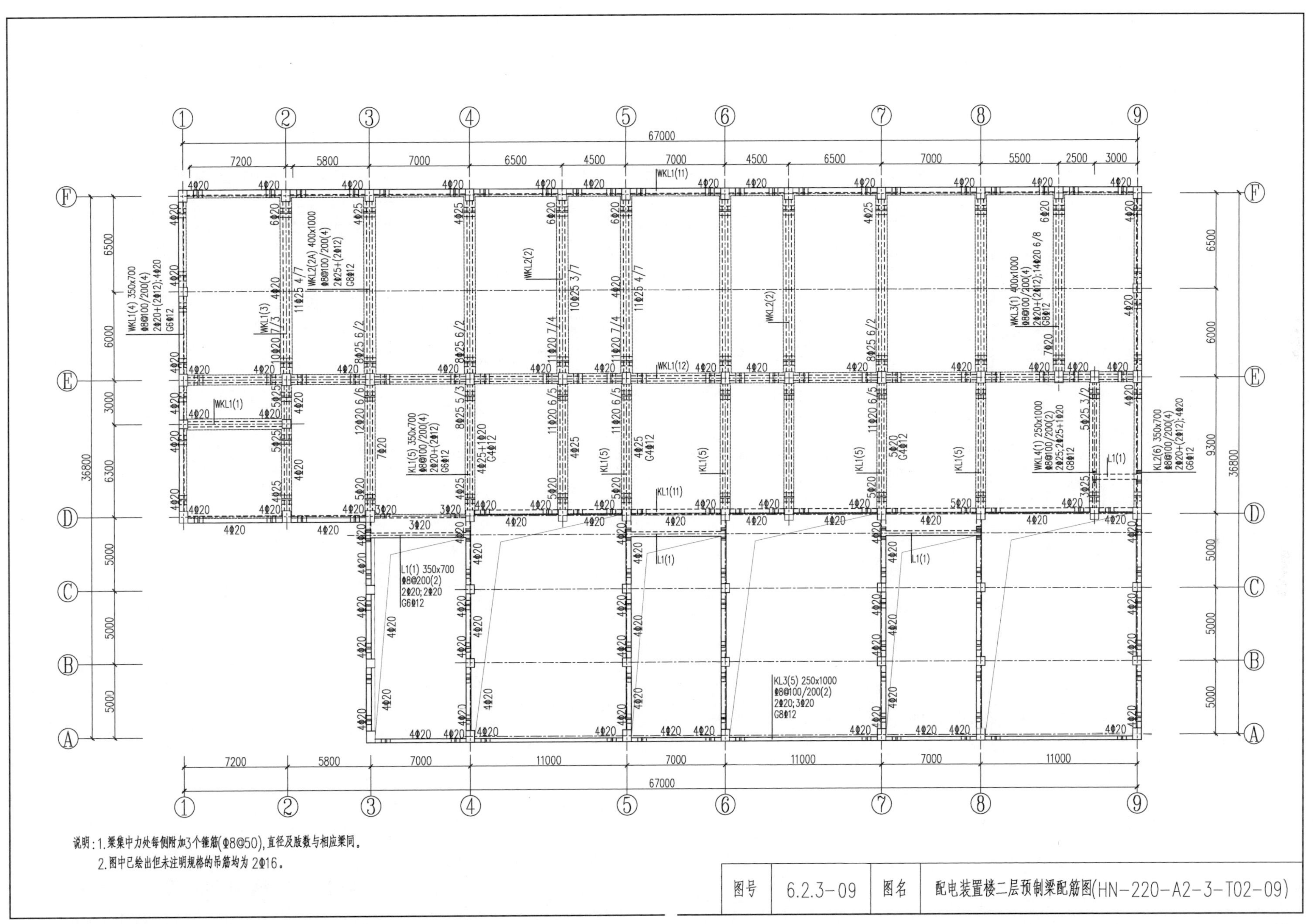
说明：1.梁集中力处每侧附加3个箍筋(Φ8@50)，直径及肢数与相应梁同。
2.图中已绘出但未注明规格的吊筋均为 2Φ16。
图号
6.2.3-09
图名
配电装置楼二层预制梁配筋图(HN-220-A2-3-T02-09)
67000
7200
5800
7000
6500
4500
7000
4500
6500
7000
5500
2500
3000
11000
36800
6500
6000
3000
6300
5000
9300
WKL1(4) 350x700
Φ8@100/200(4)
2Φ20+(2Φ12);4Φ20
G6Φ12
WKL2(2A) 400x1000
Φ8@100/200(4)
2Φ25+(2Φ12)
G8Φ12
WKL3(1) 400x1000
Φ8@100/200(4)
2Φ20+(2Φ12);14Φ20 6/8
G8Φ12
KL1(5) 350x700
Φ8@100/200(4)
2Φ20+(2Φ12)
G6Φ12
WKL4(1) 250x1000
Φ8@100/200(2)
2Φ25;2Φ25+1Φ20
G6Φ12
KL2(6) 350x700
Φ8@100/200(4)
2Φ20+(2Φ12);4Φ20
G6Φ12
L1(1) 350x700
Φ8@200(2)
2Φ20;2Φ20
G6Φ12
KL3(5) 250x1000
Φ8@100/200(2)
2Φ20;3Φ20
G8Φ12
WKL1(11)
WKL1(12)
WKL1(1)
WKL1(3)
WKL2(2)
KL1(11)
KL1(5)
L1(1)

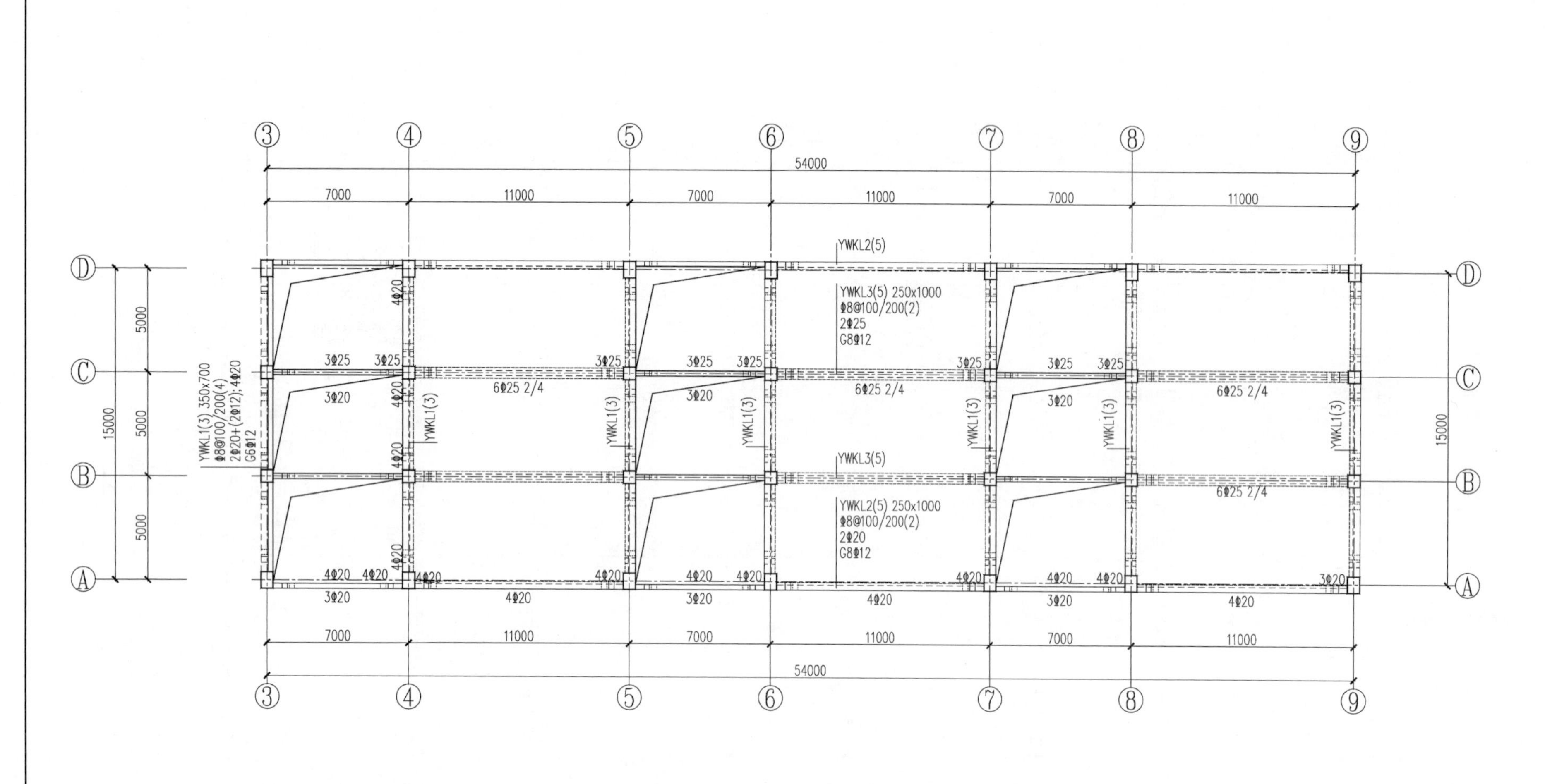

说明：1.梁集中力处每侧附加3个箍筋(间距50)，直径及肢数与相应梁同。

2.图中已绘出但未注明规格的吊筋均为 2Φ16。

图号	6.2.3-10	图名	配电装置楼三层预制梁配筋图(HN-220-A2-3-T02-10)

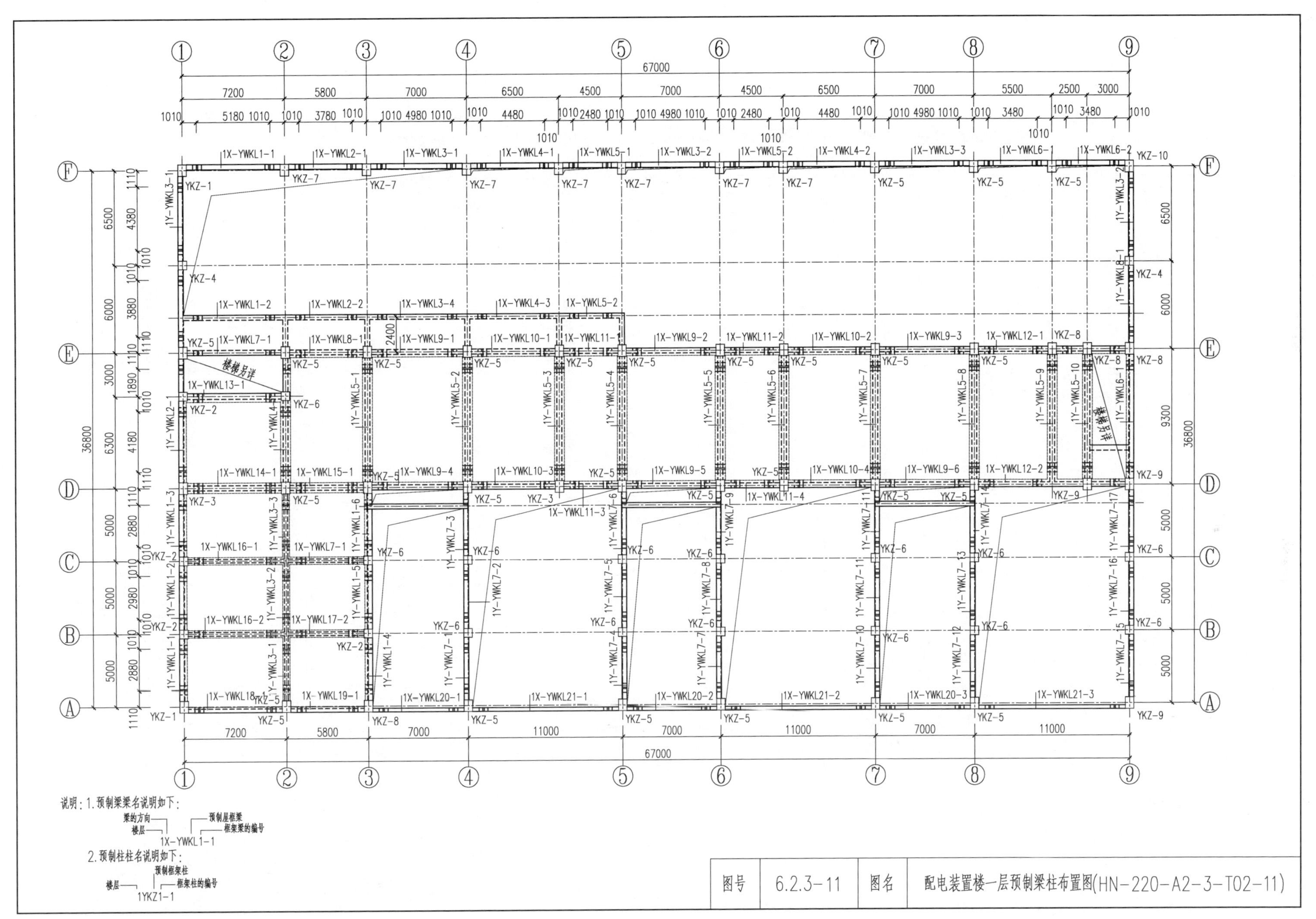
说明：1.预制梁梁名说明如下：
梁的方向
楼层
预制屋框梁
框架梁的编号
1X-YWKL1-1
2.预制柱柱名说明如下：
预制框架柱
楼层
框架柱的编号
1YKZ1-1
图号
6.2.3-11
图名
配电装置楼一层预制梁柱布置图(HN-220-A2-3-T02-11)

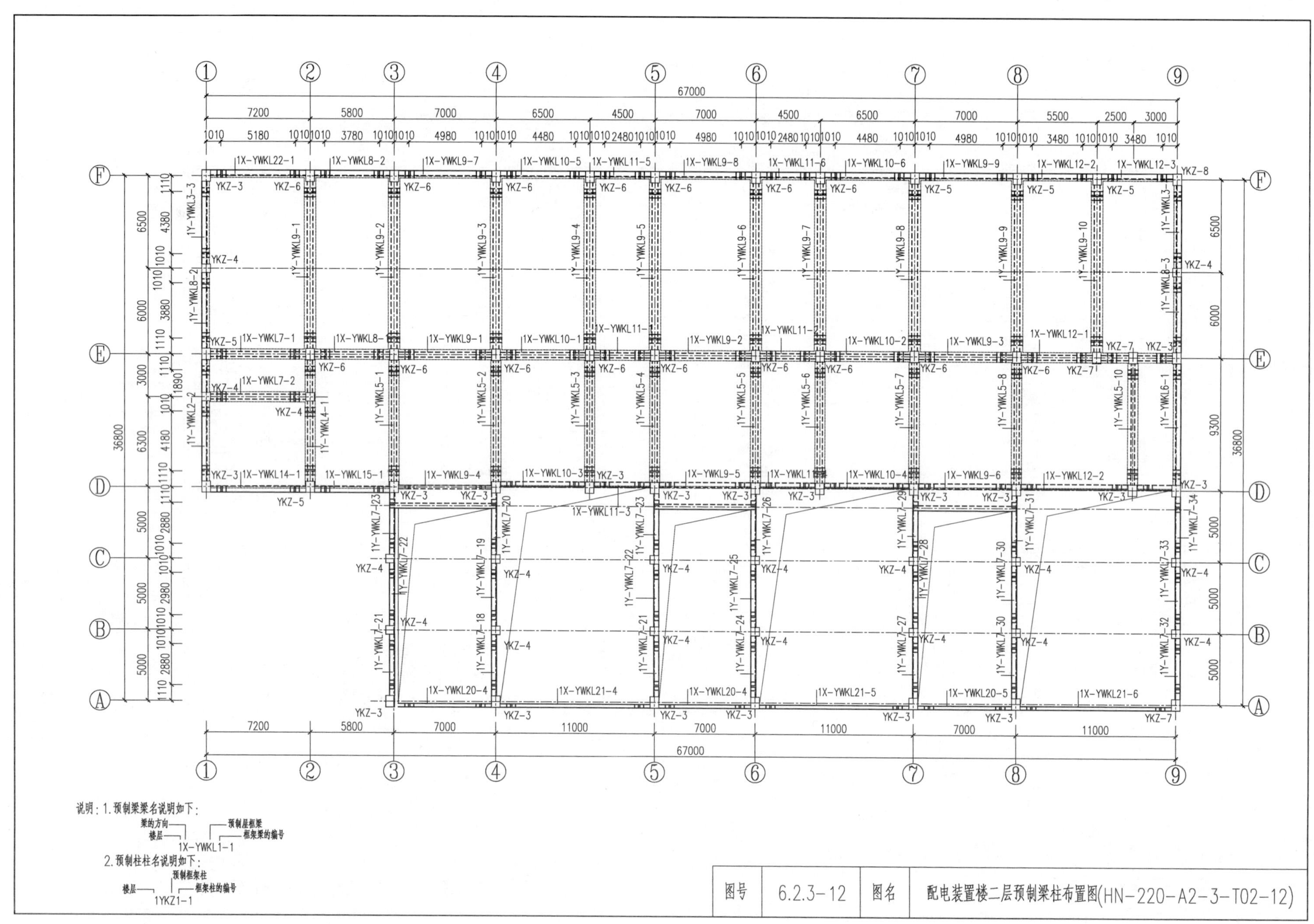
说明：1. 预制梁梁名说明如下：
1X-YWKL1-1
2. 预制柱柱名说明如下：
1YKZ1-1
图号
6.2.3-12
图名
配电装置楼二层预制梁柱布置图(HN-220-A2-3-T02-12)

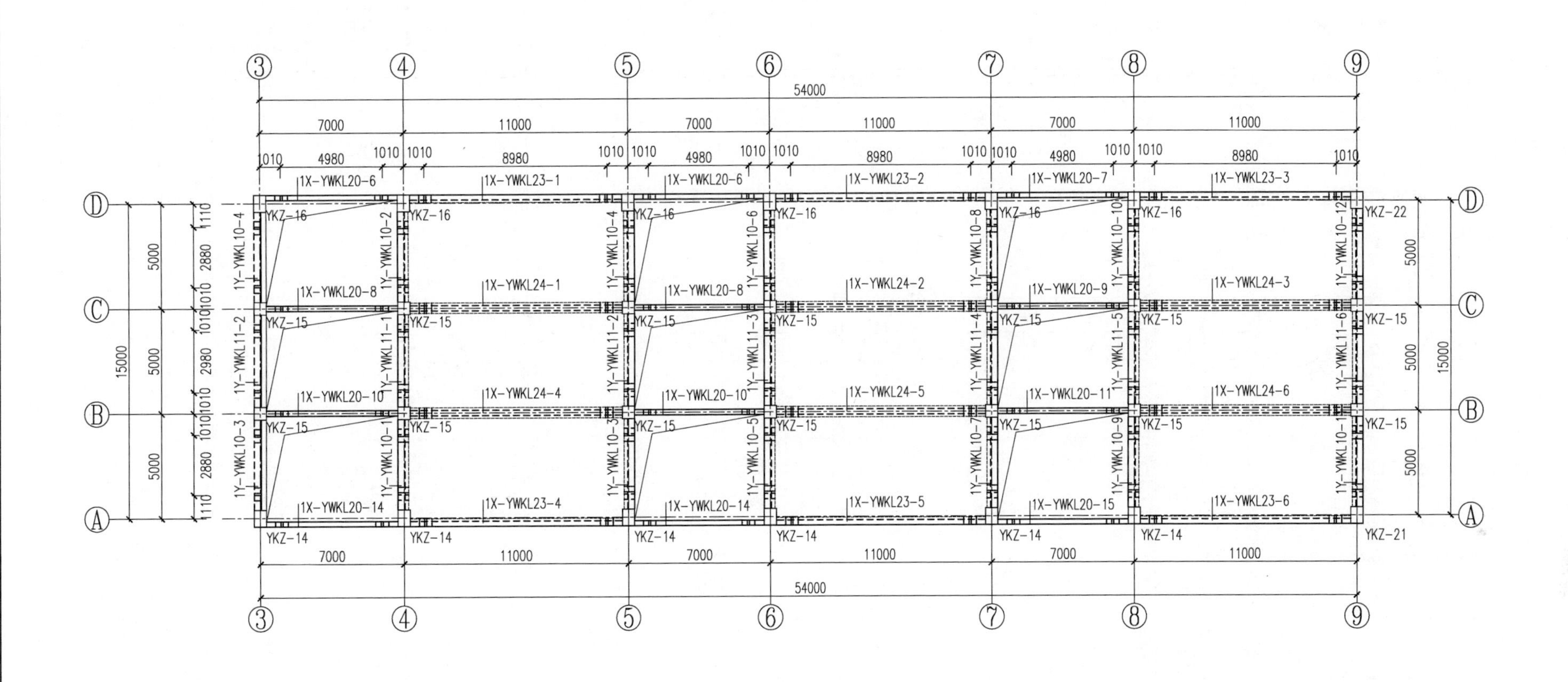

说明：1.预制梁梁名说明如下：

梁的方向 楼层 1X-YWKL1-1 预制屋框梁 框架梁的编号

2.预制柱柱名说明如下：

楼层 1YKZ1-1 预制框架柱 框架柱的编号

图号	6.2.3-13	图名	配电装置楼三层预制梁柱布置图(HN-220-A2-3-T02-13)

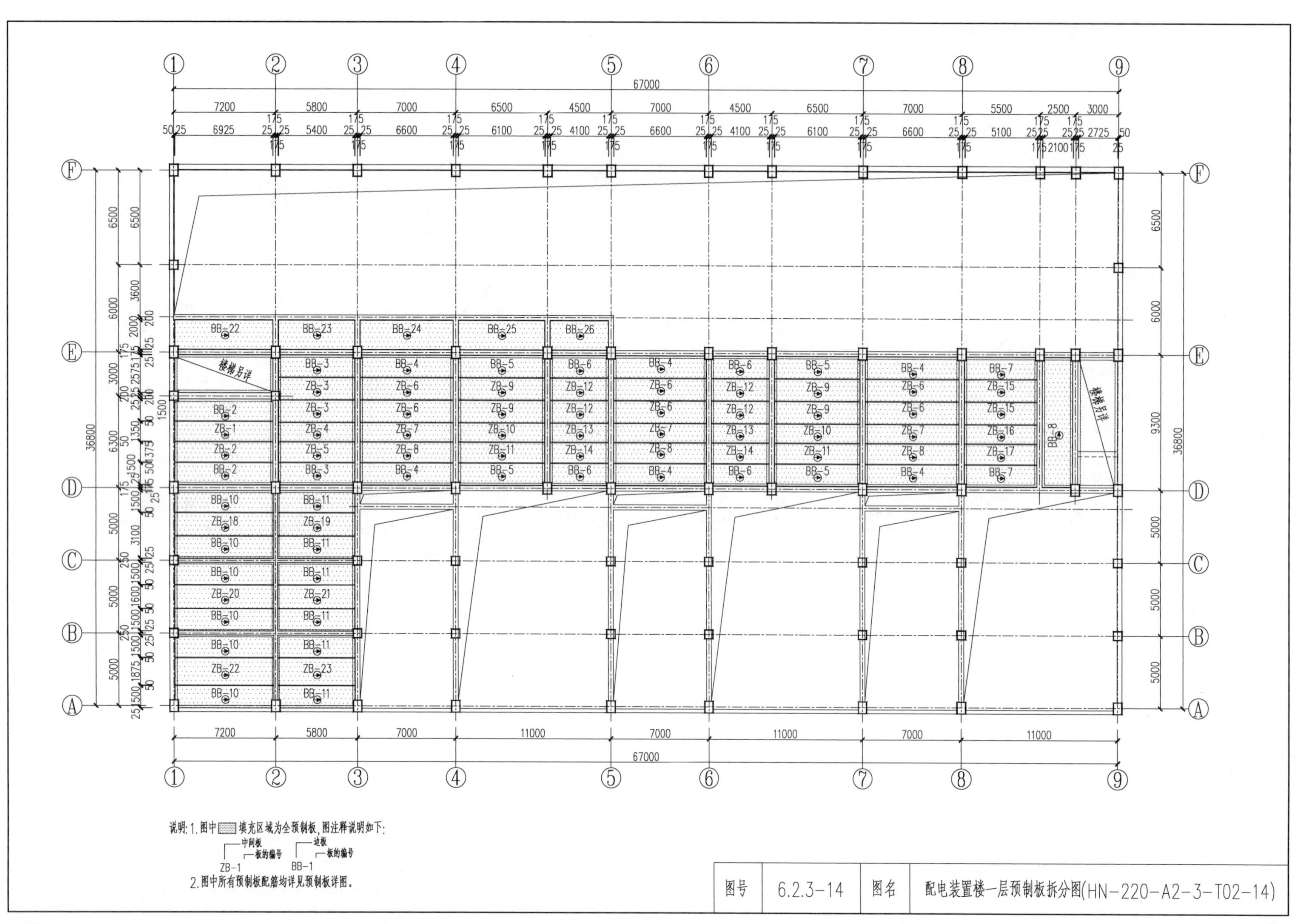
说明：1.图中▒填充区域为全预制板，图注释说明如下：
中间板
板的编号
ZB-1
边板
板的编号
BB-1
2.图中所有预制板配筋均详见预制板详图。
楼梯另详
图号
6.2.3-14
图名
配电装置楼一层预制板拆分图(HN-220-A2-3-T02-14)

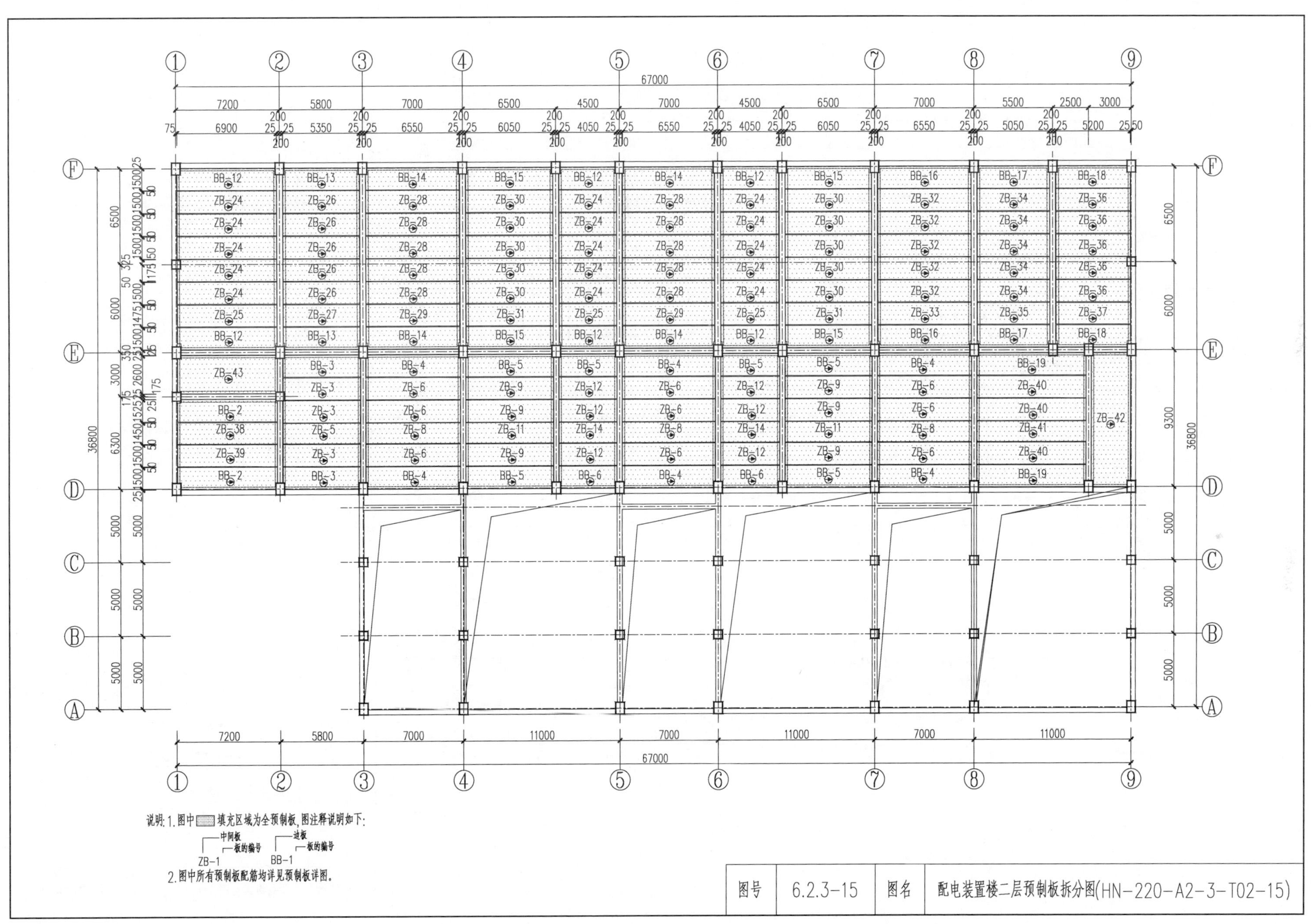

67000
7200 5800 7000 6500 4500 7000 4500 6500 7000 5500 2500 3000
7200 5800 7000 11000 7000 11000 7000 11000
36800
6500 6000 3000 6300 5000 5000 5000
6500 6000 9300 5000 5000 5000
说明:1.图中▒填充区域为全预制板,图注释说明如下:
ZB-1 中间板 板的编号
BB-1 边板 板的编号
2.图中所有预制板配筋均详见预制板详图。
图号 6.2.3-15
图名 配电装置楼二层预制板拆分图(HN-220-A2-3-T02-15)

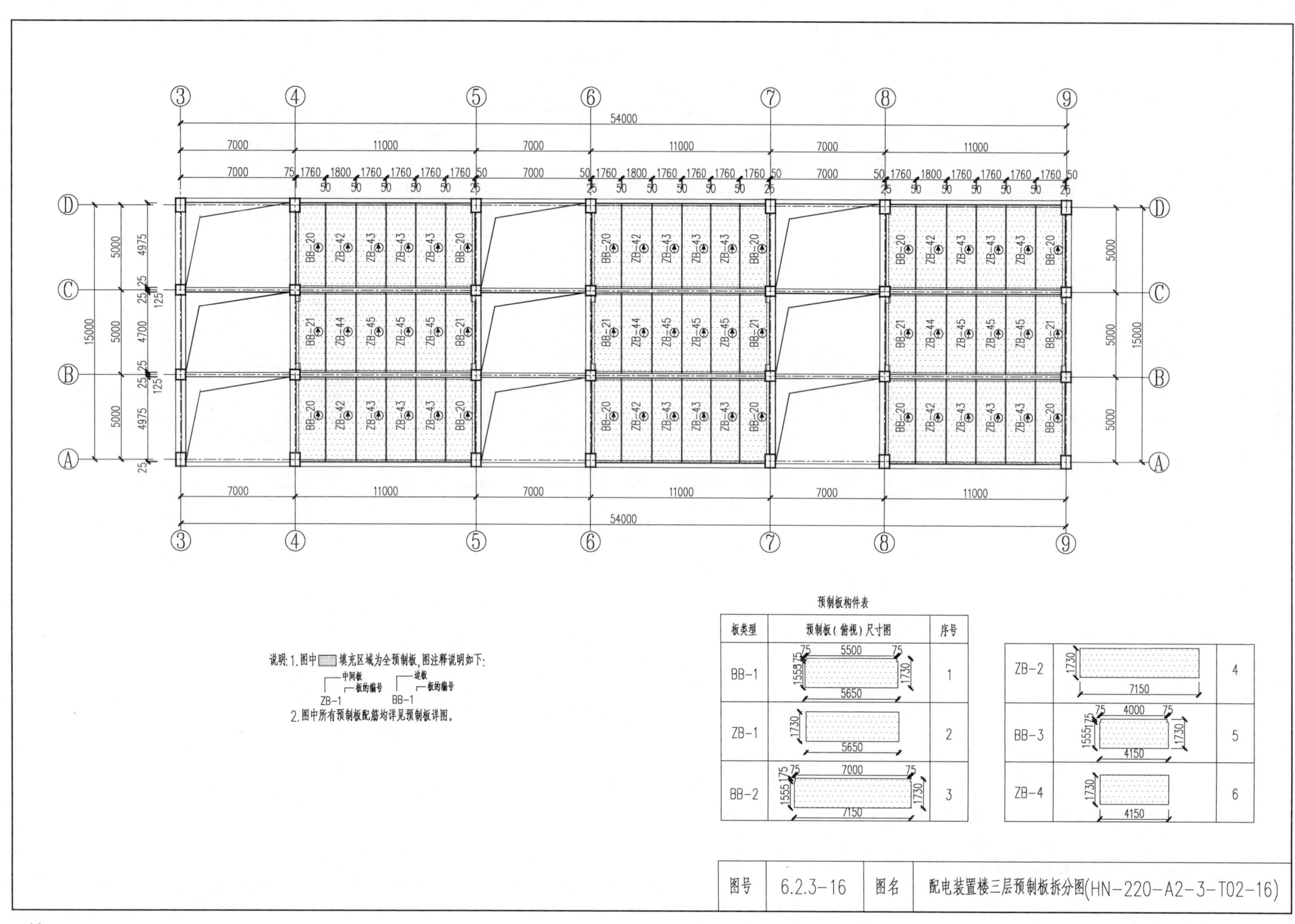

预制板构件表
板类型 | 预制板（俯视）尺寸图 | 序号
BB-1 | 5500 75 75 1555 175 1730 5650 | 1
ZB-1 | 1730 5650 | 2
BB-2 | 7000 75 75 1555 175 1730 7150 | 3
ZB-2 | 1730 7150 | 4
BB-3 | 4000 75 75 1555 175 1730 4150 | 5
ZB-4 | 1730 4150 | 6
说明：1. 图中▒填充区域为全预制板，图注释说明如下：
中间板 板的编号 ZB-1
边板 板的编号 BB-1
2. 图中所有预制板配筋均详见预制板详图。
图号 6.2.3-16
图名 配电装置楼三层预制板拆分图(HN-220-A2-3-T02-16)

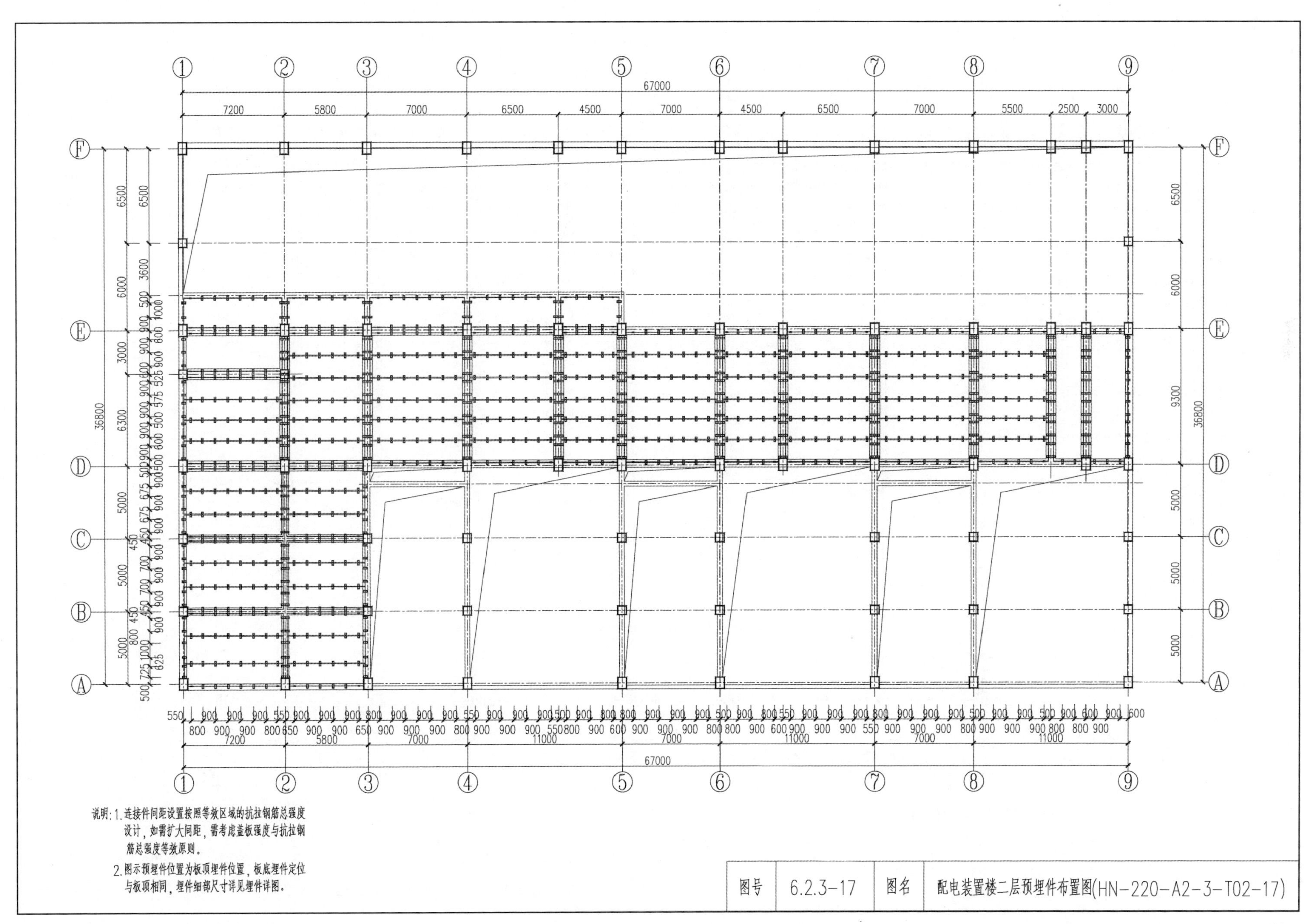
说明：1.连接件间距设置按照等效区域的抗拉钢筋总强度设计，如需扩大间距，需考虑盖板强度与抗拉钢筋总强度等效原则。
2.图示预埋件位置为板顶埋件位置，板底埋件定位与板顶相同，埋件细部尺寸详见埋件详图。
图号
6.2.3-17
图名
配电装置楼二层预埋件布置图(HN-220-A2-3-T02-17)
67000
7200
5800
7000
6500
4500
7000
4500
6500
7000
5500
2500
3000
11000
36800
9300
6500
6000
5000
3600
3000
6300

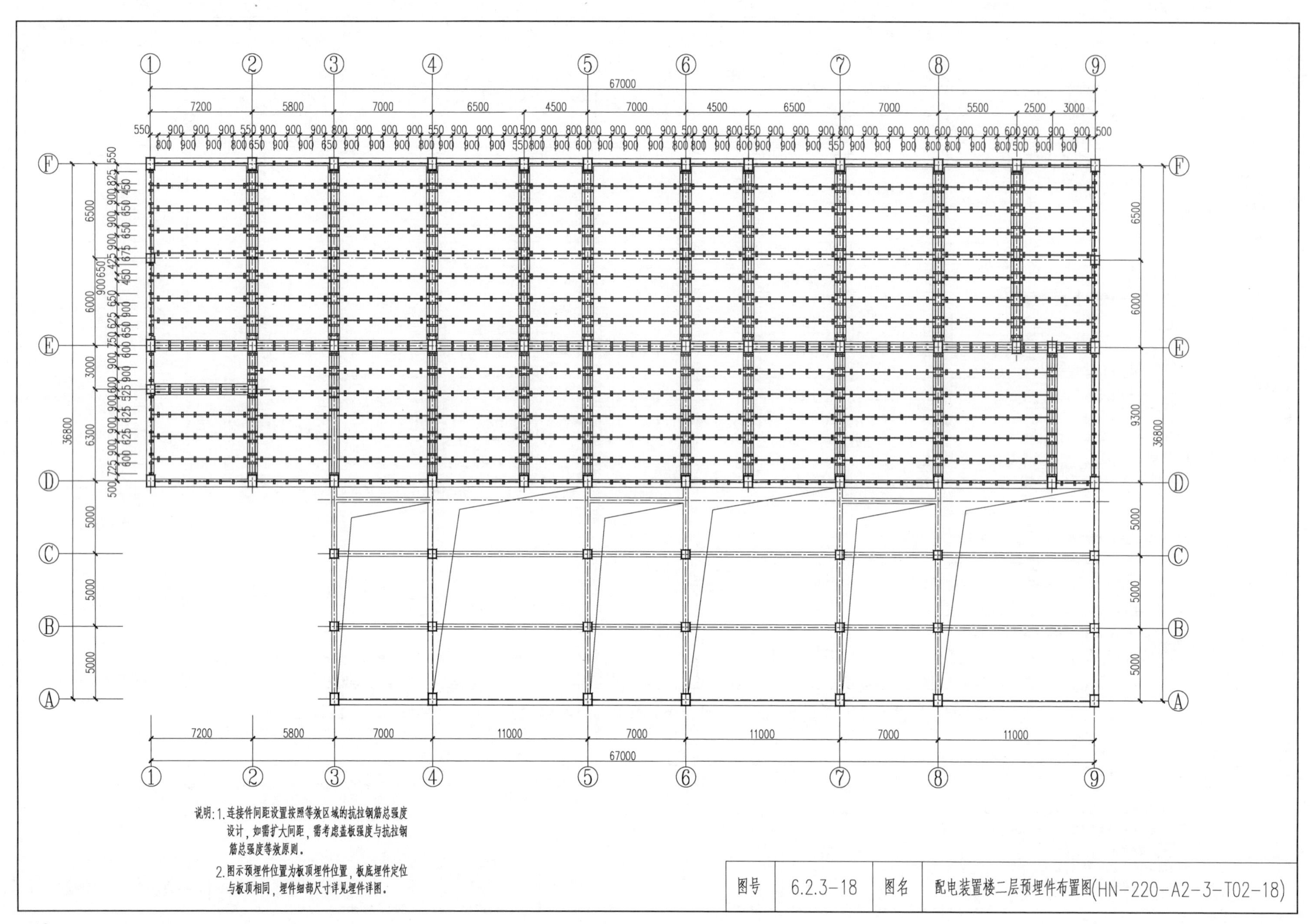
说明：1.连接件间距设置按照等效区域的抗拉钢筋总强度设计，如需扩大间距，需考虑盖板强度与抗拉钢筋总强度等效原则。
2.图示预埋件位置为板顶埋件位置，板底埋件定位与板顶相同，埋件细部尺寸详见埋件详图。
图号
6.2.3-18
图名
配电装置楼二层预埋件布置图(HN-220-A2-3-T02-18)
67000
7200
5800
7000
11000
36800

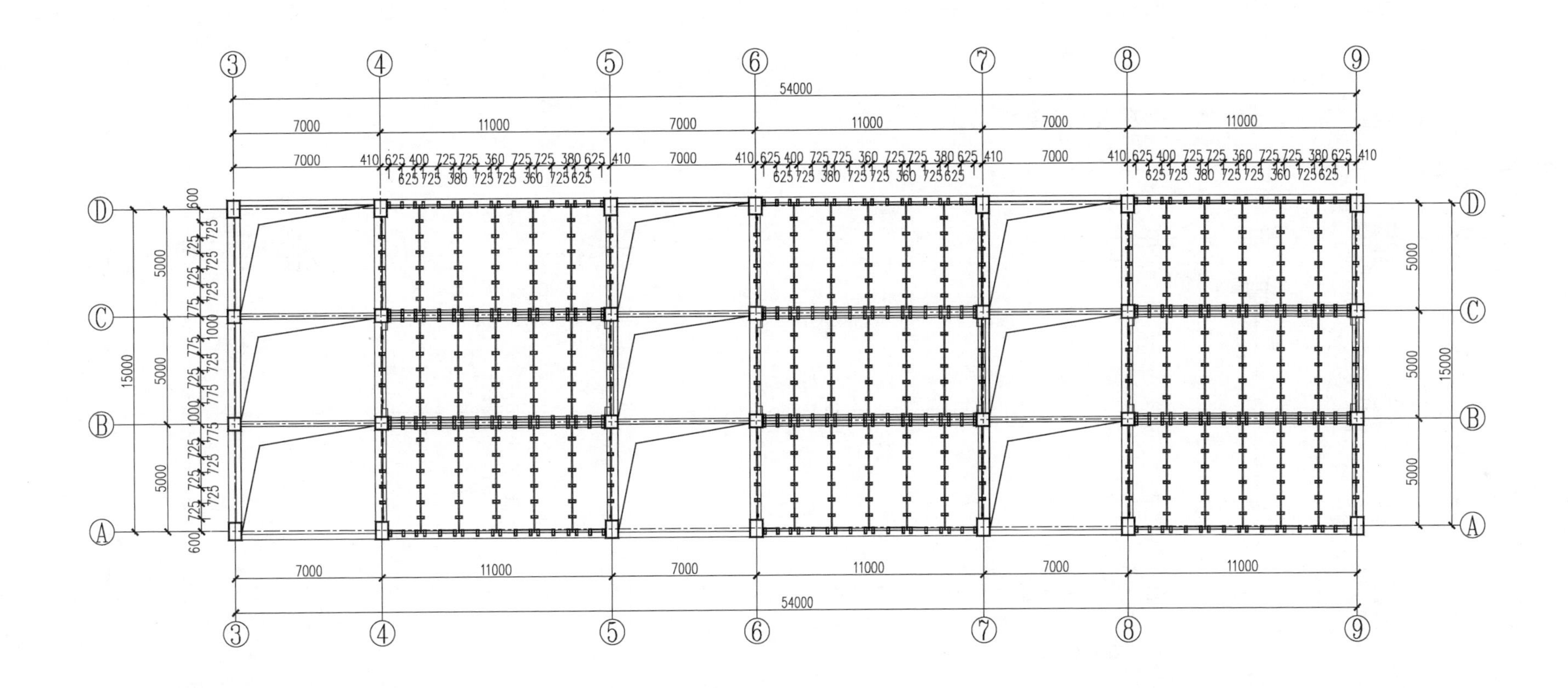

说明：1. 连接件间距设置按照等效区域的抗拉钢筋总强度设计，如需扩大间距，需考虑盖板强度与抗拉钢筋总强度等效原则。

2. 图示预埋件位置为板顶埋件位置，板底埋件定位与板顶相同，埋件细部尺寸详见埋件详图。

图号	6.2.3-19	图名	配电装置楼三层预埋件布置图(HN-220-A2-3-T02-19)

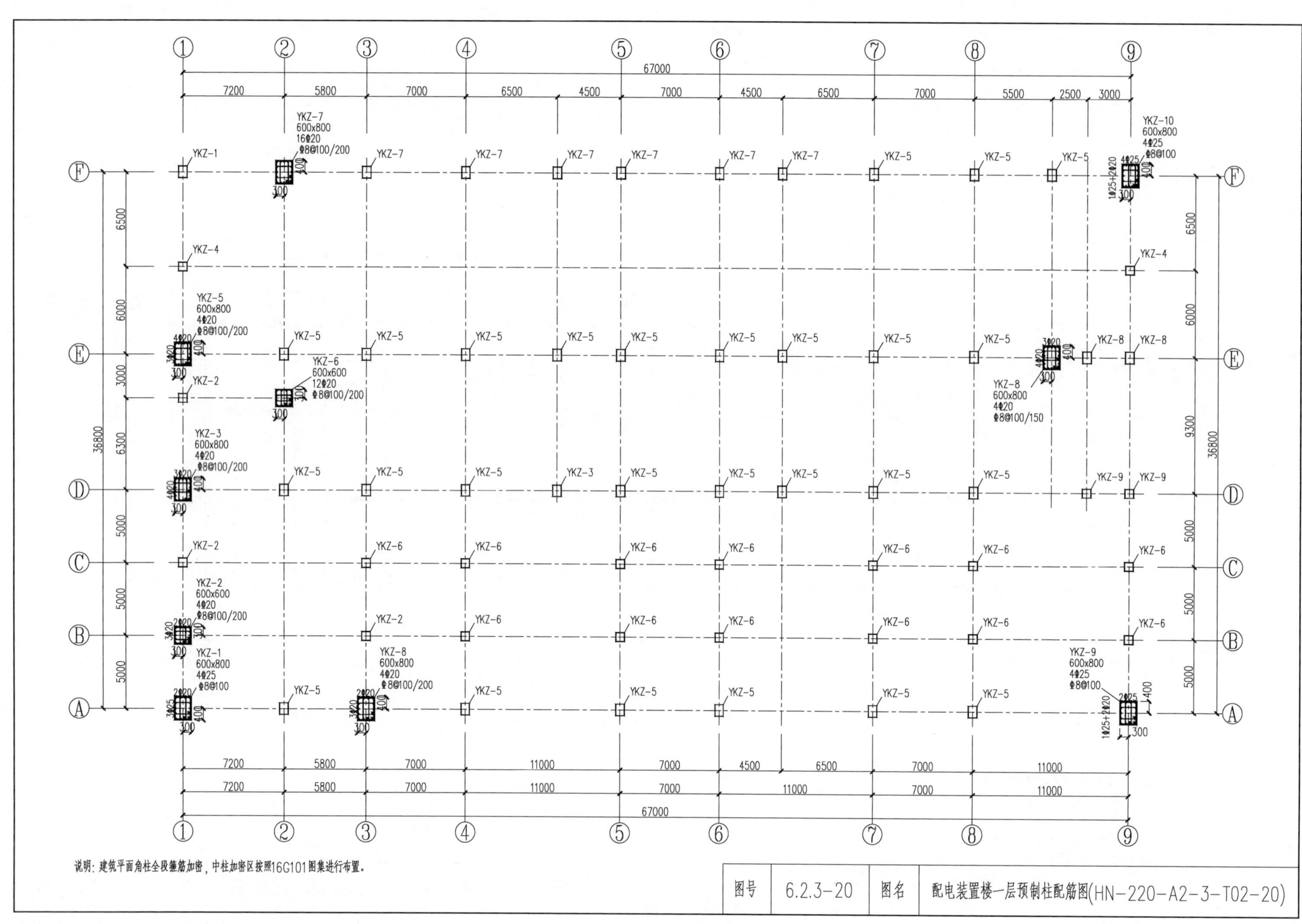
说明：建筑平面角柱全段箍筋加密，中柱加密区按照16G101图集进行布置。
图号
6.2.3-20
图名
配电装置楼一层预制柱配筋图(HN-220-A2-3-T02-20)

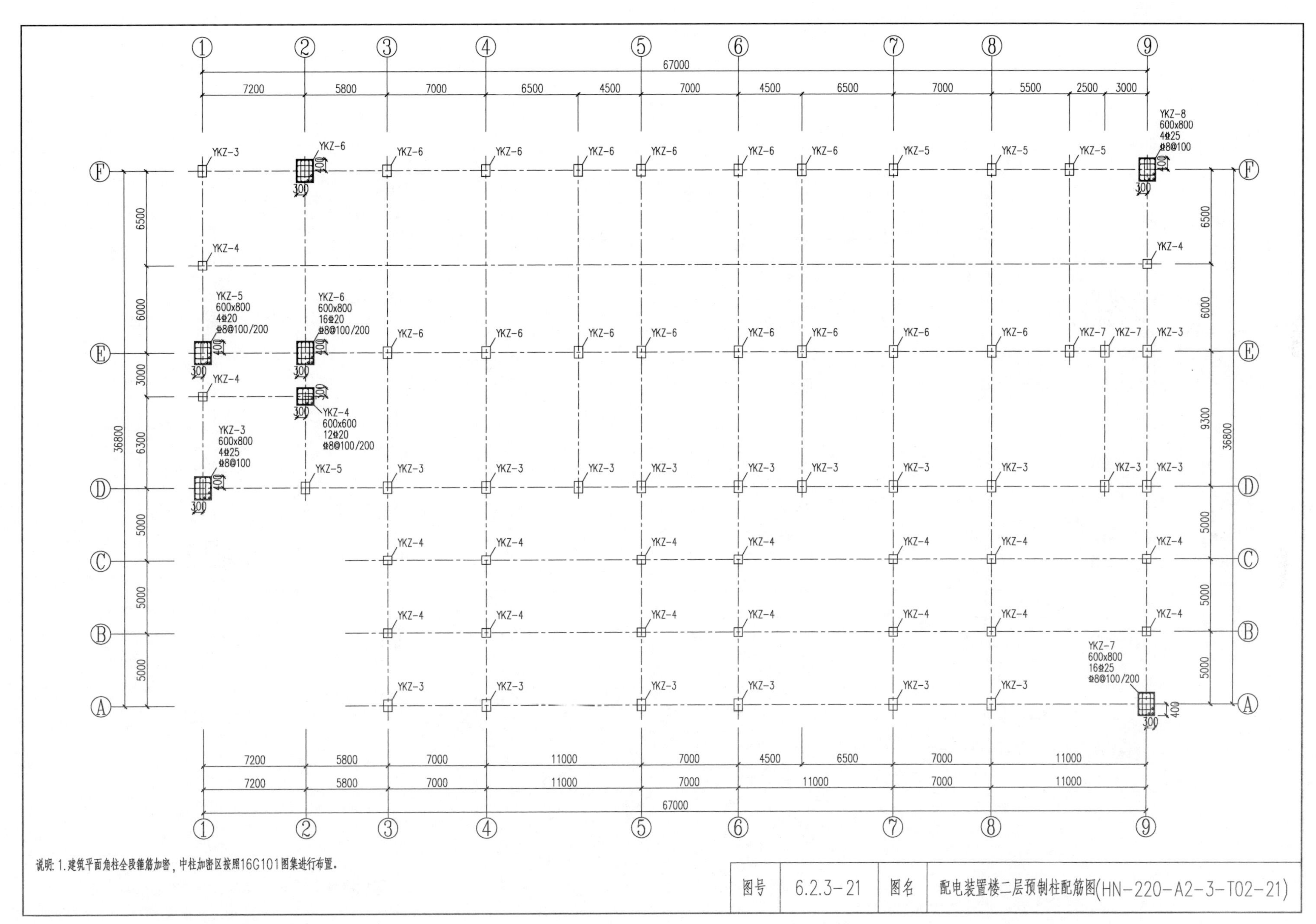
67000
7200
5800
7000
6500
4500
7000
4500
6500
7000
5500
2500
3000
YKZ-8
600x800
4⌀25
⌀8@100
YKZ-5
600x800
4⌀20
⌀8@100/200
YKZ-6
600x800
16⌀20
⌀8@100/200
YKZ-4
600x600
12⌀20
⌀8@100/200
YKZ-3
600x800
4⌀25
⌀8@100
YKZ-7
600x800
16⌀25
⌀8@100/200
36800
11000
说明：1.建筑平面角柱全段箍筋加密，中柱加密区按照16G101图集进行布置。
图号
6.2.3-21
图名
配电装置楼二层预制柱配筋图(HN-220-A2-3-T02-21)

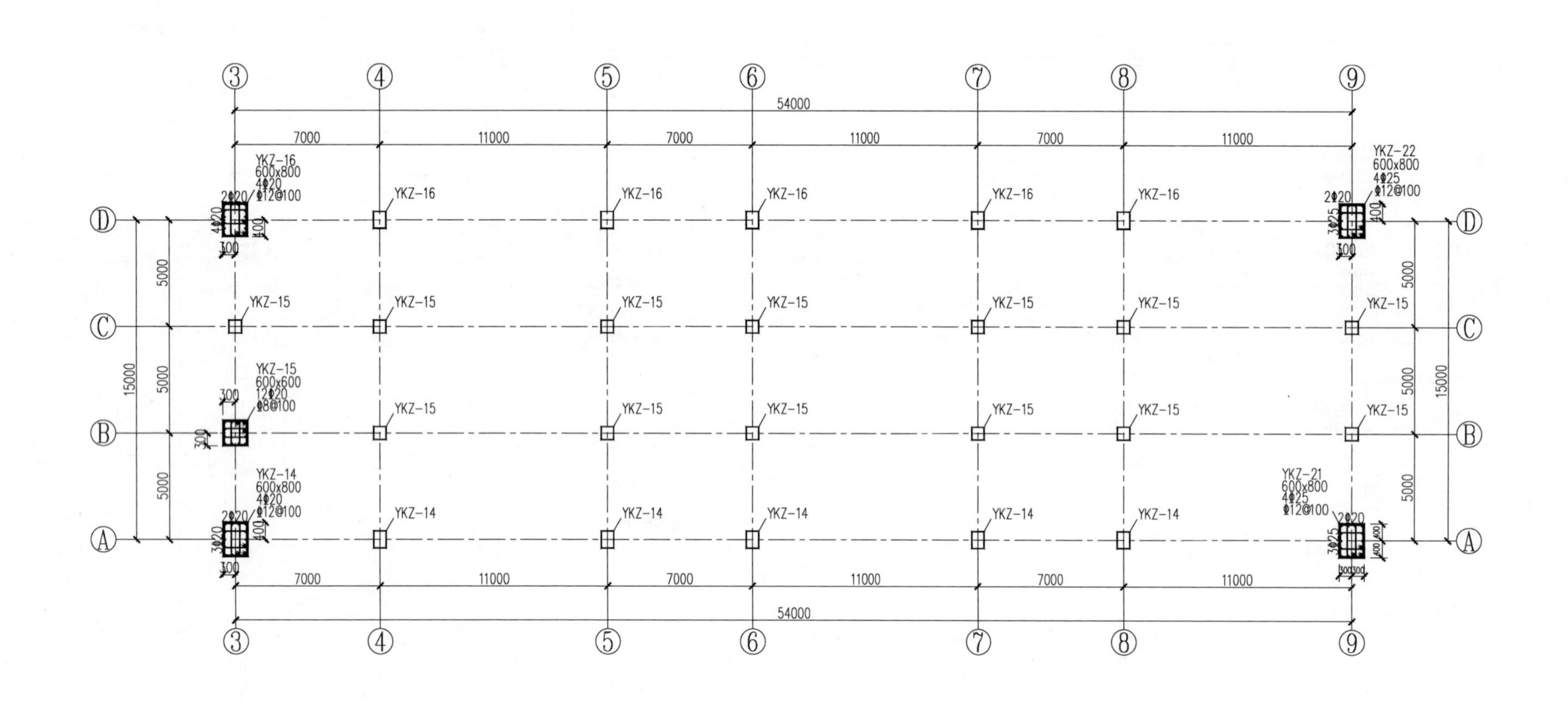

说明：建筑平面角柱全段箍筋加密，中柱加密区按照16G101图集进行布置。

图号	6.2.3-22	图名	配电装置楼三层预制柱配筋图(HN-220-A2-3-T02-22)

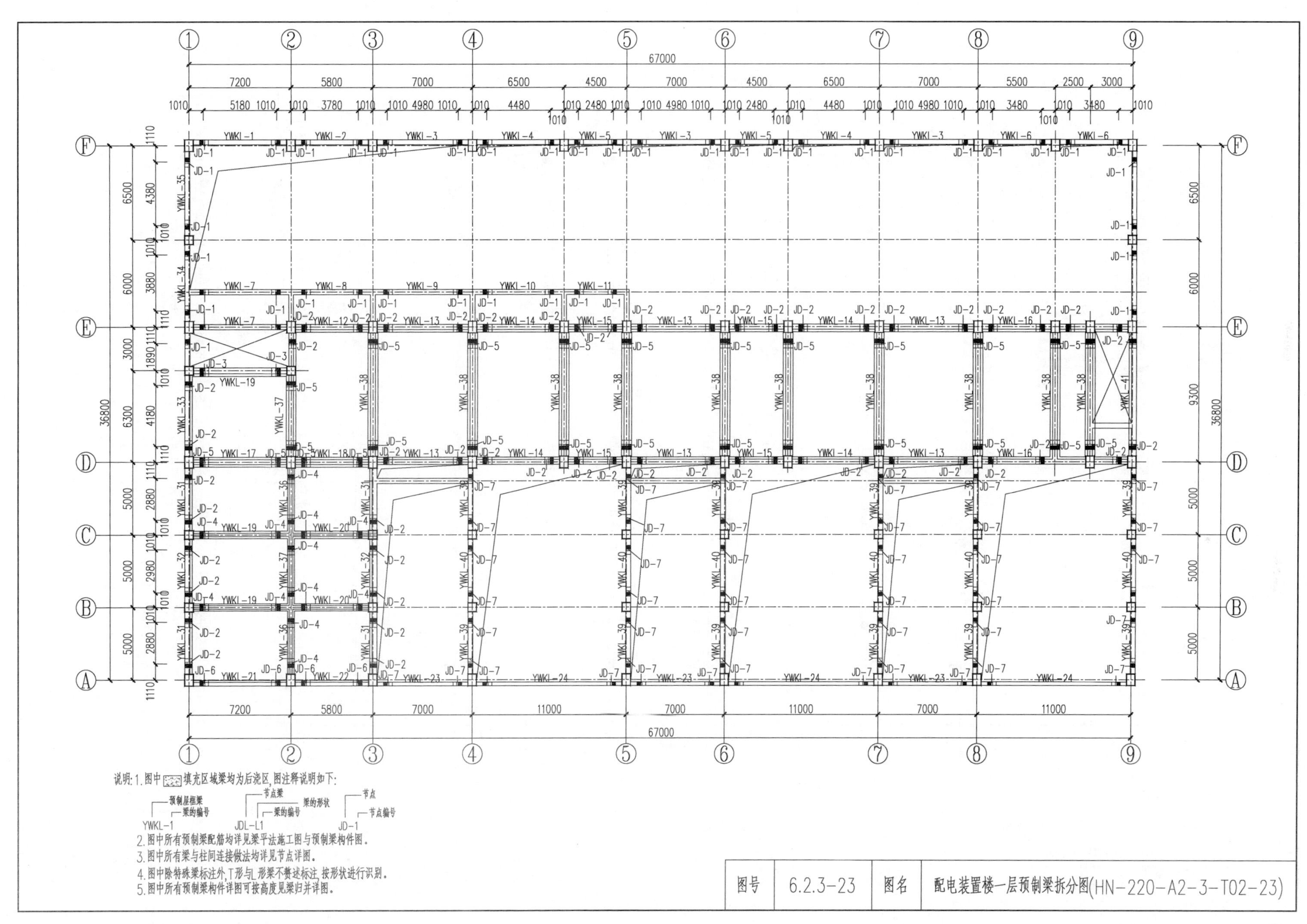

说明:1.图中填充区域梁均为后浇区,图注释说明如下:
预制屋框梁
梁的编号
YWKL-1
节点梁
梁的形状
梁的编号
JDL-L1
节点
节点编号
JD-1
2.图中所有预制梁配筋均详见梁平法施工图与预制梁构件图。
3.图中所有梁与柱间连接做法均详见节点详图。
4.图中除特殊梁标注外,T形与L形梁不赘述标注,按形状进行识别。
5.图中所有预制梁构件详图可按高度见梁归并详图。
图号
6.2.3-23
图名
配电装置楼一层预制梁拆分图(HN-220-A2-3-T02-23)

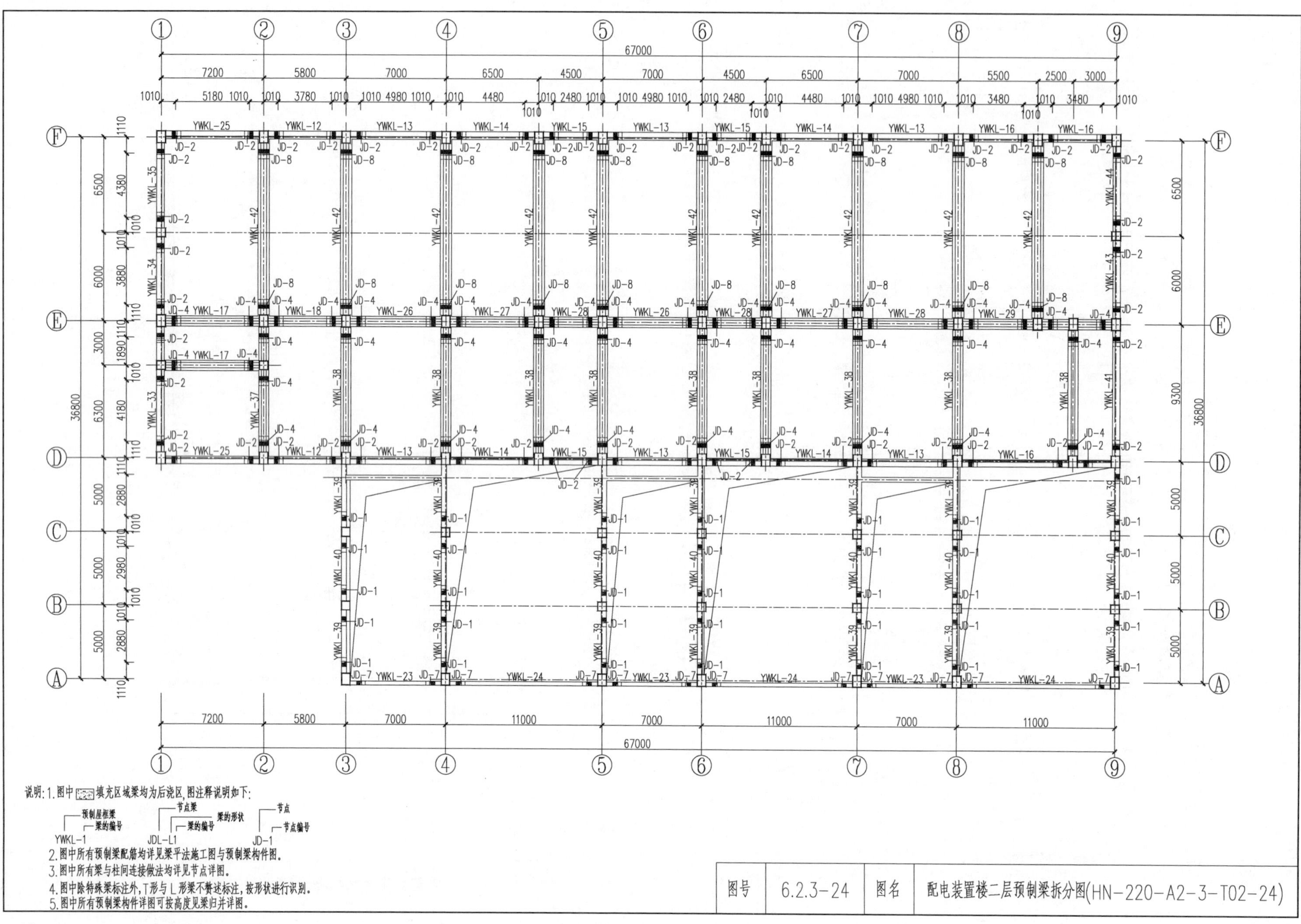

说明:1.图中▭填充区域梁均为后浇区,图注释说明如下:
预制屋框梁
梁的编号
YWKL-1
节点梁
梁的形状
梁的编号
JDL-L1
节点
节点编号
JD-1
2.图中所有预制梁配筋均详见梁平法施工图与预制梁构件图。
3.图中所有梁与柱间连接做法均详见节点详图。
4.图中除特殊梁标注外,T形与L形梁不赘述标注,按形状进行识别。
5.图中所有预制梁构件详图可按高度见梁归并详图。
图号
6.2.3-24
图名
配电装置楼二层预制梁拆分图(HN-220-A2-3-T02-24)

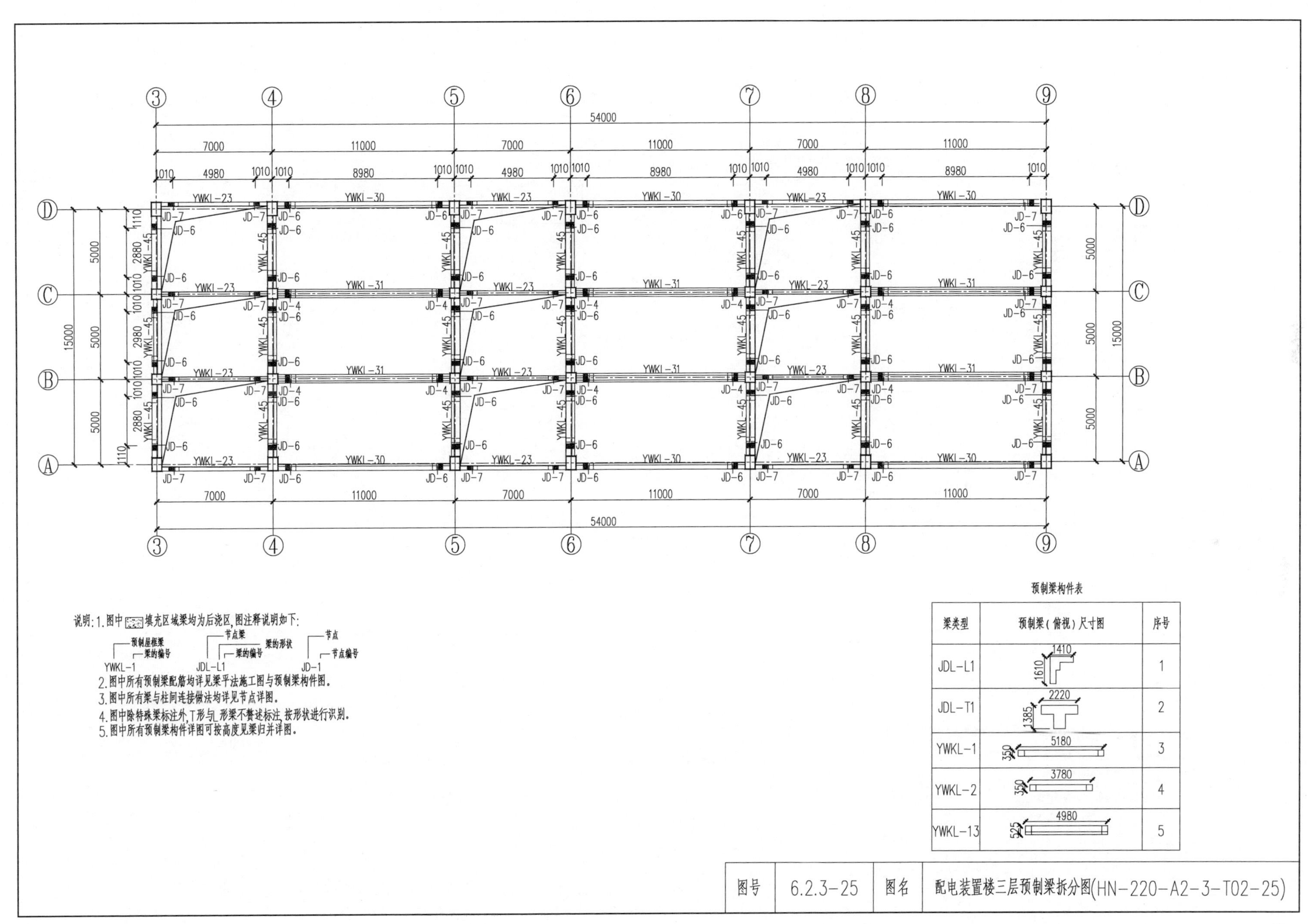

预制梁构件表

梁类型	预制梁（俯视）尺寸图	序号
JDL-L1	1410 1610	1
JDL-T1	2220 1385	2
YWKL-1	5180 350	3
YWKL-2	3780 350	4
YWKL-13	4980 525	5

图号	6.2.3-25	图名	配电装置楼三层预制梁拆分图(HN-220-A2-3-T02-25)

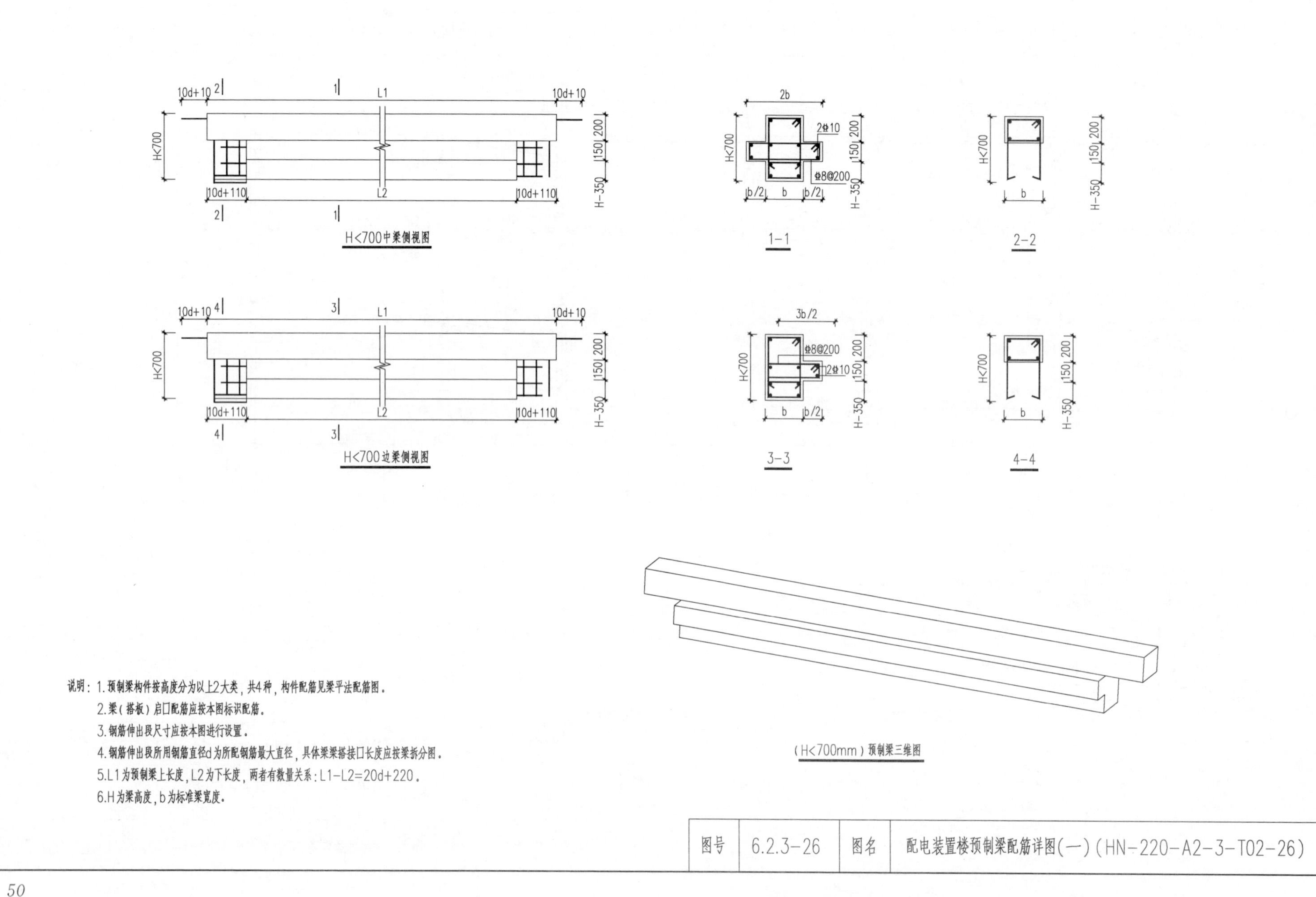

10d+10
L1
10d+10
H<700
200
150
H-350
10d+110
L2
10d+110
1
2
H<700中梁侧视图
2b
2Φ10
Φ8@200
b/2
b
b/2
1-1
2-2
3
4
H<700边梁侧视图
3b/2
3-3
4-4
(H<700mm)预制梁三维图
说明：1.预制梁构件按高度分为以上2大类，共4种，构件配筋见梁平法配筋图。
2.梁（搭板）启口配筋应按本图标识配筋。
3.钢筋伸出段尺寸应按本图进行设置。
4.钢筋伸出段所用钢筋直径d为所配钢筋最大直径，具体梁梁搭接口长度应按梁拆分图。
5.L1为预制梁上长度，L2为下长度，两者有数量关系：L1-L2=20d+220。
6.H为梁高度，b为标准梁宽度。
图号
6.2.3-26
图名
配电装置楼预制梁配筋详图(一)(HN-220-A2-3-T02-26)

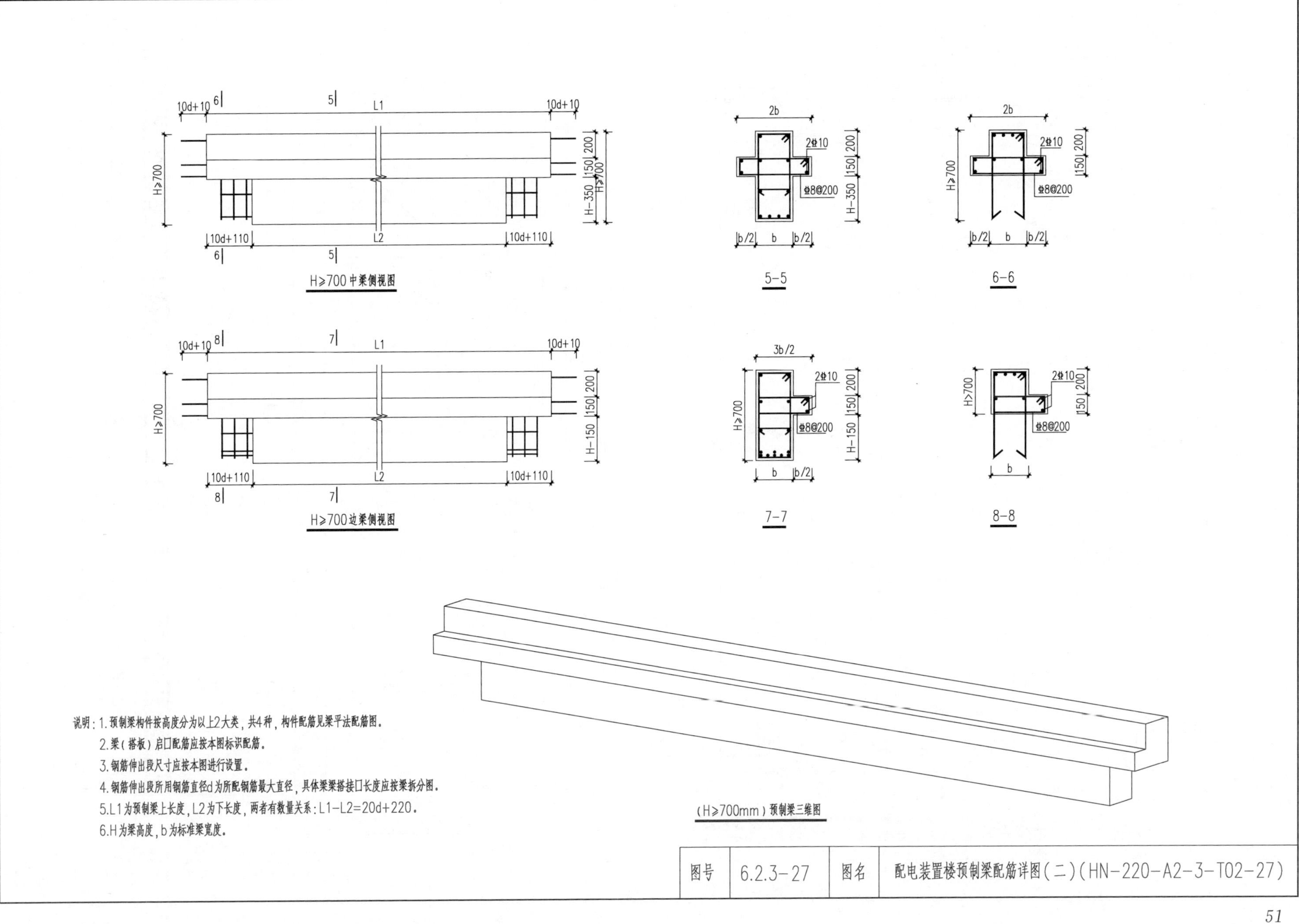
10d+10
L1
10d+10
H≥700
200
150
H-350
H≥700
10d+110
L2
10d+110
H≥700中梁侧视图
2b
2⌀10
⌀8@200
b/2
b
b/2
5-5
6-6
10d+10
L1
10d+10
H-150
H≥700边梁侧视图
3b/2
7-7
8-8
说明：1.预制梁构件按高度分为以上2大类，共4种，构件配筋见梁平法配筋图。
2.梁（搭板）启口配筋应按本图标识配筋。
3.钢筋伸出段尺寸应按本图进行设置。
4.钢筋伸出段所用钢筋直径d为所配钢筋最大直径，具体梁梁搭接口长度应按梁拆分图。
5.L1为预制梁上长度，L2为下长度，两者有数量关系：L1-L2=20d+220。
6.H为梁高度，b为标准梁宽度。
（H≥700mm）预制梁三维图
图号
6.2.3-27
图名
配电装置楼预制梁配筋详图（二）（HN-220-A2-3-T02-27）

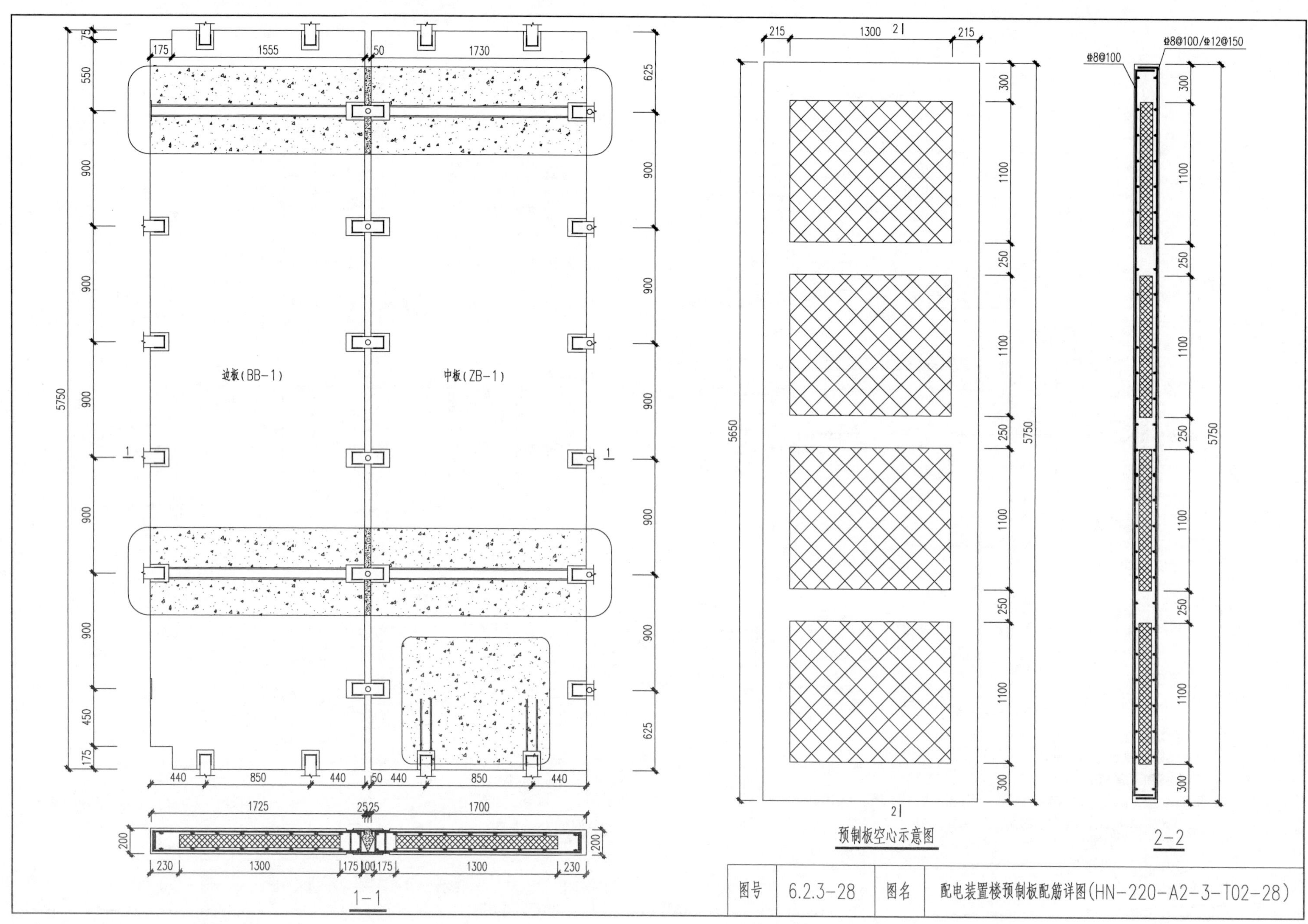

图号	6.2.3-28	图名	配电装置楼预制板配筋详图(HN-220-A2-3-T02-28)

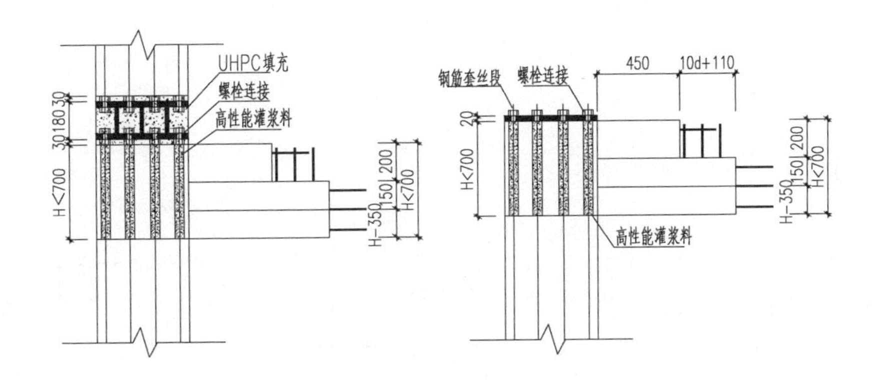

梁柱连接节点详图

说明：1. 从耗能角度考虑，为使梁塑性铰出现在梁端部，PC试件梁后浇段设置在离节点核心区450mm梁高处。

2. 钢筋搭接长度为10d（d为钢筋直径），试验结果表明，钢筋搭接长度为10d时，以UHPC材料连接的装配式试件的力学性能均可等同现浇试件，以UHPC材料连接的装配式试件的力学性能甚至优于现浇试件。

3. 图示钢筋 | 段为钢筋套丝段，套丝长度见预制柱详图。

4. 柱顶约束钢板处外露钢筋端随屋顶面施工完成后不外露。

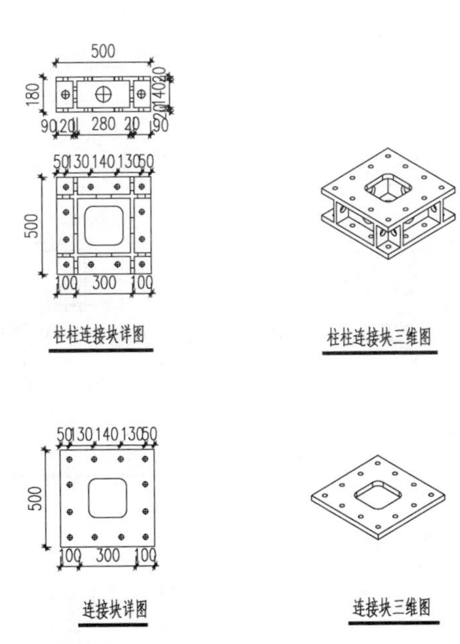

柱柱连接块详图

柱柱连接块三维图

连接块详图

连接块三维图

说明：1. 连接块钢板厚度为20mm。

2. 钢板通孔直径应为插入钢筋直径加5mm。

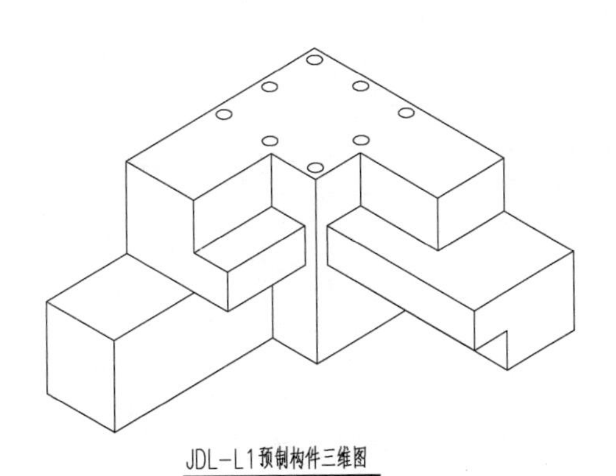

JDL-L1预制构件三维图

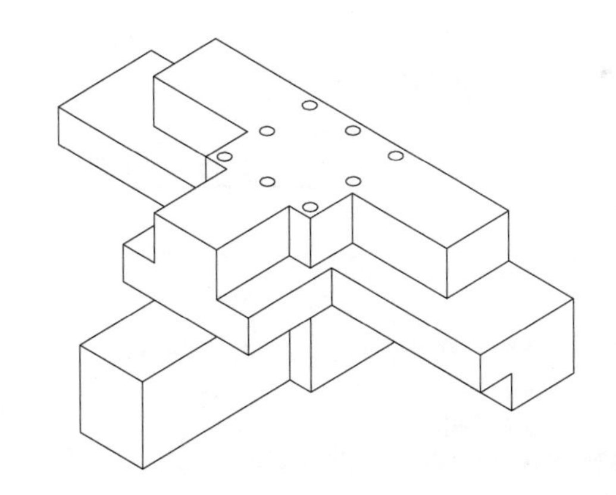

JDL-T1预制构件三维图

图号	6.2.3-29	图名	配电装置楼预制节点详图(一)(HN-220-A2-3-T02-29)

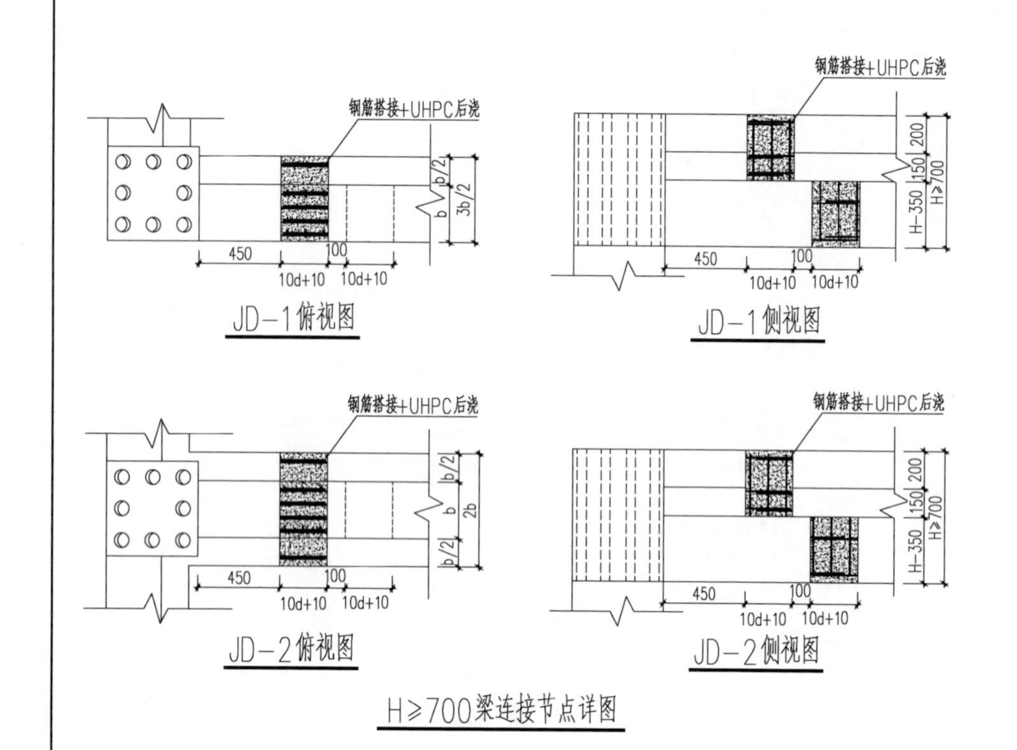

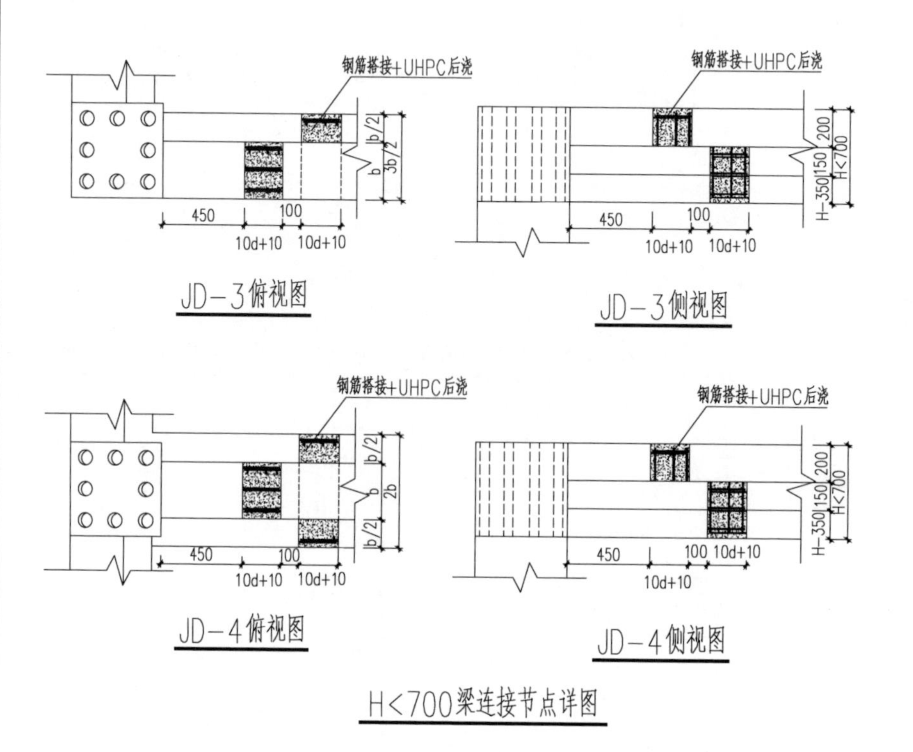

说明：1.梁梁节点详图按不同梁高度可分为以上2大类，4小类，构件配筋见梁平法配筋图。

2.梁（搭板）启口配筋应按本图标识配筋。

3.钢筋伸出段尺寸应按本图进行设置。

4.钢筋伸出段所用钢筋直径d为所配钢筋最大直径，具体梁梁搭接口长度应按梁拆分图。

5.H为梁高度，b为标准梁宽度。

图号	6.2.3-30	图名	配电装置楼预制节点详图(二)(HN-220-A2-3-T02-30)

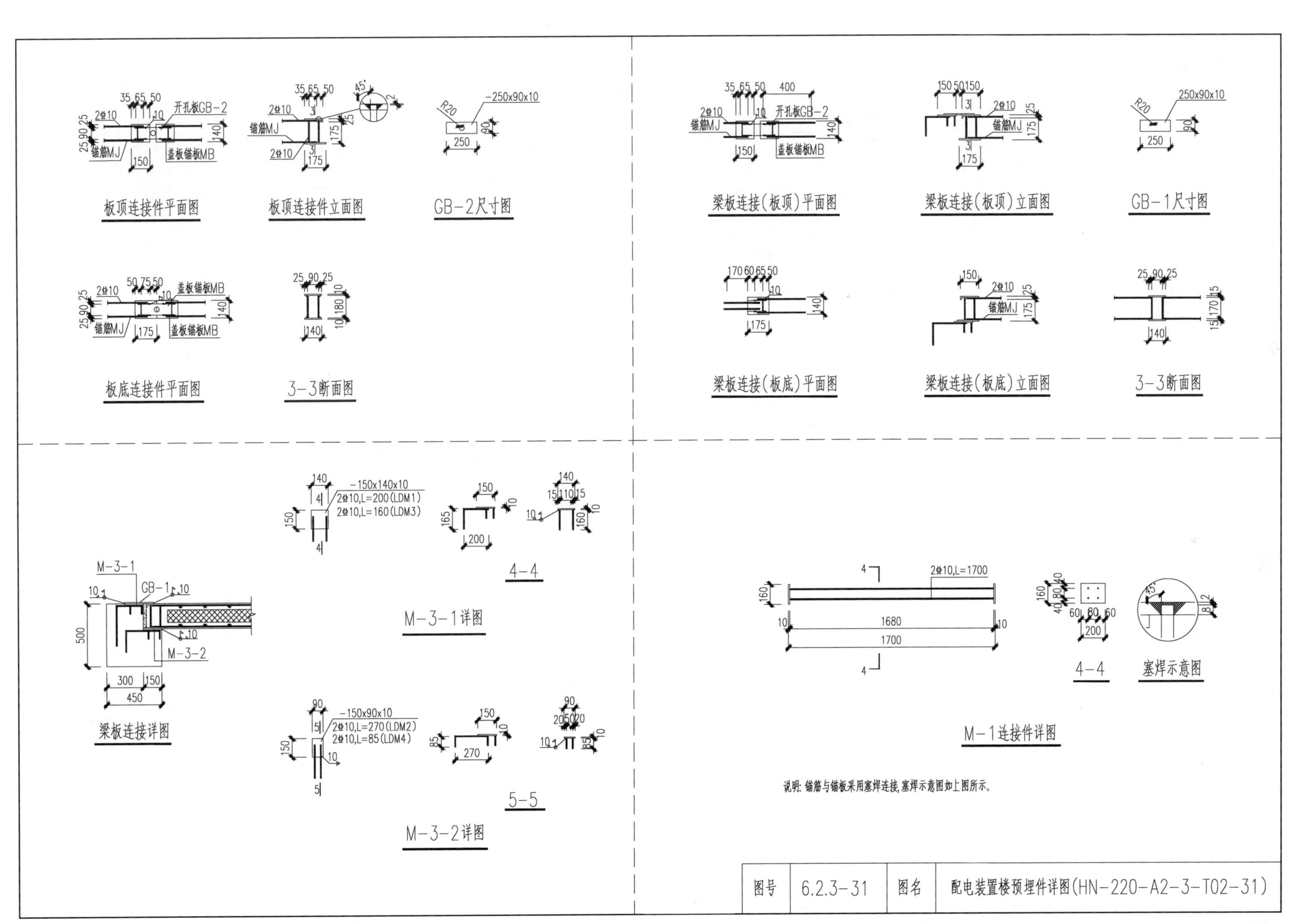
板顶连接件平面图
板顶连接件立面图
GB-2尺寸图
梁板连接(板顶)平面图
梁板连接(板顶)立面图
GB-1尺寸图
板底连接件平面图
3-3断面图
梁板连接(板底)平面图
梁板连接(板底)立面图
3-3断面图
梁板连接详图
M-3-1详图
4-4
M-3-2详图
5-5
M-1连接件详图
4-4
塞焊示意图
开孔板GB-2
锚筋MJ
盖板锚板MB
-250x90x10
250x90x10
-150x140x10
2⌀10,L=200(LDM1)
2⌀10,L=160(LDM3)
-150x90x10
2⌀10,L=270(LDM2)
2⌀10,L=85(LDM4)
2⌀10,L=1700
M-3-1
GB-1
M-3-2
说明：锚筋与锚板采用塞焊连接，塞焊示意图如上图所示。
图号 6.2.3-31
图名 配电装置楼预埋件详图(HN-220-A2-3-T02-31)

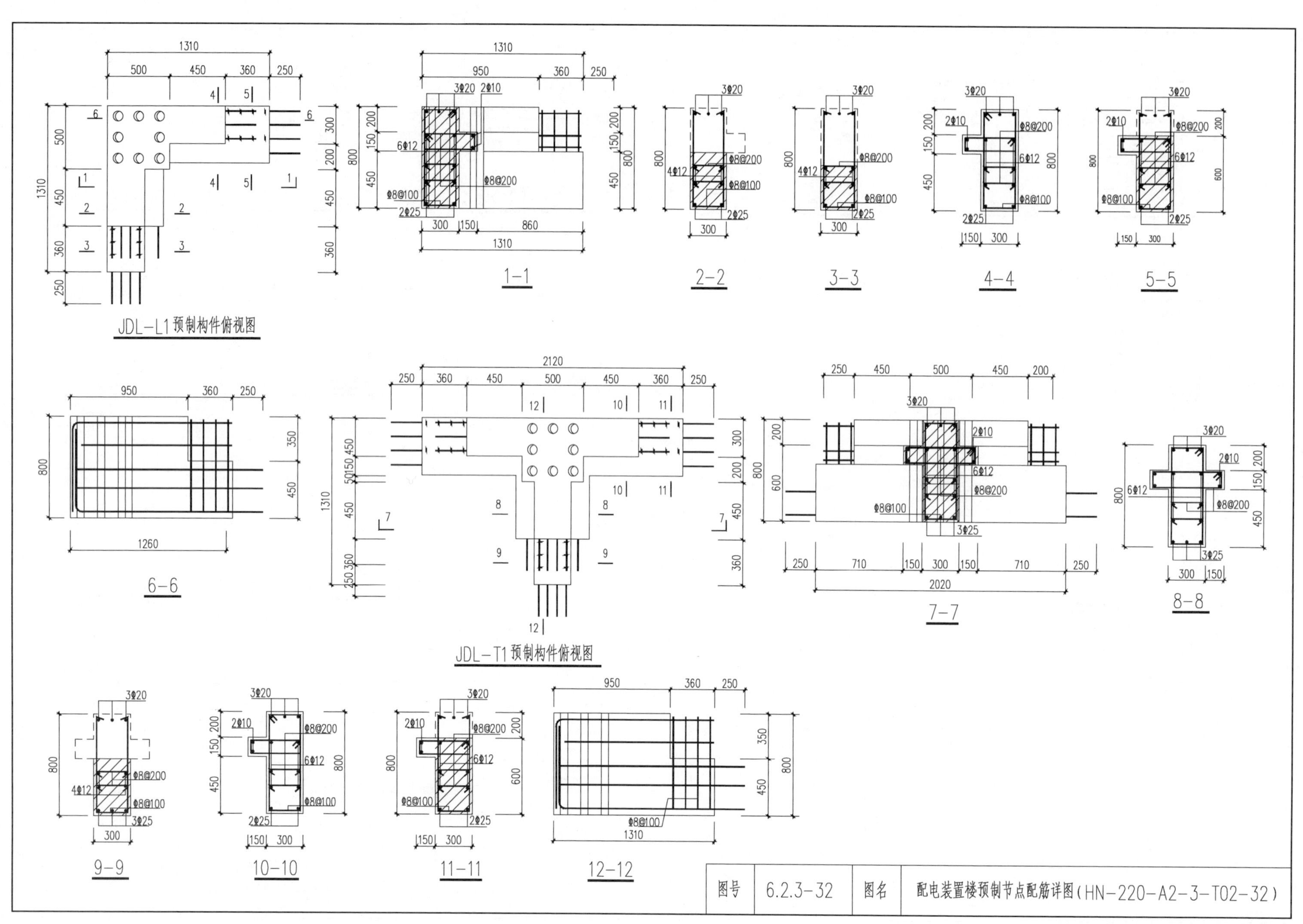
JDL-L1预制构件俯视图
1-1
2-2
3-3
4-4
5-5
6-6
JDL-T1预制构件俯视图
7-7
8-8
9-9
10-10
11-11
12-12
3Φ20
2Φ10
6Φ12
4Φ12
Φ8@200
Φ8@100
2Φ25
3Φ25
图号
6.2.3-32
图名
配电装置楼预制节点配筋详图(HN-220-A2-3-T02-32)

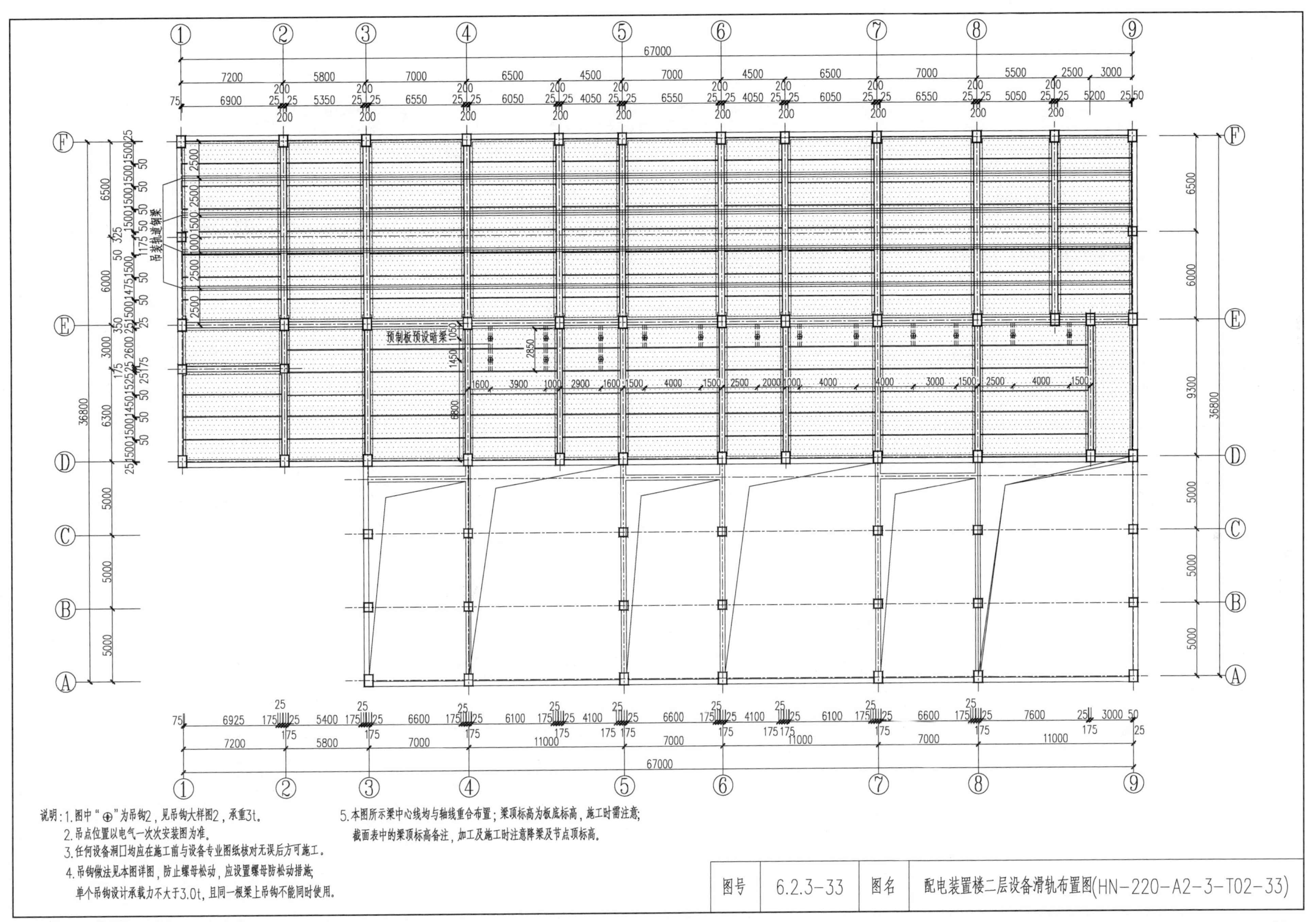

预制板预设暗梁
吊装轨道钢梁
说明：1.图中“⊕”为吊钩2，见吊钩大样图2，承重3t。
2.吊点位置以电气一次次安装图为准。
3.任何设备洞口均应在施工前与设备专业图纸核对无误后方可施工。
4.吊钩做法见本图详图，防止螺母松动，应设置螺母防松动措施；
单个吊钩设计承载力不大于3.0t，且同一根梁上吊钩不能同时使用。
5.本图所示梁中心线均与轴线重合布置；梁顶标高为板底标高，施工时需注意；
截面表中的梁顶标高备注，加工及施工时注意降梁及节点顶标高。
图号
6.2.3-33
图名
配电装置楼二层设备滑轨布置图(HN-220-A2-3-T02-33)

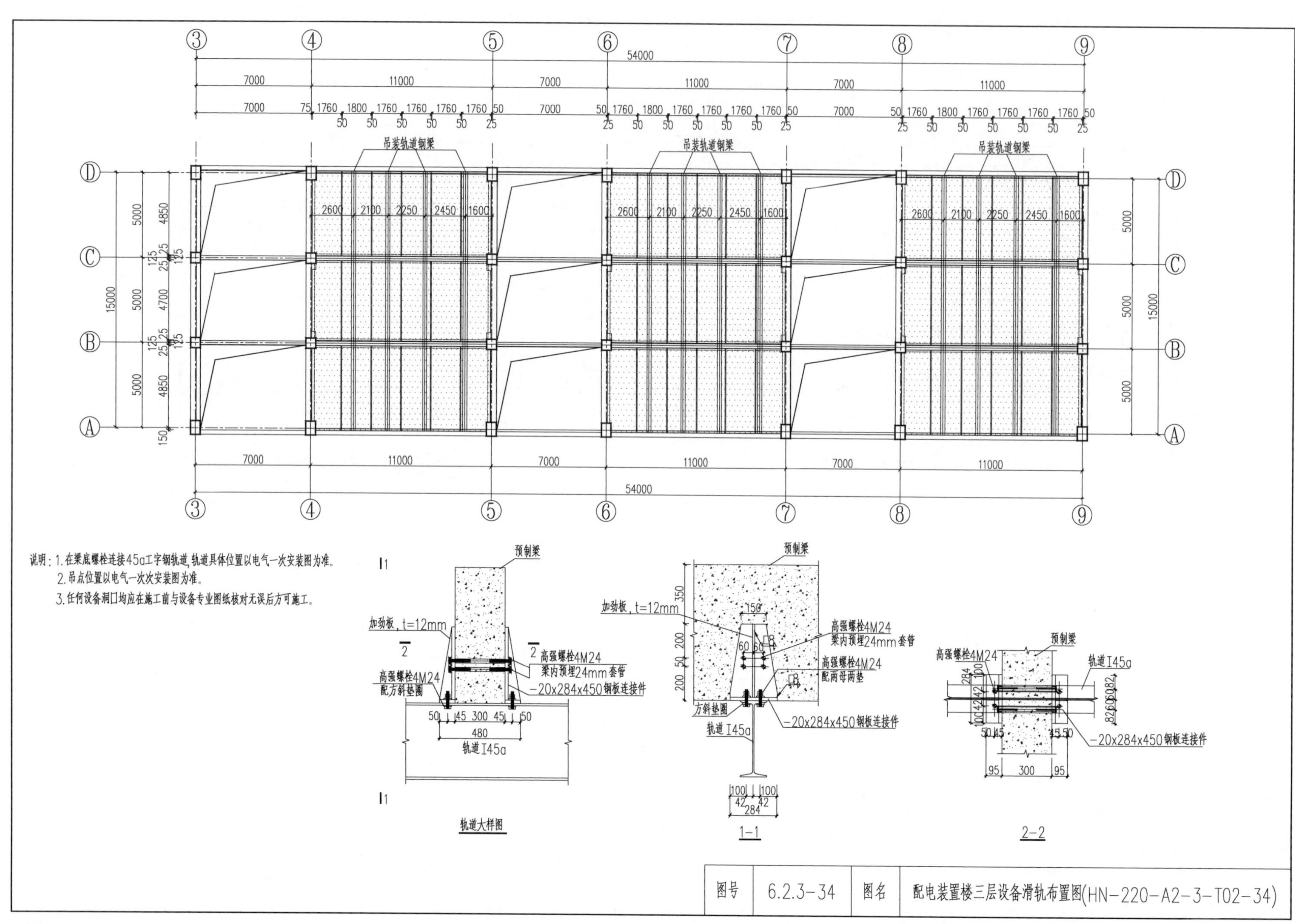

吊装轨道钢梁
说明：1.在梁底螺栓连接45a工字钢轨道，轨道具体位置以电气一次安装图为准。
2.吊点位置以电气一次安装图为准。
3.任何设备洞口均应在施工前与设备专业图纸核对无误后方可施工。
预制梁
加劲板，t=12mm
高强螺栓4M24
梁内预埋24mm套管
高强螺栓4M24
配方斜垫圈
−20x284x450钢板连接件
轨道I45a
轨道大样图
配两母两垫
方斜垫圈
1−1
2−2
图号
6.2.3−34
图名
配电装置楼三层设备滑轨布置图(HN−220−A2−3−T02−34)

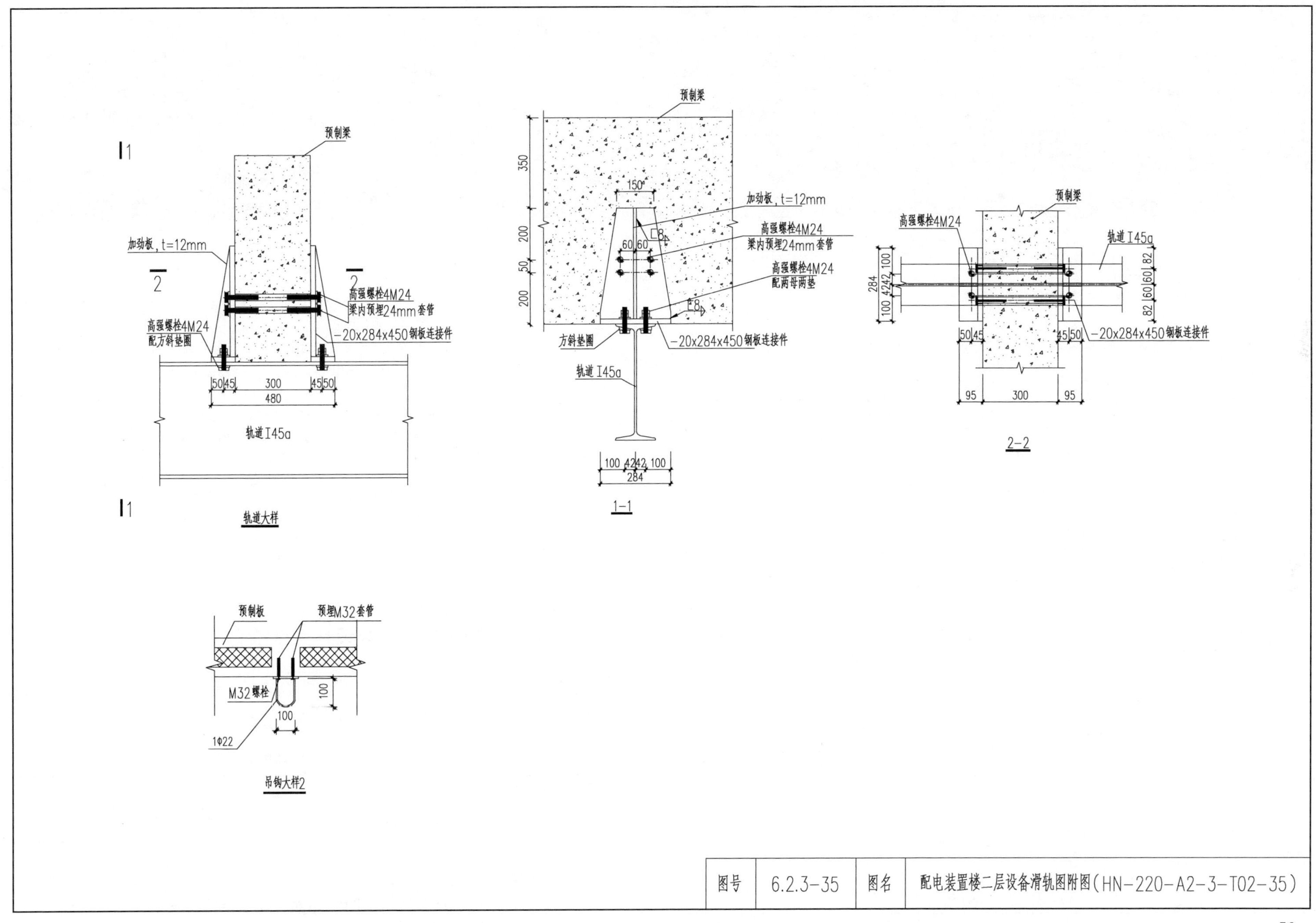

图号	6.2.3-35	图名	配电装置楼二层设备滑轨图附图(HN-220-A2-3-T02-35)

第7章

HN－220－B－1方案

7.1 HN－220－B－1方案主要技术条件

HN－220－B－1方案主要技术条件见表7.1－1。

表7.1－1 HN－220－B－1方案主要技术条件

<table>
<tr><th>序号</th><th colspan="2">项　目</th><th>本方案技术条件</th></tr>
<tr><td rowspan="3">1</td><td rowspan="3">建设规模</td><td>主变压器</td><td>本期1组180MVA，远期3组180MVA</td></tr>
<tr><td>出线</td><td>220kV：本期4回，远期6回；
110kV：本期4回，远期12回；
10kV：本期8回，远期24回</td></tr>
<tr><td>无功补偿装置</td><td>10kV并联电容器：本期1×（4×8）Mvar，远期3×（4×8）Mvar</td></tr>
<tr><td>2</td><td colspan="2">站址基本条件</td><td>海拔小于1000m，设计基本地震加速度0.15g，设计风速v_0≤30m/s，地基承载力特征值f_{ak}=150kPa，无地下水影响，场地同一设计标高</td></tr>
<tr><td rowspan="2">3</td><td rowspan="2" colspan="2">电气主接线</td><td>220kV本期及远期均采用双母线接线；
110kV本期及远期均采用双母线接线；
10kV本期采用单母线接线，远期采用单母线三分段接线</td></tr>
<tr><td>220、110、10kV短路电流控制水平分别为50、40、40（31.5）kV；
主变压器采用三相三绕组、自冷式有载调压变压器；
220kV采用户外HGIS；
110kV采用户外GIS；
10kV采用中置式成套开关柜；
10kV并联电容器采用框架式；
消弧线圈及接地变成套装置采用户外箱式</td></tr>
<tr><td>4</td><td colspan="2">建筑部分</td><td>本方案围墙内占地面积12094m²，全站总建筑面积760m²，其中配电装置室建筑面积347m²，二次设备室建筑面积413m²；
建筑物结构型式为装配式钢筋混凝土结构；
建筑物外墙采用200mm厚ALC外墙板，内墙采用150mm厚ALC内墙板或轻质复合内墙板，耐火极限不小于3h。屋面板采用分布式连接全装配RC楼板（DCPCD）</td></tr>
<tr><td>5</td><td colspan="2">结构部分</td><td>本方案采用有限元分析程序Midas Gen和PKPM相互结合、相互印证的方式进行，Midas Gen中的计算方法采用时程分析法。结构中梁柱节点采用预制的形式，节点与预制柱（基础）、预制梁分别采用转接头螺栓连接和搭接的形式、同时对连接区域后浇超高性能混凝土（UHPC）材料，梁（墙）-板、板-板连接采用上下匹配的分布式连接件连接</td></tr>
</table>

7.2 HN－220－B－1方案主要设计图纸

7.2.1 总图部分

HN－220－B－1方案主要设计图纸总图部分见表7.2－1。

表7.2－1 HN－220－B－1方案主要设计图纸总图部分

序号	图号	图　名
1	图7.2.1－01	总平面布置图（HN－220－B－1－Z01－01）

7.2.2 建筑部分

HN－220－B－1方案主要设计图纸建筑部分见表7.2－2。

表 7.2-2　　HN-220-B-1 方案主要设计图纸建筑部分

序号	图号	图　名
1	图 7.2.2-01	建筑设计说明（HN-220-B-1-T01-01）
2	图 7.2.2-02	二次设备室平面布置图（HN-220-B-1-T01-02）
3	图 7.2.2-03	二次设备室屋顶平面布置图（HN-220-B-1-T01-03）
4	图 7.2.2-04	二次设备室立面图（HN-220-B-1-T01-04）
5	图 7.2.2-05	二次设备室立面图、剖面图（HN-220-B-1-T01-05）
6	图 7.2.2-06	配电装置室平面布置图（HN-220-B-1-T01-06）
7	图 7.2.2-07	配电装置室屋顶平面布置图（HN-220-B-1-T01-07）
8	图 7.2.2-08	配电装置室立面图（HN-220-B-1-T01-08）
9	图 7.2.2-09	配电装置室立面图、剖面图（HN-220-B-1-T01-09）

7.2.3　结构部分

HN-220-B-1 方案主要设计图纸结构部分见表 7.2-3。

表 7.2-3　　HN-220-B-1 方案主要设计图纸结构部分

序号	图号	图　名
1	图 7.2.3-01	二次设备室工程结构说明（一）（HN-220-B-1-T02-01）
2	图 7.2.3-02	二次设备室工程结构说明（二）（HN-220-B-1-T02-02）
3	图 7.2.3-03	二次设备室预制梁配筋图（HN-220-B-1-T02-03）
4	图 7.2.3-04	二次设备室预制节点连接详图（HN-220-B-1-T02-04）
5	图 7.2.3-05	二次设备室预制梁柱布置图（HN-220-B-1-T02-05）
6	图 7.2.3-06	二次设备室预制板拆分图（HN-220-B-1-T02-06）
7	图 7.2.3-07	二次设备室预埋件布置图（HN-220-B-1-T02-07）
8	图 7.2.3-08	二次设备室预制柱配筋图（HN-220-B-1-T02-08）

续表

序号	图号	图　名
9	图 7.2.3-09	二次设备室预制柱配筋详图（HN-220-B-1-T02-09）
10	图 7.2.3-10	二次设备室预制梁拆分图（HN-220-B-1-T02-10）
11	图 7.2.3-11	二次设备室预制梁配筋详图（HN-220-B-1-T02-11）
12	图 7.2.3-12	预制节点配筋详图（HN-220-B-1-T02-12）
13	图 7.2.3-13	预制板配筋详图（HN-220-B-1-T02-13）
14	图 7.2.3-14	预埋件详图（HN-220-B-1-T02-14）
15	图 7.2.3-15	配电装置室工程结构说明（一）（HN-220-B-1-T02-15）
16	图 7.2.3-16	配电装置室工程结构说明（二）（HN-220-B-1-T02-16）
17	图 7.2.3-17	配电装置室预制梁配筋图（HN-220-B-1-T02-17）
18	图 7.2.3-18	配电装置室预制节点连接详图（HN-220-B-1-T02-18）
19	图 7.2.3-19	配电装置室预制梁柱布置图（HN-220-B-1-T02-19）
20	图 7.2.3-20	配电装置室预制板拆分图（HN-220-B-1-T02-20）
21	图 7.2.3-21	配电装置室预埋件布置图（HN-220-B-1-T02-21）
22	图 7.2.3-22	配电装置室预制柱配筋图（HN-220-B-1-T02-22）
23	图 7.2.3-23	配电装置室预制柱配筋详图（HN-220-B-1-T02-23）
24	图 7.2.3-24	配电装置室预制梁拆分图（HN-220-B-1-T02-24）
25	图 7.2.3-25	配电装置室预制梁配筋详图（一）（HN-220-B-1-T02-25）
26	图 7.2.3-26	配电装置室预制梁配筋详图（二）（HN-220-B-1-T02-26）
27	图 7.2.3-27	配电装置室预制梁配筋详图（三）（HN-220-B-1-T02-27）
28	图 7.2.3-28	配电装置室预制构件三维图（HN-220-B-1-T02-28）

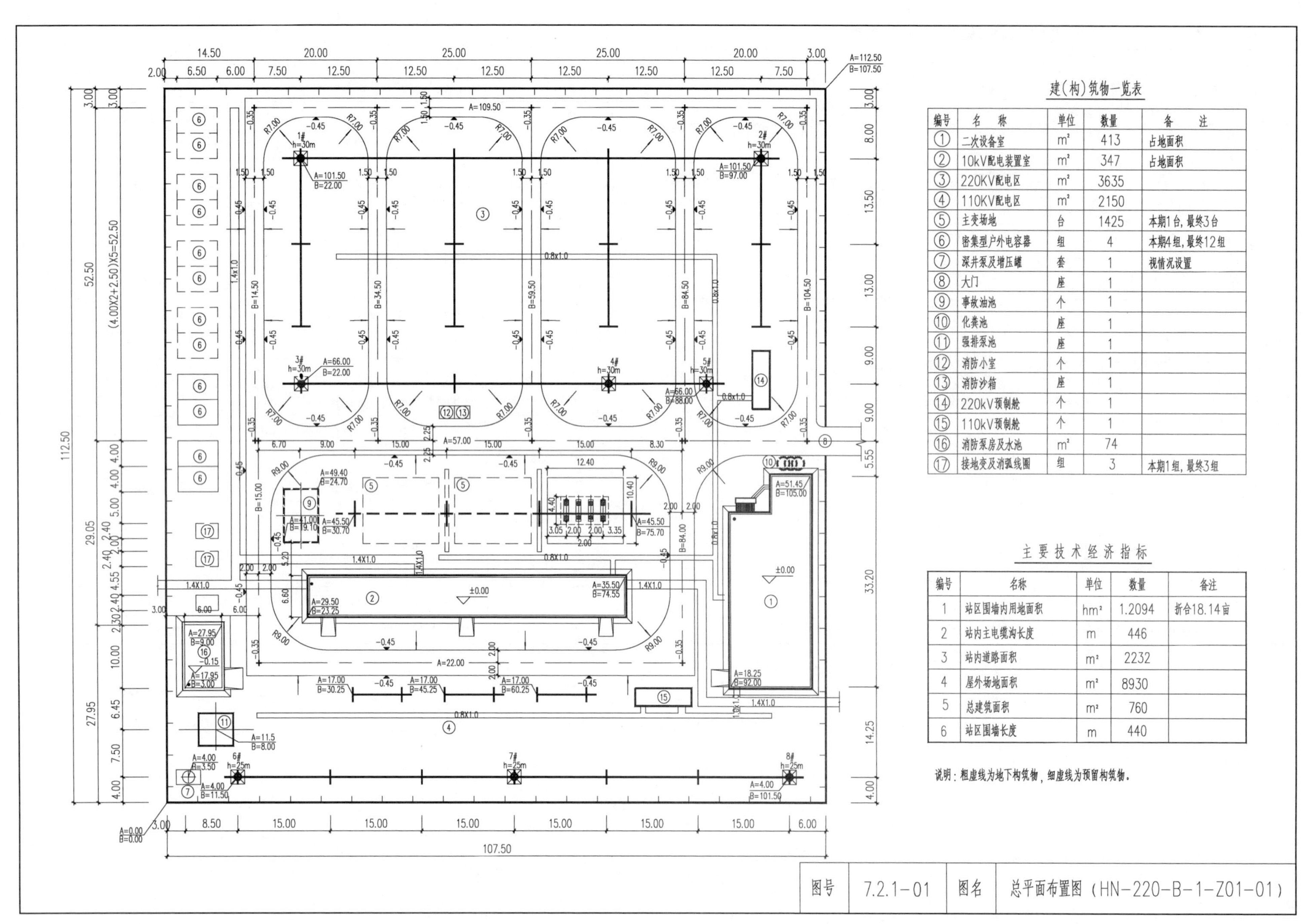

建(构)筑物一览表

编号	名称	单位	数量	备注
①	二次设备室	m^2	413	占地面积
②	10kV配电装置室	m^2	347	占地面积
③	220KV配电区	m^2	3635	
④	110KV配电区	m^2	2150	
⑤	主变场地	台	1425	本期1台，最终3台
⑥	密集型户外电容器	组	4	本期4组，最终12组
⑦	深井泵及增压罐	套	1	视情况设置
⑧	大门	座	1	
⑨	事故油池	个	1	
⑩	化粪池	座	1	
⑪	强排泵池	座	1	
⑫	消防小室	个	1	
⑬	消防沙箱	座	1	
⑭	220kV预制舱	个	1	
⑮	110kV预制舱	个	1	
⑯	消防泵房及水池	m^2	74	
⑰	接地变及消弧线圈	组	3	本期1组，最终3组

主要技术经济指标

编号	名称	单位	数量	备注
1	站区围墙内用地面积	hm^2	1.2094	折合18.14亩
2	站内主电缆沟长度	m	446	
3	站内道路面积	m^2	2232	
4	屋外场地面积	m^2	8930	
5	总建筑面积	m^2	760	
6	站区围墙长度	m	440	

说明：粗虚线为地下构筑物，细虚线为预留构筑物。

本册建筑项目主要特征表	建筑名称	结构类型	建筑面积/m^2	建筑基底面积/m^2	建筑工程等级	设计使用年限	建筑层数	建筑总高度/m	火灾危险性分类	耐火等级	屋面防水等级	地下室防水等级	抗震设防烈度
	二次设备室	装配式混凝土结构	413	413	Ⅲ级	50	地上一层	5.45	戊	二	Ⅰ	—	7
	10kV 配电装置室	装配式混凝土结构	347	347	Ⅲ级	50	地上一层	5.45	戊	二	Ⅰ	—	7

一、主要设计依据

(1) 初步设计、总平面图及各相关专业资料。

(2) 现行的国家有关建筑设计的主要规范及规程:《建筑设计防火规范》(GB 50016—2014) 2018 年版、《火力发电厂与变电站设计防火标准》(GB 50229—2019)、《屋面工程技术规范》(GB 50345—2012)、《民用建筑设计统一标准》(GB 50352—2019)、《建筑玻璃应用技术规程》(JGJ 113—2015)、《 建筑内部装修设计防火规范》(GB 50222—2017)、《建筑防烟排烟系统技术标准》(GB 51251—2017)、《220kV～500kV 户内变电站设计规程》(DL/T 5496—2015)、《220kV～750kV 变电站设计技术规程》(DL/T 5218—2012)、《国家电网公司输变电工程施工图设计内容深度规定》。

(3) 本工程需遵照执行《输变电工程建设标准强制性条文实施管理规程》《国家电网公司输变电工程质量通病防治工作要求及技术措施》和《国家电网公司输变电工程标准工艺(六)标准工艺设计图集》(2014 年版)(下文简称 BDTJ) 中相关规定。工艺标准施工按照《国家电网公司输变电工程标准工艺(三)工艺标准库》(2016 年版) 中相关要求。

(4) 其他相关的国家和项目所在省、市的法规、规范、规定、标准等。

二、本单体建筑工程概况

(1) 本单体建筑工程概况见本册建筑项目主要特征表。本变电站为无人值守智能变电站。

(2) 本建筑总平面定位坐标详见总平面图;本建筑室内地坪±0.000 标高相对应的绝对标高详见总平面图。

(3) 本建筑图中标高单位为米,其余图纸尺寸单位为毫米,各层标注标高为完成面标高(建筑面标高),屋面标高为结构面标高。

(4) 梁柱的尺寸、定位等详见结构施工图。

三、墙体工程

(1) 材料与厚度:±0.000 以下采用 MU20 蒸压灰砂砖 M10 水泥砂浆砌筑;±0.000 以上采用建筑外墙除特殊说明外采用 200mm 厚 A 级 ALC 板,耐火极限 3.0h(蒸压加气混凝土板材简称 ALC 板)。

防火内墙:内墙为 150mm 厚 A 级,ALC 板,耐火极限 3.0h。细部构造做法参见 13J104。

注:工业化墙板系统材料均为工厂预制完成,现场拼接、固定、安装完成,最终以甲方订货为准;墙上预留埋铁需由装配式墙体厂家考虑设置并满足荷载要求。

阴影处墙体为配电箱等设备所在墙体,按照箱体要求适当加厚处理,满足配电箱暗装要求。

(2) 构造要求:建议工业化墙板由专业和具备资质的同一厂家进行排版、设计、供货、施工安装,厂家应考虑墙体上的洞口、门、雨篷安装等要求,设备尺寸大于房间门洞尺寸的房间须待设备安装到位后再安装墙体。

蒸压加气混凝土板材的施工工艺以及各相关构造做法要求参照《蒸压加气混凝土砌块、板材构造》(13J104)。

(3) 外墙窗户及墙体预留洞详见建施及设备平面图,洞口处四周增加檩条,由墙体厂家统一考虑。

(4) 墙体上的空调管留洞、排气洞、过水洞等应注意避开水立管和不影响外窗开启。

(5) 墙上管道及工艺开孔需封堵的孔洞请见各专业相应要求。

(6) 墙上配电箱等设备的预留洞(槽)尺寸及位置需结合设备专业图纸。

(7) 散水宽度根据具体工程情况核定,图中为示意。

四、楼地面工程

本工程楼地面做法详见“室内装修做法表”。

五、屋面防水工程

(1) 雨水管下方设置水簸箕。雨水管及水簸箕做法参见《平屋面建筑构造》(12J201－H6)。

(2) 屋面检修孔做法参见《平屋面建筑构造》(12J201－H20);设备其座做法参见 12J201－H20－3。

(3) 设防要求:按倒置式屋面做法(即防水层在下,保温隔热层在上);所有防水材料的四周卷起泛水高度,均距结构楼面 300mm 高;女儿墙阴阳转角处应附加一层防水材料。

(4) 凡管道穿屋面等屋面留孔位置需检查核实后再做防水材料,避免做防水材料后再凿洞。

六、外门窗工程

(1) 外门窗均采用 90 系列节能型断热桥铝合金型材和 5＋6A＋5＋6A＋5 中空浮法玻璃,中间层为夹胶玻璃。易遭受撞击、冲击而造成人体伤害部位的玻璃均应选用安全玻璃。

外门窗(含阳台门)的气密性、水密性及抗风压性能应符合《建筑外门窗气密、水密、抗风压性能分级及检测办法》(GB/T 7106—2008) 的相关规定,其中气密性不应低于 4 级,水密性不应低于 4 级,抗风压性能不应低于 3 级,空气隔声性能不应低于 3 级。

(2) 门窗立面均表示洞口尺寸,门窗加工尺寸应按照装修面厚度予以调整,门窗制作安装应实测核对各洞口尺寸及各门窗编号与个数,以防止由于设计及构造误差造成安装困难,门窗侧边固定连接点的定位原则:每边最端头固定点距门窗边框端头 180,其余固定点位置间隔 500 左右均分。

(3) 门窗立樘:内外门窗立樘除特殊说明外均居墙中(墙檀处)。

(4) 建筑外窗宜加装安全防盗设施,具体形式由建设方确定。

(5) 门窗的立面形式、数量、尺寸、色彩、开启方式、型材、玻璃等详见门窗表和门窗立面图放大图。

七、内装修工程

(1) 本工程各部位内装修做法详见“室内装修做法表”。装修所用材料应采用对人体健康无毒无害的环保型材料,同时符合《民用建筑工程室内环境污染控制标准》(GB 50325—2020) 的规定,并应在施工前提供样板,经建设单位和设计单位认可后方可施工。本工程所有建筑材料和设备均应符合管理部门的环保规定和质量标准及节约能源的要求。

(2) 装修时建筑内部污水立管、通气管、雨水管、空调冷凝水管、排气道的位置不得移动。

(3) 未经技术鉴定和设计认可,不得拆改结构构件和进行加层改造。当建筑装修涉及主体结构改动或增加荷载时,须由设计单位进行结构安全性复核,提出具体实施方案后方可施工。

(4) 所有穿过防水层的预埋件、紧固件应采用高性能密封材料密封。

(5) 楼面找平须待设备管线孔洞预留无误后再行施工。

(6) 所有材料、构造、施工应遵照《建筑装饰装修工程质量验收标准》(GB 50210—2018) 执行。

八、外装修工程

(1) 建筑立面的颜色和材质详见立面图,外墙面做法详见“室外装修做法表”。外墙面施工前应作出样板,待建设方和设计方认可后方可进行施工,并应遵照《 建筑装饰装修工程质量验收标准》(GB 50210—2018) 的要求。

(2) 其余外露铁件做一道防锈底漆和二道面漆。不露面铁件做二道防锈漆,金属件接缝要严密,用于室外的金属件接缝处用树脂涂料二道密封。

(3) 窗台节点确保里高外低不泛水,室内抹灰成活面高于室外成活面高差不小于 20mm。腰线、檐板以及窗外窗台面层均坡向墙外。

(4) 建筑装饰装修工程所用材料应符合国家有关建筑装饰装修材料有害物质限量标准的规定。

九、噪声防治及主变泄爆措施

(1) 变电站噪声对周围环境的影响符合国标《工业企业厂界噪声标准》(GB 12348—2008) 和《声环境质量标准》(GB 3096—2008) 规定的 2 类标准。

(2) 主变室内墙体吸声、大门、窗、风机等设施降噪均应选择隔声性能合格的产品,由专业厂家二次设计、制作、安装。

(3) 主变室外墙设置轻型泄爆外墙,墙体构造根据《建筑设计防火规范》(GB 50016—2014) 2018 年版要求,单位质量不大于 0.6kN/m,具备资质厂家二次设计,墙体做法参考《 抗爆、泄爆门窗及屋盖、墙体建筑构造》(14J938) 相关做法执行。

(4) 泄爆外墙装饰应与整体建筑装饰效果相适应,优先选择同种材料。

十、其他应注意事项

(1) 土建施工时应注意将建筑、结构、水、暖、电气等各专业施工图纸相互对照,确认墙体及楼板各种预留孔洞尺寸及位置无误后方可进行施工。

(2) 若有疑问应提前与设计院沟通解决. 施工过程中,如遇各专业施工图纸不符的 ,不得以其中任何一个专业图纸作为施工依据。

(3) 工业化墙板供货厂家应根据产品实际规格及相关配件规格进行深化设计及排板设计。建筑物装修色彩应先做样,取得建设单位和设计单位的同意后方可施工。

(4) 本设计说明及全部施工图纸未尽之处应按国家各有关施工及验收规范执行。

十一、本站选用建筑标准设计图集

《国家电网公司输变电工程标准工艺(六)标准工艺设计图集》、《国家电网公司输变电工程标准工艺(三)工艺标准库》、《特种门窗(一)》(17J610－1)、《建筑节能门窗(一)》(06J607－1)、《12 系列建筑标准设计图集》12YJ 系列。

图号	7.2.2-01	图名	建筑设计说明(HN-220-B-1-T01-01)

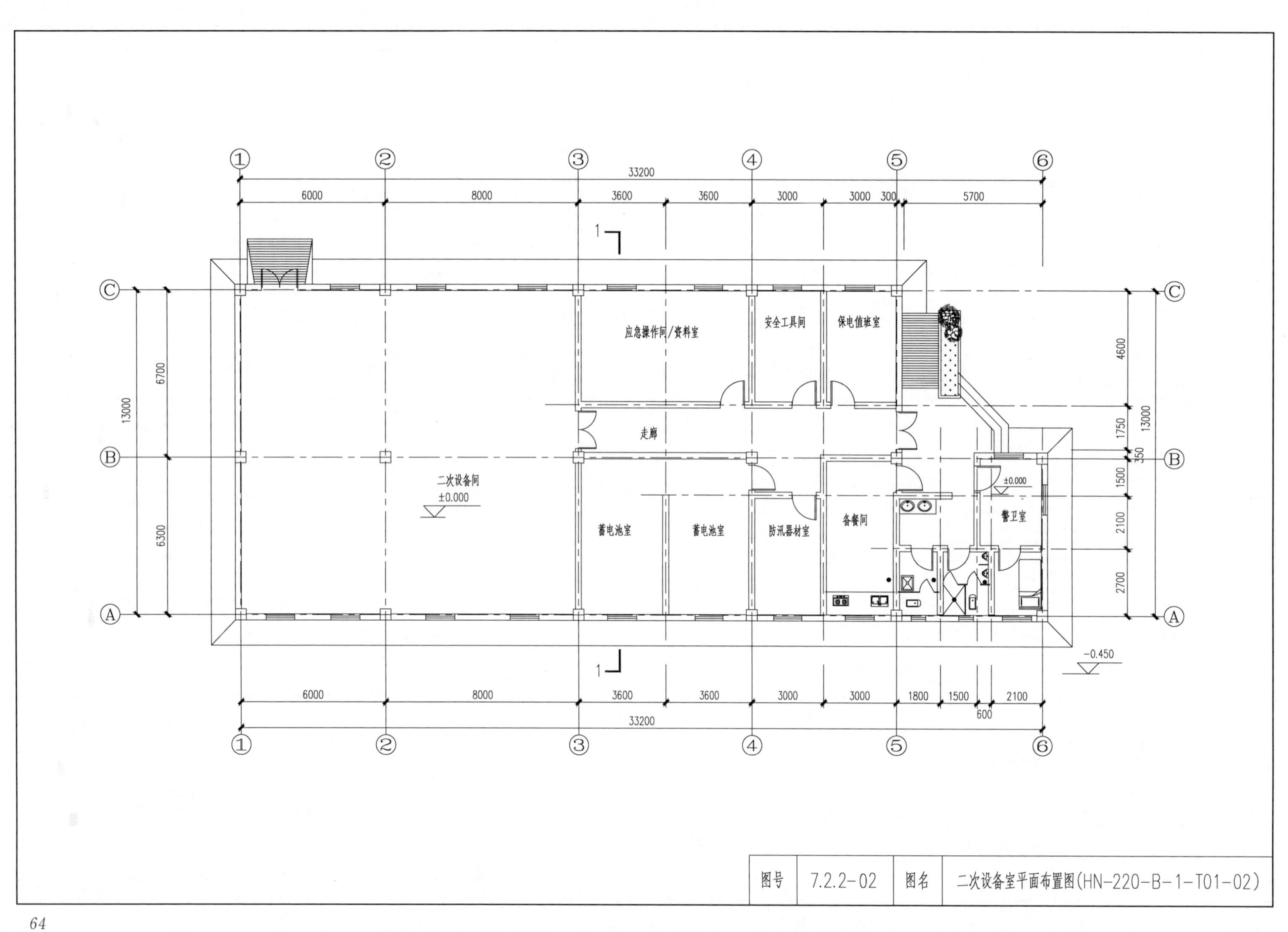

图号	7.2.2-02	图名	二次设备室平面布置图(HN-220-B-1-T01-02)

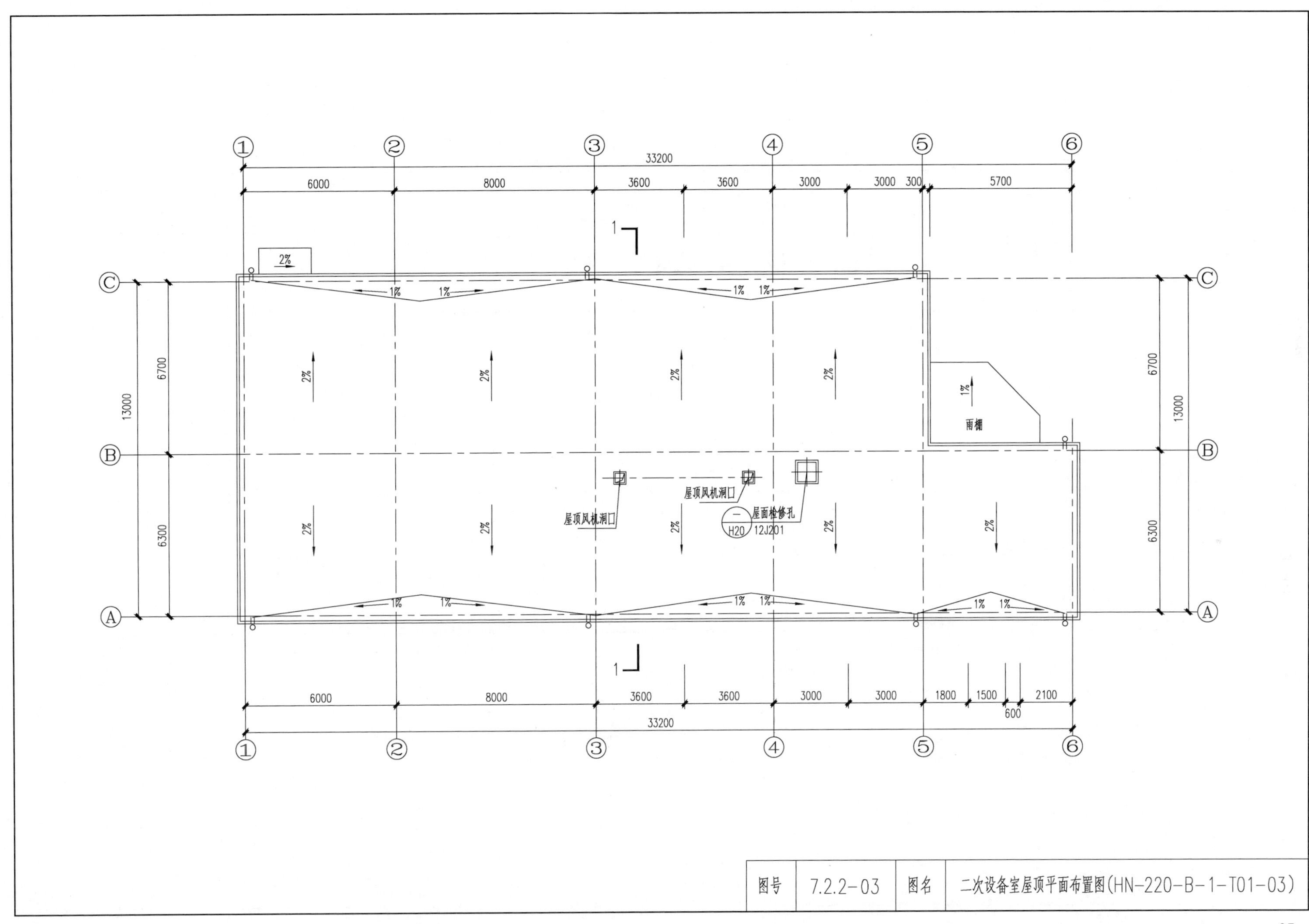
33200
6000
8000
3600
3600
3000
3000
300
5700
1800
1500
2100
600
13000
6700
6300
2%
1%
雨棚
屋顶风机洞口
屋面检修孔
H20
12J201
图号
7.2.2-03
图名
二次设备室屋顶平面布置图(HN-220-B-1-T01-03)

图号	7.2.2-04	图名	二次设备室立面图(HN-220-B-1-T01-04)

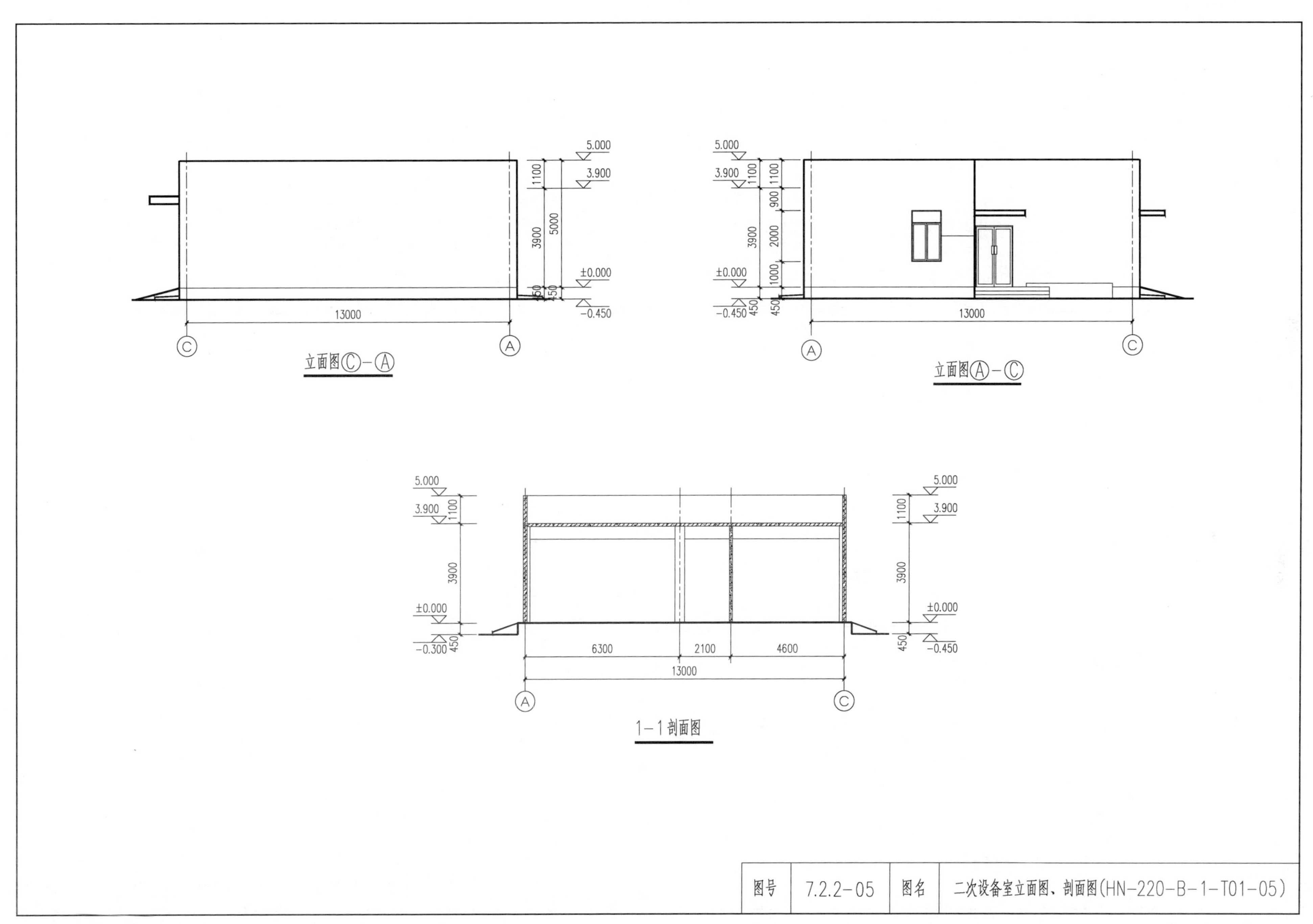

图号	7.2.2-05	图名	二次设备室立面图、剖面图(HN-220-B-1-T01-05)

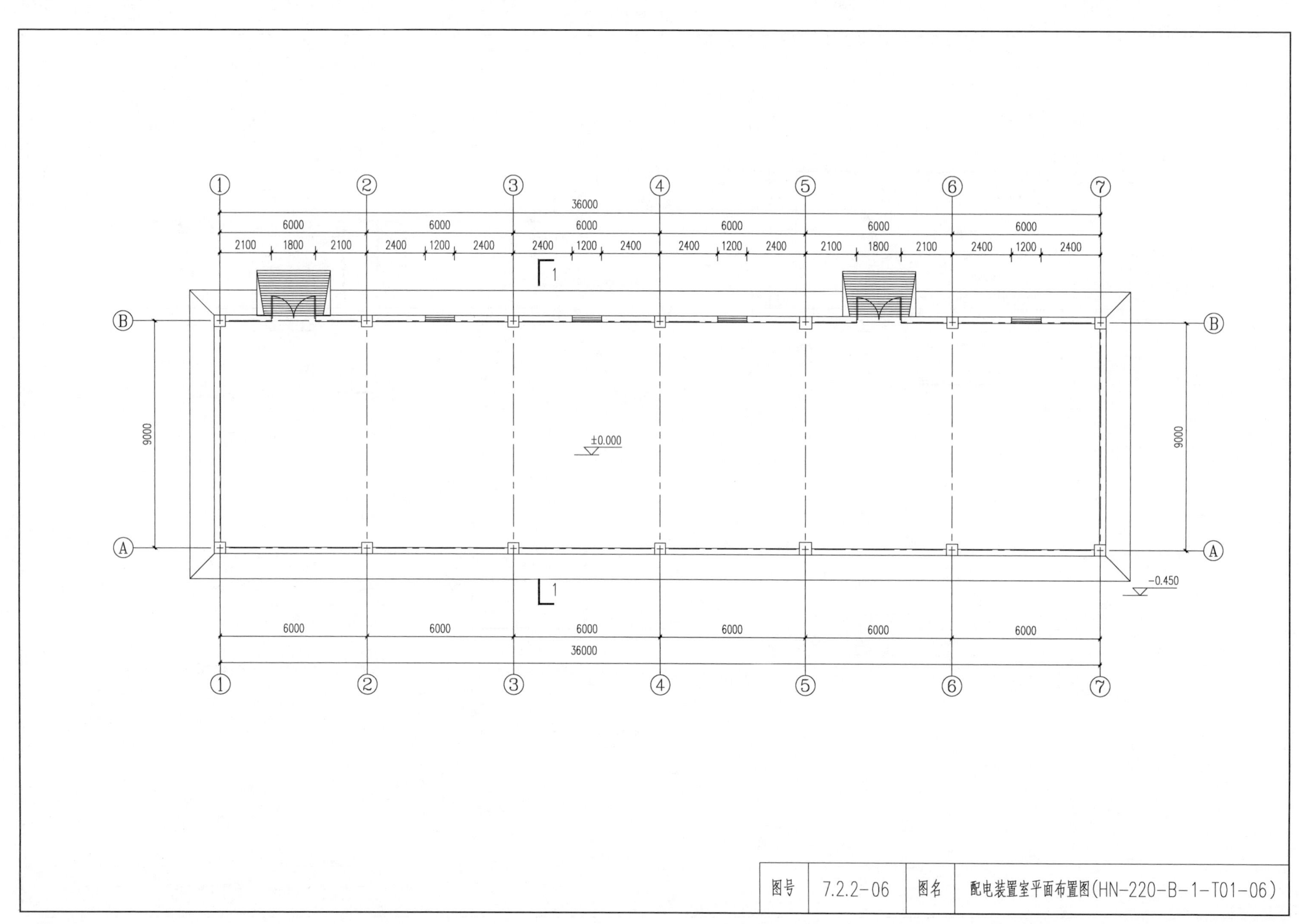

36000
6000
2100
1800
2400
1200
9000
±0.000
-0.450
1
图号
7.2.2-06
图名
配电装置室平面布置图(HN-220-B-1-T01-06)

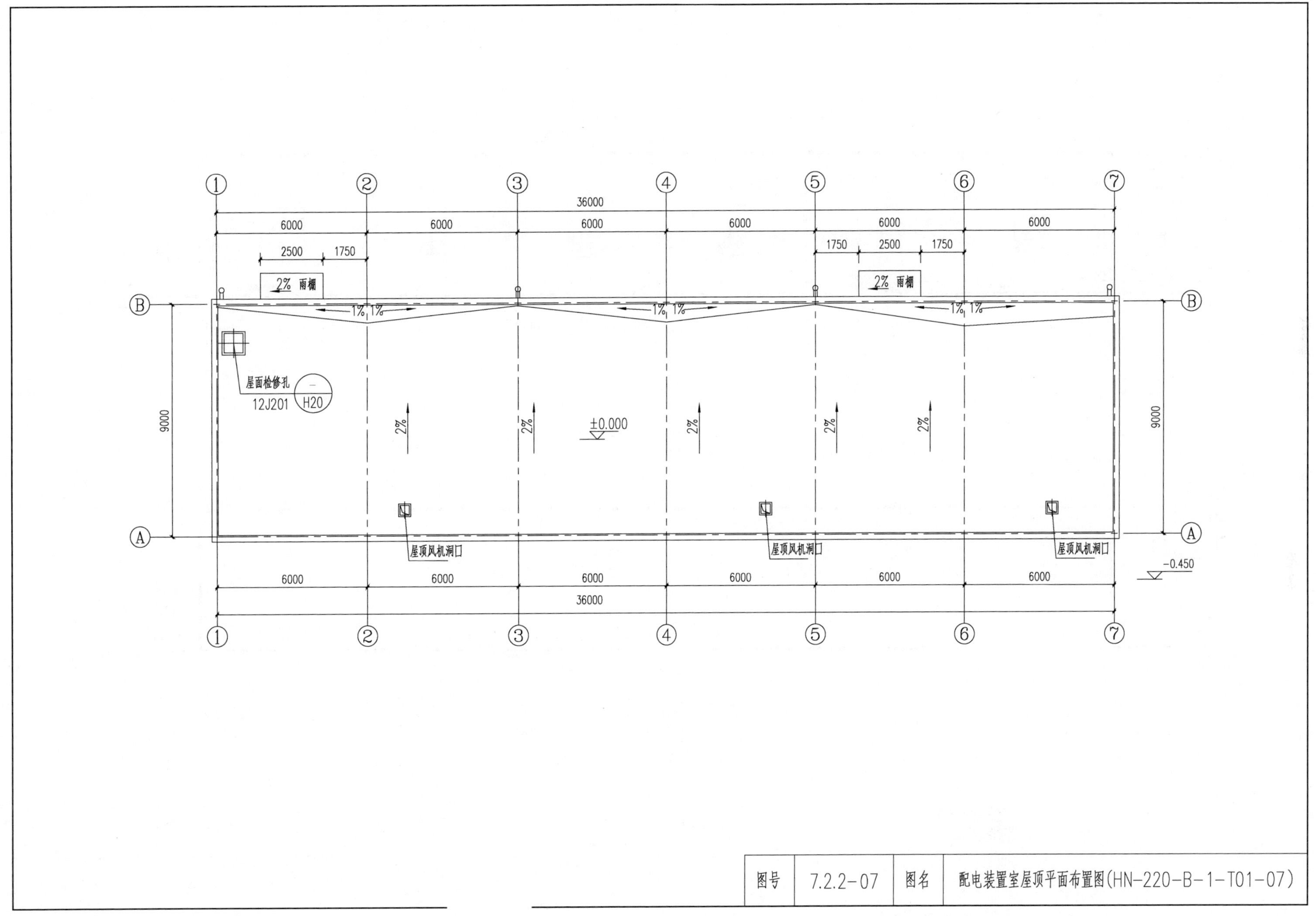

图号	7.2.2-07	图名	配电装置室屋顶平面布置图(HN-220-B-1-T01-07)

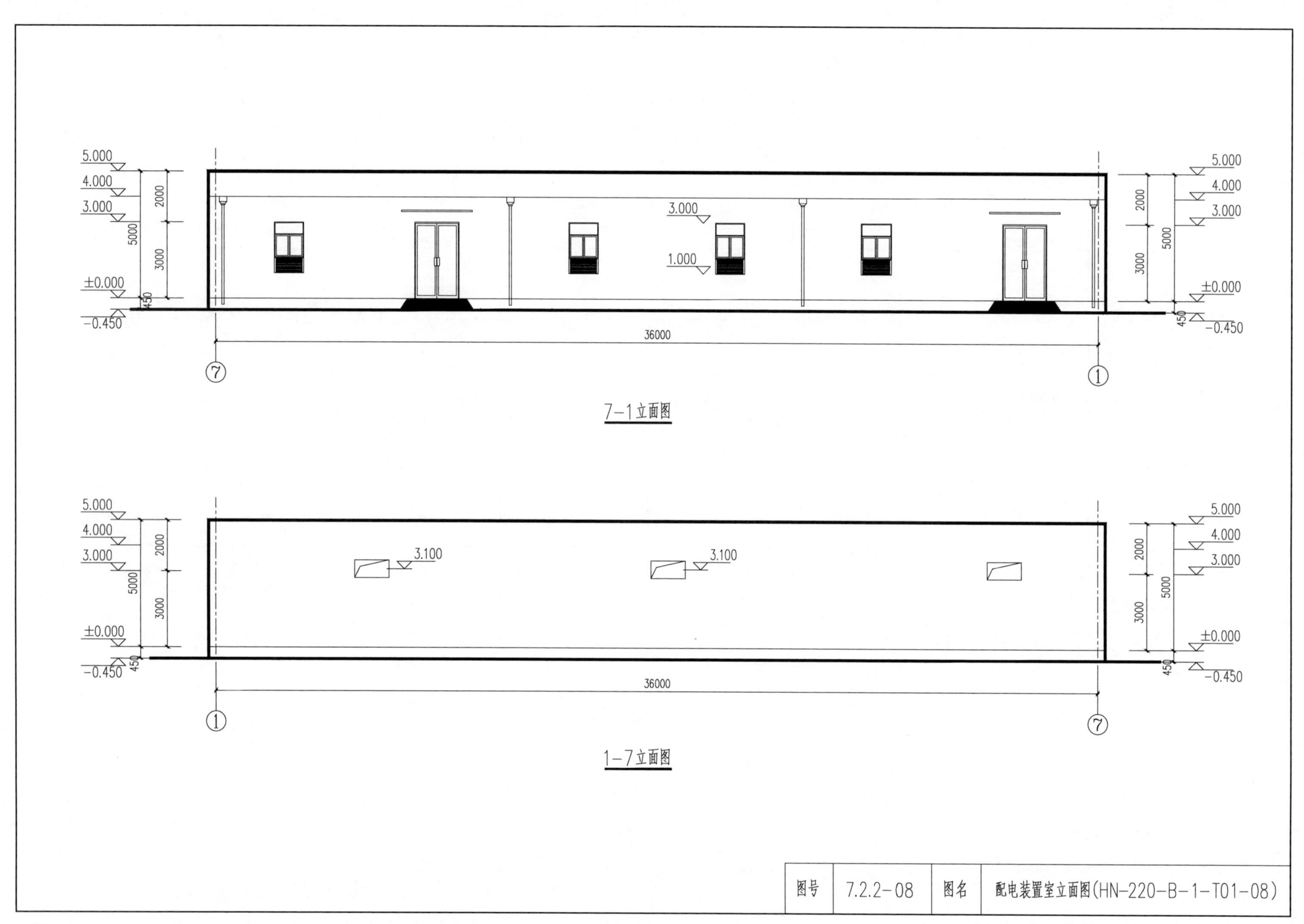
5.000
4.000
3.000
±0.000
-0.450
2000
3000
5000
450
1.000
36000
7
1
7-1立面图
3.100
1-7立面图
图号
7.2.2-08
图名
配电装置室立面图(HN-220-B-1-T01-08)

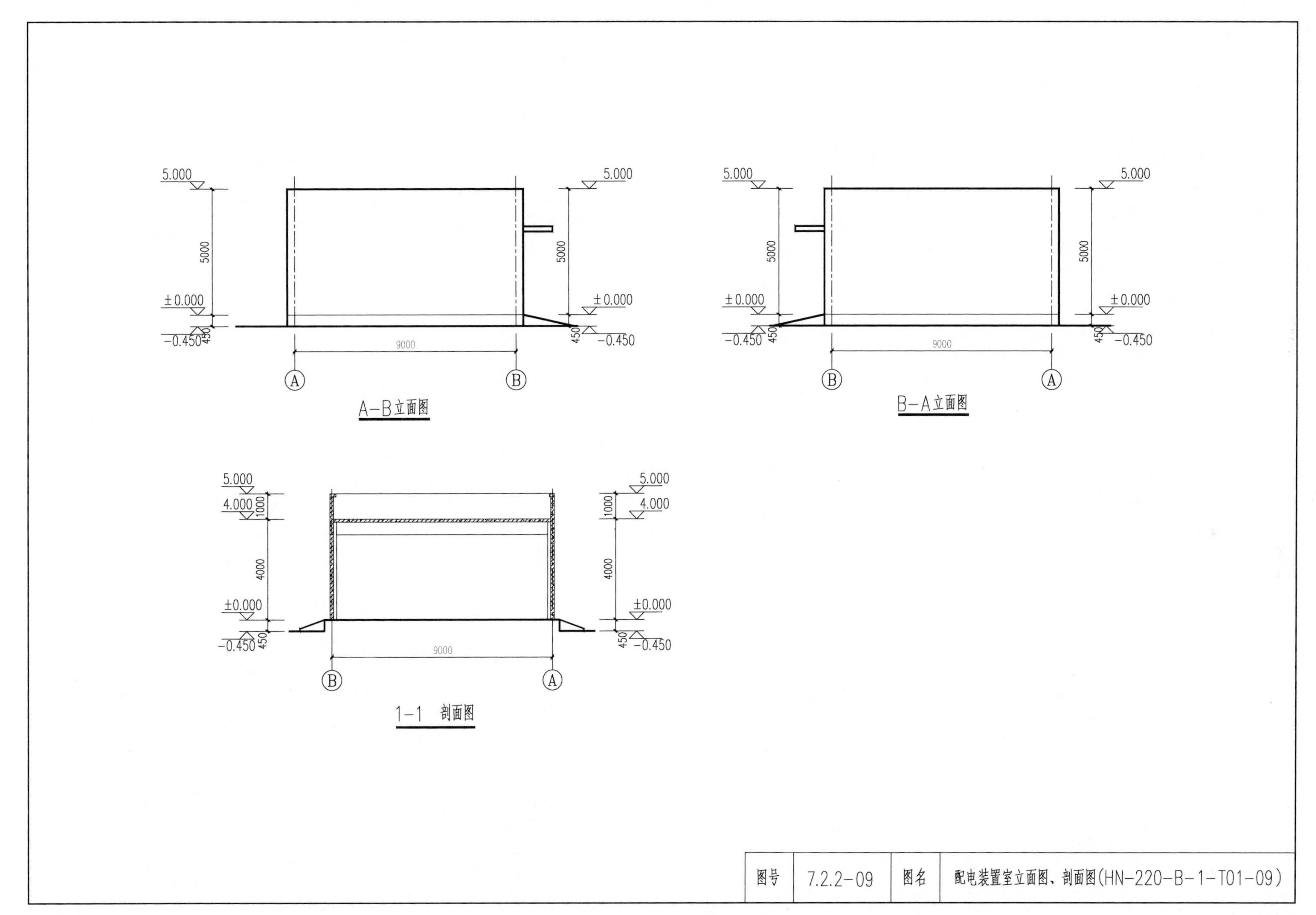

图号	7.2.2−09	图名	配电装置室立面图、剖面图(HN−220−B−1−T01−09)

一、工程概况

（1）本卷册为河南公司 HN－220－B－1 标准化设计 10kV 配电装置室结构图。

（2）10kV 配电装置室为一层装配式混凝土框架结构。

（3）本卷册未包含基础设计，采用本方案的工程，需根据具体的工程地质进行具体的基础设计及必要的地基处理。基础部分采用现浇，正负零以上采用全装配式结构，底层柱底与基础采用连接块连接，预留柱伸入基础的钢筋。

（4）本方案结构设计使用年限为 50 年，建筑结构安全等级为二级，结构重要性系数为 1.0，建筑抗震设防类别丙类，设计使用年限内未经技术鉴定或设计许可，不得改变结构的用途和使用环境。

（5）本工程图纸所注尺寸均以毫米为单位，标高以米计，±0.00 相当于黄海高程×××m，建筑定位详见总平面定位图。

（6）设计活荷载取值见下表：

种类	标准值/(kN/m^2)	所在区域
基本风压	0.45	n=50 年
基本雪压	0.40	n=50 年
屋面活荷载	0.70	不上人屋面

二、设计依据

（1）根据国家电网有限公司部门文件基建技术〔2019〕51 号《国网基建部关于发布 35～750kV 变电站通用设计通信、消防部分修订成果的通知》之规定及通用方案，并结合河南省实标而修改后的实施方案，编号为 HN－220－B－1（1）－T02。

（2）国家有关标准及规范（以下所列规程、规范和标准均按规行版本执行，并且并不限于以下规程、规范和标准，凡与其有关的规程、规范和标准均须执行。当所列规程、规范和标准的规定有不一致时，按较高标准执行见下表：

名　　称	代　　号
《装配式混凝土建筑技术标准》	GB/T 51231—2016
《装配式混凝土结构技术标准》	JGJ1—2014
《预制混凝土构件质量检验标准》	T/CECS631：2019
《装配式结构工程施工质量验收规程》	DGJ32/J 184—2016
《建筑结构可靠度设计统一标准》	GB 50068—2018
《建筑工程抗震设防分类标准》	GB 50223—2008
《建筑抗震设计规范》	GB 50011—2010（2016 年版）
《电力设施抗震设计规范》	GB 50260—2013
《建筑结构荷载规范》	GB 50009—2012
《混凝土结构设计规范》	GB 50010—2010（2015 年版）
《变电站建筑结构设计技术规程》	DL/T 5457—2012
《220kV～750kV 变电站设计技术规程》	DL/T 5218—2012
《建筑地基基础设计规范》	GB 50007—2011
《建筑地基处理技术规范》	JGJ 79—2012
《建筑地基基础工程施工质量验收标准》	GB 50202—2018
《混凝土结构工程施工质量验收规范》	GB 50204—2015
《钢结构设计标准》	GB 50017—2017
《冷弯薄壁型钢结构技术规范》	GB 50018—2002

续表

名　　称	代　　号
《建筑设计防火规范》	GB 50016—2014（2018 年版）
《火力发电厂与变电站设计防火标准》	GB 50229—2019
《建筑钢结构防火技术规范》	GB 51249—2017
《钢结构防火涂料》	GB 14907—2018
《建筑钢结构防腐蚀技术规程》	JGJ/T 251—2011
《钢结构焊接规范》	GB 50661—2011
《钢筋焊接及验收规程》	JGJ 18—2012
《钢结构工程施工质量验收标准》	GB 50205—2020
《钢筋机械连接技术规程》	JGJ 107—2016
《电力建设施工质量验收及评定规程》	DL/T 5210.1—2018
《砌体结构工程施工质量验收规范》	GB 50203—2011

三、本方案设计假定自然条件

（1）基本风压：0.45kN/m^2，地面粗糙度为 B 类。

（2）基本雪压：S_0=0.4kN/m^2。

（3）抗震设防烈度为 7 度，设计基本地震加速度值为 0.15g，设计地震分组为第二组。

（4）建筑物抗震设防类别为丙类，建筑场地类别为Ⅱ类，特征周期为 0.4s。

（5）抗震构造措施设防烈度 7 度，钢筋混凝土结构抗震等级为三级。

四、设计计算程序

结构整体受力分析及抗震验算采用中国建筑科学研究院研制的 PKPM5.0 系列软件、MIDASGEN 及静力计算手册进行计算，结构规则性信息为规则。

五、主要结构材料

（1）混凝土强度等级见下表：

预制构件混凝土强度等级选用表

垫层	基础、柱（基础～－0.050）	柱（－0.05～柱顶）	梁、板、楼梯	圈梁、构造柱
C15	C35	C40	C40	C25

（2）混凝土耐久性要求见下表：

结构混凝土材料的耐久性基本要求

环境类型	最大水胶比	最低强度等级	最大氯离子含量/%	最大碱含量/(kg/m^3)
一	0.60	C20	0.30	不限制
二 a	0.55	C25	0.20	3.0
二 b	0.50（0.55）	C30（C25）	0.15	

注： 处于严寒和寒冷地区二 b 类环境中的混凝土应使用引气剂，并可采用括号中的有关参数。

（3）必须选用国家标准钢材，Φ为 HPB300 钢筋，⏀为 HRB400 钢筋。型钢及钢板采用 Q235B 钢材。

（4）当钢筋采用焊接时，HPB300 钢筋用 E43 焊条，HRB400 钢筋用 E55 焊条，按《钢筋焊接及验收规程》(JGJ 18—2012) 施工和验收。

图号	7.2.3-01	图名	二次设备室工程结构说明(一)(HN-220-B-1-T02-01)

（5）框架纵向受力钢筋的抗拉强度实测值与屈服强度实测值的比值不应小于1.25；且钢筋的屈服强度实测值与强度标准值的比值不应大于1.3，且钢筋在最大拉力下的总伸长率实测值不应小于9%。钢筋的强度标准值应具有不小于95%的保证率。

（6）受力预埋件锚筋不应采用冷加工钢筋，钢材采用Q235B。

六、钢筋混凝土相关问题

（1）完全外露构件、结构外围构件的外侧及±0.000以下构件与土接触的面均为二b类环境，其余为一类环境。

（2）构件的保护层厚度见下表：

环境类别	板、墙、壳	梁、柱、杆
一	15	20
二a	20	25
二b	25	35

注： 1. 混凝土强度等级不大于C25时，表中保护层厚度数值应增加5mm。

2. 钢筋混凝土基础设置100mm混凝土垫层，基础中钢筋的混凝土保护层厚度应以垫层顶面算起，且不应小于40mm。

（3）钢筋锚固长度与搭接长度按《混凝土结构施工图平面整体表示方法制图规则和构造详图》（16G101-01）和《装配式混凝土结构连接节点构造》（15G310-1～2）。

（4）钢筋的接头宜设置在受力较小处，框架结构钢筋接头不宜设置在梁柱箍筋加密区，同一纵向受力钢筋不宜设置两个或两个以上接头，框架梁柱及配有抗扭纵筋的非框架梁均采用抗震箍筋。

（5）楼层梁板上部筋接头应在跨中，下部筋接头在支座。基础拉梁钢筋接头在支座处。板钢筋采用搭接接头时，同一截面钢筋搭接接头数量不得大于钢筋总量的25%，相邻接头间的最小距离为$45d$。

（6）预制柱的设计应符合现行国家标准《混凝土结构设计规范》（GB 50010）的要求，柱箍筋加密区长度范围参考16G101-01标准图集，并应符合下列规定：柱纵向受力钢筋直径不宜小于20mm；矩形柱截面宽度或圆柱直径不宜小于400mm，且不宜小于同方向梁宽的1.5倍。

（7）梁、柱纵向钢筋在后浇节点区内采用直线锚固、弯折锚固或机械锚固的方式时，其锚固长度应符合现行国家标准《混凝土结构设计规范》（GB 50010）中的有关规定；当梁、柱纵向钢筋采用锚固板时，应符合现行行业标准《钢筋锚固板应用技术规程》（JGJ 256）中的有关规定。

七、图纸内容表达

（1）构造及制图执行《混凝土结构施工图平面整体表示方法制图规则和构造详图》（16G101-01）、《装配式混凝土结构表示方法及示例》（15G107-1）和《装配式混凝土结构连接节点构造》（15C310-1～2）。

（2）楼梯采用预制楼梯，具体做法参考《预制钢筋混凝土板式楼梯》（15G367-1）。

（3）图中长度单位为mm，结构标高单位为m。

八、预制构件制作及检验

（1）应根据预制构件制作特点制定工艺流程，明确质量要求和质量控制要求。

（2）模具所选用材料应有质量证明书或检验报告，模具应具有足够的刚度、强度、稳定性，模具构造应满足钢筋入模、混凝土浇捣和养护的要求；模具组装完成后需进行去毛、除锈、清渣等工作；并符合构件精度要求；与构件混凝土直接接触的钢模表面需均匀涂抹脱模剂。

（3）对于外观要求较高的构件，在模板拼接处如侧模与底模的拼接处须以止水条做好密封处理以免漏浆影响外观。

（4）预埋窗框的固定，预制构件厂按图纸位置在窗框内侧附加钢框用以固定窗框，还需根据窗厂产品要求按间距埋设加强爪件。

（5）钢筋应有产品合格证，并应按有关标准规定进行复试检验，质量必须符合现行有关标准和结构总说明的规定。严格按构件加工图纸要求排布钢筋，并控制保护层厚度。叠合筋应按设计要求露出高度设置。

（6）混凝土用的水泥、骨料（砂、石）、外加剂、掺合料等应有产品合格证，并按有关标准的规定进行复试检验，质量必须符合现行有关标准的规定。混凝土应按国家现行标准《普通混凝土配合比设计规程》（JGJ 55）的有关规定，根据混凝土强度等级、耐久性和工作性等要求进行配合比设计。混凝土外加剂的选择与使用应满足《混凝土外加剂应用技术规范》（GB 50119）。选择各类外加剂时，应特别注意外加剂的适用范围。

（7）构件浇筑成型前，模具、隔离剂涂刷、钢筋成品（骨架）质量、保护层控制措施、预留孔道、配件和埋件等，应逐件进行隐蔽验收，符合有关标准规定和设计文件要求后方可浇筑混凝土。

（8）根据实际情况均匀振捣，要求均匀密实，振捣时应避开钢筋、埋件、管线、面砖等，对于重要勿碰部位提前做好标记。

（9）构件外表面应光滑无明显凹坑破损，内侧与现浇部分相接面须做均匀拉毛处理，拉深4～5mm。

（10）预制构件混凝土浇筑完毕后，应及时按国家混凝土养护的规定操作养护。

（11）预制构件达到混凝土抗压强度设计值的75%且不小于$15N/mm^2$时方可拆模起吊。

（12）按国家规范检测混凝土强度；预埋连接件、插筋、孔洞数量、规格、定位；外观质量检查；外形尺寸检查。成品构件尺寸偏差及变形与裂缝应控制在允许范围内，详见《预制预应力混凝土装配整体式框架结构技术规程》（JGJ 224）。

（13）对预制构件修补和保护，预制梁、楼梯、楼板存放采用平躺式，且做好包角包面与固定的防护措施。

（14）预制构件内钢筋弯钩及锚固做法详见《装配式混凝土结构连接节点构造》（15G310-1）中相关构造要求。

（15）为确保安全脱模、起吊，应按设计要求预先做金属预埋件拉拔试验，并递交正式的实验报告。

（16）预制构件模具的允许偏差。预制构件的允许尺寸偏差及检验方法应符合《装配式混凝土结构技术规程》（JGJ 1）的相关规定；预制构件应按设计要求和现行国家标准《混凝土结构工程施工质量验收规范》（GB 50204）的有关规定进行结构性能检验。

九、运输要求

1. 运输注意事项

（1）预制构件运输时，车上应设有专用架，且有可靠的稳定构件措施。预制构件混凝土强度达到设计强度时方可运输。

（2）预制构件运输时，应采用木材或混凝土块作为支撑物，构件接触部位用柔性垫片填实，支撑牢固不得有松动。

2. 运输方式

（1）竖立式：适用于预制混凝土构件较大且为不规则形状时，或高度不是很高的扁平预制混凝土构件可排列竖立。竖立式除了需注意超高限制外还要防止倾覆，必须制作专用钢排架，排架常有山形架和A字架。构件与排架之间须有限位措施并绑扎牢固，同时做好易碰部位的边角保护。

（2）平躺式：适用于大多数预制混凝土构件，对于预制楼板、墙板等扁平构件，计算出最佳支点距离以指导运输方正确设置，谨慎采取二点以上支点的方式，如采用需专门措施保证每个支点同时受力。构件平躺叠加，支点与上下层构件的接触点必须设置减震措施，如垫橡胶块等，禁止硬碰硬方式。重叠不宜超过5层，且各层垫块必须在同一竖向位置。

十、标准图集

（1）《混凝土结构施工图平面整体表示方法制图规则和构造详图》（16G101-01）。

（2）《混凝土结构施工图平面整体表示方法制图规则和构造详图》（16G101-03）。

（3）《钢筋混凝土抗震构造详图》（11YG002）。

（4）《钢筋混凝土过梁》（11YG301）。

（5）《装配式建筑系列标准应用实施指南（装配式混凝土结构建筑）》。

（6）《装配式混凝土结构表示方法及示例》（15G107-1）。

（7）《装配式混凝土结构连接节点构造》（15G310-1～2）。

（8）《装配式混凝土结构技术规程》（JGJ 1—2014）。

图号	7.2.3-02	图名	二次设备室工程结构说明（二）（HN-220-B-1-T02-02）

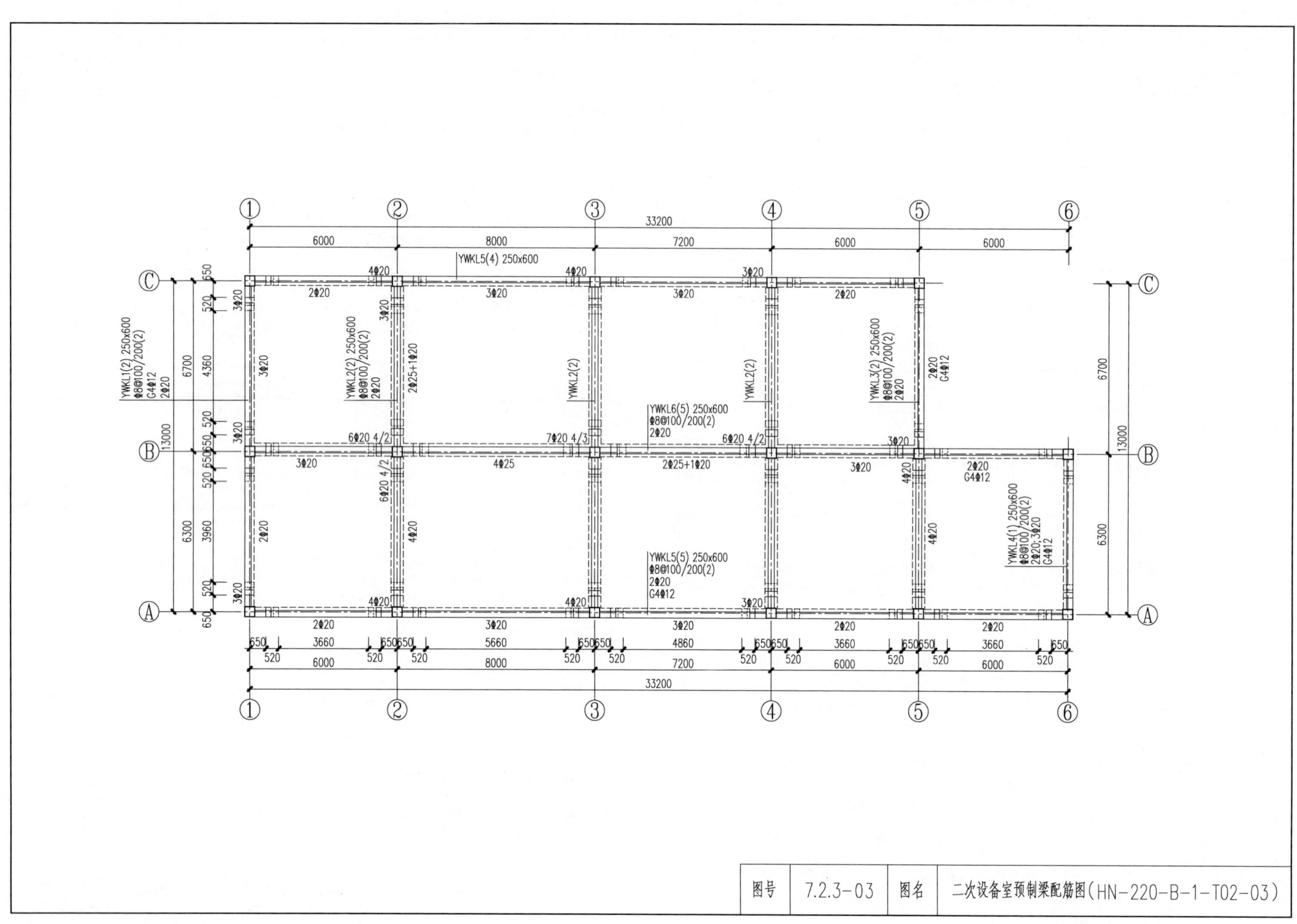
33200
6000
8000
7200
6000
6000
YWKL5(4) 250x600
YWKL1(2) 250x600
Φ8@100/200(2)
G4Φ12
2Φ20
YWKL2(2) 250x600
Φ8@100/200(2)
2Φ20
YWKL2(2)
YWKL3(2) 250x600
Φ8@100/200(2)
2Φ20
YWKL6(5) 250x600
Φ8@100/200(2)
2Φ20
YWKL5(5) 250x600
Φ8@100/200(2)
2Φ20
G4Φ12
YWKL4(1) 250x600
Φ8@100/200(2)
2Φ20;3Φ20
G4Φ12
13000
6700
6300
4360
3960
650
520
3660
5660
4860
图号
7.2.3-03
图名
二次设备室预制梁配筋图(HN-220-B-1-T02-03)

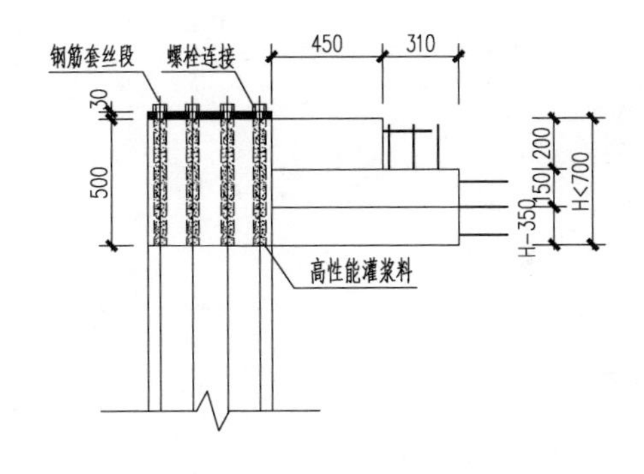

梁柱连接节点详图

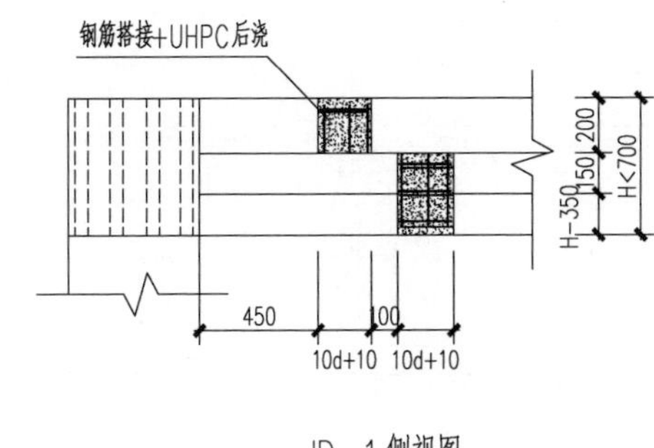

JD－1侧视图

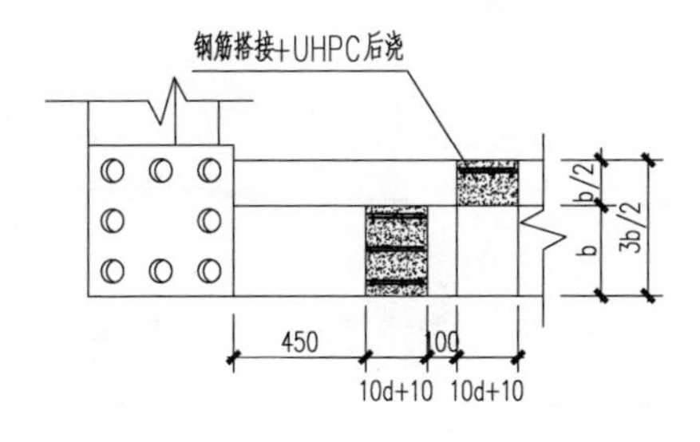

JD－1俯视图

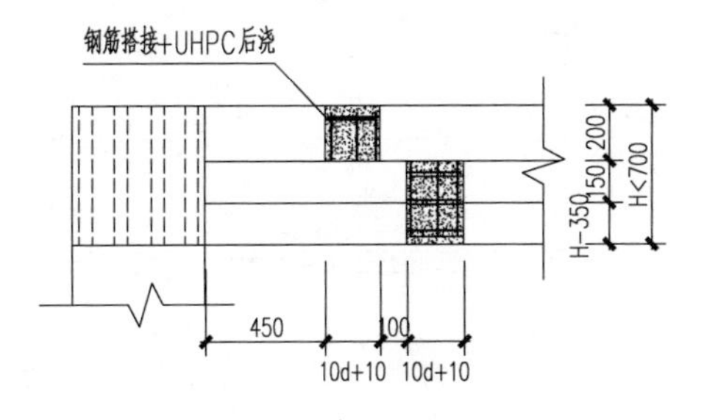

JD－2侧视图

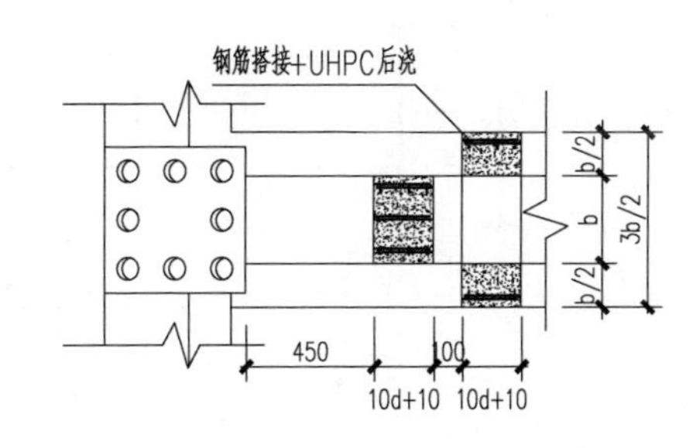

JD－2俯视图

说明：1. 从耗能角度考虑，为使梁塑性铰出现在梁端部，PC试件梁后浇段设置在离节点核心区450mm梁高处。

2. 钢筋搭接长度为10d（d为钢筋直径），试验结果表明，钢筋搭接长度为10d时，以UHPC材料连接的装配式试件的力学性能均可等同现浇试件，以UHPC材料连接的装配式试件的力学性能甚至优于现浇试件。

3. 图示钢筋 | 段为钢筋套丝段，套丝长度见预制柱详图。

4. 柱顶约束钢板处外露钢筋端随屋顶面施工完成后不外露。

5. 钢筋伸出段尺寸应按本图进行设置。

6. 钢筋伸出段所用钢筋直径d为所配钢筋最大直径，具体梁梁搭接口长度应按梁拆分图。

7. H为梁高度，b为梁宽度。

图号	7.2.3－04	图名	二次设备室预制节点连接详图（HN－220－B－1－T02－04）

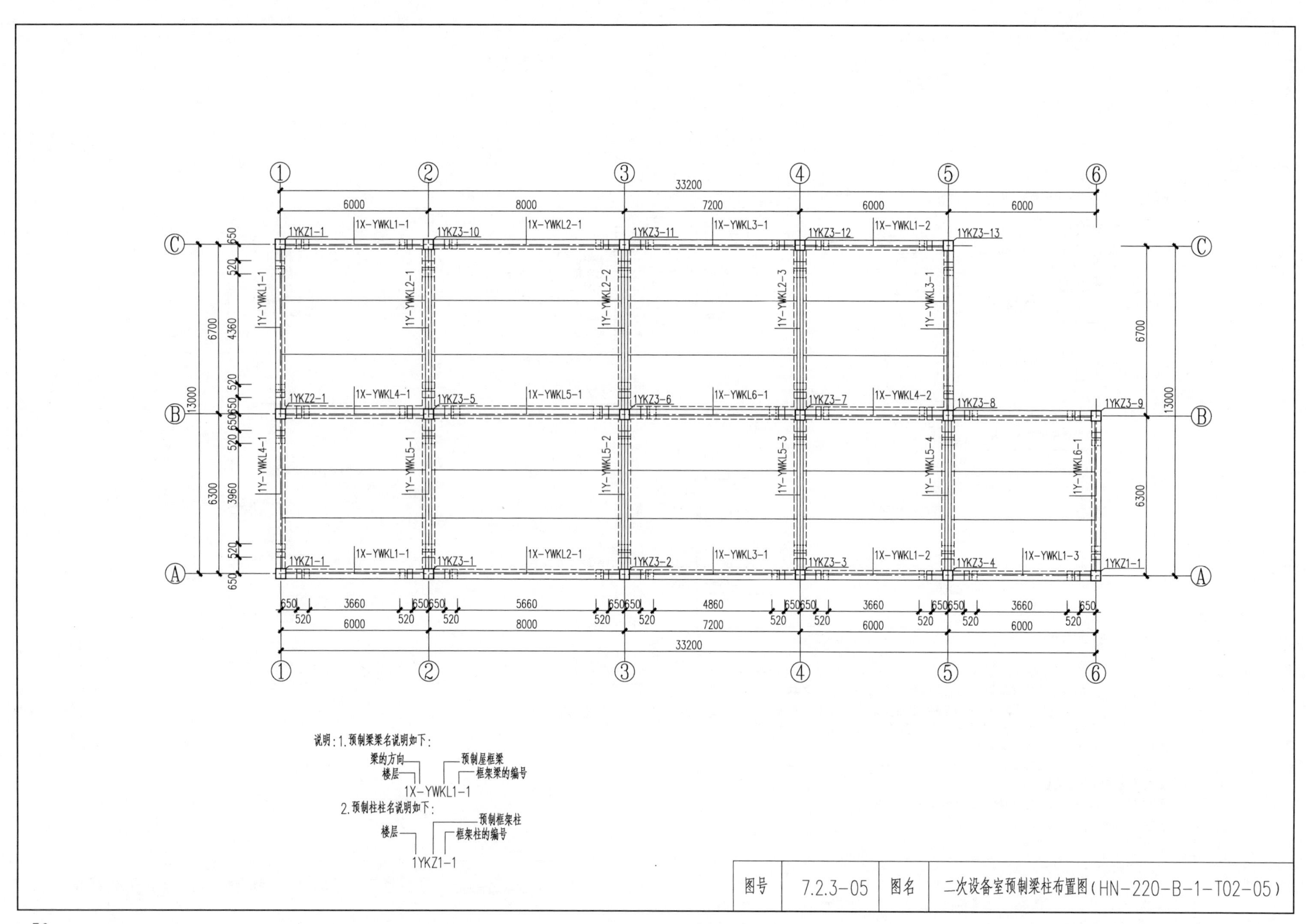

33200
6000
8000
7200
6000
6000
1YKZ1-1
1X-YWKL1-1
1YKZ3-10
1X-YWKL2-1
1YKZ3-11
1X-YWKL3-1
1YKZ3-12
1X-YWKL1-2
1YKZ3-13
1Y-YWKL1-1
1Y-YWKL2-1
1Y-YWKL2-2
1Y-YWKL2-3
1Y-YWKL3-1
1YKZ2-1
1X-YWKL4-1
1YKZ3-5
1X-YWKL5-1
1YKZ3-6
1X-YWKL6-1
1YKZ3-7
1X-YWKL4-2
1YKZ3-8
1YKZ3-9
1Y-YWKL4-1
1Y-YWKL5-1
1Y-YWKL5-2
1Y-YWKL5-3
1Y-YWKL5-4
1Y-YWKL6-1
1YKZ1-1
1X-YWKL1-1
1YKZ3-1
1X-YWKL2-1
1YKZ3-2
1X-YWKL3-1
1YKZ3-3
1X-YWKL1-2
1YKZ3-4
1X-YWKL1-3
1YKZ1-1
13000
6700
6300
650
520
4360
3960
3660
5660
4860
说明：1.预制梁梁名说明如下：
梁的方向
楼层
预制屋框梁
框架梁的编号
1X-YWKL1-1
2.预制柱柱名说明如下：
楼层
预制框架柱
框架柱的编号
1YKZ1-1
图号
7.2.3-05
图名
二次设备室预制梁柱布置图（HN-220-B-1-T02-05）

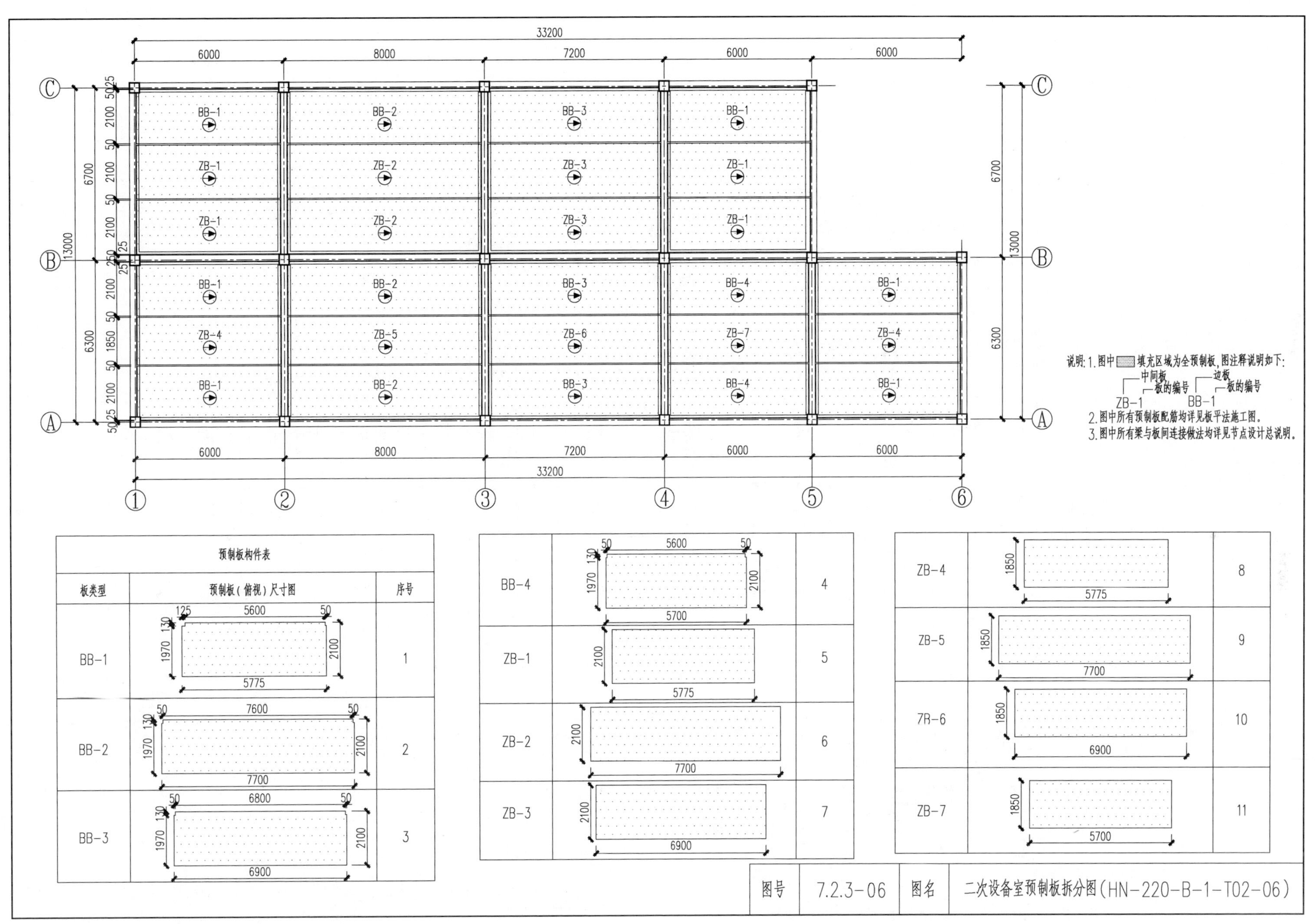

预制板构件表

板类型	预制板（俯视）尺寸图	序号
BB-1	125 5600 50; 130 1970 2100; 5775	1
BB-2	50 7600 50; 130 1970 2100; 7700	2
BB-3	50 6800 50; 130 1970 2100; 6900	3
BB-4	50 5600 50; 130 1970 2100; 5700	4
ZB-1	2100; 5775	5
ZB-2	2100; 7700	6
ZB-3	2100; 6900	7
ZB-4	1850; 5775	8
ZB-5	1850; 7700	9
ZB-6	1850; 6900	10
ZB-7	1850; 5700	11

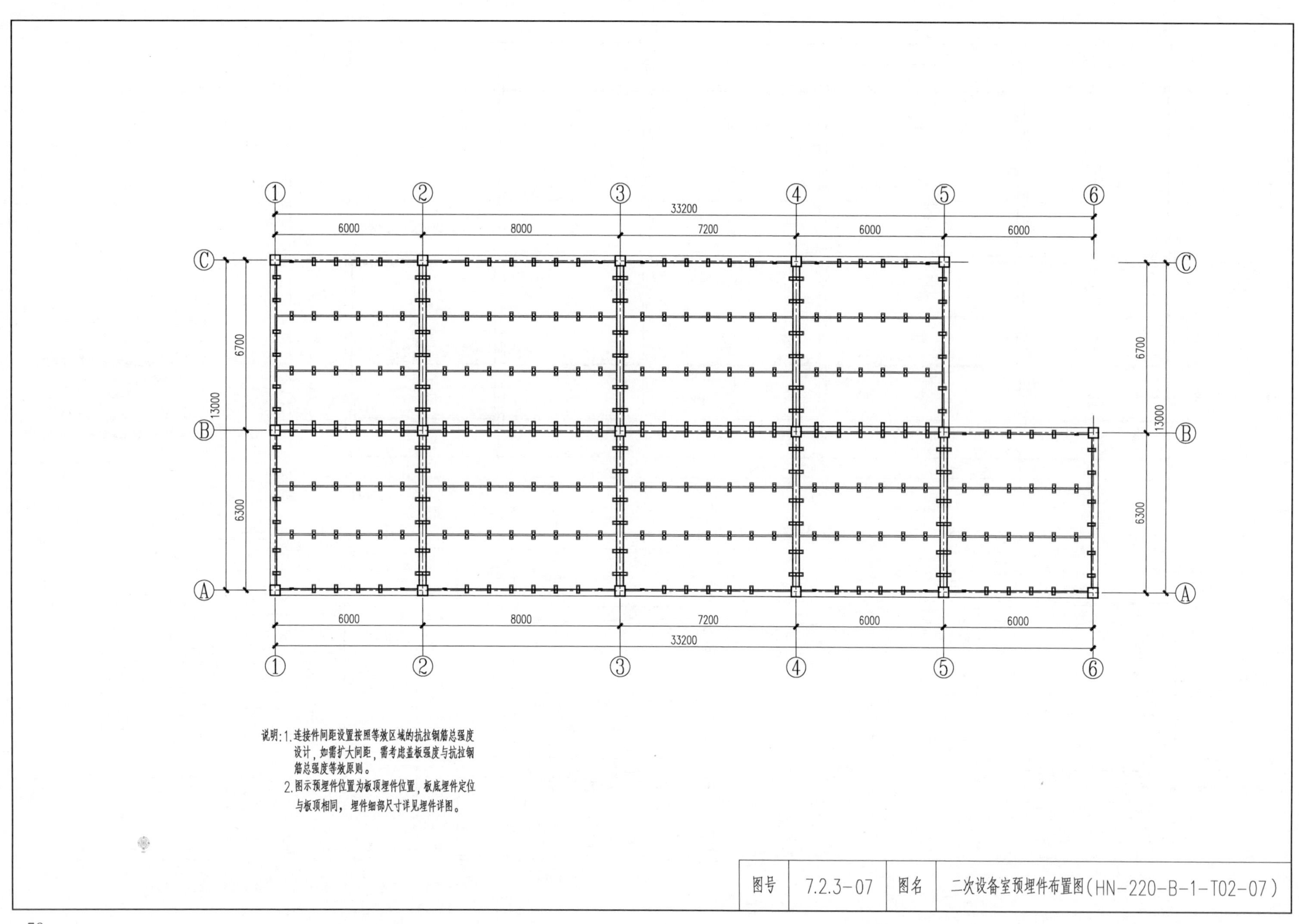
①
②
③
④
⑤
⑥
33200
6000
8000
7200
6000
6000
Ⓒ
Ⓑ
Ⓐ
6700
6300
13000
说明：1. 连接件间距设置按照等效区域的抗拉钢筋总强度设计，如需扩大间距，需考虑盖板强度与抗拉钢筋总强度等效原则。
2. 图示预埋件位置为板顶埋件位置，板底埋件定位与板顶相同，埋件细部尺寸详见埋件详图。
图号
7.2.3-07
图名
二次设备室预埋件布置图(HN-220-B-1-T02-07)

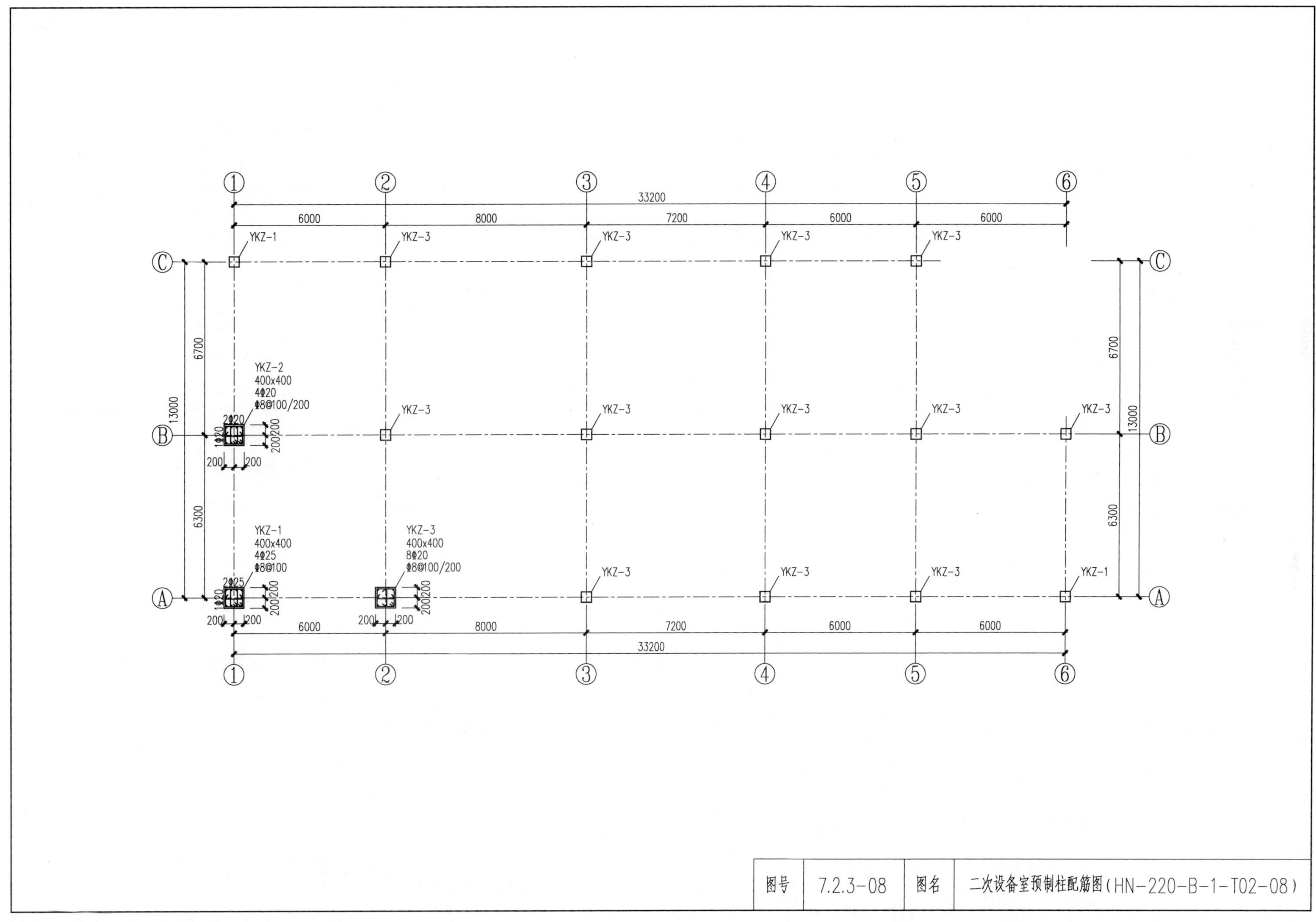

图号	7.2.3-08	图名	二次设备室预制柱配筋图（HN-220-B-1-T02-08）

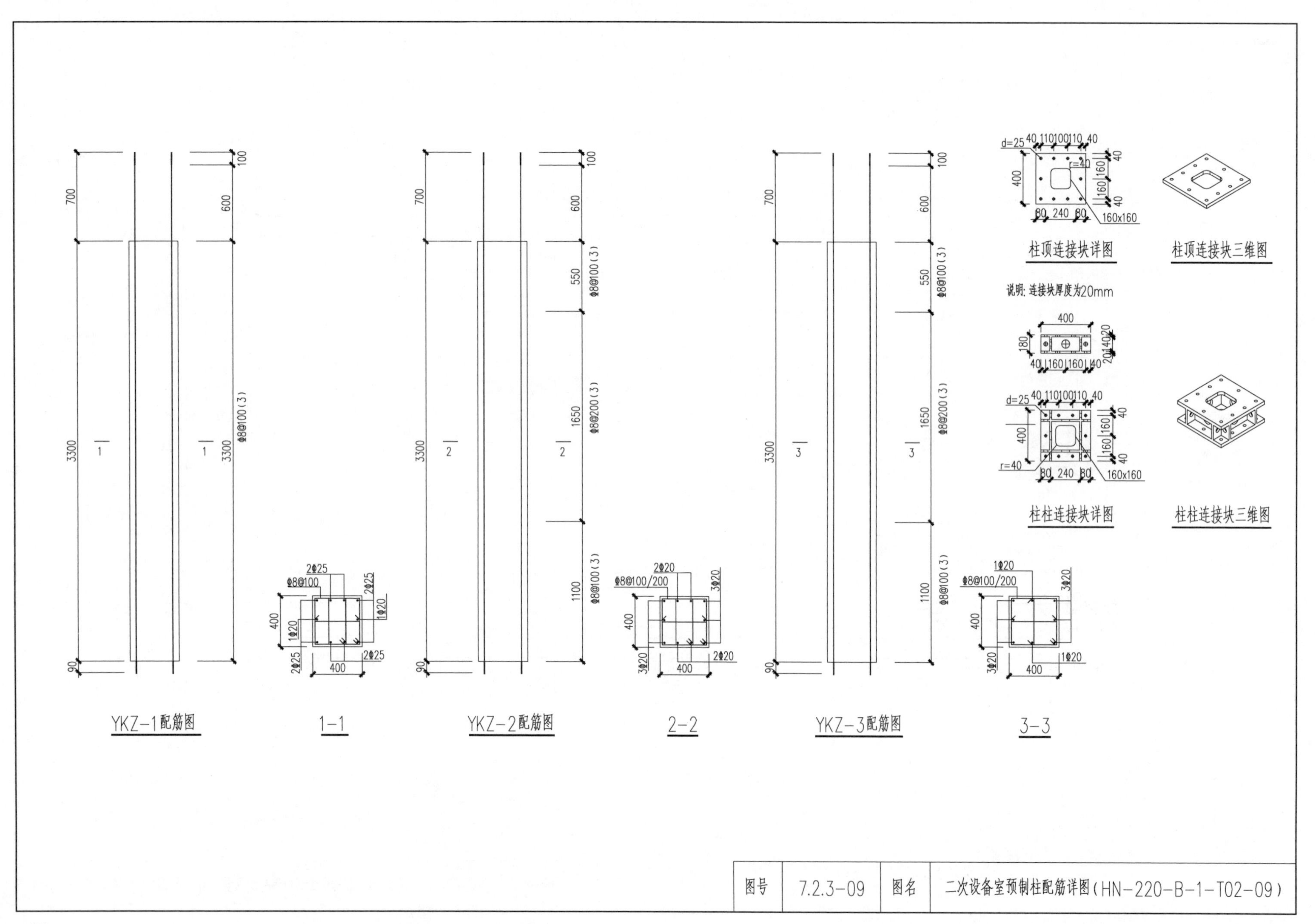
YKZ-1配筋图
1-1
YKZ-2配筋图
2-2
YKZ-3配筋图
3-3
柱顶连接块详图
柱顶连接块三维图
说明：连接块厚度为20mm
柱柱连接块详图
柱柱连接块三维图
图号
7.2.3-09
图名
二次设备室预制柱配筋详图（HN-220-B-1-T02-09）

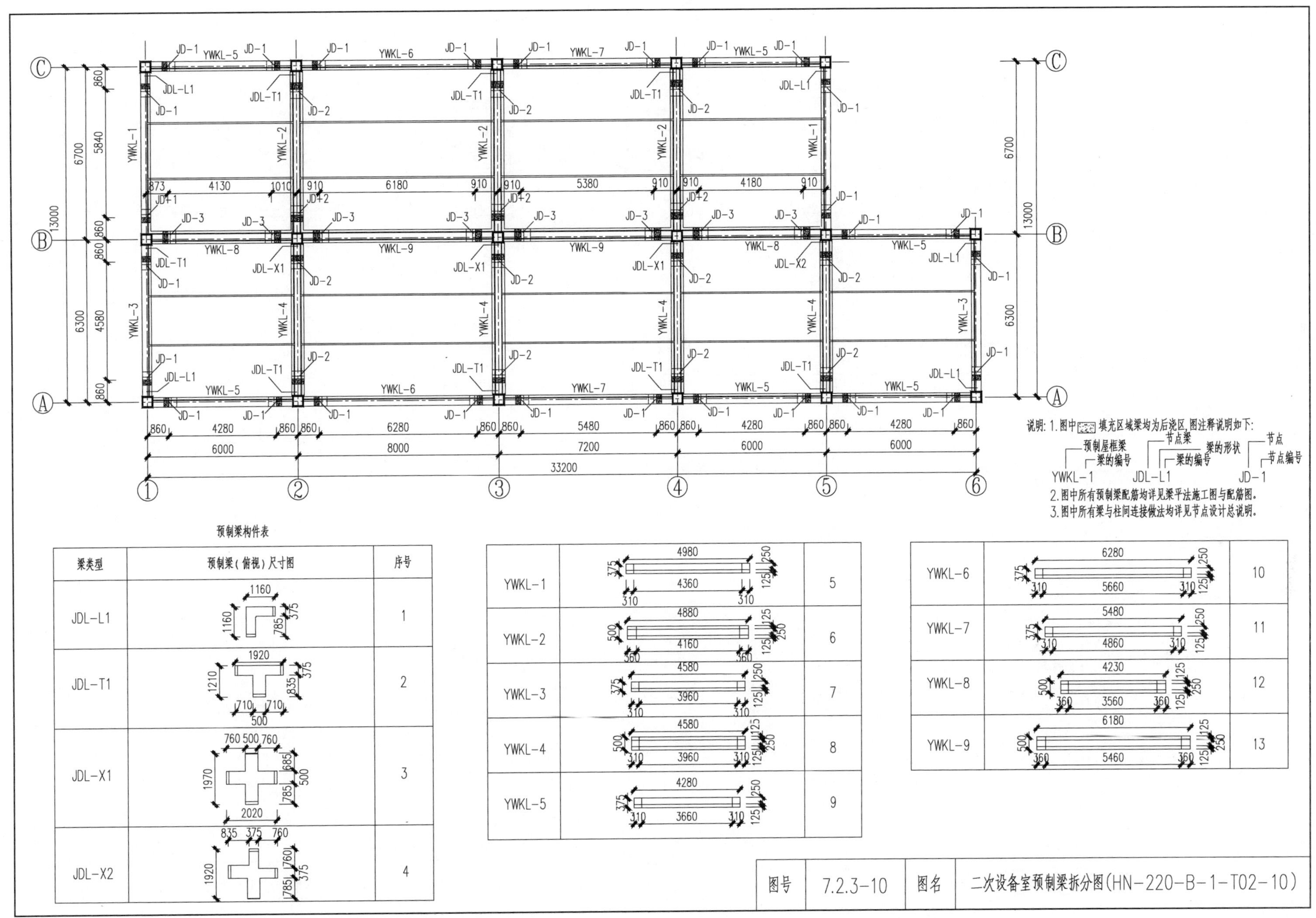
说明：1.图中填充区域梁均为后浇区，图注释说明如下：
预制屋框梁
梁的编号
YWKL-1
节点梁
梁的形状
梁的编号
JDL-L1
节点
节点编号
JD-1
2.图中所有预制梁配筋均详见梁平法施工图与配筋图。
3.图中所有梁与柱间连接做法均详见节点设计总说明。
预制梁构件表
梁类型
预制梁（俯视）尺寸图
序号
JDL-L1
JDL-T1
JDL-X1
JDL-X2
YWKL-1
YWKL-2
YWKL-3
YWKL-4
YWKL-5
YWKL-6
YWKL-7
YWKL-8
YWKL-9
图号
7.2.3-10
图名
二次设备室预制梁拆分图(HN-220-B-1-T02-10)

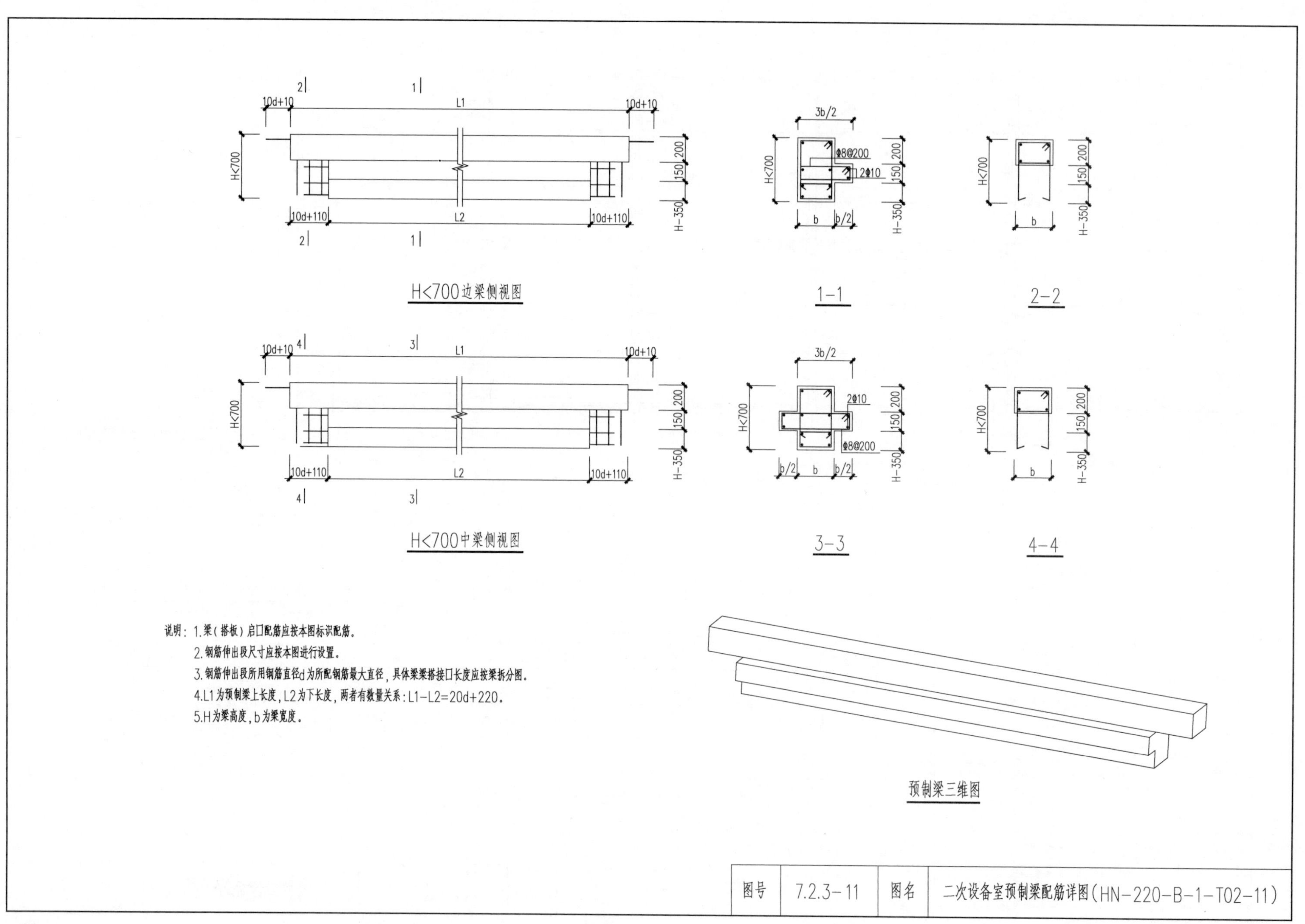

10d+10
L1
10d+10
H<700
200
150
H-350
10d+110
L2
10d+110
H<700边梁侧视图
3b/2
Φ8@200
2Φ10
b
b/2
1-1
2-2
H<700中梁侧视图
3-3
4-4
说明：1.梁（搭板）启口配筋应按本图标识配筋。
2.钢筋伸出段尺寸应按本图进行设置。
3.钢筋伸出段所用钢筋直径d为所配钢筋最大直径，具体梁梁搭接口长度应按梁拆分图。
4.L1为预制梁上长度，L2为下长度，两者有数量关系：L1-L2=20d+220。
5.H为梁高度，b为梁宽度。
预制梁三维图
图号
7.2.3-11
图名
二次设备室预制梁配筋详图（HN-220-B-1-T02-11）

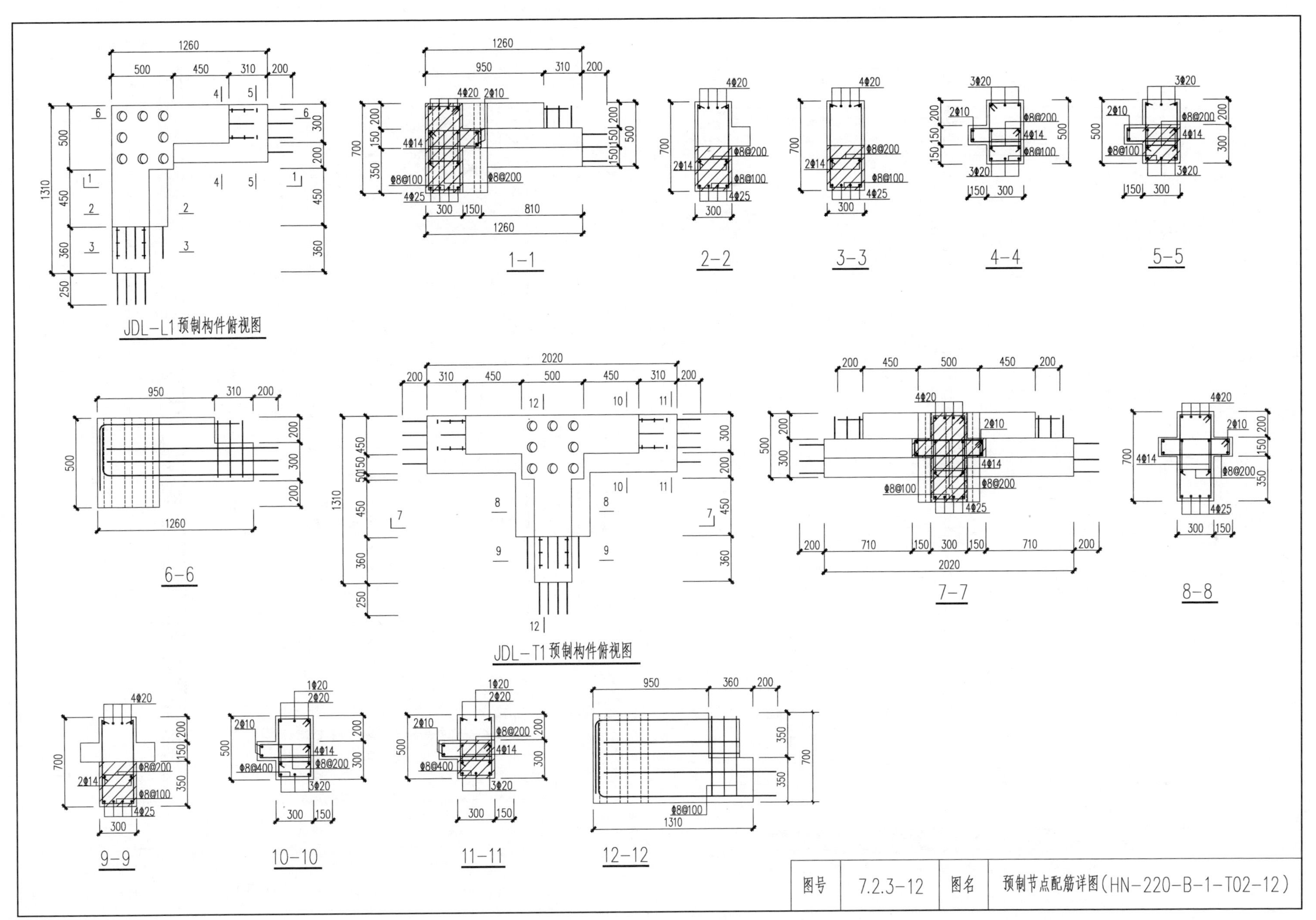
JDL-L1预制构件俯视图
1-1
2-2
3-3
4-4
5-5
6-6
JDL-T1预制构件俯视图
7-7
8-8
9-9
10-10
11-11
12-12
图号
7.2.3-12
图名
预制节点配筋详图(HN-220-B-1-T02-12)

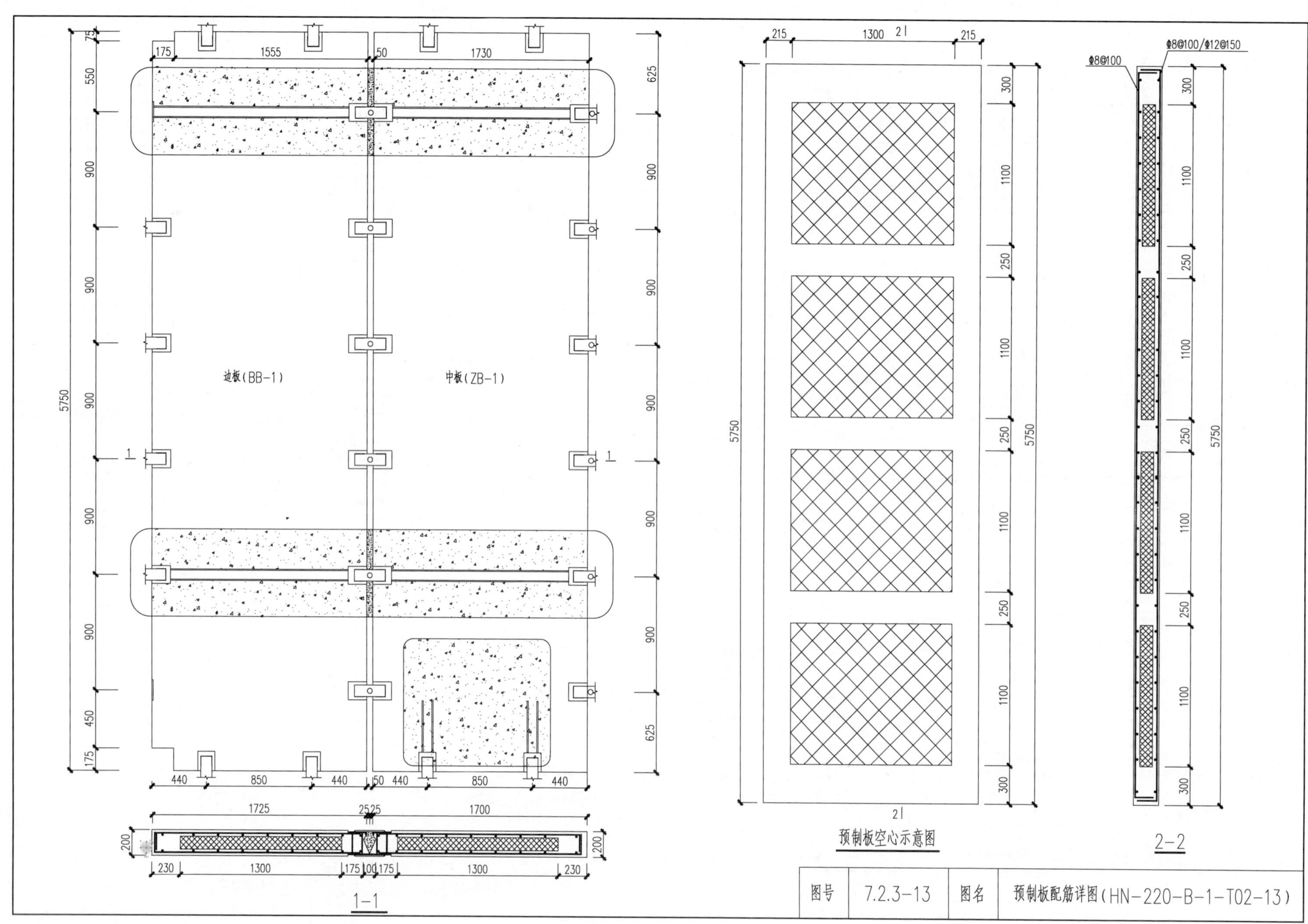

图号	7.2.3-13	图名	预制板配筋详图(HN-220-B-1-T02-13)

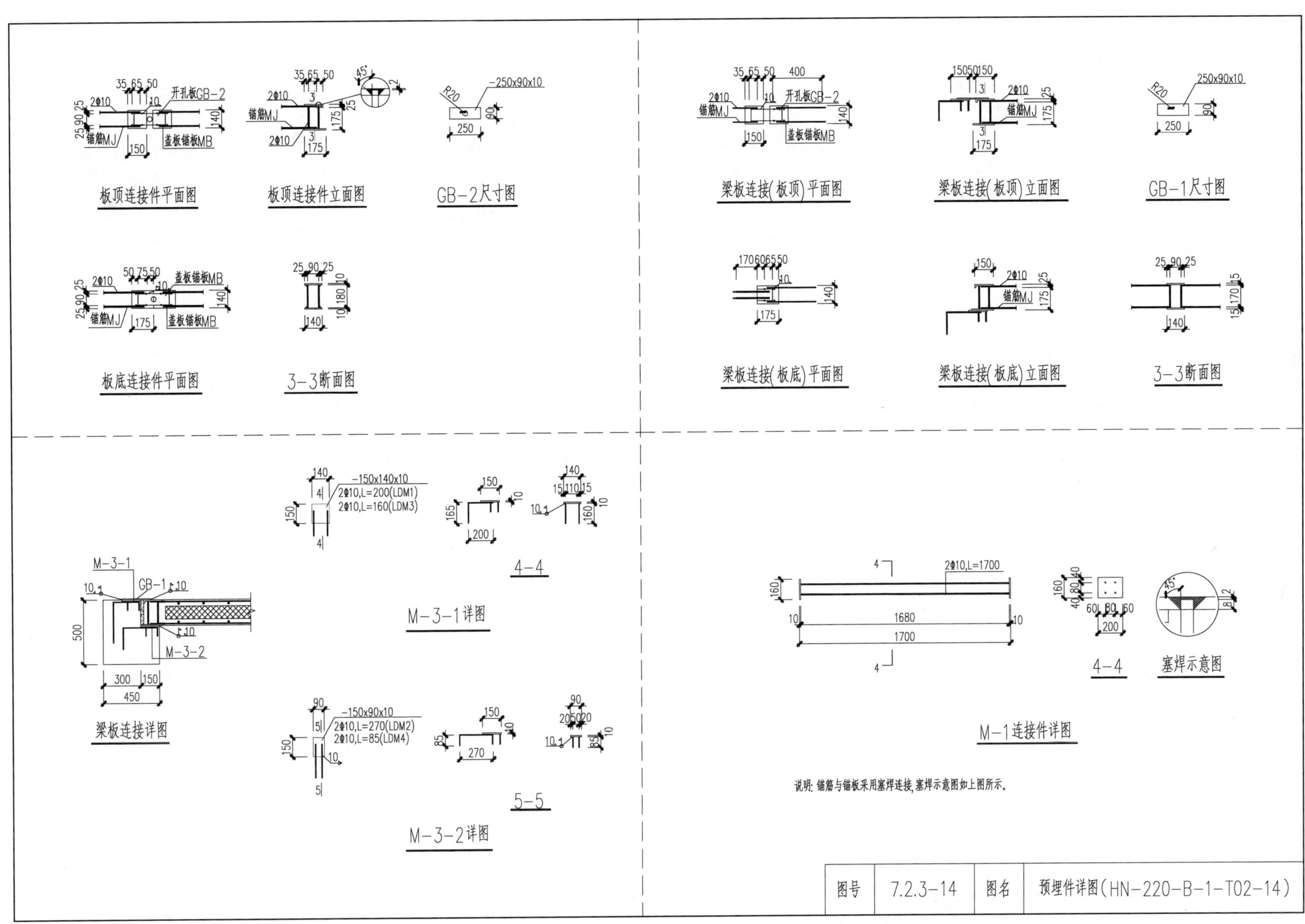
板顶连接件平面图
板顶连接件立面图
GB-2尺寸图
板底连接件平面图
3-3断面图
梁板连接(板顶)平面图
梁板连接(板顶)立面图
GB-1尺寸图
梁板连接(板底)平面图
梁板连接(板底)立面图
3-3断面图
开孔板GB-2
锚筋MJ
盖板锚板MB
−250x90x10
250x90x10
梁板连接详图
M-3-1
GB-1
M-3-2
−150x140x10
2Φ10,L=200(LDM1)
2Φ10,L=160(LDM3)
4-4
M-3-1详图
−150x90x10
2Φ10,L=270(LDM2)
2Φ10,L=85(LDM4)
5-5
M-3-2详图
2Φ10,L=1700
4-4
塞焊示意图
M-1连接件详图
说明：锚筋与锚板采用塞焊连接，塞焊示意图如上图所示。
图号 7.2.3-14
图名 预埋件详图(HN-220-B-1-T02-14)

一、工程概况

（1）本卷册为河南公司 HN-220-B-1 标准化设计 10kV 配电装置室结构图。

（2）10kV 配电装置室为一层装配式混凝土框架结构。

（3）本卷册未包含基础设计，采用本方案的工程，需根据具体的工程地质进行具体的基础设计及必要的地基处理。基础部分采用现浇，正负零以上采用全装配式结构，底层柱底与基础采用连接块连接，预留柱伸入基础的钢筋。

（4）本方案结构设计使用年限为 50 年，建筑结构安全等级为二级，结构重要性系数为 1.0，建筑抗震设防类别丙类，设计使用年限内未经技术鉴定或设计许可，不得改变结构的用途和使用环境。

（5）本工程图纸所注尺寸均以毫米为单位，标高以米计，±0.00 相当于黄海高程×××m，建筑定位详总平面定位图。

（6）设计活荷载取值见下表：

种类	标准值/(kN/m²)	所在区域
基本风压	0.45	n=50 年
基本雪压	0.40	n=50 年
屋面活荷载	0.70	不上人屋面

二、设计依据

（1）根据国家电网有限公司部门文件《国网基建部关于发布 35～750kV 变电站通用设计通信、消防部分修订成果的通知》（基建技术〔2019〕51 号）之规定及通用方案，并结合河南省实际而修改后的实施方案，编号为 HN-220-B-1（2）-T02。

（2）国家有关标准及规范（以下所列规程、规范和标准均按现行版本执行，并且并不限于以下规程、规范和标准，凡与其有关的规程、规范和标准均须执行。当所列规程、规范和标准的规定有不一致时，按较高标准执行见下表：

名　　称	代　　号
《装配式混凝土建筑技术标准》	GB/T 51231—2016
《装配式混凝土结构技术标准》	JGJ 1—2014
《预制混凝土构件质量检验标准》	T/CECS 631：2019
《装配式结构工程施工质量验收规程》	DGJ32/J 184—2016
《建筑结构可靠度设计统一标准》	GB 50068—2018
《建筑工程抗震设防分类标准》	GB 50223—2008
《建筑抗震设计规范》	GB 50011—2010（2016 年版）
《电力设施抗震设计规范》	GB 50260—2013
《建筑结构荷载规范》	GB 50009—2012
《混凝土结构设计规范》	GB 50010—2010（2015 年版）
《变电站建筑结构设计技术规程》	DL/T 5457—2012
《220kV～750kV 变电站设计技术规程》	DL/T 5218—2012
《建筑地基基础设计规范》	GB 50007—2011
《建筑地基处理技术规范》	JGJ 79—2012
《建筑地基基础工程施工质量验收标准》	GB 50202—2018
《混凝土结构工程施工质量验收规范》	GB 50204—2015
《钢结构设计标准》	GB 50017—2017
《冷弯薄壁型钢结构技术规范》	GB 50018—2002

续表

名　　称	代　　号
《建筑设计防火规范》	GB 50016—20141（2018 年版）
《火力发电厂与变电站设计防火标准》	GB 50229—2019
《建筑钢结构防火技术规范》	GB 51249—2017
《钢结构防火涂料》	GB 14907—2018
《建筑钢结构防腐蚀技术规程》	JGJ/T 251—2011
《钢结构焊接规范》	GB 50661—2011
《钢筋焊接及验收规程》	JGJ 18—2012
《钢结构工程施工质量验收标准》	GB 50205—2020
《钢筋机械连接技术规程》	JGJ 107—2016
《电力建设施工质量验收及评定规程》	DL/T 5210.1—2018
《砌体结构工程施工质量验收规范》	GB 50203—2011

三、本方案设计假定自然条件

（1）基本风压：0.45kN/m²，地面粗糙度为 B 类。

（2）基本雪压：S_0=0.4kN/m²。

（3）抗震设防烈度为 7 度，设计基本地震加速度值为 0.15g，设计地震分组为第二组。

（4）建筑物抗震设防类别为丙类，建筑场地类别为Ⅱ类，特征周期为 0.4s。

（5）抗震构造措施设防烈度 7 度，钢筋混凝土结构抗震等级为三级。

四、设计计算程序

结构整体受力分析及抗震验算采用中国建筑科学研究院研制的 PKPM5.0 系列软件、MIDASGEN 及静力计算手册进行计算，结构规则性信息为规则。

五、主要结构材料

（1）混凝土强度等级见下表：

预制构件混凝土强度等级选用表

垫层	基础、柱（基础～-0.050）	柱（-0.05～柱顶）	梁、板、楼梯	圈梁、构造柱
C15	C35	C35	C40	C25

（2）混凝土耐久性要求见下表：

结构混凝土材料的耐久性基本要求

环境类型	最大水胶比	最低强度等级	最大氯离子含量/%	最大碱含量/(kg/m³)
一	0.60	C20	0.30	不限制
二 a	0.55	C25	0.20	3.0
二 b	0.50（0.55）	C30（C25）	0.15	

注：处于严寒和寒冷地区二 b 类环境中的混凝土应使用引气剂，并可采用括号中的有关参数。

（3）必须选用国家标准钢材，Φ为 HPB300 钢筋，⊈为 HRB400 钢筋。型钢及钢板采用 Q235B 钢材。

（4）当钢筋采用焊接时，HPB300 钢筋用 E43 焊条，HRB400 钢筋用 E55 焊条，按《钢筋焊接及验收规程》（JGJ 18—2012）施工和验收。

图号	7.2.3-15	图名	配电装置室工程结构说明(一)(HN-220-B-1-T02-15)

（5）框架纵向受力钢筋的抗拉强度实测值与屈服强度实测值的比值不应小于1.25；且钢筋的屈服强度实测值与强度标准值的比值不应大于1.3，且钢筋在最大拉力下的总伸长率实测值不应小于9%。钢筋的强度标准值应具有不小于95%的保证率。

（6）受力预埋件锚筋不应采用冷加工钢筋，钢材采用Q235B。

六、钢筋混凝土相关问题

（1）完全外露构件、结构外围构件的外侧及±0.000以下构件与土接触的面均为二b类环境，其余为一类环境。

（2）构件的保护层厚度见下表：

环境类别	板、墙、壳	梁、柱、杆
一	15	20
二a	20	25
二b	25	35

注： 1. 混凝土强度等级不大于C25时，表中保护层厚度数值应增加5mm。

2. 钢筋混凝土基础设置100mm混凝土垫层，基础中钢筋的混凝土保护层厚度应以垫层顶面算起，且不应小于40mm。

（3）钢筋锚固长度与搭接长度按《混凝土结构施工图平面整体表示方法制图规则和构造详图》（16G101-01）和《装配式混凝土结构连接节点构造》（15G310-1～2）。

（4）钢筋的接头宜设置在受力较小处，框架结构钢筋接头不宜设置在梁柱箍筋加密区，同一纵向受力钢筋不宜设置两个或两个以上接头，框架梁柱及配有抗扭纵筋的非框架梁均采用抗震箍筋。

（5）楼层梁板上部筋接头应在跨中，下部筋接头在支座。基础拉梁钢筋接头在支座处。板钢筋采用搭接接头时，同一截面钢筋搭接接头数量不得大于钢筋总量的25%，相邻接头间的最小距离为45d。

（6）预制柱的设计应符合现行国家标准《混凝土结构设计规范》（GB 50010）的要求，柱箍筋加密区长度范围参考16G101-01标准图集，并应符合下列规定：柱纵向受力钢筋直径不宜小于20mm；矩形柱截面宽度或圆柱直径不宜小于400mm，且不宜小于同方向梁宽的1.5倍。

（7）梁、柱纵向钢筋在后浇节点区内采用直线锚固、弯折锚固或机械锚固的方式时，其锚固长度应符合现行国家标准《混凝土结构设计规范》（GB 50010）中的有关规定；当梁、柱纵向钢筋采用锚固板时，应符合现行行业标准《钢筋锚固板应用技术规程》（JGJ 256）中的有关规定。

七、图纸内容表达

（1）构造及制图执行《混凝土结构施工图平面整体表示方法制图规则和构造详图》（16G101-01）、《装配式混凝土结构表示方法及示例》（15G107-1）和《装配式混凝土结构连接节点构造》（15C310-1～2）。

（2）楼梯采用预制楼梯，具体做法参考《预制钢筋混凝土板式楼梯》（15G367-1）。

（3）图中长度单位为mm，结构标高单位为m。

八、预制构件制作及检验

（1）应根据预制构件制作特点制定工艺流程，明确质量要求和质量控制要求。

（2）模具所选用材料应有质量证明书或检验报告，模具应具有足够的刚度、强度、稳定性，模具构造应满足钢筋入模、混凝土浇捣和养护的要求；模具组装完成后需进行去毛、除锈、清渣等工作；并符合构件精度要求；与构件混凝土直接接触的钢模表面需均匀涂抹脱模剂。

（3）对于外观要求较高的构件，在模板拼接处如侧模与底模的拼接处须以止水条做好密封处理以免漏浆影响外观。

（4）预埋窗框的固定，预制构件厂按图纸位置在窗框内侧附加钢框用以固定窗框，还需根据窗厂产品要求按间距埋设加强爪件。

（5）钢筋应有产品合格证，并应按有关标准规定进行复试检验，质量必须符合现行有关标准和结构总说明的规定。严格按构件加工图纸要求排布钢筋，并控制保护层厚度。叠合筋应按设计要求露出高度设置。

（6）混凝土用的水泥、骨料（砂、石）、外加剂、掺合料等应有产品合格证，并按有关标准的规定进行复试检验，质量必须符合现行有关标准的规定。混凝土应按国家现行标准《普通混凝土配合比设计规程》（JGJ 55）的有关规定，根据混凝土强度等级、耐久性和工作性等要求进行配合比设计。混凝土外加剂的选择与使用应满足《混凝土外加剂应用技术规范》（GB 50119）。选择各类外加剂时，应特别注意外加剂的适用范围。

（7）构件浇筑成型前，模具、隔离剂涂刷、钢筋成品（骨架）质量、保护层控制措施、预留孔道、配件和埋件等，应逐件进行隐蔽验收，符合有关标准规定和设计文件要求后方可浇筑混凝土。

（8）根据实际情况均匀振捣，要求均匀密实，振捣时应避开钢筋、埋件、管线、面砖等，对于重要勿碰部位提前做好标记。

（9）构件外表面应光滑无明显凹坑破损，内侧与现浇部分相接面须做均匀拉毛处理，拉深4～5mm。

（10）预制构件混凝土浇筑完毕后，应及时按国家混凝土养护的规定操作养护。

（11）预制构件达到混凝土抗压强度设计值的75%且不小于15N/mm^{2}时方可拆模起吊。

（12）按国家规范检测混凝土强度；预埋连接件、插筋、孔洞数量、规格、定位；外观质量检查；外形尺寸检查。成品构件尺寸偏差及变形与裂缝应控制在允许范围内，详见《预制预应力混凝土装配整体式框架结构技术规程》（JGJ 224）。

（13）对预制构件修补和保护，预制梁、楼梯、楼板存放采用平躺式，且做好包角包面与固定的防护措施。

（14）预制构件内钢筋弯钩及锚固做法详见《装配式混凝土结构连接节点构造》（15G310-1）中相关构造要求。

（15）为确保安全脱模、起吊，应按设计要求预先做金属预埋件拉拔试验，并递交正式的实验报告。

（16）预制构件模具的允许偏差。预制构件的允许尺寸偏差及检验方法应符合《装配式混凝土结构技术规程》（JGJ 1）的相关规定；预制构件应按设计要求和现行国家标准《混凝土结构工程施工质量验收规范》（GB 50204）的有关规定进行结构性能检验。

九、运输要求

1. 运输注意事项

（1）预制构件运输时，车上应设有专用架，且有可靠的稳定构件措施。预制构件混凝土强度达到设计强度时方可运输。

（2）预制构件运输时，应采用木材或混凝土块作为支撑物，构件接触部位用柔性垫片填实，支撑牢固不得有松动。

2. 运输方式

（1）竖立式：适用于预制混凝土构件较大且为不规则形状时，或高度不是很高的扁平预制混凝土构件可排列竖立。竖立式除了需注意超高限制外还要防止倾覆，必须制作专用钢排架，排架常有山形架和A字架。构件与排架之间须有限位措施并绑扎牢固，同时做好易碰部位的边角保护。

（2）平躺式：适用于大多数预制混凝土构件，对于预制楼板、墙板等扁平构件，计算出最佳支点距离以指导运输方正确设置，谨慎采取二点以上支点的方式，如采用需专门措施保证每个支点同时受力。构件平躺叠加，支点与上下层构件的接触点必须设置减震措施，如垫橡胶块等，禁止硬碰硬方式。重叠不宜超过5层，且各层 垫块必须在同一竖向位置。

十、标准图集

（1）《混凝土结构施工图平面整体表示方法制图规则和构造详图》（16G101-01）。

（2）《混凝土结构施工图平面整体表示方法制图规则和构造详图》（16G101-03）。

（3）《钢筋混凝土抗震构造详图》（11YG002）。

（4）《钢筋混凝土过梁》（11YG301）。

（5）《装配式建筑系列标准应用实施指南（装配式混凝土结构建筑）》。

（6）《装配式混凝土结构表示方法及示例》（15G107-1）。

（7）《装配式混凝土结构连接节点构造》（15G310-1～2）。

（8）《装配式混凝土结构技术规程》（JGJ 1—2014）。

图号	7.2.3-16	图名	配电装置室工程结构说明(二)(HN-220-B-1-T02-16)

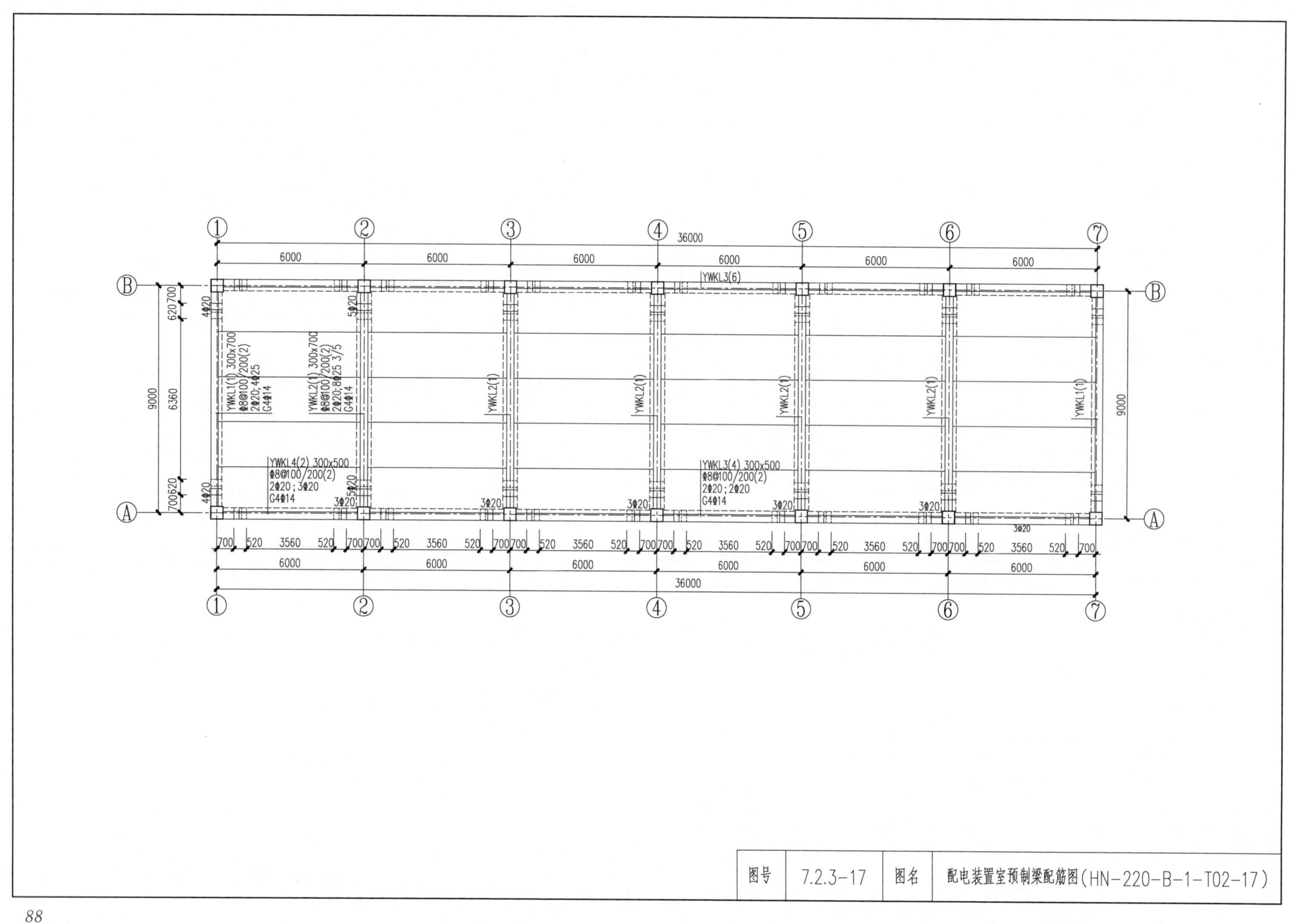

YWKL3(6)
YWKL1(1) 300x700
Φ8@100/200(2)
2Φ20;4Φ25
G4Φ14
YWKL2(1) 300x700
Φ8@100/200(2)
2Φ20;8Φ25 3/5
G4Φ14
YWKL2(1)
YWKL1(1)
YWKL4(2) 300x500
Φ8@100/200(2)
2Φ20;3Φ20
G4Φ14
YWKL3(4) 300x500
Φ8@100/200(2)
2Φ20;2Φ20
G4Φ14
4Φ20
5Φ20
3Φ20
36000
6000
9000
6360
700
620
520
3560
图号
7.2.3-17
图名
配电装置室预制梁配筋图(HN-220-B-1-T02-17)

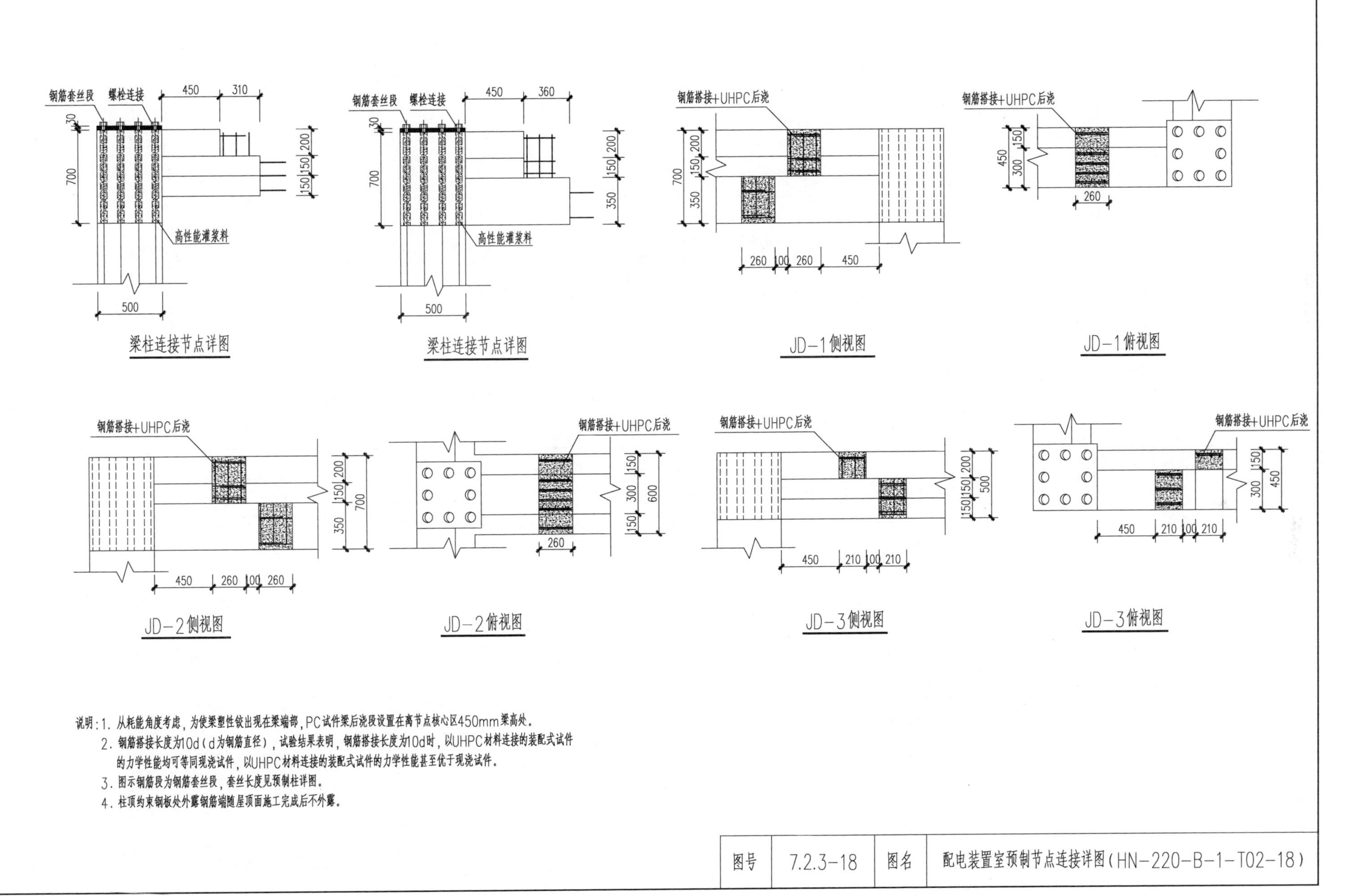

说明：1. 从耗能角度考虑，为使梁塑性铰出现在梁端部，PC试件梁后浇段设置在离节点核心区450mm梁高处。

2. 钢筋搭接长度为10d（d为钢筋直径），试验结果表明，钢筋搭接长度为10d时，以UHPC材料连接的装配式试件的力学性能均可等同现浇试件，以UHPC材料连接的装配式试件的力学性能甚至优于现浇试件。

3. 图示钢筋段为钢筋套丝段，套丝长度见预制柱详图。

4. 柱顶约束钢板处外露钢筋端随屋顶面施工完成后不外露。

图号	7.2.3−18	图名	配电装置室预制节点连接详图（HN−220−B−1−T02−18）

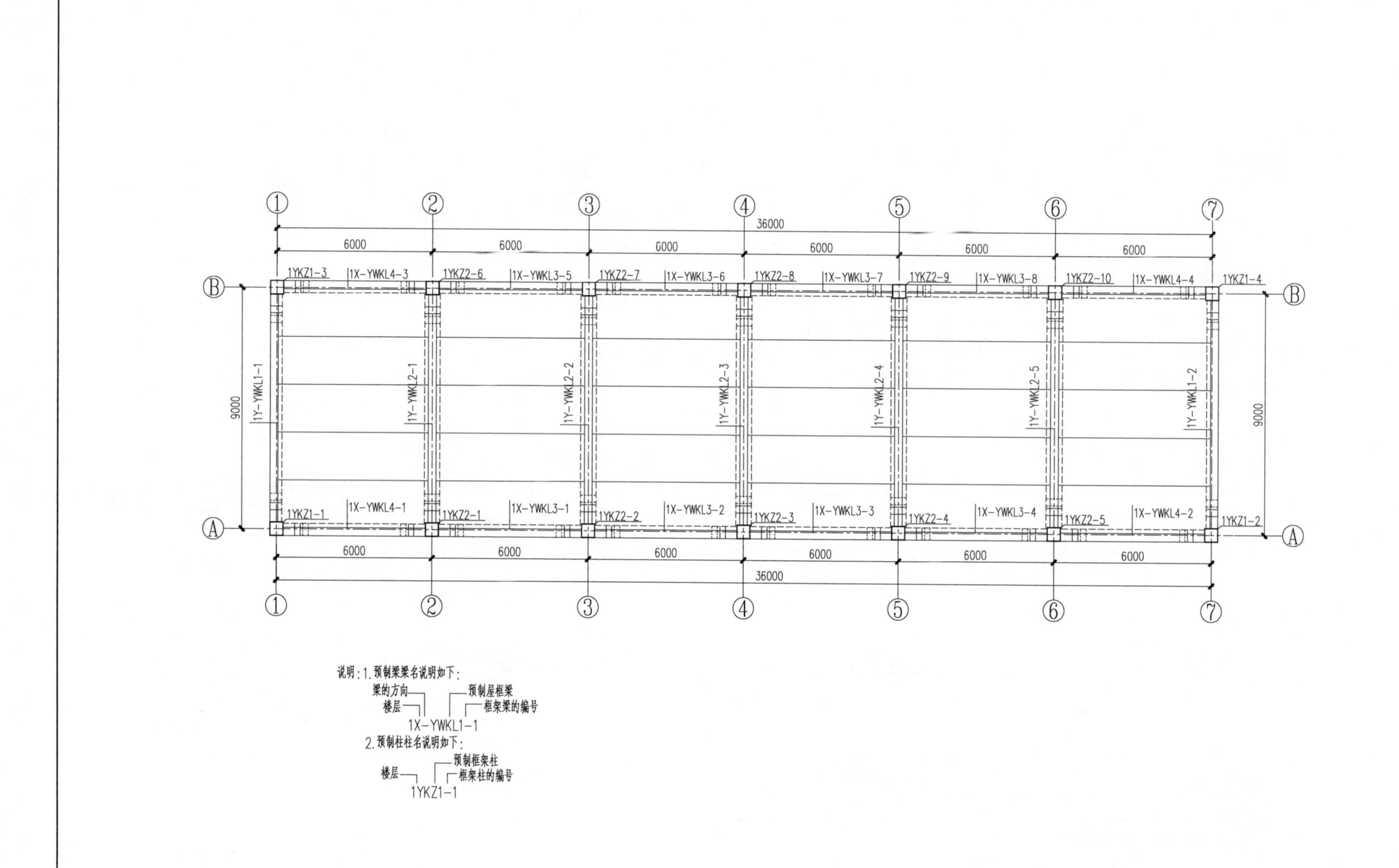

图号	7.2.3-19	图名	配电装置室预制梁柱布置图（HN-220-B-1-T02-19）

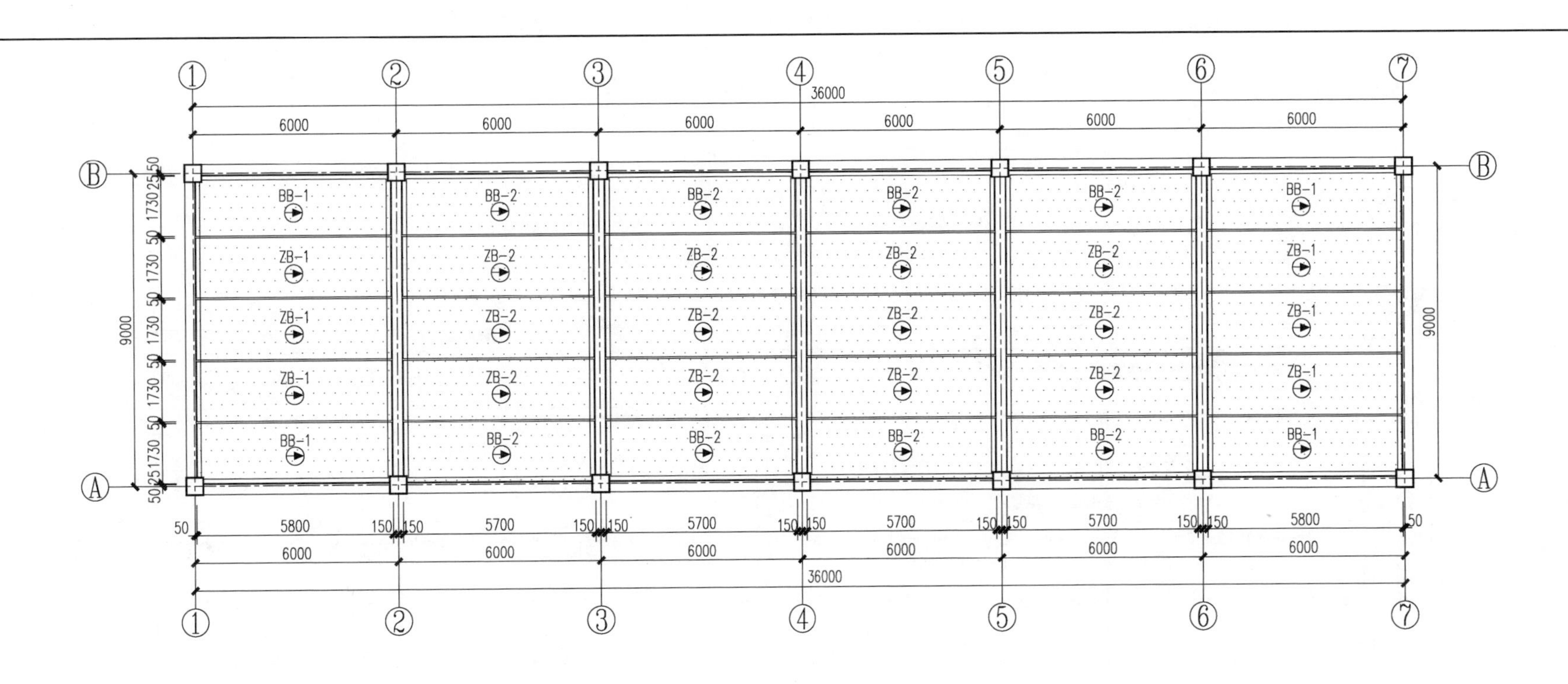

预制板构件表

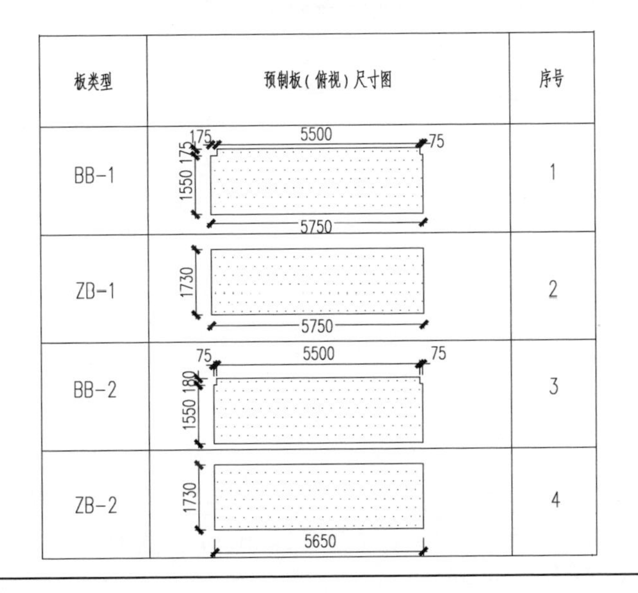

板类型	预制板（俯视）尺寸图	序号
BB-1	175 5500 75 1550 175 5750	1
ZB-1	1730 5750	2
BB-2	75 5500 75 1550 180	3
ZB-2	1730 5650	4

说明：1.图中▒填充区域为全预制板，图注释说明如下：

ZB-1（中间板，板的编号） BB-1（边板，板的编号）

2.图中所有预制板配筋均详见预制板详图。

图号	7.2.3-20	图名	配电装置室预制板拆分图（HN-220-B-1-T02-20）

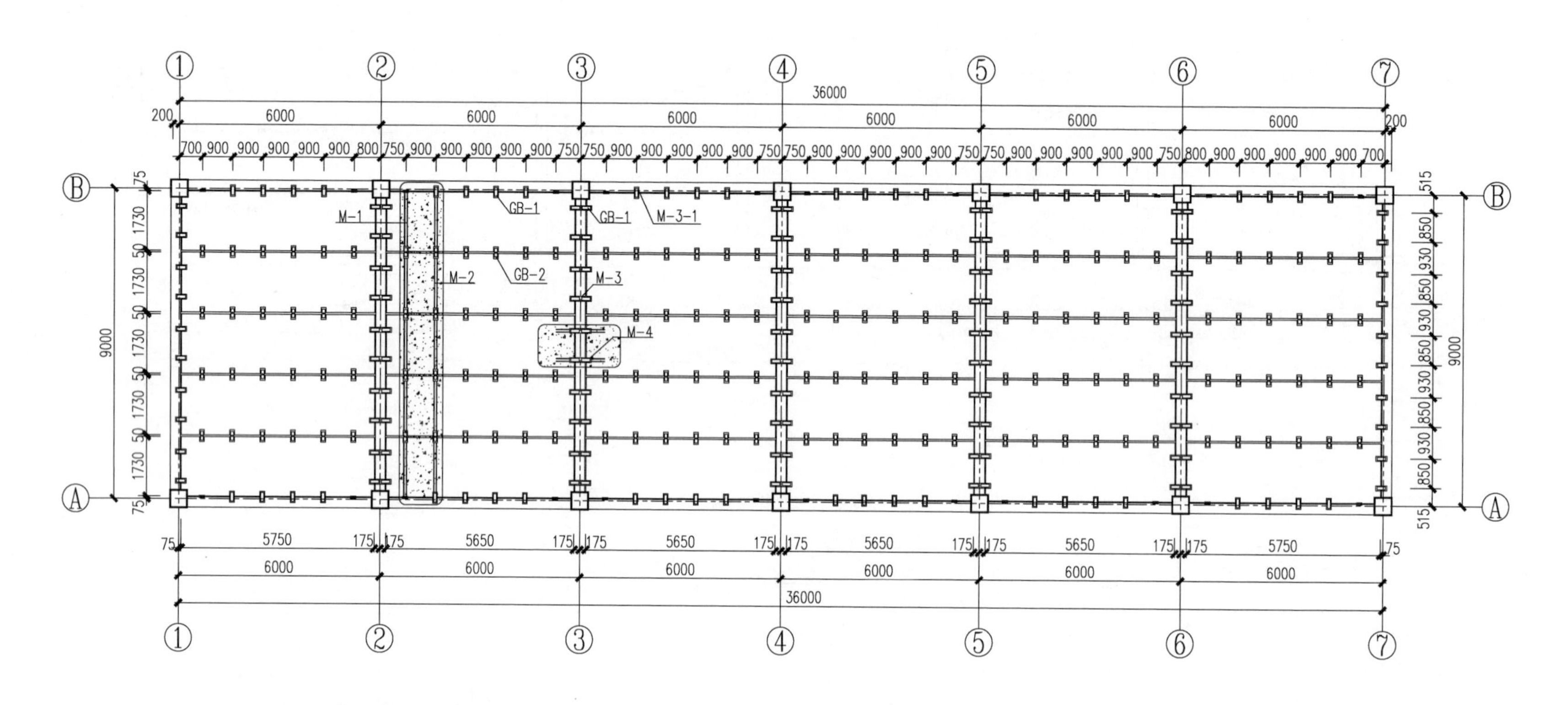

说明：1. 连接件间距设置按照等效区域的抗拉钢筋总强度设计，如需扩大间距，需考虑盖板强度与抗拉钢筋总强度等效原则。

2. 图示预埋件位置为板顶埋件位置，板底埋件定位与板顶相同，埋件细部尺寸详见埋件详图。

图号	7.2.3-21	图名	配电装置室预埋件布置图(HN-220-B-1-T02-21)

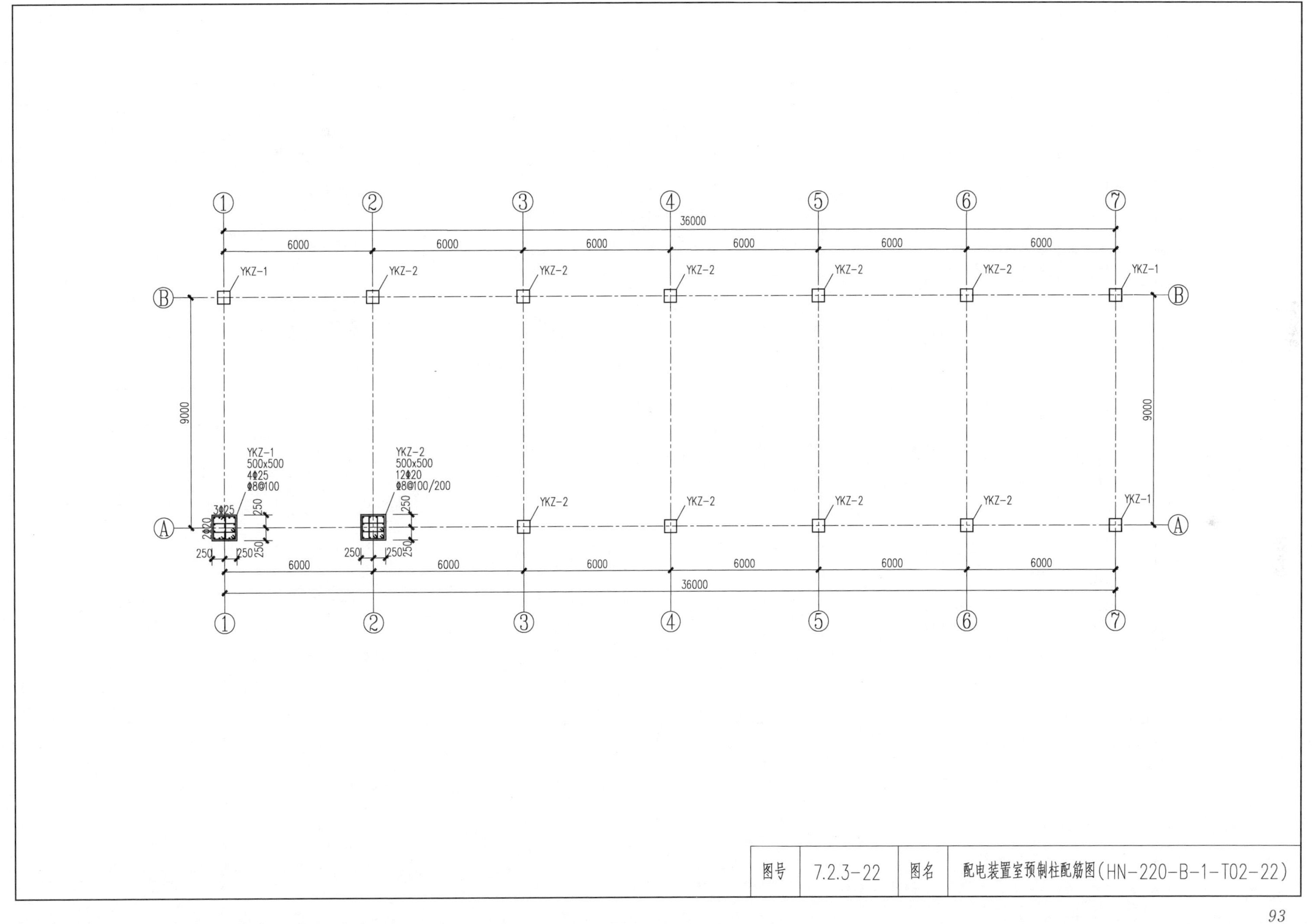

1 2 3 4 5 6 7
36000
6000 6000 6000 6000 6000 6000
YKZ-1
YKZ-2
B
A
9000
YKZ-1
500x500
4Φ25
Φ8@100
3Φ25
2Φ20
YKZ-2
500x500
12Φ20
Φ8@100/200
250
250
图号
7.2.3-22
图名
配电装置室预制柱配筋图(HN-220-B-1-T02-22)

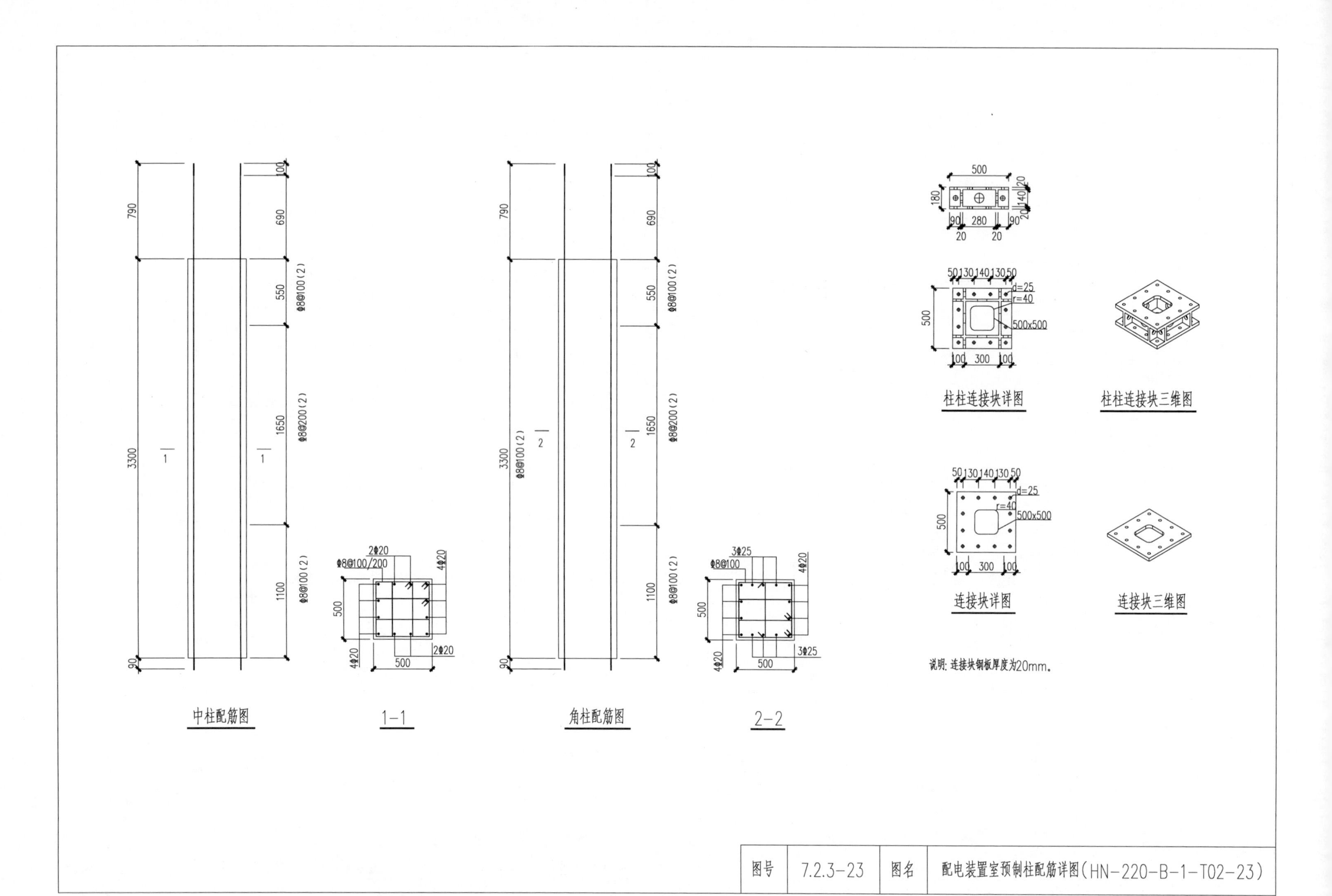

中柱配筋图
1-1
角柱配筋图
2-2
柱柱连接块详图
柱柱连接块三维图
连接块详图
连接块三维图
说明：连接块钢板厚度为20mm。
图号
7.2.3-23
图名
配电装置室预制柱配筋详图（HN-220-B-1-T02-23）

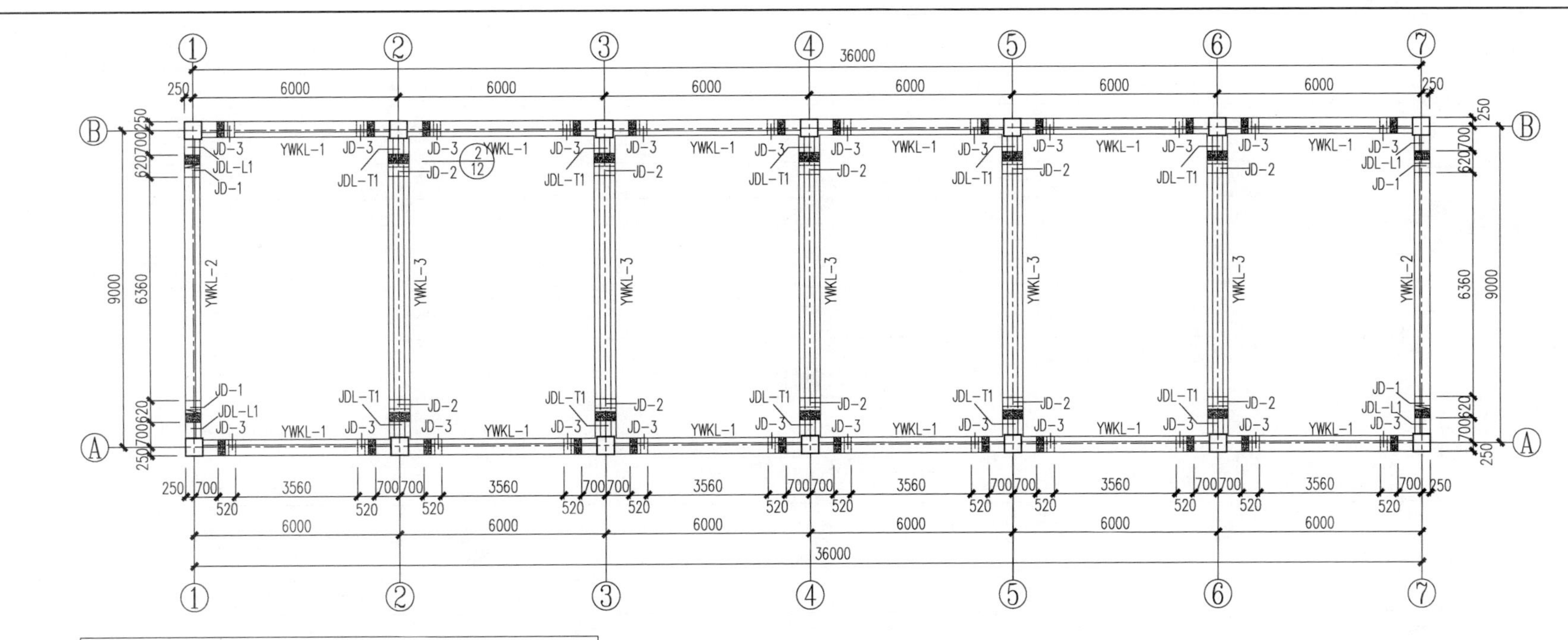

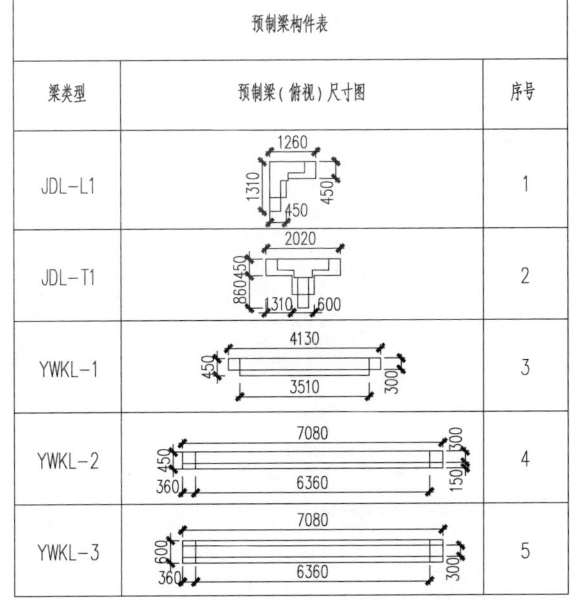

预制梁构件表		
梁类型	预制梁（俯视）尺寸图	序号
JDL-L1	1260 / 1310 / 450 / 450	1
JDL-T1	2020 / 860 / 450 / 1310 / 600	2
YWKL-1	4130 / 3510 / 450 / 300	3
YWKL-2	7080 / 6360 / 450 / 360 / 300 / 150	4
YWKL-3	7080 / 6360 / 600 / 360 / 300	5

说明：1.图中 填充区域梁均为后浇区，图注释说明如下：

YWKL-1：预制屋框梁、梁的编号

JDL-L1：节点梁、梁的形状、梁的编号

JD-1：节点、节点编号

2.图中所有预制梁配筋均详见梁平法施工图与预制梁构件图。

3.图中所有梁与柱间连接做法均详见节点详图。

4.图中除特殊梁标注外，T形与L形梁不赘述标注，按形状进行识别。

图号	7.2.3-24	图名	配电装置室预制梁拆分图(HN-220-B-1-T02-24)

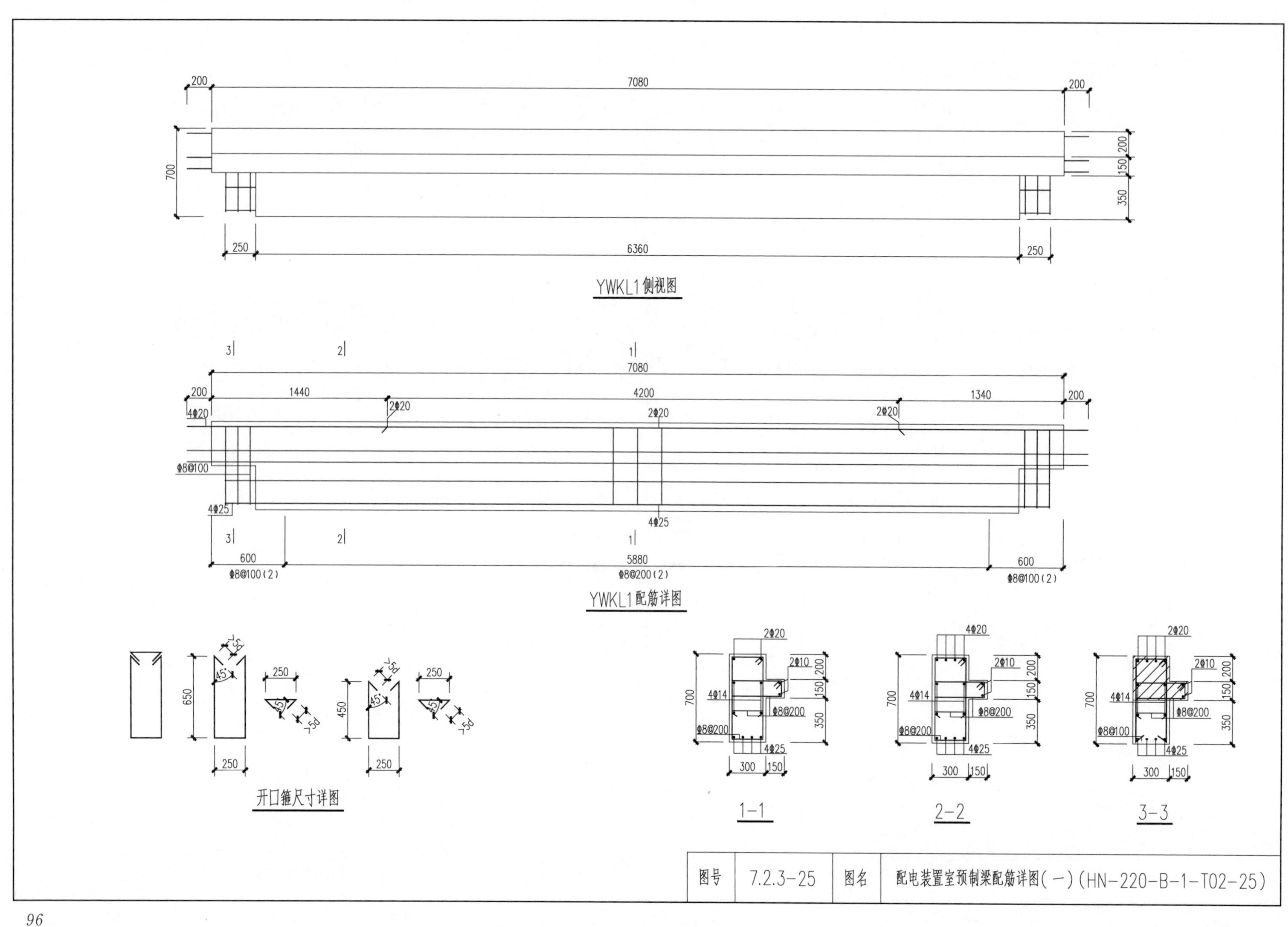

图号	7.2.3-25	图名	配电装置室预制梁配筋详图(一)(HN-220-B-1-T02-25)

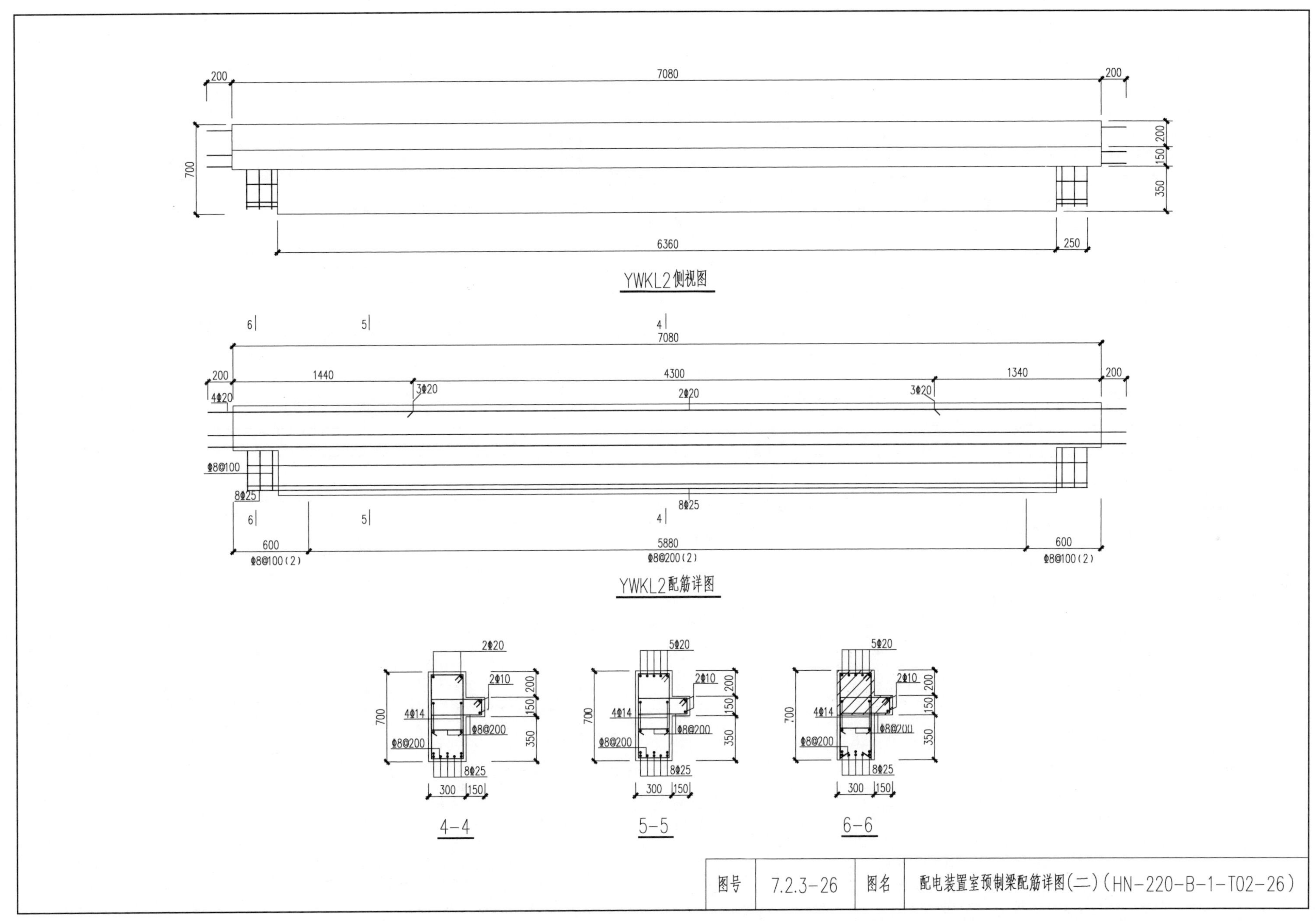

图号	7.2.3-26	图名	配电装置室预制梁配筋详图(二)(HN-220-B-1-T02-26)

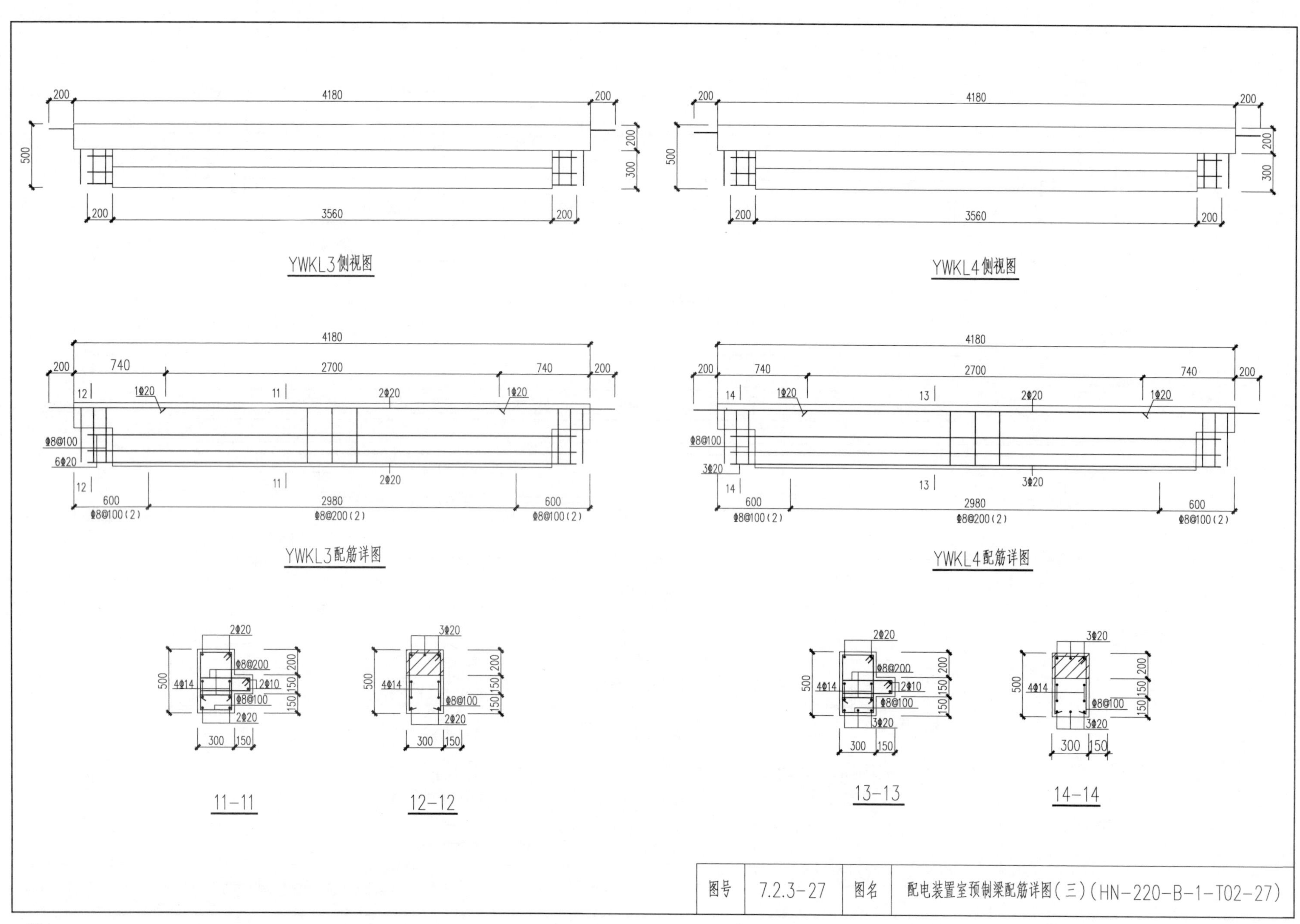
200
4180
200
500
200
300
200
3560
200
YWKL3侧视图
YWKL4侧视图
740
2700
12
11
1Φ20
2Φ20
Φ8@100
6Φ20
3Φ20
600
2980
Φ8@100(2)
Φ8@200(2)
YWKL3配筋详图
13
14
YWKL4配筋详图
Φ8@200
4Φ14
2Φ10
300
150
11-11
12-12
13-13
14-14
图号
7.2.3-27
图名
配电装置室预制梁配筋详图(三)(HN-220-B-1-T02-27)

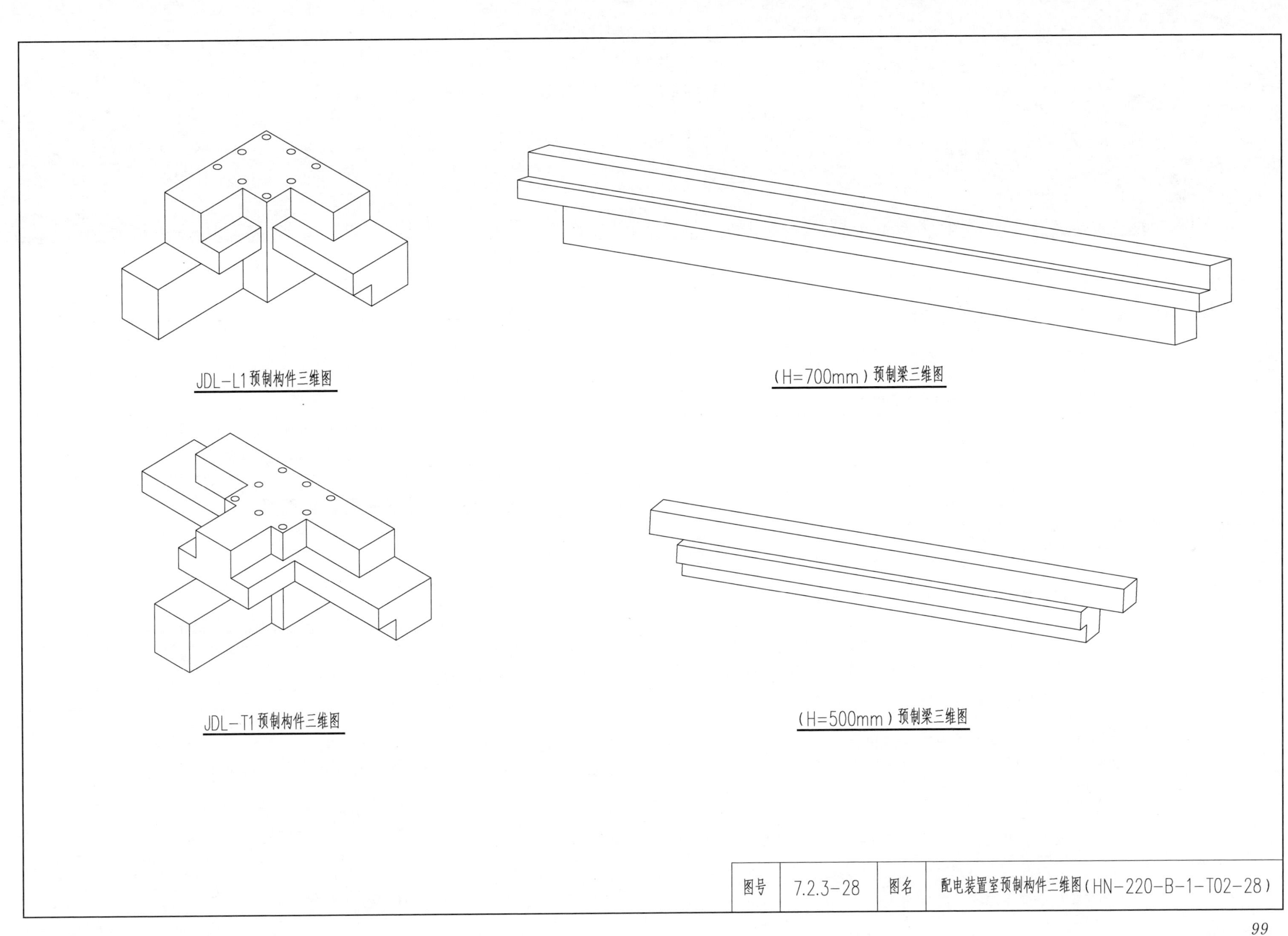

图号	7.2.3-28	图名	配电装置室预制构件三维图(HN-220-B-1-T02-28)

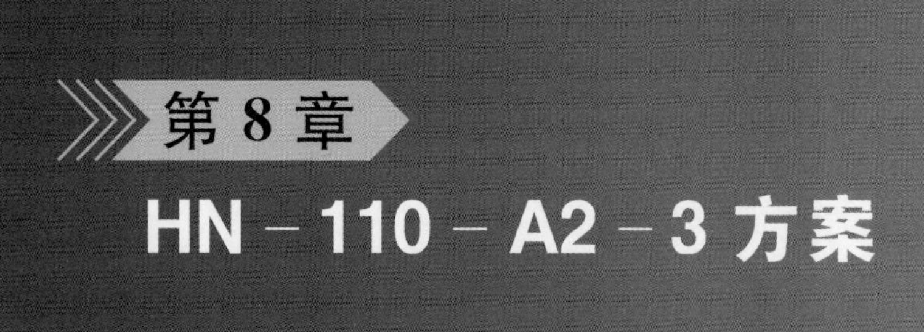

第8章 HN-110-A2-3方案

8.1 HN-110-A2-3方案主要技术条件

HN-110-A2-3方案主要技术条件见表8.1-1。

表8.1-1　　HN-110-A2-3方案主要技术条件

序号	项目		本方案技术条件
1	建设规模	主变压器	本期1组63MVA，远期3组63MVA
		出线	110kV：本期2回，远期4回； 10kV：本期14回，远期42回（方案一）； 本期12回，远期36回（方案二）
		无功补偿装置	10kV并联电容器：本期1×(4800+4800)kvar，远期3×(4800+4800)kvar
2	站址基本条件		海拔小于1000m，设计基本地震加速度0.15g，设计风速$v_0 \leqslant 30$m/s，地基承载力特征值$f_{ak}=150$kPa，无地下水影响，场地同一设计标高
3	电气部分		110kV本期单母线分段接线，远期为单母线分段接线； 10kV本期单母线接线，远期为单母线四分段接线； 主变压器采用三相双绕组油浸自冷式有载调压变压器； 110kV采用户内GIS设备； 10kV高压开关柜选用金属封闭铠装移开式封闭开关柜； 10kV并联电容器组选用户内框架式
4	建筑部分		本方案围墙内占地面积3400m^2，配电装置楼建筑面积1790m^2； 建筑物结构形式为装配式混凝土结构； 建筑物外墙采用200mmALC板，内墙采用150mmALC板，楼、屋面板采用分布式连接全装配RC楼板（DCPCD）
5	结构部分		本方案采用有限元分析程序Midas Gen和PKPM相互结合、相互印证的方式进行，Midas Gen中的计算方法采用时程分析法。结构中梁柱节点采用预制的形式，节点与预制柱（基础）、预制梁分别采用转接头螺栓连接和搭接的形式、同时对连接区域后浇超高性能混凝土（UHPC）材料，梁（墙）-板、板-板连接采用上下匹配的分布式连接件连接

8.2 HN-110-A2-3方案主要设计图纸

8.2.1 总图部分

HN-110-A2-3方案主要设计图纸总图部分见表8.2-1。

表8.2-1　　HN-110-A2-3方案主要设计图纸总图部分

序号	图号	图名
1	图8.2.1-01	总平面布置图（HN-110-A2-3-Z01-01）

8.2.2 建筑部分

HN-110-A2-3方案主要设计图纸建筑部分见表8.2-2。

表8.2-2　　HN-110-A2-3方案主要设计图纸建筑部分

序号	图号	图名
1	图8.2.2-01	配电装置楼建筑设计说明（HN-110-A2-3-T01-01）
2	图8.2.2-02	配电装置楼夹层平面布置图（HN-110-A2-3-T01-02）

续表

序号	图号	图　名
3	图 8.2.2-03	配电装置楼一层平面布置图（HN-110-A2-3-T01-03）
4	图 8.2.2-04	配电装置楼二层平面布置图（HN-110-A2-3-T01-04）
5	图 8.2.2-05	配电装置楼屋顶平面布置图（HN-110-A2-3-T01-05）
6	图 8.2.2-06	配电装置楼立面图（HN-110-A2-3-T01-06）
7	图 8.2.2-07	配电装置楼立面图、剖面图（HN-110-A2-3-T01-07）

8.2.3 结构部分

HN-110-A2-3 方案主要设计图纸结构部分见表 8.2-3。

表 8.2-3　　HN-110-A2-3 方案主要设计图纸结构部分

序号	图号	图　名
1	图 8.2.3-01	配电装置楼工程结构说明（一）（HN-110-A2-3-T02-01）
2	图 8.2.3-02	配电装置楼工程结构说明（二）（HN-110-A2-3-T02-02）
3	图 8.2.3-03	配电装置楼一层预制梁配筋图（HN-110-A2-3-T02-03）
4	图 8.2.3-04	配电装置楼二层预制梁配筋图（HN-110-A2-3-T02-04）
5	图 8.2.3-05	配电装置楼一层预制梁柱布置图（HN-110-A2-3-T02-05）
6	图 8.2.3-06	配电装置楼二层预制梁柱布置图（HN-110-A2-3-T02-06）
7	图 8.2.3-07	配电装置楼一层预制板拆分图（HN-110-A2-3-T02-07）
8	图 8.2.3-08	配电装置楼二层预制板拆分图（HN-110-A2-3-T02-08）
9	图 8.2.3-09	配电装置楼一层预埋件布置图（HN-110-A2-3-T02-09）
10	图 8.2.3-10	配电装置楼二层预埋件布置图（HN-110-A2-3-T02-10）
11	图 8.2.3-11	配电装置楼一层预制柱配筋图（HN-110-A2-3-T02-11）

续表

序号	图号	图　名
12	图 8.2.3-12	配电装置楼二层预制柱配筋图（HN-110-A2-3-T02-12）
13	图 8.2.3-13	配电装置楼预制柱配筋详图（HN-110-A2-3-T02-13）
14	图 8.2.3-14	配电装置楼一层预制梁布置图（HN-110-A2-3-T02-14）
15	图 8.2.3-15	配电装置楼二层预制梁布置图（HN-110-A2-3-T02-15）
16	图 8.2.3-16	配电装置楼预制节点配筋详图（HN-110-A2-3-T02-16）
17	图 8.2.3-17	配电装置楼预制节点详图（一）（HN-110-A2-3-T02-17）
18	图 8.2.3-18	配电装置楼预制节点详图（二）（HN-110-A2-3-T02-18）
19	图 8.2.3-19	配电装置楼预制梁配筋详图（一）（HN-110-A2-3-T02-19）
20	图 8.2.3-20	配电装置楼预制梁配筋详图（二）（HN-110-A2-3-T02-20）
21	图 8.2.3-21	配电装置楼预制板配筋详图（HN-110-A2-3-T02-21）
22	图 8.2.3-22	配电装置楼预埋件详图（HN-110-A2-3-T02-22）
23	图 8.2.3-23	配电装置楼设备滑轨布置图（HN-110-A2-3-T02-23）
24	图 8.2.3-24	配电装置楼设备滑轨附图（HN-110-A2-3-T02-24）
25	图 8.2.3-25	−2.700～−0.050m 配电装置楼夹层剪力墙配筋图（HN-110-A2-3-T02-25）
26	图 8.2.3-26	−2.700～−0.050m 配电装置楼夹层柱配筋图（HN-110-A2-3-T02-26）
27	图 8.2.3-27	配电装置楼夹层梁配筋图（HN-110-A2-3-T02-27）
28	图 8.2.3-28	配电装置楼夹层板配筋图（HN-110-A2-3-T02-28）
29	图 8.2.3-29	配电装置楼夹层剪力墙配筋图附图（HN-110-A2-3-T02-29）

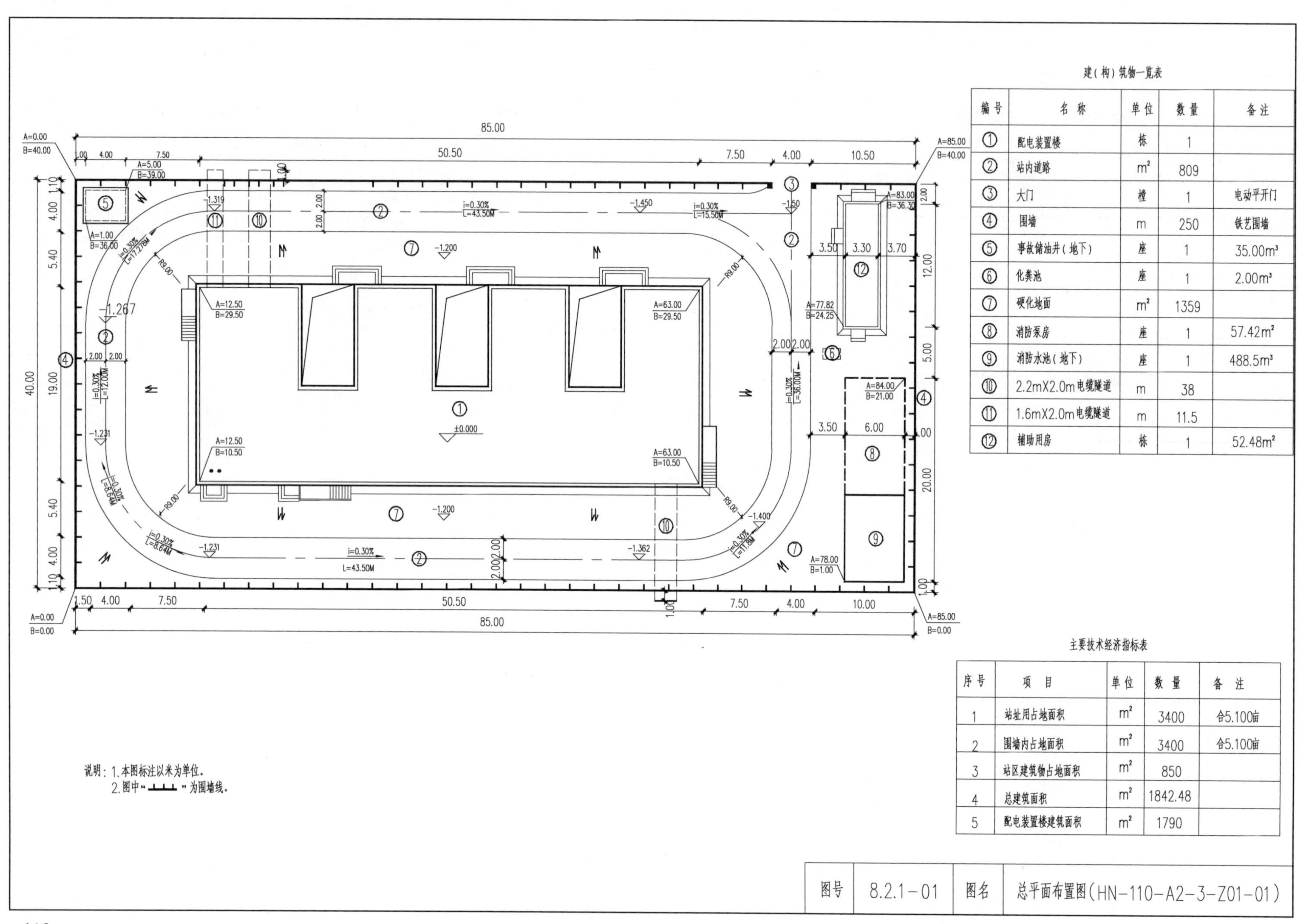

建(构)筑物一览表

编号	名称	单位	数量	备注
①	配电装置楼	栋	1	
②	站内道路	m²	809	
③	大门	樘	1	电动平开门
④	围墙	m	250	铁艺围墙
⑤	事故储油井(地下)	座	1	35.00m³
⑥	化粪池	座	1	2.00m³
⑦	硬化地面	m²	1359	
⑧	消防泵房	座	1	57.42m²
⑨	消防水池(地下)	座	1	488.5m³
⑩	2.2mX2.0m电缆隧道	m	38	
⑪	1.6mX2.0m电缆隧道	m	11.5	
⑫	辅助用房	栋	1	52.48m²

主要技术经济指标表

序号	项目	单位	数量	备注
1	站址用占地面积	m²	3400	合5.100亩
2	围墙内占地面积	m²	3400	合5.100亩
3	站区建筑物占地面积	m²	850	
4	总建筑面积	m²	1842.48	
5	配电装置楼建筑面积	m²	1790	

说明：1.本图标注以米为单位。
2.图中"┴┴┴"为围墙线。

图号	8.2.1-01	图名	总平面布置图(HN-110-A2-3-Z01-01)

建筑项目 主要特征表	建筑名称	结构类型	建筑面积/m²	建筑基底面积/m²	建筑工程等级	设计使用年限	建筑层数	建筑总高度/m	火灾危险性分类	耐火等级	屋面防水等级	地下室防水等级	抗震设防烈度
	配电装置楼	装配式混凝土结构	1790	994.5	中型	50	地上二层地下一层	10.0	丙	一	Ⅰ	—	7

一、主要设计依据

（1）初步设计、总平面图及各相关专业资料。

（2）现行的国家有关建筑设计的主要规范及规程（包括但不限于）：《建筑设计防火规范》（GB 50016—2014）2018年版、《火力发电厂与变电站设计防火标准》（GB 50229—2019）、《屋面工程技术规范》（GB 50345—2012）、《民用建筑设计统一标准》（GB 50352—2019）、《建筑玻璃应用技术规程》（JGJ 113—2015）、《建筑内部装修设计防火规范》（GB 50222—2017）、《建筑防烟排烟系统技术标准》（GB 51251—2017）、《地下工程防水技术规范》（GB 50108—2008）、《建筑外窗气密性能分级及其检测方法》（GB/T 7106—2008）、《建筑地面设计规范》（GB 50037—2013）、《35kV～110kV户内变电站设计规程》（DL/T 5496—2015）、《110kV～220kV智能变电站设计规范》（GB/T 51072—2014）、《国家电网公司输变电工程施工图设计内容深度规定》。

（3）本工程需遵照执行《输变电工程建设标准强制性条文实施管理规程》《国家电网公司输变电工程质量通病防治工作要求及技术措施》和《国家电网公司输变电工程标准工艺（六）标准工艺设计图集》（2014年版）中相关规定。工艺标准施工按照《国家电网公司输变电工程标准工艺（三）工艺标准库》（2016年版）中相关要求。

（4）其他相关的国家和项目所在省、市的法规、规范、规定、标准等。

二、本单体建筑工程概况

（1）本单体建筑工程概况见本册建筑项目主要特征表。本变电站为无人值守智能变电站。

（2）本建筑总平面定位坐标详见总平面图；本建筑室内地坪±0.000标高相对应的绝对标高详见总平面图。

（3）本建筑图中标高单位为米，其余图纸尺寸单位为毫米，各层标注标高为完成面标高（建筑面标高），屋面标高为结构面标高。

（4）梁柱的尺寸、定位等详见结构施工图。

三、墙体工程

（1）材料与厚度：±0.000以下采用MU20蒸压灰砂砖M10水泥砂浆砌筑；±0.000以上采用建筑外墙除特殊说明外采用200mm厚A级ALC板，耐火极限3.0h（蒸压加气混凝土板材简称ALC板）。

防火内墙：内墙为150mm厚A级，ALC板，耐火极限3.0h。细部构造做法参见13J104。

注：工业化墙板系统材料均为工厂预制完成，现场拼接、固定、安装完成，最终以甲方订货为准；墙上预留埋铁需由装配式墙体厂家考虑设置并满足荷载要求。

阴影处墙体为配电箱等设备所在墙体，按照箱体要求适当加厚处理，满足配电箱暗装要求。

（2）构造要求：建议工业化墙板由专业和具备资质的同一厂家进行排版、设计、供货、施工安装，厂家应考虑墙体上的洞口、门、雨篷安装等要求，设备尺寸大于房间门洞尺寸的房间须待设备安装到位后再安装墙体。

蒸压加气混凝土板材的施工工艺以及各相关构造做法要求参照《蒸压加气混凝土砌块、板材构造》（13J104）。

（3）外墙窗户及墙体预留洞详见建施及设备平面图，洞口处四周增加檩条，由墙体厂家统一考虑。

（4）墙体上的空调管留洞、排气洞、过水洞等应注意避开水立管和不影响外窗开启。

（5）墙上管道及工艺开孔需封堵的孔洞请见各专业相应要求。

（6）墙上配电箱等设备的预留洞（槽）尺寸及位置需结合设备专业图纸。

（7）散水宽度根据具体工程情况核定，图中为示意。

四、楼地面工程

本工程楼地面做法详见“室内装修做法表”。

五、屋面防水工程

（1）雨水管下方设置水簸箕。雨水管及水簸箕做法参见《平屋面建筑构造》（12J201－H6）。

（2）屋面检修孔做法参见《平屋面建筑构造》（12J201－H20）；设备基座做法参见12J201－H20－3。

（3）设防要求：按倒置式屋面做法（即防水层在下，保温隔热层在上）；所有防水材料的四周卷起泛水高度，均距结构楼面300mm高；女儿墙阴阳转角处应附加一层防水材料。

（4）凡管道穿屋面等屋面留孔位置需检查核实后再做防水材料，避免做防水材料后再凿洞。

六、外门窗工程

（1）外门窗均采用90系列节能型断热桥铝合金型材和6＋12A＋6中空浮法玻璃。

易遭受撞击、冲击而造成人体伤害部位的玻璃均应选用安全玻璃。

外门窗（含阳台门）的气密性、水密性及抗风压性能应符合《建筑外门窗气密、水密、抗风压性能分级及检测办法》（GB/T 7106—2008）的相关规定，其中气密性不应低于4级，水密性不应低于4级，抗风压性能不应低于3级，空气隔声性能不应低于3级。

（2）门窗立面均表示洞口尺寸，门窗加工尺寸应按照装修面厚度予以调整，门窗制作安装应实测核对各洞口尺寸及各门窗编号与个数，以防止由于设计及构造误差造成安装困难，门窗侧边固定连接点的定位原则：每边最端头固定点距门窗边框端头180，其余固定点位置间隔500左右均分。

（3）门窗立樘：内外门窗立樘除特殊说明外均居墙中（墙檩处）。

（4）建筑外窗宜加装安全防盗设施，具体形式由建设方确定。

（5）门窗的立面形式、数量、尺寸、色彩、开启方式、型材、玻璃等详见门窗表和门窗立面图放大图。

七、内装修工程

（1）本工程各部位内装修做法详见“室内装修做法表”。装修所用材料应采用对人体健康无毒无害的环保型材料，同时符合《民用建筑工程室内环境污染控制规范》（GB 50325—2010）的规定，并应在施工前提供样板，经建设单位和设计单位认可后方可施工。本工程所有建筑材料和设备均应符合管理部门的环保规定和质量标准及节约能源的要求。

（2）装修时建筑内部污水立管、透气管、雨水管、空调冷凝水管、排气道的位置不得移动。

（3）未经技术鉴定和设计认可，不得拆改结构构件和进行加层改造。当建筑装修涉及主体结构改动或增加荷载时，须由设计单位进行结构安全性复核，提出具体实施方案后方可施工。

（4）所有穿过防水层的预埋件、紧固件应采用高性能密封材料密封。

（5）楼面找平须待设备管线孔洞预留无误后再行施工。

（6）所有材料、构造、施工应遵照《建筑装饰装修工程质量验收标准》（GB 50210—2018）执行。

八、外装修工程

（1）建筑立面的颜色和材质详见立面图，外墙面做法详见“室外装修做法表”。外墙面施工前应作出样板，待建设方和设计方认可后方可进行施工，并应遵照《建筑装饰装修工程质量验收标准》（GB 50210—2018）的要求。

（2）其余外露铁件做一道防锈底漆和二道面漆。不露面铁件做二道防锈漆，金属件接缝要严密，用于室外的金属件接缝处用树脂涂料二道密封。

（3）各种外墙洞口边缘应做滴水线。

（4）窗台节点确保里高外低不泛水，室内抹灰成活面高于室外成活面高差不小于20mm。腰线、檐板以及窗外窗台面层均坡向墙外。

（5）建筑装饰装修工程所用材料应符合国家有关建筑装饰装修材料有害物质限量标准的规定。

九、噪声防治及主变泄爆措施

（1）变电站噪声对周围环境的影响必须符合国标《工业企业厂界噪声标准》（GB 12348—2008）和《声环境质量标准》（GB 3096—2008）的规定的2类标准。

（2）主变室室内墙体吸声、大门、窗、风机等设施降噪均应选择隔声性能合格的产品，由专业厂家二次设计、制作、安装。

（3）主变室外墙设置轻型泄爆外墙，墙体构造根据《建筑设计防火规范》（GB 50016—2014）2018年版要求，单位质量不大于0.6kN/m，具备资质厂家二次设计，墙体做法参考《抗爆、泄爆门窗及屋盖、墙体建筑构造》（14J938）相关做法执行。

（4）泄爆外墙装饰应与整体建筑装饰效果相适应，有限选择同种材料，泄爆采用宜与建筑防火采用一起先报消防部门审批后方可使用。

十、其他应注意事项

（1）土建施工时应注意将建筑、结构、水、暖、电气等各专业施工图纸相互对照，确认墙体及楼板各种预留孔洞尺寸及位置无误后方可进行施工。

（2）若有疑问应提前与设计院沟通解决．施工过程中，如遇各专业施工图纸不符的，不得以其中任何一个专业图纸作为施工依据。

（3）工业化墙板供货厂家应根据产品实际规格及相关配件规格进行深化设计及排板设计。建筑物装修色彩应先做样，取得建设单位和设计单位的同意后方可施工。

（4）本设计说明及全部施工图纸未尽之处应按国家各有关施工及验收规范执行。

（5）主变室内墙装修采用吸声铝扣板，做法见标准工艺0101010104。

十一、本站选用建筑标准设计图集

《国家电网公司输变电工程标准工艺（六）标准工艺设计图集》、《国家电网公司输变电工程标准工艺（三）工艺标准库》、《特种门窗（一）》（17J610－1）、《建筑节能门窗（一）》（06J607－1）。

图号	8.2.2-01	图名	配电装置楼建筑设计说明（HN-110-A2-3-T01-01）

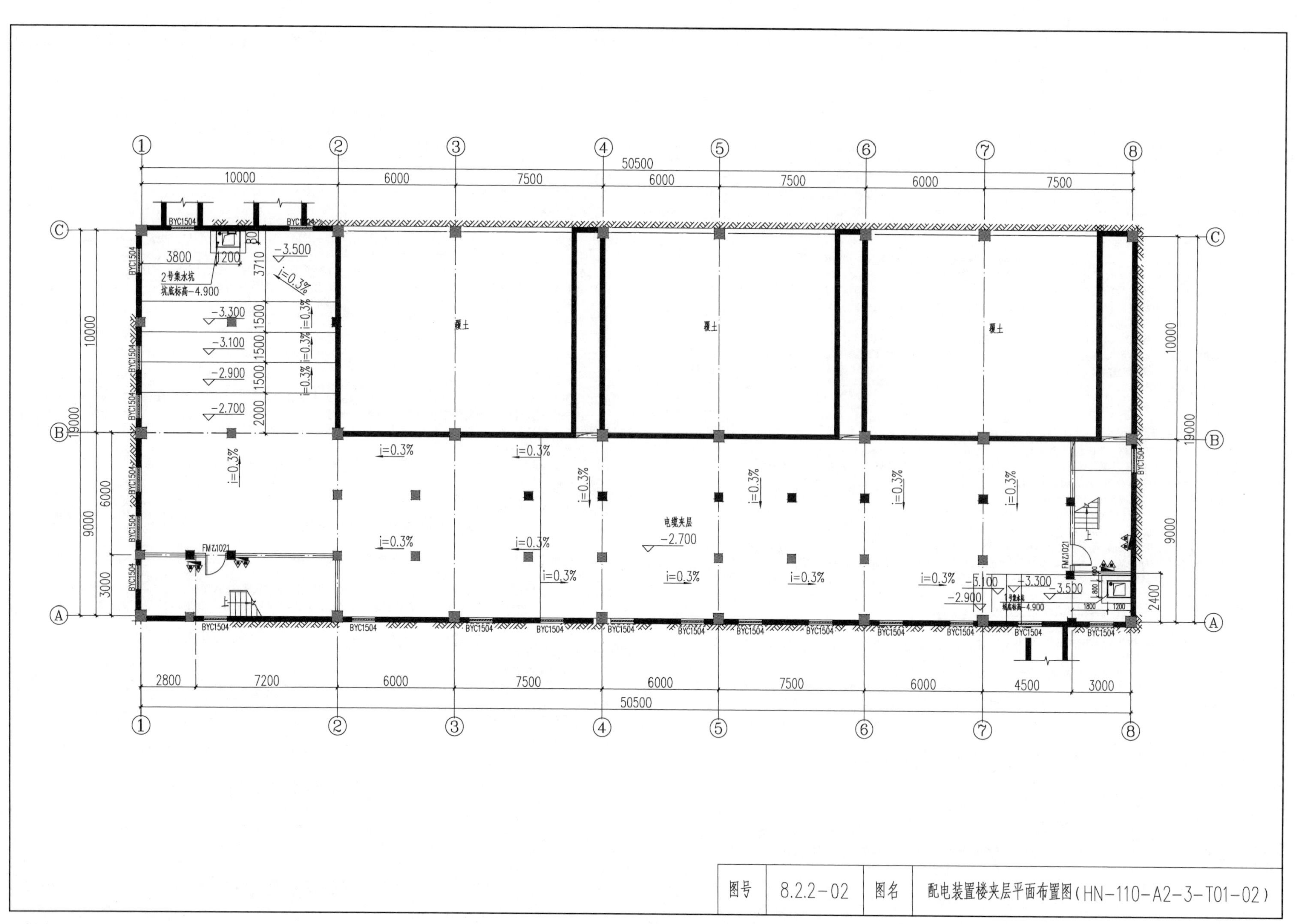
50500
10000
6000
7500
6000
7500
6000
7500
BYC1504
3800
1200
800
3710
-3.500
i=0.3%
2号集水坑
坑底标高-4.900
-3.300
1500
-3.100
1500
-2.900
1500
-2.700
2000
10000
19000
9000
6000
3000
覆土
电缆夹层
-2.700
FMZ1021
1号集水坑
坑底标高-4.900
-3.100
-2.900
-3.300
-3.500
1800
1200
2400
2800
7200
4500
3000
图号
8.2.2-02
图名
配电装置楼夹层平面布置图(HN-110-A2-3-T01-02)

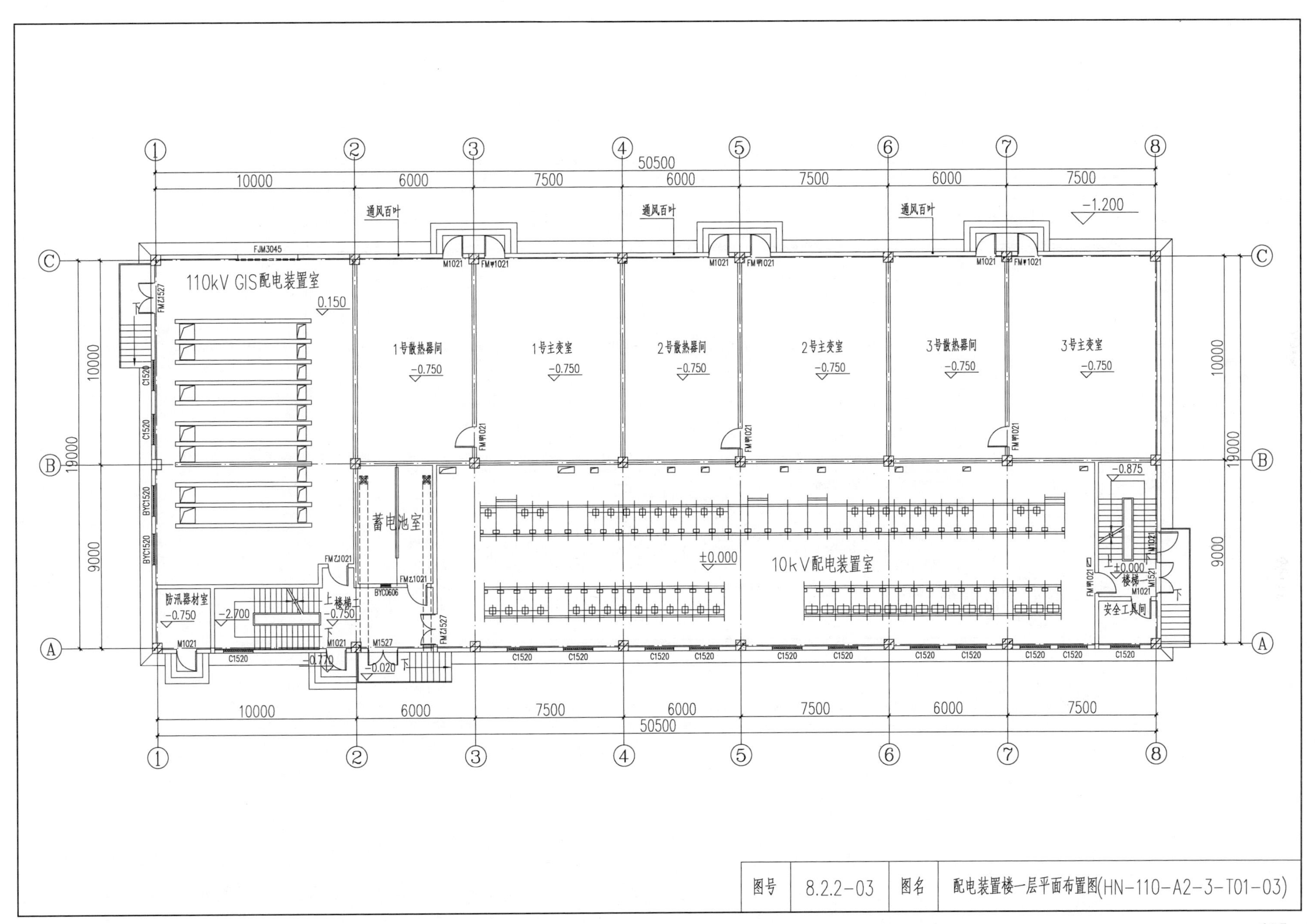

图号	8.2.2-03	图名	配电装置楼一层平面布置图(HN-110-A2-3-T01-03)

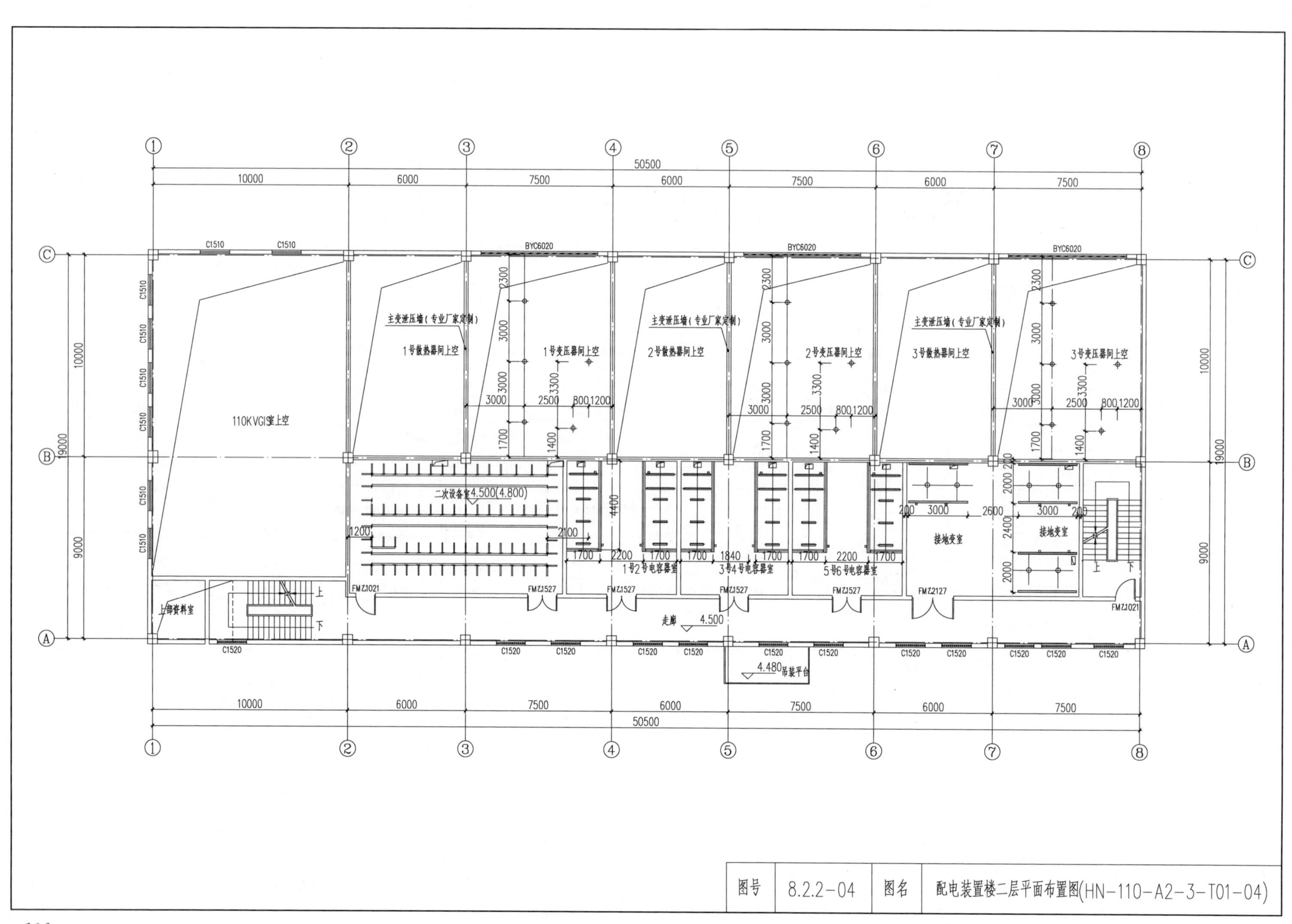

图号	8.2.2-04	图名	配电装置楼二层平面布置图(HN-110-A2-3-T01-04)

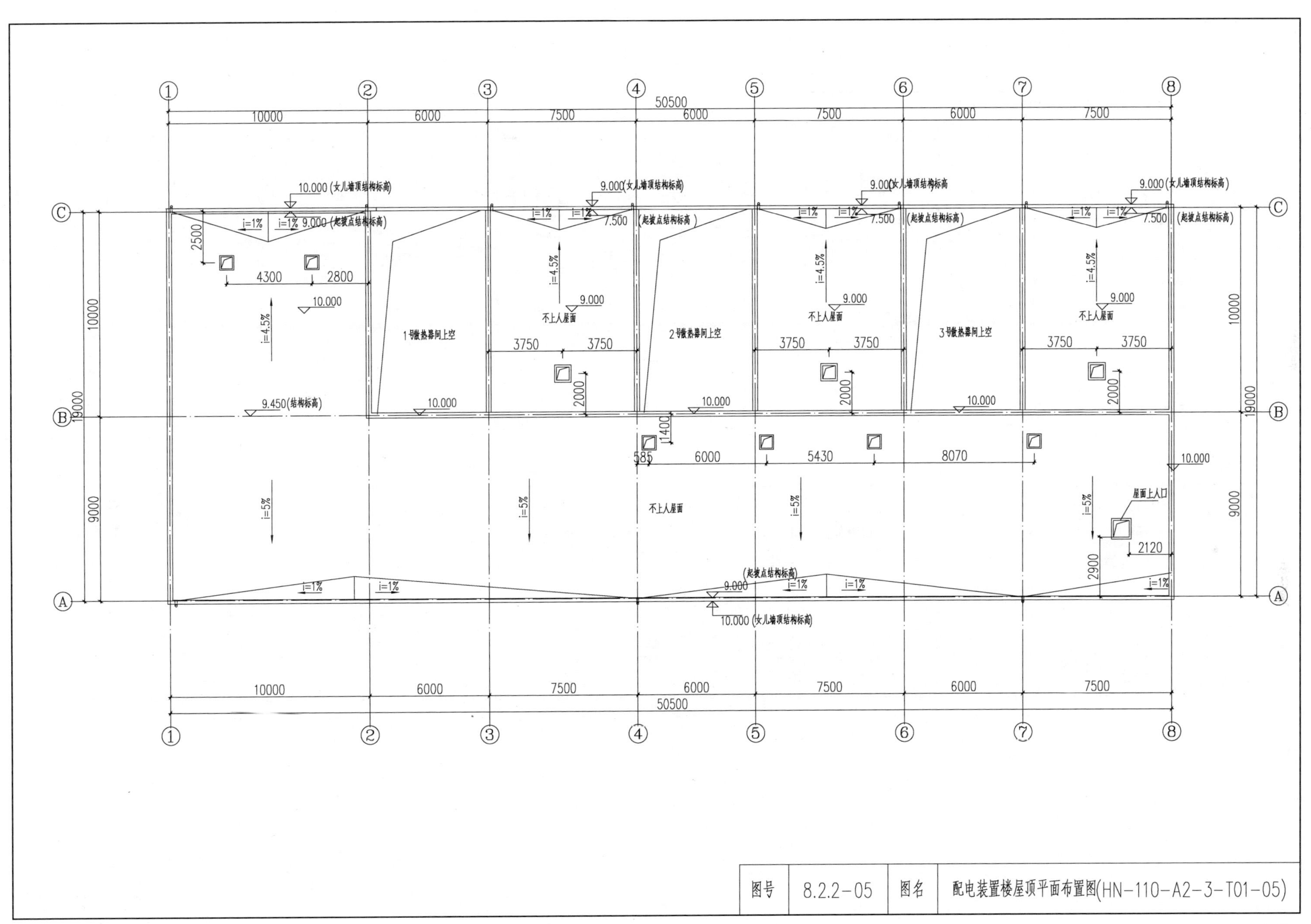

图号	8.2.2-05	图名	配电装置楼屋顶平面布置图(HN-110-A2-3-T01-05)

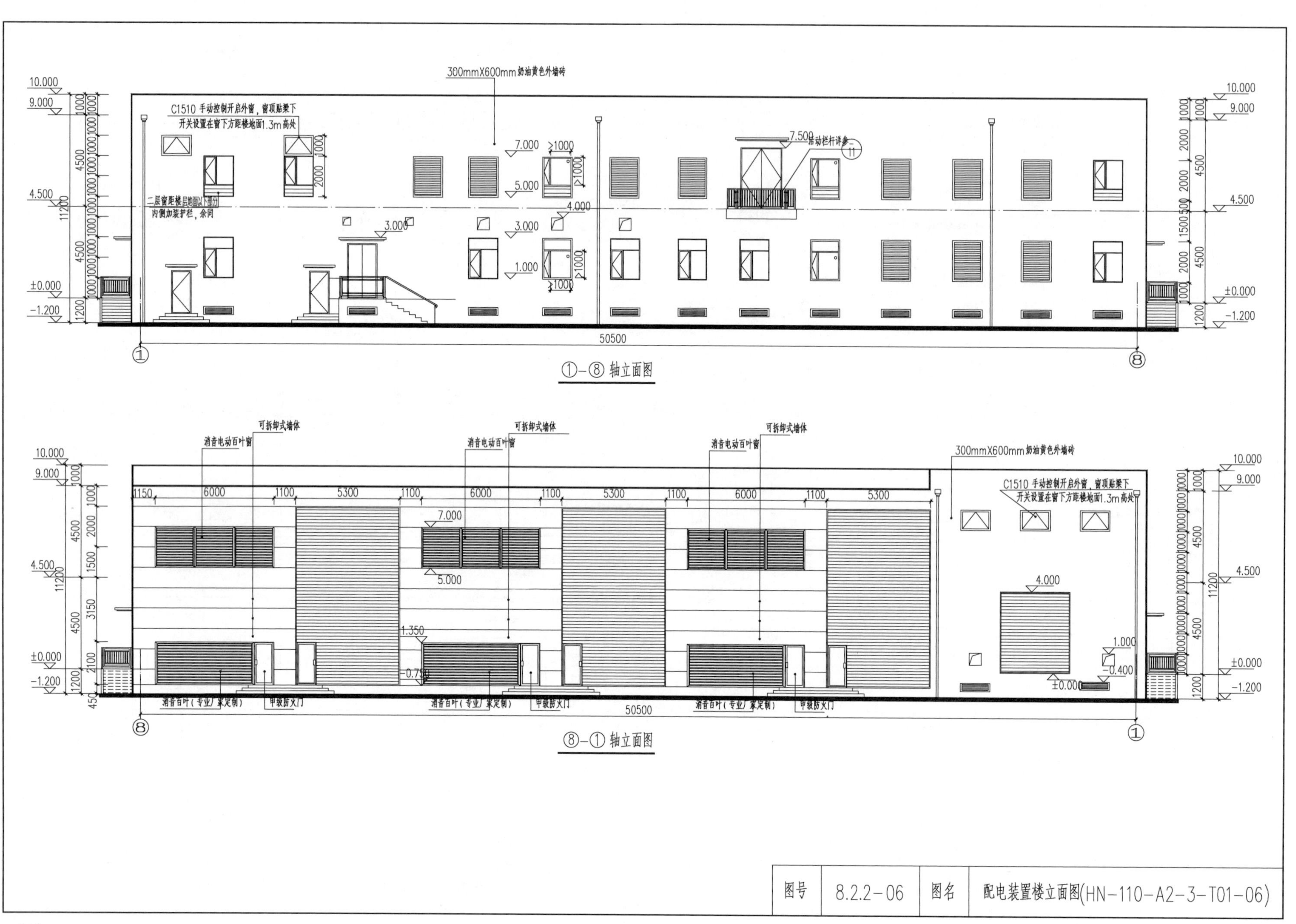
300mmX600mm奶油黄色外墙砖
C1510 手动控制开启外窗，窗顶贴梁下
开关设置在窗下方距楼地面1.3m高处
二层窗距楼层地面以下部分
内侧加装护栏，余同
活动栏杆详参
50500
①-⑧ 轴立面图
可拆卸式墙体
消音电动百叶窗
消音百叶（专业厂家定制）
甲级防火门
⑧-① 轴立面图
图号
8.2.2-06
图名
配电装置楼立面图(HN-110-A2-3-T01-06)

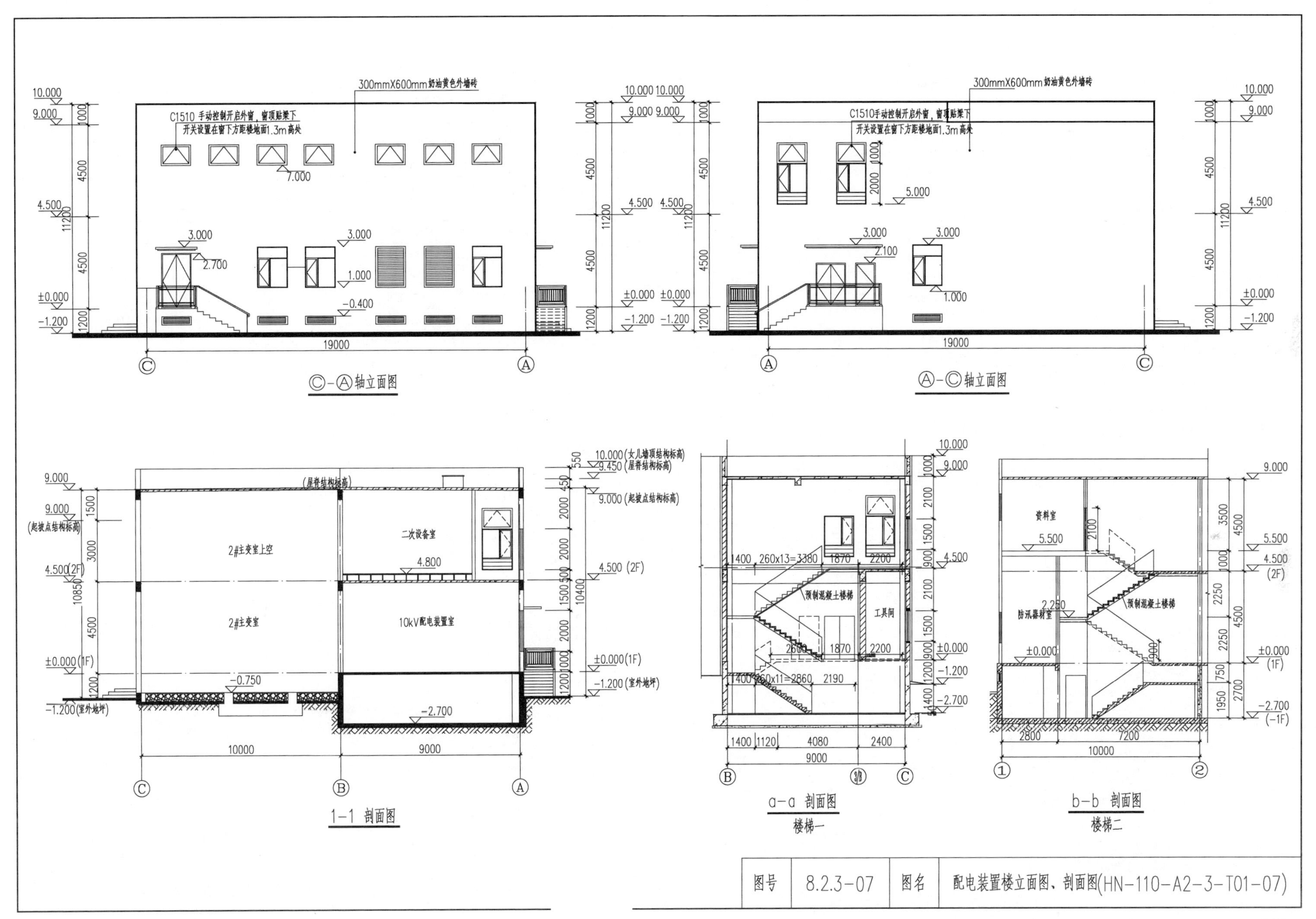
300mmX600mm奶油黄色外墙砖
C1510 手动控制开启外窗，窗顶贴梁下
开关设置在窗下方距楼地面1.3m高处
10.000
9.000
7.000
4.500
3.000
2.700
1.000
±0.000
-0.400
-1.200
19000
Ⓒ-Ⓐ轴立面图
2.100
5.000
Ⓐ-Ⓒ轴立面图
10.000(女儿墙顶结构标高)
9.450(屋脊结构标高)
9.000(起坡点结构标高)
(起坡点结构标高)
(屋脊结构标高)
2#主变室上空
二次设备室
4.800
4.500(2F)
2#主变室
10kV配电装置室
±0.000(1F)
-1.200(室外地坪)
-0.750
-2.700
10000
9000
1-1 剖面图
1400 260x13=3380
1870
2200
预制混凝土楼梯
工具间
2600
1400 260x11=2860
2190
4080
2400
a-a 剖面图
楼梯一
资料室
5.500
防汛器材室
2.250
(-1F)
2800
7200
b-b 剖面图
楼梯二
图号
8.2.3-07
图名
配电装置楼立面图、剖面图(HN-110-A2-3-T01-07)

一、工程概况

（1）本卷册为河南公司 HN-110-A2-3 标准化设计 110kV 配电装置楼结构图。

（2）110kV 配电装置楼为地下 1 层、地上局部 2 层装配式混凝土框架结构。

（3）本卷册未包含基础设计，采用本方案的工程，需根据具体的工程地质进行具体的基础设计及必要的地基处理。基础部分采用现浇，正负零以上采用全装配式结构，底层柱底与基础采用连接块连接，预留柱伸入基础的钢筋。

（4）本方案结构设计使用年限为 50 年，建筑结构安全等级为二级，结构重要性系数为 1.0，建筑抗震设防类别丙类，设计使用年限内未经技术鉴定或设计许可，不得改变结构的用途和使用环境。

（5）本工程图纸所注尺寸均以毫米为单位，标高以米计，±0.00 相当于黄海高程×××m，建筑定位详总平面定位图。

（6）设计活荷载取值见下表：

种类	标准值/(kN/m^2)	所在区域	种类	标准值/(kN/m^2)	所在区域
基本风压	0.45	n=50 年	楼面活荷载	3.50	楼梯、走道
基本雪压	0.40	n=50 年	楼面活荷载	4.00	二次设备间
屋面活荷载	0.50	不上人屋面	楼面活荷载	8.00	电容器、消弧线圈室
楼面活荷载	8.00	10kV 配电装置室	楼面活荷载	13.00	GIS 室
楼面活荷载	5.00	资料室	吊顶荷载	1.00	含风道、消防水管、灯具等
楼面活荷载	15.00	蓄电池室			

二、设计依据

（1）根据国家电网有限公司部门文件《国网基建部关于发布 35～750kV 变电站通用设计通信、消防部分修订成果的通知》（基建技术〔2019〕51 号）之规定及通用方案，并结合河南省实标而修改后的实施方案，编号为 HN-110-A2-3-T02。

（2）国家有关标准及规范（以下所列规程、规范和标准均按现行版本执行，并且并不限于以下规程、规范和标准，凡与其有关的规程、规范和标准均须执行。当所列规程、规范和标准的规定有不一致时，按较高标准执行）见下表：

名　　称	代　　号
《装配式混凝土建筑技术标准》	GB/T 51231—2016
《装配式混凝土结构技术标准》	JGJ 1—2014
《预制混凝土构件质量检验标准》	T/CECS 631：2019
《装配式结构工程施工质量验收规程》	DGJ32/J 184—2016
《建筑结构可靠度设计统一标准》	GB 50068—2018
《建筑工程抗震设防分类标准》	GB 50223—2008
《建筑抗震设计规范》	GB 50011—2010（2016 年版）
《电力设施抗震设计规范》	GB 50260—2013
《建筑结构荷载规范》	GB 50009—2012
《混凝土结构设计规范》	GB 50010—2010（2015 年版）
《变电站建筑结构设计技术规程》	DL/T 5457—2012
《220kV～750kV 变电站设计技术规程》	DL/T 5218—2012
《建筑地基基础设计规范》	GB 50007—2011
《建筑地基处理技术规范》	JGJ 79—2012
《建筑地基基础工程施工质量验收标准》	GB 50202—2018

续表

名　　称	代　　号
《混凝土结构工程施工质量验收规范》	GB 50204—2015
《钢结构设计标准》	GB 50017—2017
《冷弯薄壁型钢结构技术规范》	GB 50018—2002
《建筑设计防火规范》	GB 50016—20141（2018 年版）
《火力发电厂与变电站设计防火标准》	GB 50229—2019
《建筑钢结构防火技术规范》	GB 51249—2017
《钢结构防火涂料》	GB 14907—2018
《建筑钢结构防腐蚀技术规程》	JGJ/T 251—2011
《钢结构焊接规范》	GB 50661—2011
《钢筋焊接及验收规程》	JGJ 18—2012
《钢结构工程施工质量验收标准》	GB 50205—2020
《钢筋机械连接技术规程》	JGJ 107—2016
《电力建设施工质量验收及评定规程》	DL/T 5210.1—2018
《砌体结构工程施工质量验收规范》	GB 50203—2011

三、本方案设计假定自然条件

（1）基本风压：0.45kN/m^2，地面粗糙度为 B 类。

（2）基本雪压：S_0=0.4kN/m^2。

（3）抗震设防烈度为 7 度，设计基本地震加速度值为 0.15g，设计地震分组为第二组。

（4）建筑物抗震设防类别为丙类，建筑场地类别为Ⅱ类，特征周期为 0.4s。

（5）抗震构造措施设防烈度 7 度，钢筋混凝土结构抗震等级为三级。

四、设计计算程序

结构整体受力分析及抗震验算采用中国建筑科学研究院研制的 PKPM5.0 系列软件、MIDASGEN 及静力计算手册进行计算，结构规则性信息为规则。

五、主要结构材料

（1）混凝土强度等级见下表：

预制构件混凝土强度等级选用表

垫层	基础、柱（基础～－0.050）	柱（－0.05～柱顶）	梁、板、楼梯	圈梁、构造柱
C15	C30	C30	C40	C30

（2）混凝土耐久性要求见下表：

结构混凝土材料的耐久性基本要求

环境类型	最大水胶比	最低强度等级	最大氯离子含量/%	最大碱含量/(kg/m^3)
一	0.60	C20	0.30	不限制
二 a	0.55	C25	0.20	3.0
二 b	0.50（0.55）	C30（C25）	0.15	

注：处于严寒和寒冷地区二 b 类环境中的混凝土应使用引气剂，并可采用括号中的有关参数。

图号	8.2.3-01	图名	配电装置楼工程结构说明(一)(HN-110-A2-3-T01-01)

（3）必须选用国家标准钢材，Φ为 HPB300 钢筋，⌀为 HRB400 钢筋。型钢及钢板采用 Q235B 钢材。

（4）当钢筋采用焊接时，HPB300 钢筋用 E43 焊条，HRB400 钢筋用 E55 焊条，按《钢筋焊接及验收规程》（JGJ 18—2012）施工和验收。

（5）框架纵向受力钢筋的抗拉强度实测值与屈服强度实测值的比值不应小于 1.25；且钢筋的屈服强度实测值与强度标准值的比值不应大于 1.3，且钢筋在最大拉力下的总伸长率实测值不应小于 9%。钢筋的强度标准值应具有不小于 95%的保证率。

（6）受力预埋件锚筋不应采用冷加工钢筋，钢材采用 Q235B。

六、钢筋混凝土相关问题

（1）完全外露构件、结构外围构件的外侧及±0.000 以下构件与土接触的面均为二 b 类环境，其余为一类环境。

（2）构件的保护层厚度见下表：

环境类别	板、墙、壳	梁、柱、杆
一	15	20
二 a	20	25
二 b	25	35

注：1. 混凝土强度等级不大于 C25 时，表中保护层厚度数值应增加 5mm。
2. 钢筋混凝土基础设置 100mm 混凝土垫层，基础中钢筋的混凝土保护层厚度应以垫层顶面算起，且不应小于 40mm。

（3）钢筋锚固长度与搭接长度按《混凝土结构施工图平面整体表示方法制图规则和构造详图》（16G101－01）和《装配式混凝土结构连接节点构造》（15G310－1～2）。

（4）钢筋的接头宜设置在受力较小处，框架结构钢筋接头不宜设置在梁柱箍筋加密区，同一纵向受力钢筋不宜设置两个或两个以上接头，框架梁柱及配有抗扭纵筋的非框架梁均采用抗震箍筋。

（5）楼层梁板上部筋接头应在跨中，下部筋接头在支座。基础拉梁钢筋接头在支座处。板钢筋采用搭接接头时，同一截面钢筋搭接接头数量不得大于钢筋总量的 25%，相邻接头间的最小距离为 45d。

（6）预制柱的设计应符合现行国家标准《混凝土结构设计规范》（GB 50010）的要求，柱箍筋加密区长度范围参考 16G101－01 标准图集，并应符合下列规定：柱纵向受力钢筋直径不宜小于 20mm；矩形柱截面宽度或圆柱直径不宜小于 400mm，且不宜小于同方向梁宽的 1.5 倍。

（7）梁、柱纵向钢筋在后浇节点区内采用直线锚固、弯折锚固或机械锚固的方式时，其锚固长度应符合现行国家标准《混凝土结构设计规范》（GB 50010）中的有关规定；当梁、柱纵向钢筋采用锚固板时，应符合现行行业标准《钢筋锚固板应用技术规程》（JGJ 256）中的有关规定。

七、图纸内容表达

（1）构造及制图执行《混凝土结构施工图平面整体表示方法制图规则和构造详图》（16G101－01）、《装配式混凝土结构表示方法及示例》（15G107－1）和《装配式混凝土结构连接节点构造》（15G310－1～2）。

（2）楼梯采用预制楼梯，具体做法参考《预制钢筋混凝土板式楼梯》（15G367－1）。

（3）图中长度单位为 mm，结构标高单位为 m。

八、预制构件制作及检验

（1）应根据预制构件制作特点制定工艺流程，明确质量要求和质量控制要求。

（2）模具所选用材料应有质量证明书或检验报告，模具应具有足够的刚度、强度、稳定性，模具构造应满足钢筋入模、混凝土浇捣和养护的要求；模具组装完成后需进行去毛、除锈、清渣等工作；并符合构件精度要求；与构件混凝土直接接触的钢模表面需均匀涂抹脱模剂。

（3）对于外观要求较高的构件，在模板拼接处如侧模与底模的拼接处须以止水条做好密封处理以免漏浆影响外观。

（4）预埋窗框的固定，预制构件厂按图纸位置在窗框内侧附加钢框用以固定窗框，还需根据窗厂产品要求按间距埋设加强爪件。

（5）钢筋应有产品合格证，并应按有关标准规定进行复试检验，质量必须符合现行有关标准和结构总说明的规定。严格按构件加工图纸要求排布钢筋，并控制保护层厚度。叠合筋应按设计要求露出高度设置。

（6）混凝土用的水泥、骨料（砂、石）、外加剂、掺合料等应有产品合格证，并按有关标准的规定进行复试检验，质量必须符合现行有关标准的规定。混凝土应按国家现行标准《普通混凝土配合比设计规程》（JGJ 55）的有关规定，根据混凝土强度等级、耐久性和工作性等要求进行配合比设计。混凝土外加剂的选择与使用应满足《混凝土外加剂应用技术规范》（GB 50119）。选择各类外加剂时，应特别注意外加剂的适用范围。

（7）构件浇筑成型前，模具、隔离剂涂刷、钢筋成品（骨架）质量、保护层控制措施、预留孔道、配件和埋件等，应逐件进行隐蔽验收，符合有关标准规定和设计文件要求后方可浇筑混凝土。

（8）根据实际情况均匀振捣，要求均匀密实，振捣时应避开钢筋、埋件、管线、面砖等，对于重要勿碰部位提前做好标记。

（9）构件外表面应光滑无明显凹坑破损，内侧与现浇部分相接面须做均匀拉毛处理，拉深 4～5mm。

（10）预制构件混凝土浇筑完毕后，应及时按国家混凝土养护的规定操作养护。

（11）预制构件达到混凝土抗压强度设计值的 75%且不小于 15N/mm^2 时方可拆模起吊。

（12）按国家规范检测混凝土强度；预埋连接件、插筋、孔洞数量、规格、定位；外观质量检查；外形尺寸检查。成品构件尺寸偏差及变形与裂缝应控制在允许范围内，详见《预制预应力混凝土装配整体式框架结构技术规程》（JGJ 224）。

（13）对预制构件修补和保护，预制梁、楼梯、楼板存放采用平躺式，且做好包角包面与固定的防护措施。

（14）预制构件内钢筋弯钩及锚固做法详见《装配式混凝土结构连接节点构造》（15G310－1）中相关构造要求。

（15）为确保安全脱模、起吊，应按设计要求预先做金属预埋件拉拔试验，并递交正式的实验报告。

（16）预制构件模具的允许偏差。预制构件的允许尺寸偏差及检验方法应符合《装配式混凝土结构技术规程》（JGJ 1）的相关规定；预制构件应按设计要求和现行国家标准《混凝土结构工程施工质量验收规范》（GB 50204）的有关规定进行结构性能检验。

九、运输要求

1. 运输注意事项

（1）预制构件运输时，车上应设有专用架，且有可靠的稳定构件措施。预制构件混凝土强度达到设计强度时方可运输。

（2）预制构件运输时，应采用木材或混凝土块作为支撑物，构件接触部位用柔性垫片填实，支撑牢固不得有松动。

2. 运输方式

（1）竖立式：适用于预制混凝土构件较大且为不规则形状时，或高度不是很高的扁平预制混凝土构件可排列竖立。竖立式除了需注意超高限制外还要防止倾覆，必须制作专用钢排架，排架常有山形架和 A 字架。构件与排架之间须有限位措施并绑扎牢固，同时做好易碰部位的边角保护。

（2）平躺式：适用于大多数预制混凝土构件，对于预制楼板、墙板等扁平构件，计算出最佳支点距离以指导运输方正确设置，谨慎采取二点以上支点的方式，如采用需专门措施保证每个支点同时受力。构件平躺叠加，支点与上下层构件的接触点必须设置减震措施，如垫橡胶块等，禁止硬碰硬方式。重叠不宜超过 5 层，且各层 垫块必须在同一竖向位置。

十、标准图集

（1）《混凝土结构施工图平面整体表示方法制图规则和构造详图》（16G101－01）。

（2）《混凝土结构施工图平面整体表示方法制图规则和构造详图》（16G101－03）。

（3）《钢筋混凝土抗震构造详图》（11YG002）。

（4）《钢筋混凝土过梁》（11YG301）。

（5）《装配式建筑系列标准应用实施指南（装配式混凝土结构建筑）》。

（6）《装配式混凝土结构表示方法及示例》（15G107－1）。

（7）《装配式混凝土结构连接节点构造》（15G310－1～2）。

（8）《装配式混凝土结构技术规程》（JGJ 1—2014）。

图号	8.2.3-02	图名	配电装置楼工程结构说明(二)(HN-110-A2-3-T01-02)

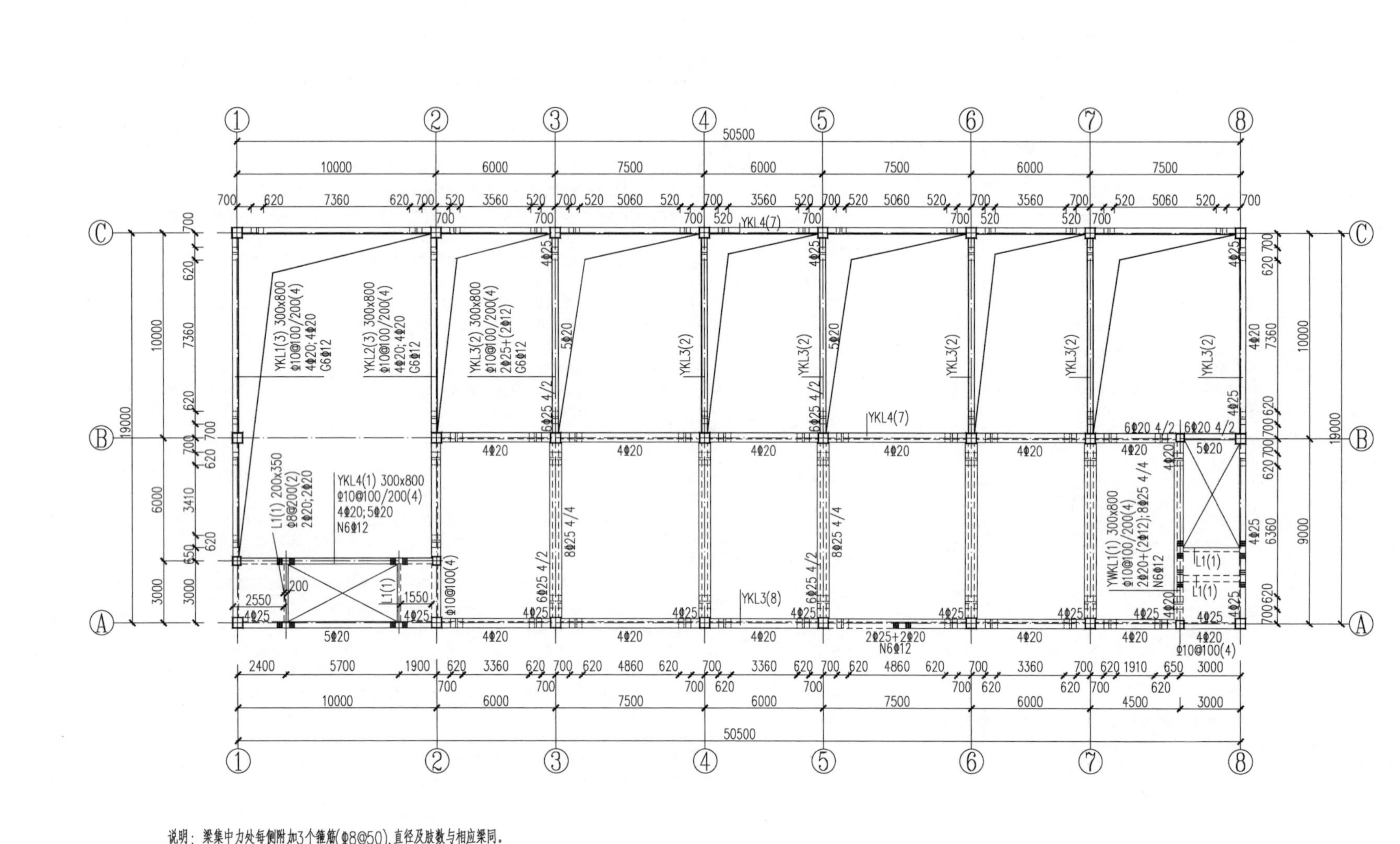

说明：梁集中力处每侧附加3个箍筋(⌀8@50),直径及肢数与相应梁同。

图号	8.2.3-03	图名	配电装置楼一层预制梁配筋图(HN-110-A2-3-T02-03)

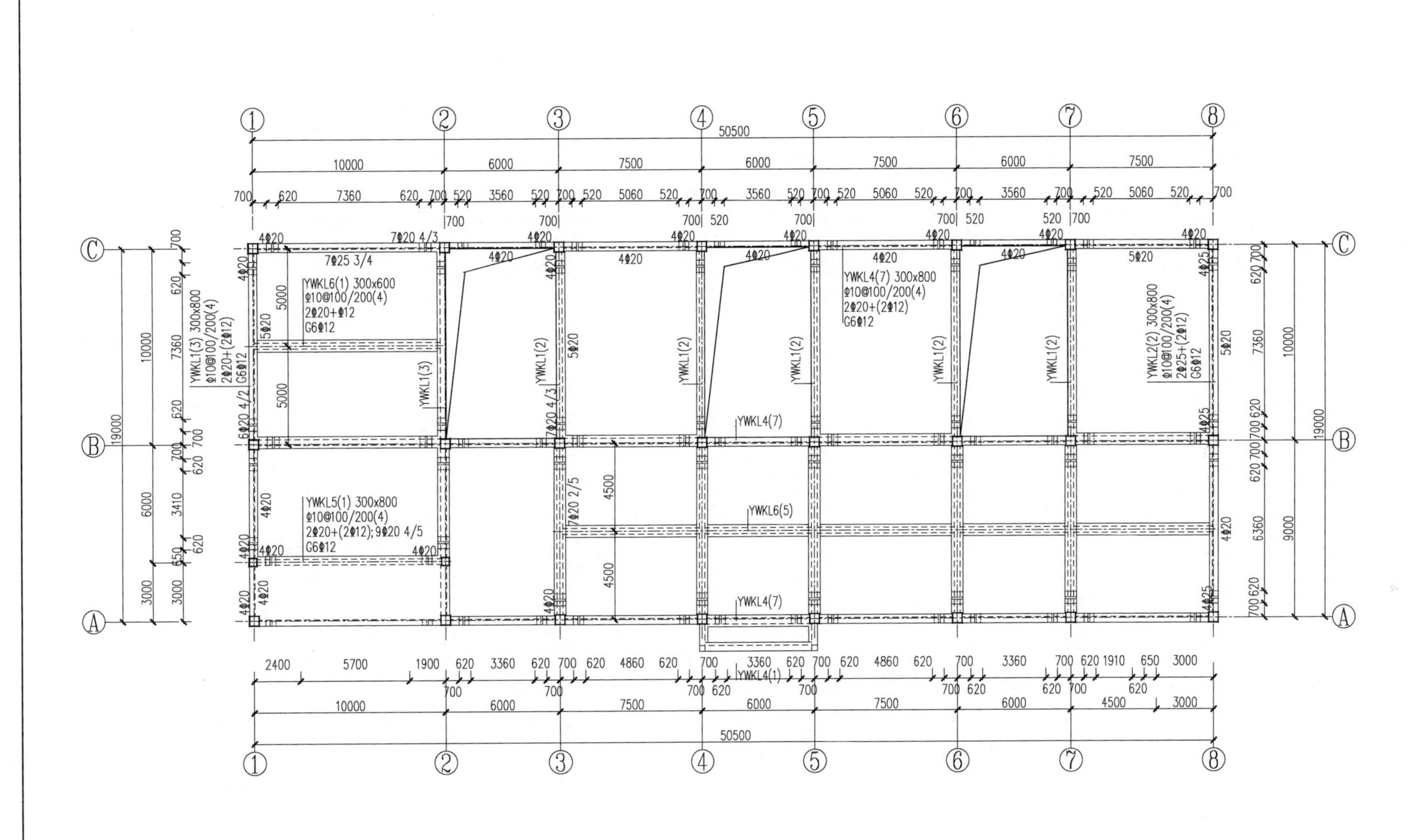

说明：梁集中力处每侧附加3个箍筋(Φ8@50)，直径及肢数与相应梁同。

图号	8.2.3-04	图名	配电装置楼二层预制梁配筋图(HN-110-A2-3-T02-04)

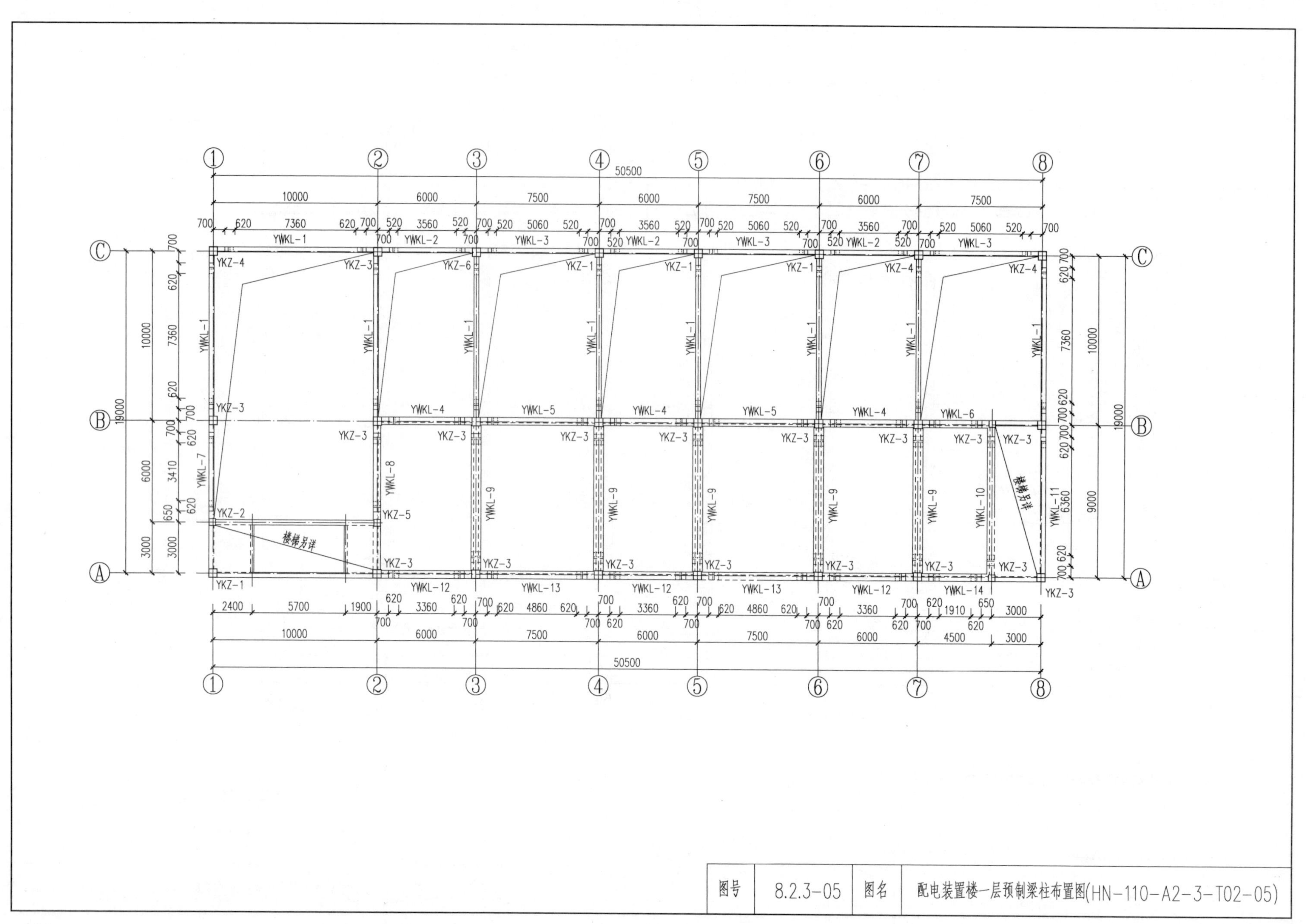
图号
8.2.3-05
图名
配电装置楼一层预制梁柱布置图(HN-110-A2-3-T02-05)
50500
10000
6000
7500
19000
楼梯另详
YWKL-1
YKZ-1
YKZ-2
YKZ-3
YKZ-4
YKZ-5
YKZ-6

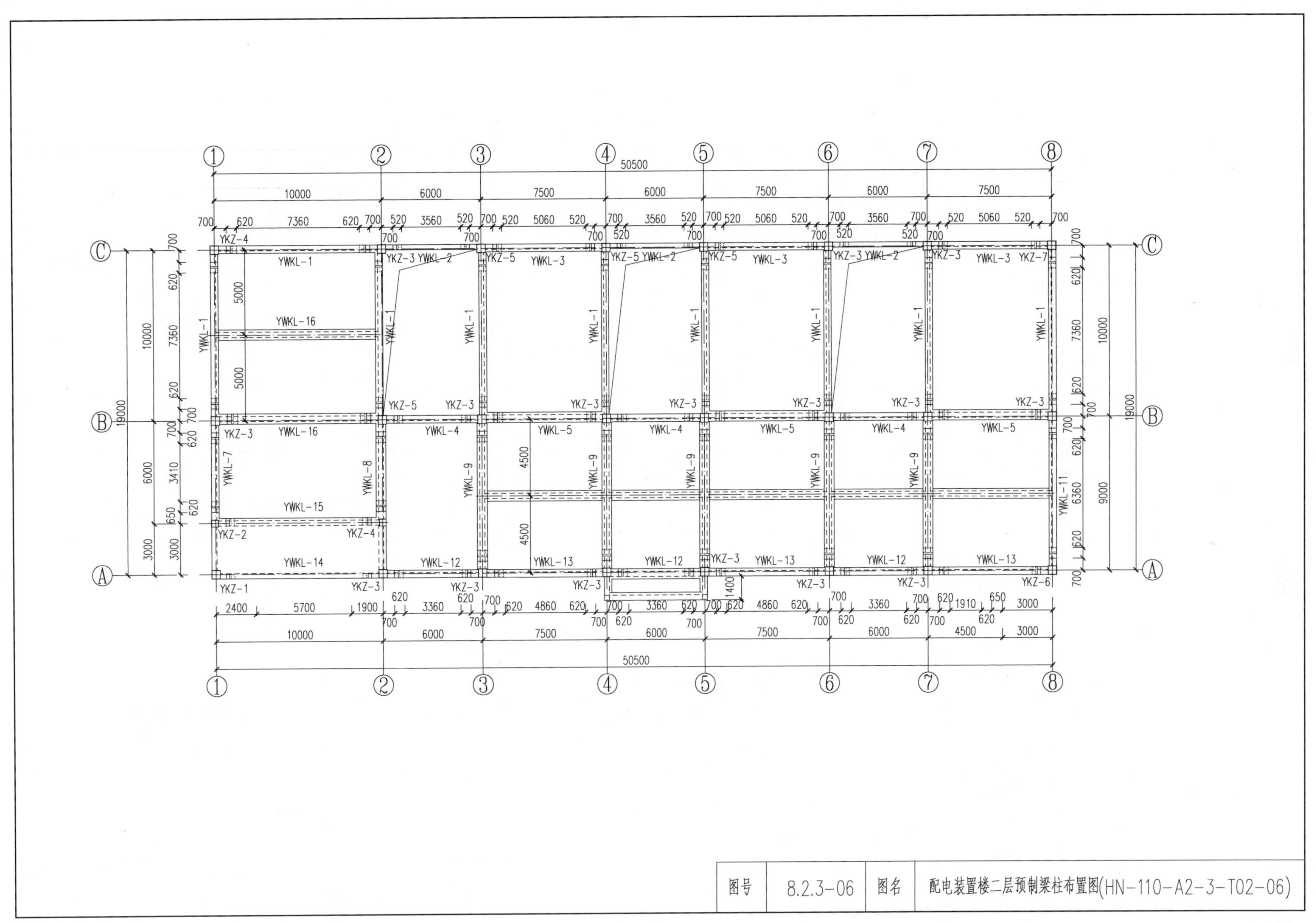

图号	8.2.3-06	图名	配电装置楼二层预制梁柱布置图(HN-110-A2-3-T02-06)

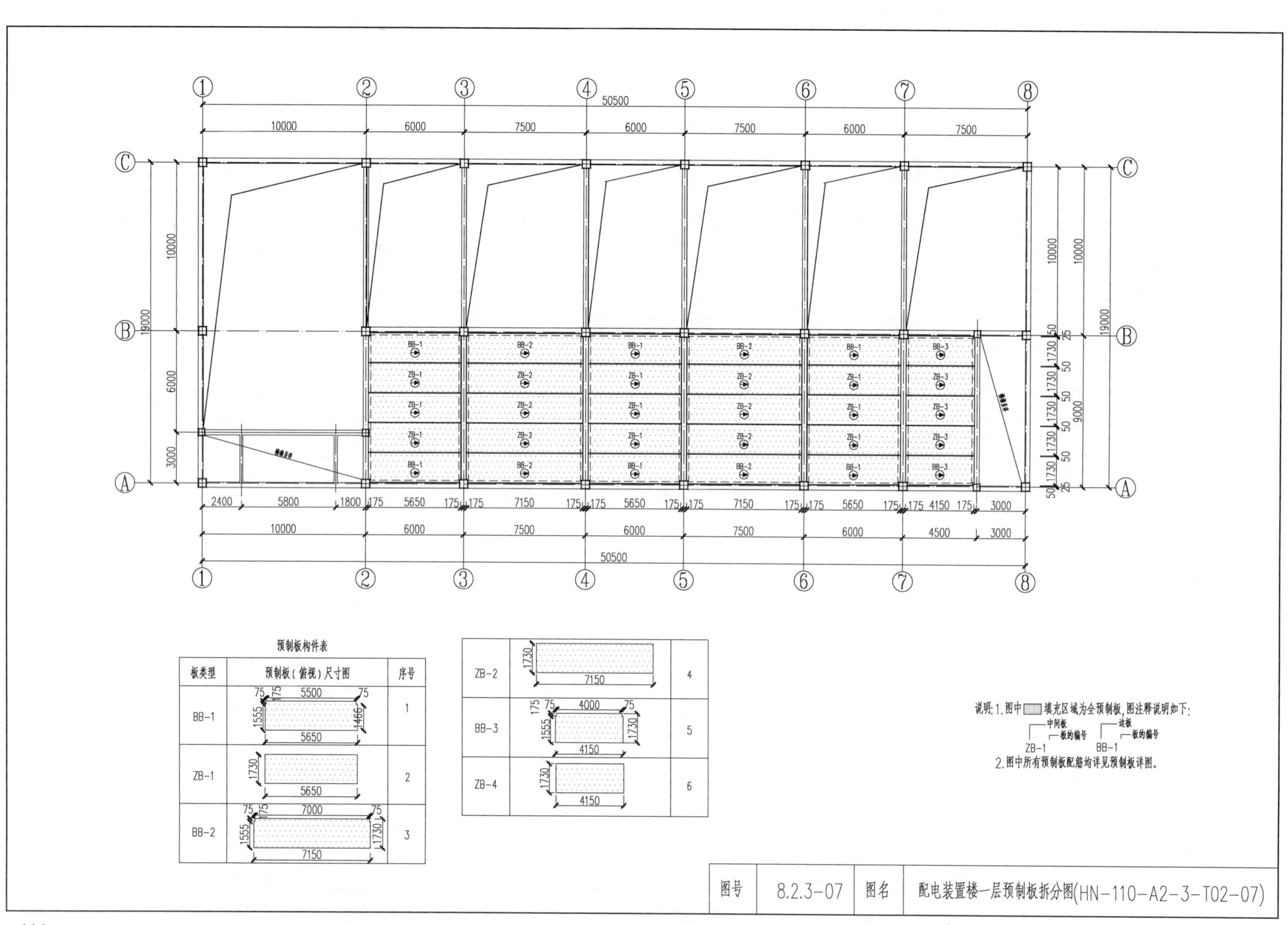

50500
10000
6000
7500
6000
7500
6000
7500
19000
9000
3000
2400
5800
1800
175
5650
7150
4150
4500
3000
1730
50
25
BB-1
BB-2
BB-3
ZB-1
ZB-2
ZB-3
预制板构件表
板类型
预制板（俯视）尺寸图
序号
BB-1
1
ZB-1
2
BB-2
3
ZB-2
4
BB-3
5
ZB-4
6
说明：1.图中▒填充区域为全预制板，图注释说明如下：
中间板
板的编号
ZB-1
边板
板的编号
BB-1
2.图中所有预制板配筋均详见预制板详图。
图号
8.2.3-07
图名
配电装置楼一层预制板拆分图(HN-110-A2-3-T02-07)

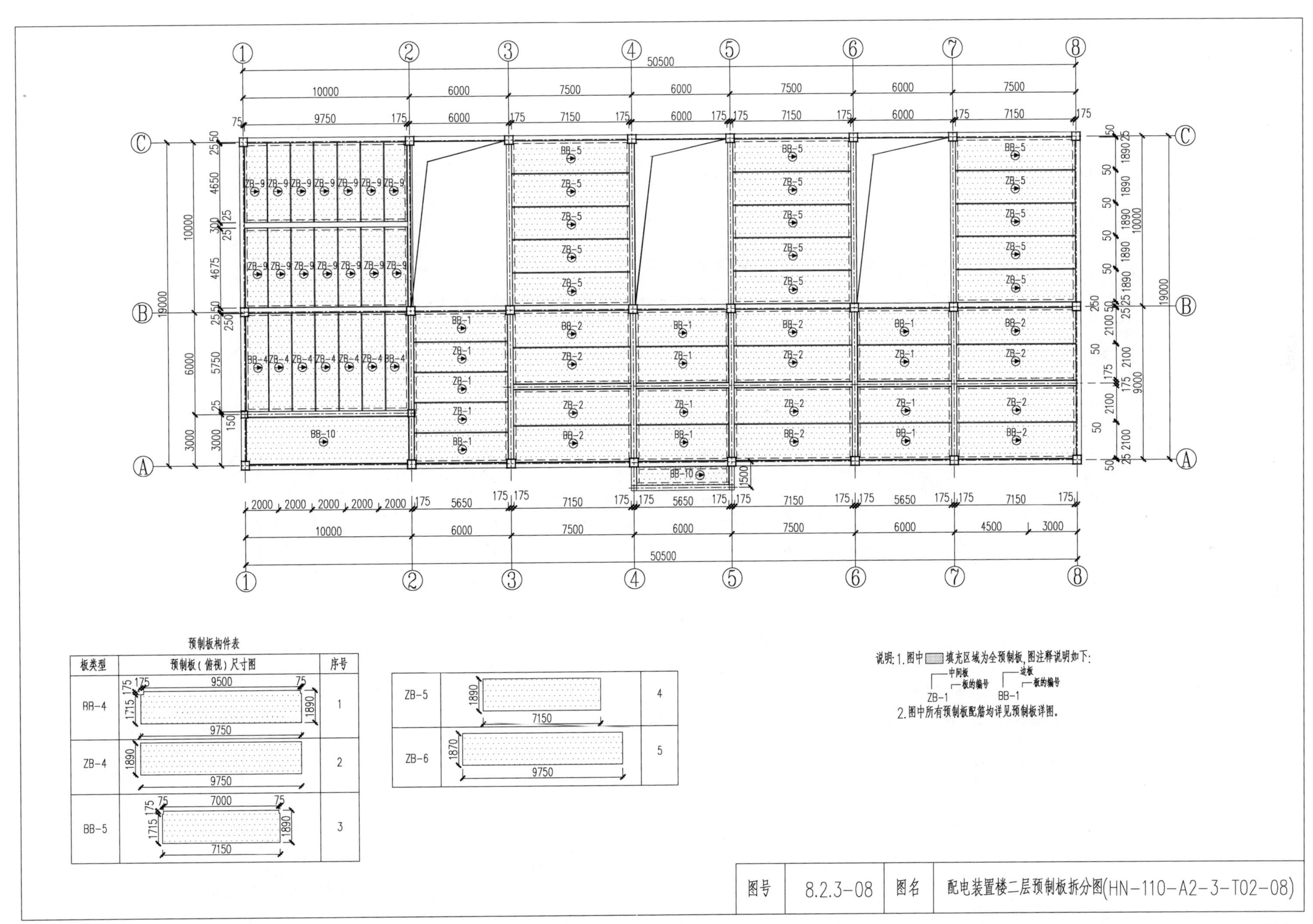

预制板构件表
板类型
预制板（俯视）尺寸图
序号
BB-4
ZB-4
BB-5
ZB-5
ZB-6
说明：1. 图中 填充区域为全预制板，图注释说明如下：
中间板
板的编号
边板
板的编号
ZB-1
BB-1
2. 图中所有预制板配筋均详见预制板详图。
图号
8.2.3-08
图名
配电装置楼二层预制板拆分图(HN-110-A2-3-T02-08)

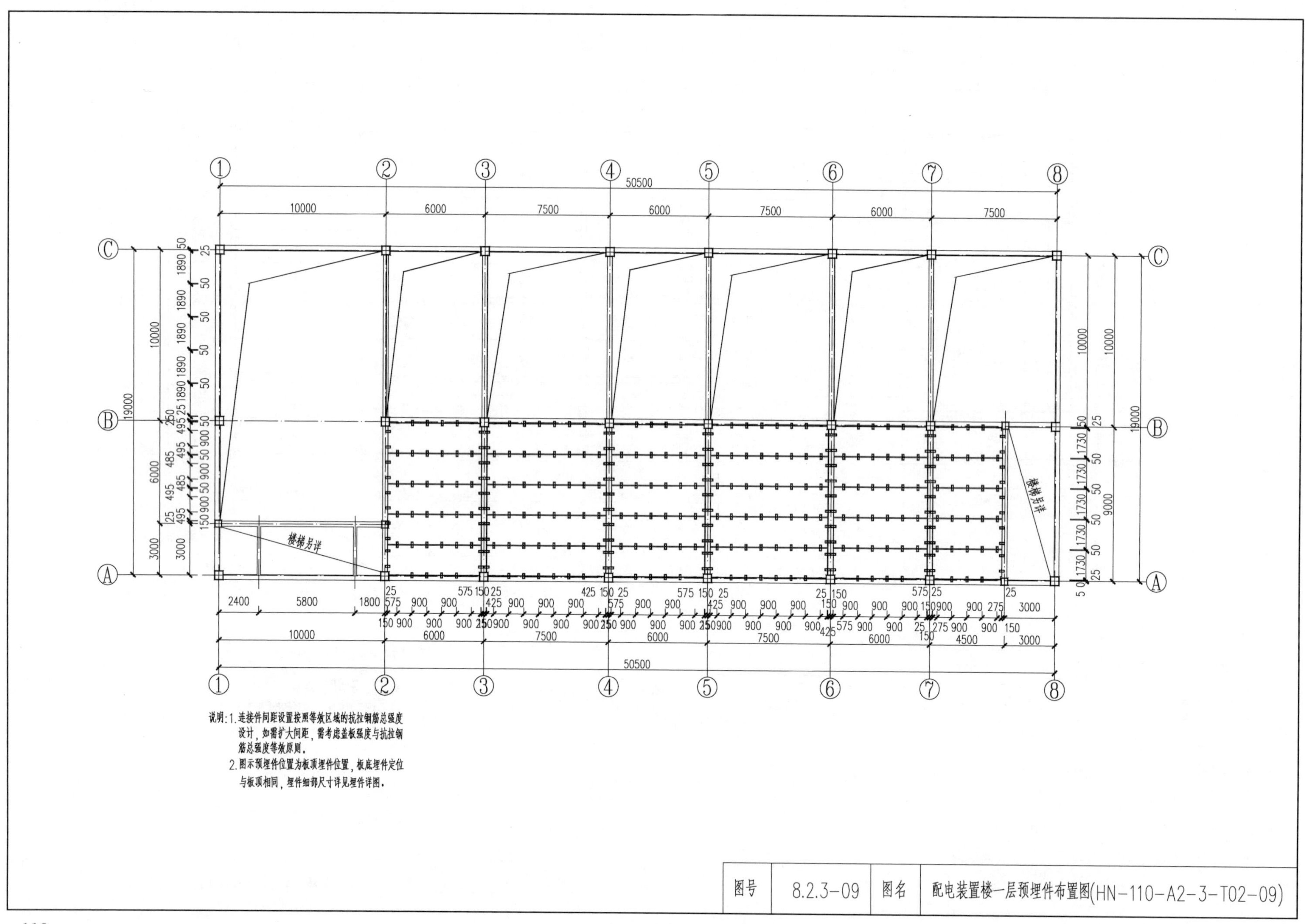

50500
10000
6000
7500
6000
7500
6000
7500
19000
10000
6000
3000
9000
楼梯另详
楼梯另详
说明：1.连接件间距设置按照等效区域的抗拉钢筋总强度设计，如需扩大间距，需考虑盖板强度与抗拉钢筋总强度等效原则。
2.图示预埋件位置为板顶埋件位置，板底埋件定位与板顶相同，埋件细部尺寸详见埋件详图。
图号
8.2.3-09
图名
配电装置楼一层预埋件布置图(HN-110-A2-3-T02-09)

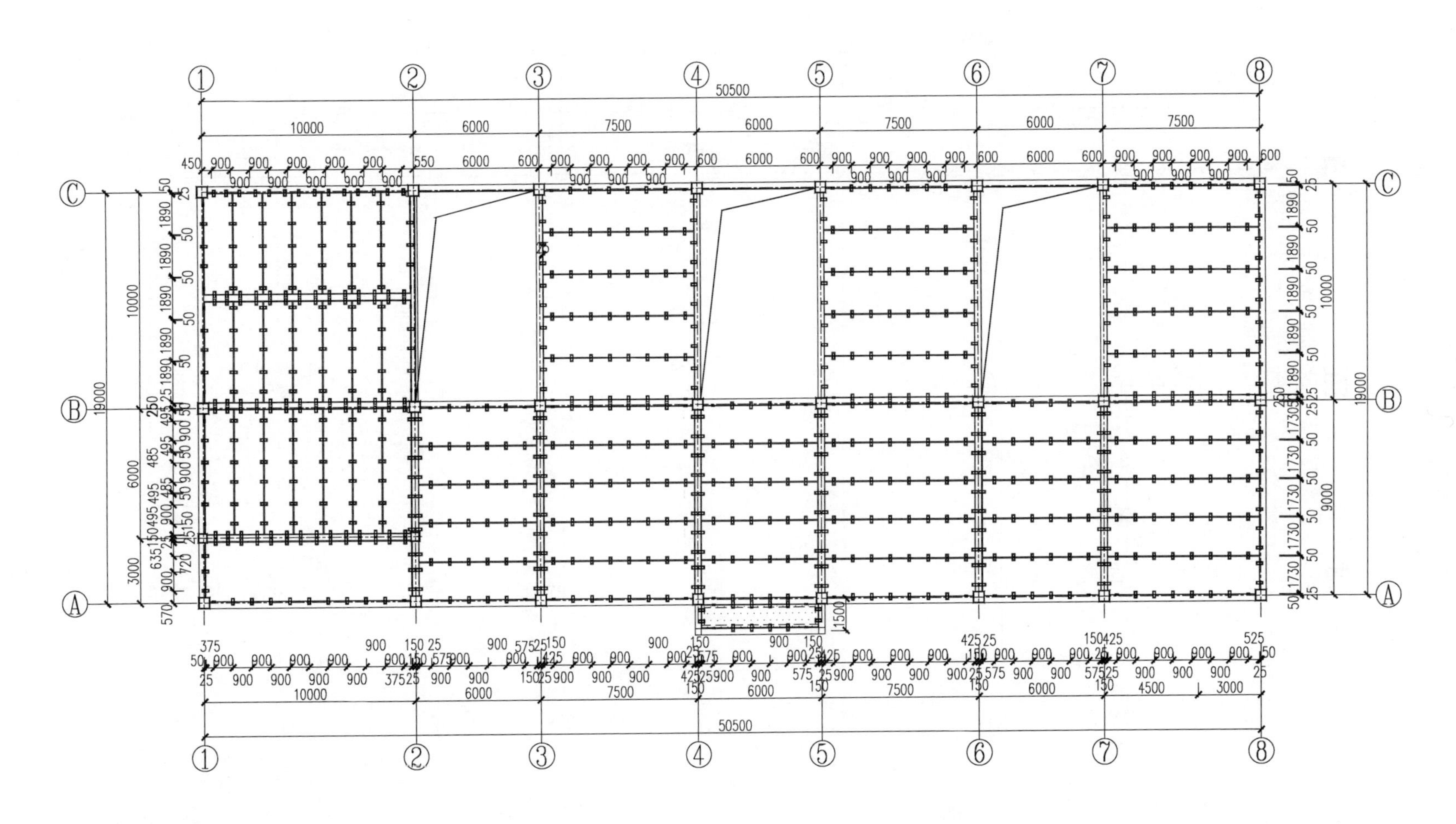

说明：1.连接件间距设置按照等效区域的抗拉钢筋总强度设计，如需扩大间距，需考虑盖板强度与抗拉钢筋总强度等效原则。

2.图示预埋件位置为板顶埋件位置，板底埋件定位与板顶相同，埋件细部尺寸详见埋件详图。

图号	8.2.3-10	图名	配电装置楼二层预埋件布置图(HN-110-A2-3-T02-10)

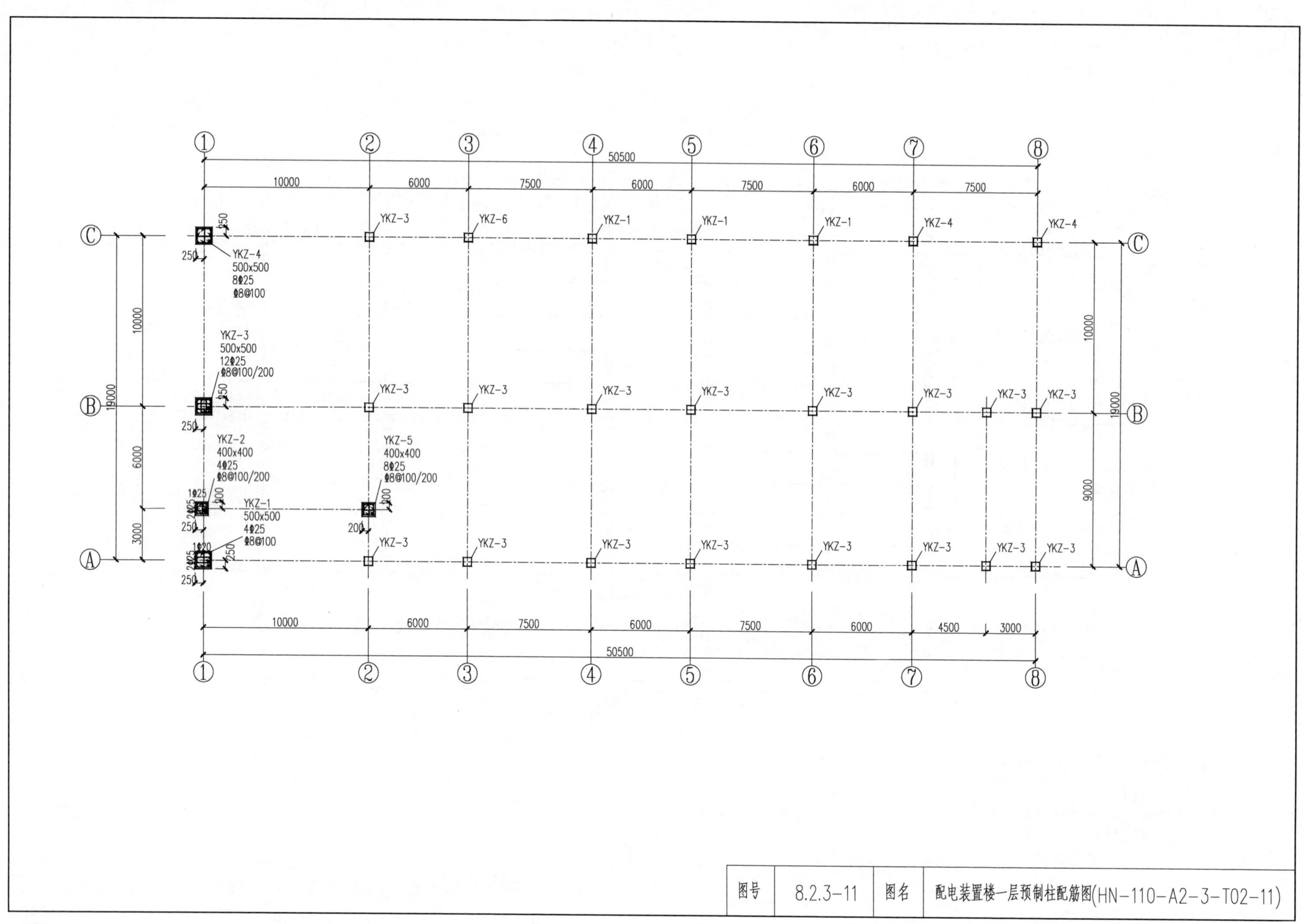

50500
10000
6000
7500
6000
7500
6000
7500
YKZ-4
500x500
8⌀25
⌀8@100
YKZ-3
500x500
12⌀25
⌀8@100/200
YKZ-2
400x400
4⌀25
⌀8@100/200
YKZ-5
400x400
8⌀25
⌀8@100/200
YKZ-1
500x500
4⌀25
⌀8@100
YKZ-6
4500
3000
19000
9000
图号
8.2.3-11
图名
配电装置楼一层预制柱配筋图(HN-110-A2-3-T02-11)

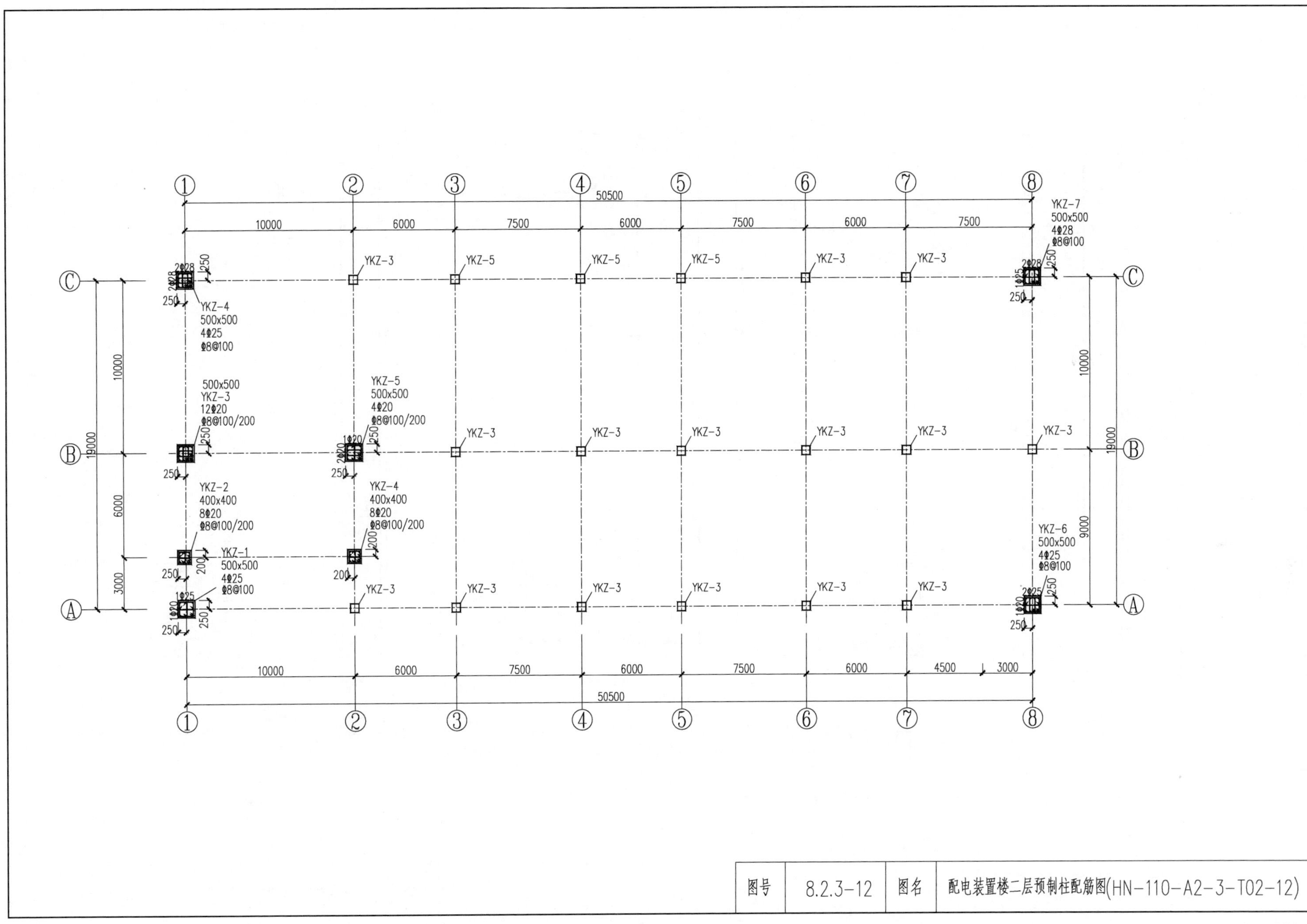

50500
10000
6000
7500
6000
7500
6000
7500
4500
3000
19000
10000
9000
6000
3000
YKZ-1
500x500
4⌀25
⌀8@100
YKZ-2
400x400
8⌀20
⌀8@100/200
YKZ-3
500x500
12⌀20
⌀8@100/200
YKZ-4
500x500
4⌀25
⌀8@100
YKZ-4
400x400
8⌀20
⌀8@100/200
YKZ-5
500x500
4⌀20
⌀8@100/200
YKZ-6
500x500
4⌀25
⌀8@100
YKZ-7
500x500
4⌀28
⌀8@100
YKZ-3
YKZ-5
图号
8.2.3-12
图名
配电装置楼二层预制柱配筋图(HN-110-A2-3-T02-12)

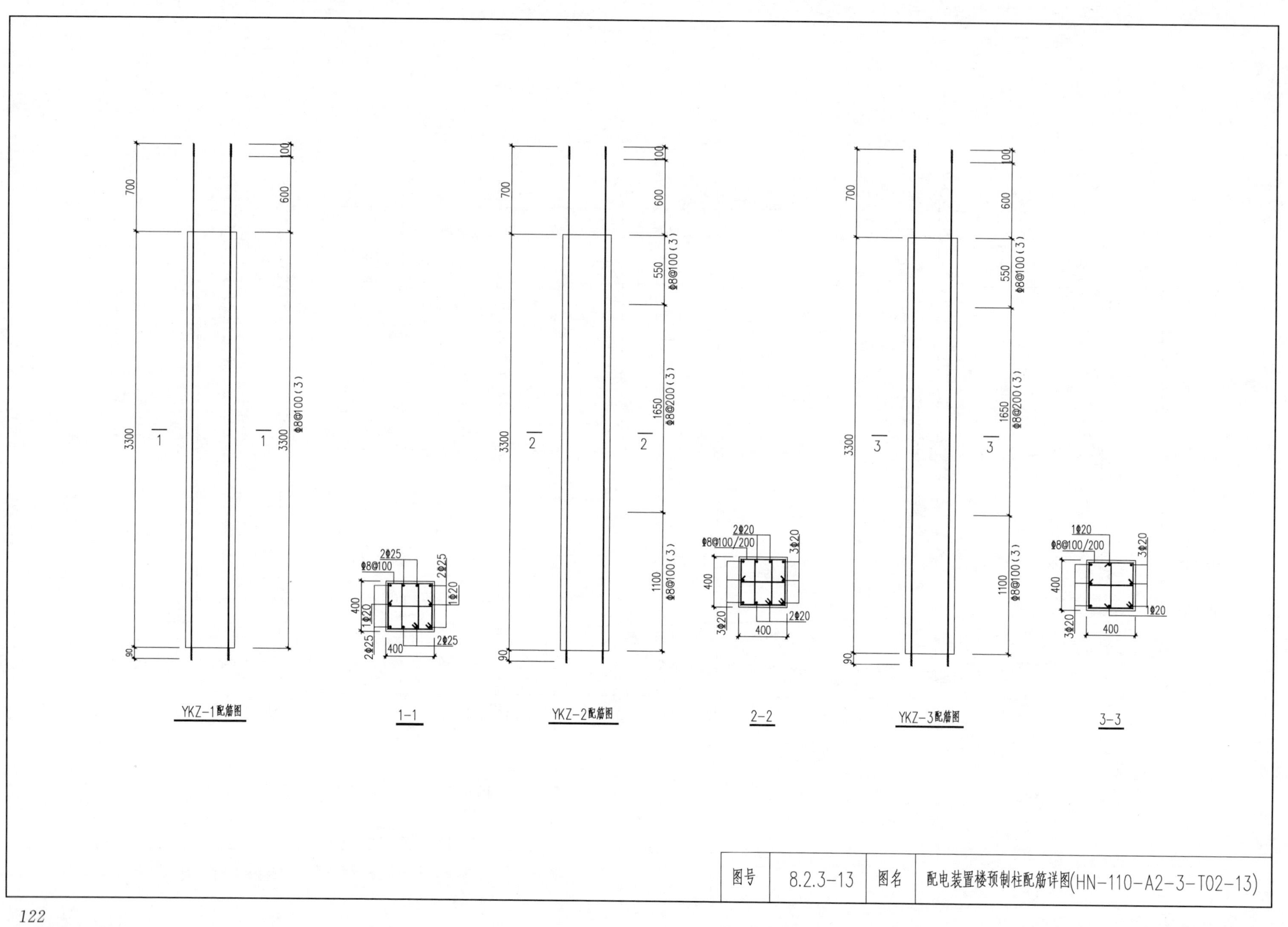

图号	8.2.3-13	图名	配电装置楼预制柱配筋详图(HN-110-A2-3-T02-13)

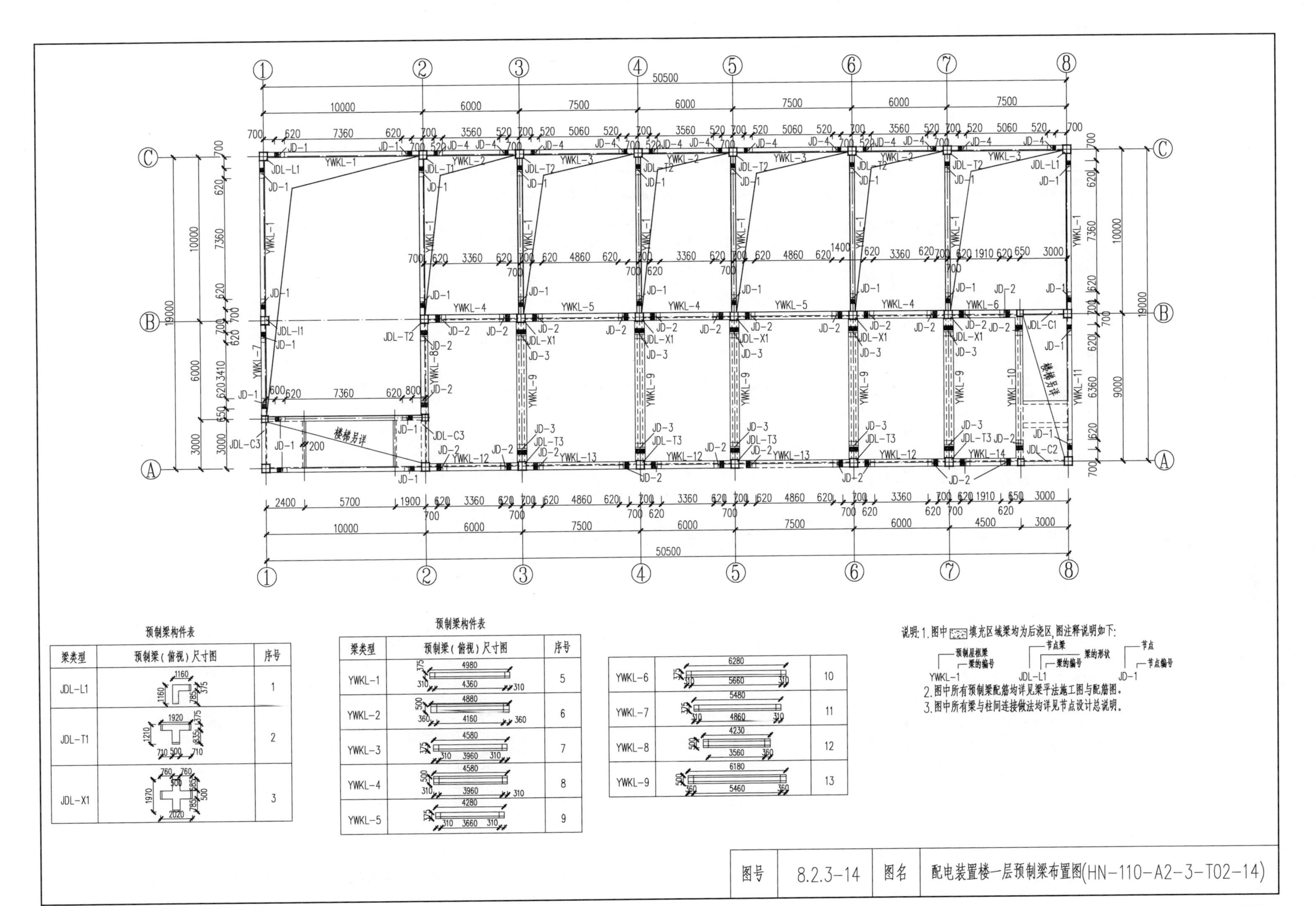

预制梁构件表
梁类型
预制梁(俯视)尺寸图
序号
JDL-L1
1
JDL-T1
2
JDL-X1
3
YWKL-1
5
YWKL-2
6
YWKL-3
7
YWKL-4
8
YWKL-5
9
YWKL-6
10
YWKL-7
11
YWKL-8
12
YWKL-9
13
说明:1.图中填充区域梁均为后浇区,图注释说明如下:
预制屋框架
梁的编号
YWKL-1
节点梁
梁的编号
梁的形状
JDL-L1
节点
节点编号
JD-1
2.图中所有预制梁配筋均详见梁平法施工图与配筋图。
3.图中所有梁与柱间连接做法均详见节点设计总说明。
楼梯另详
图号
8.2.3-14
图名
配电装置楼一层预制梁布置图(HN-110-A2-3-T02-14)

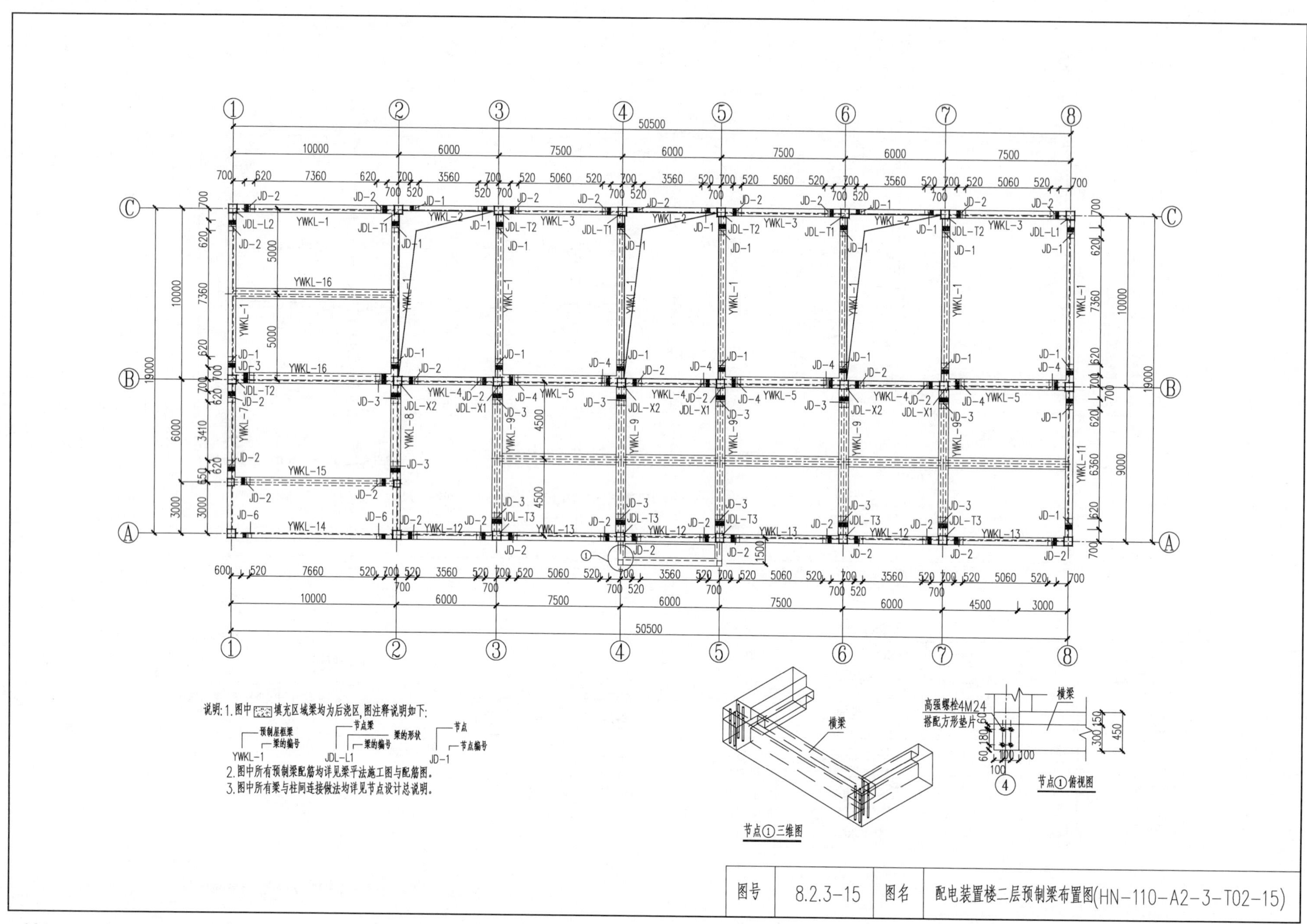

50500
10000
6000
7500
4500
3000
19000
9000
YWKL-1
YWKL-2
YWKL-3
YWKL-4
YWKL-5
YWKL-7
YWKL-8
YWKL-9
YWKL-11
YWKL-12
YWKL-13
YWKL-14
YWKL-15
YWKL-16
JDL-L1
JDL-L2
JDL-T1
JDL-T2
JDL-T3
JDL-X1
JDL-X2
JD-1
JD-2
JD-3
JD-4
JD-6
横梁
高强螺栓4M24
搭配方形垫片
节点①三维图
节点①俯视图
说明: 1. 图中填充区域梁均为后浇区, 图注释说明如下:
YWKL-1 预制屋框梁 梁的编号
JDL-L1 节点梁 梁的形状 梁的编号
JD-1 节点 节点编号
2. 图中所有预制梁配筋均详见梁平法施工图与配筋图。
3. 图中所有梁与柱间连接做法均详见节点设计总说明。
图号
8.2.3-15
图名
配电装置楼二层预制梁布置图(HN-110-A2-3-T02-15)

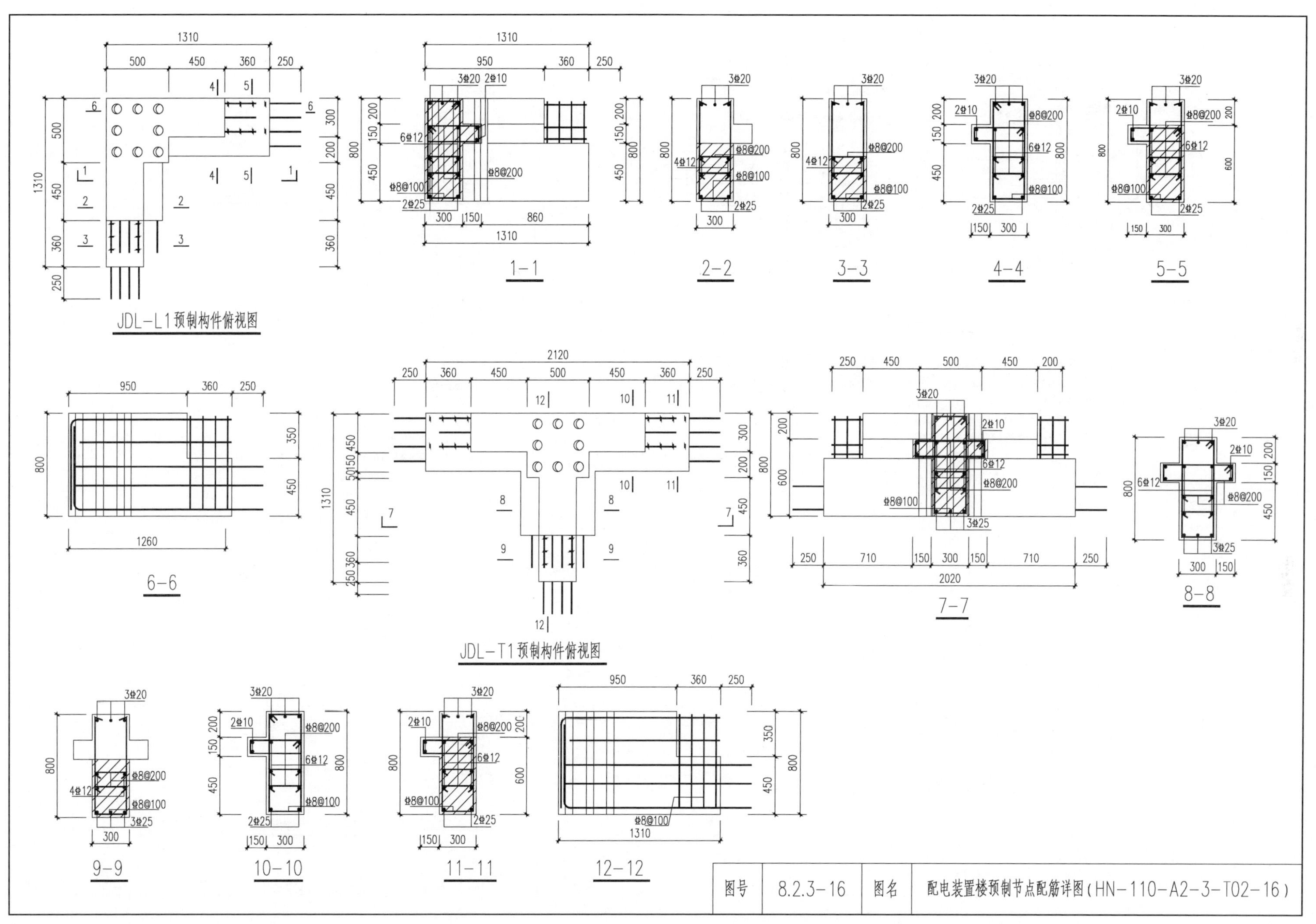

图号	8.2.3-16	图名	配电装置楼预制节点配筋详图(HN-110-A2-3-T02-16)

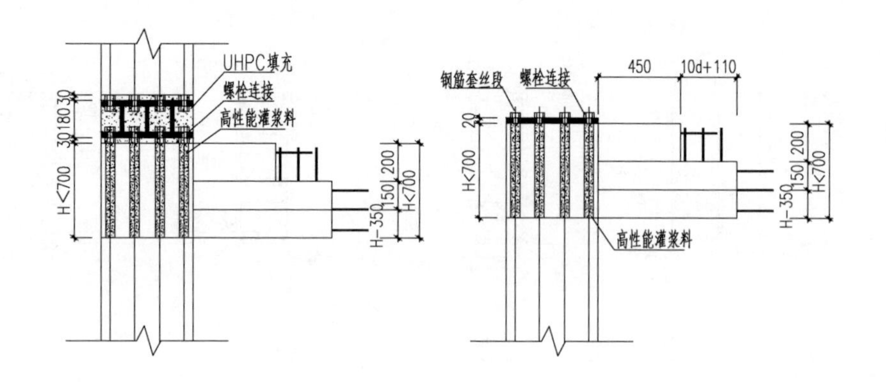

梁柱连接节点详图

说明：1. 从耗能角度考虑，为使梁塑性铰出现在梁端部，PC试件梁后浇段设置在离节点核心区450mm梁高处。
2. 钢筋搭接长度为10d（d为钢筋直径），试验结果表明，钢筋搭接长度为10d时，以UHPC材料连接的装配式试件的力学性能均可等同现浇试件，以UHPC材料连接的装配式试件的力学性能甚至优于现浇试件。
3. 图示钢筋 | 段为钢筋套丝段，套丝长度见预制柱详图。
4. 柱顶约束钢板处外露钢筋端随屋顶面施工完成后不外露。

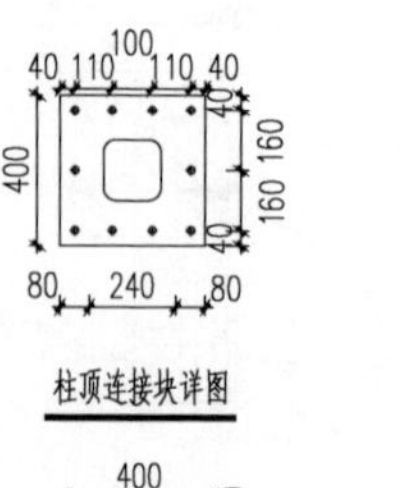

柱顶连接块详图

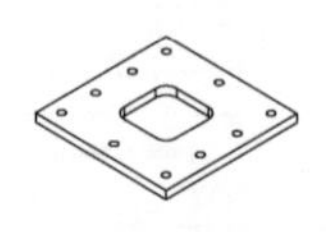

柱顶连接块三维图

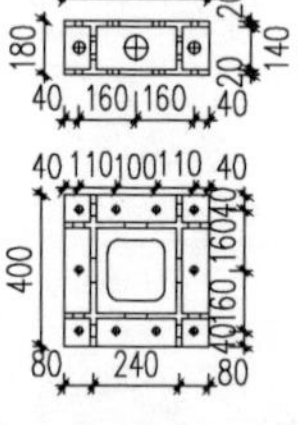

柱柱连接块详图

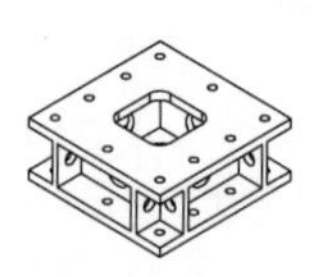

柱柱连接块三维图

说明：1. 连接块钢板厚度为20mm。
2. 钢板通孔直径应为插入钢筋直径加5mm。

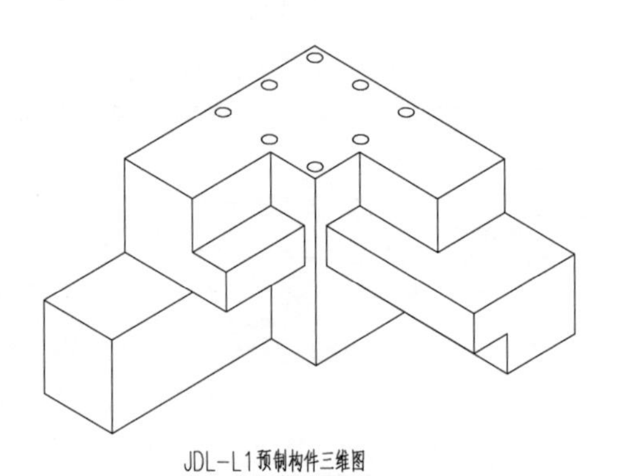

JDL-L1预制构件三维图

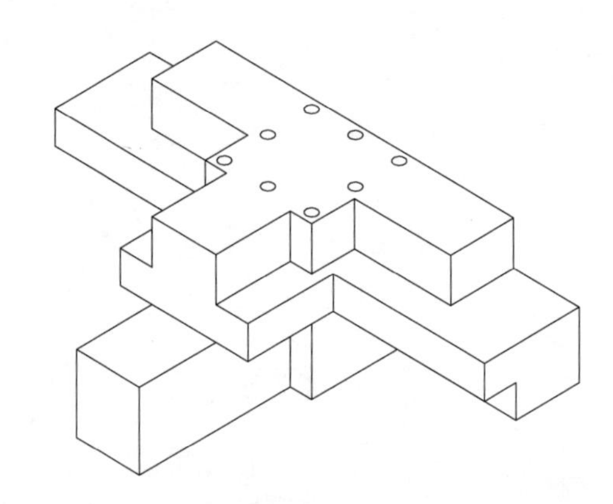

JDL-T1预制构件三维图

图号	8.2.3-17	图名	配电装置楼预制节点详图(一)（HN-110-A2-3-T02-17）

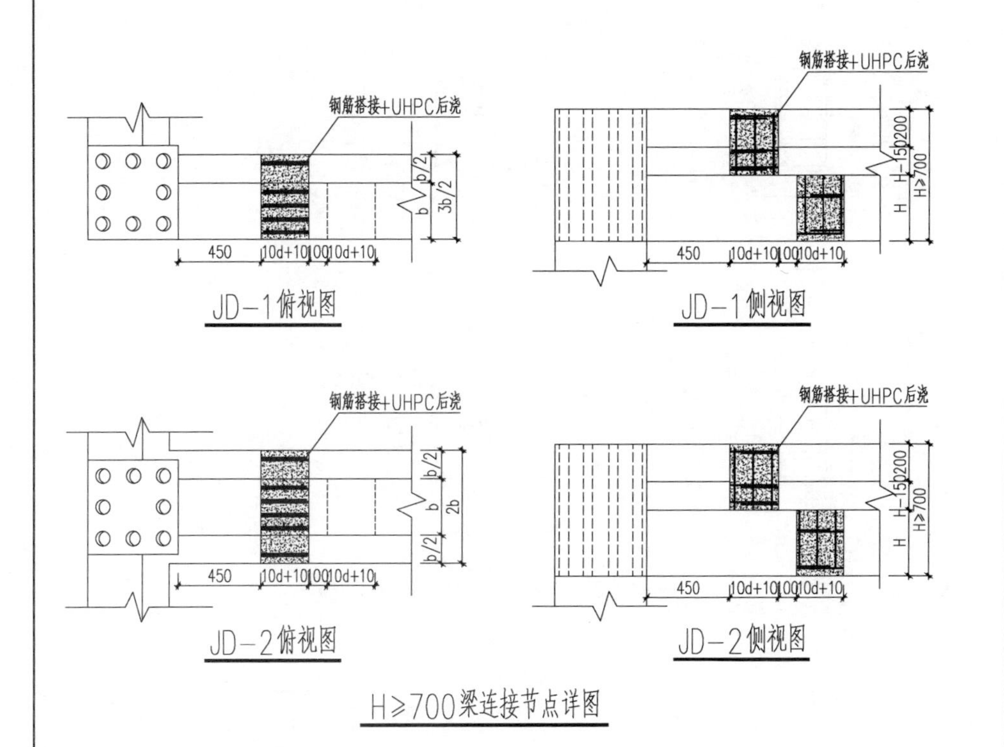

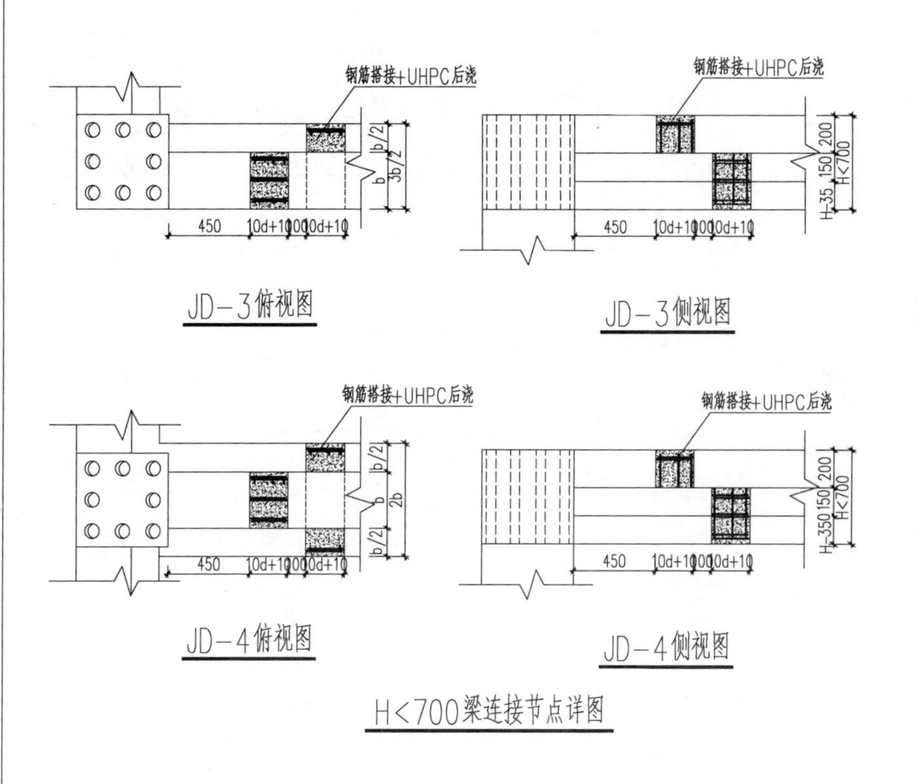

说明：1.梁梁节点详图按不同梁高度可分为以上2大类，4小类，构件配筋见梁平法配筋图。

2.梁（搭板）启口配筋应按本图标识配筋。

3.钢筋伸出段尺寸应按本图进行设置。

4.钢筋伸出段所用钢筋直径d为所配钢筋最大直径，具体梁梁搭接口长度应按梁拆分图。

5.H为梁高度，b为标准梁宽度。

图号	8.2.3-18	图名	配电装置楼预制节点详图(二)（HN-110-A2-3-T02-18）

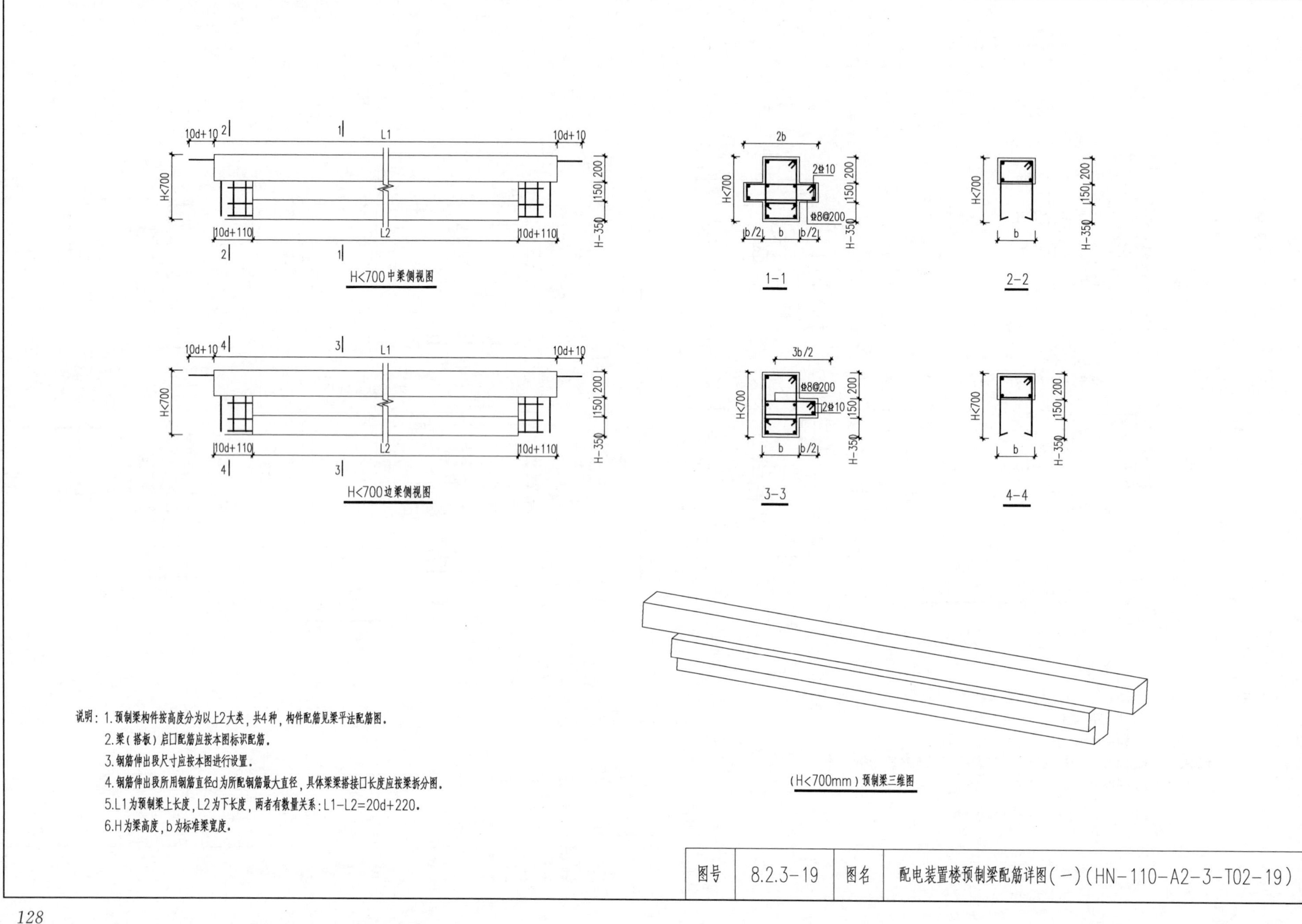
10d+10
L1
10d+10
H<700
200
150
H-350
10d+110
L2
10d+110
H<700中梁侧视图
2b
2Φ10
Φ8@200
b/2
b
b/2
1-1
2-2
H<700边梁侧视图
3b/2
Φ8@200
2Φ10
3-3
4-4
(H<700mm)预制梁三维图
说明：1.预制梁构件按高度分为以上2大类，共4种，构件配筋见梁平法配筋图。
2.梁（搭板）启口配筋应按本图标识配筋。
3.钢筋伸出段尺寸应按本图进行设置。
4.钢筋伸出段所用钢筋直径d为所配钢筋最大直径，具体梁梁搭接口长度应按梁拆分图。
5.L1为预制梁上长度，L2为下长度，两者有数量关系：L1-L2=20d+220。
6.H为梁高度，b为标准梁宽度。
图号
8.2.3-19
图名
配电装置楼预制梁配筋详图（一）（HN-110-A2-3-T02-19）

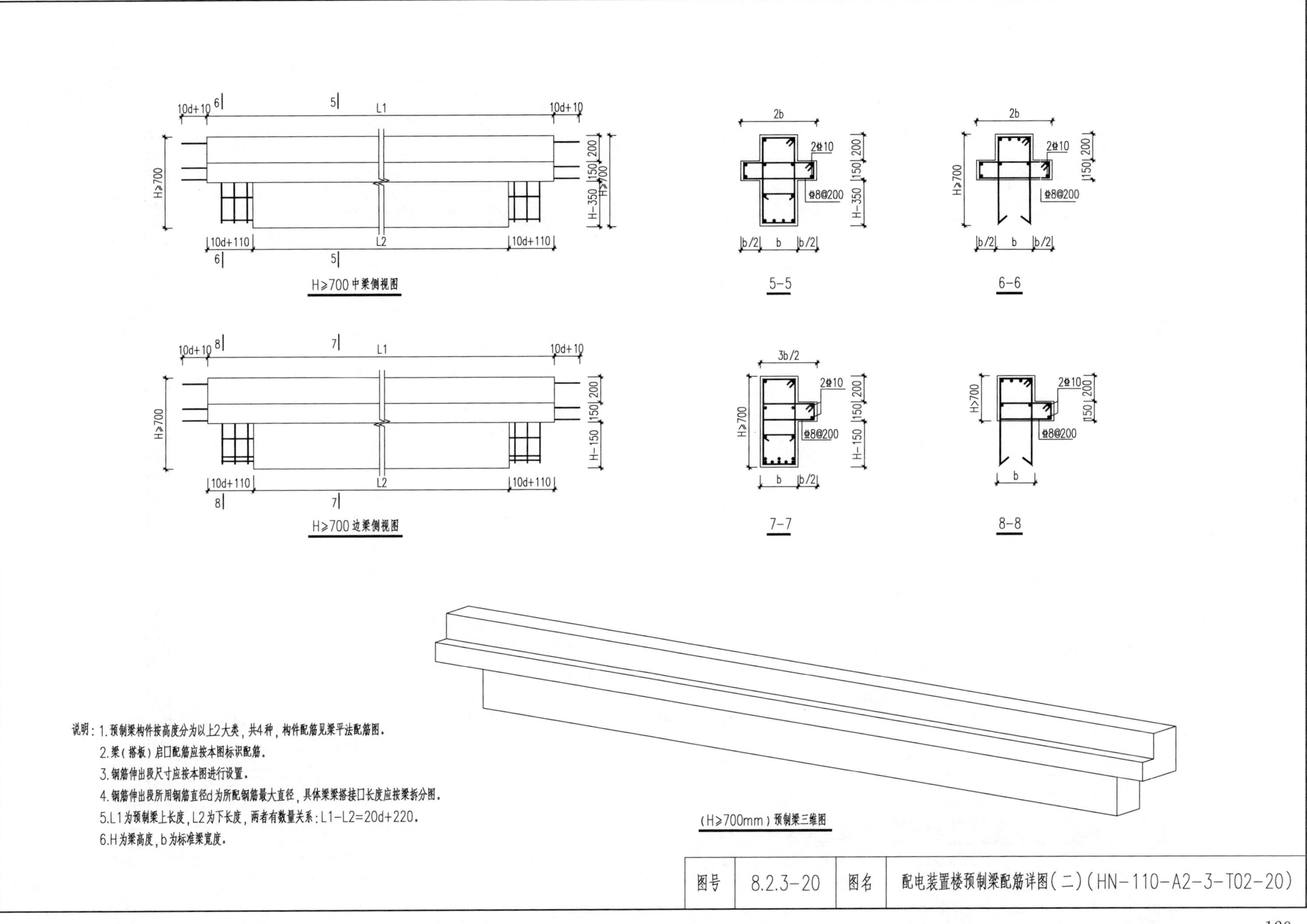

10d+10
L1
10d+10
H≥700
200
150
H-350
10d+110
L2
10d+110
H≥700 中梁侧视图
2b
2⌀10
⌀8@200
b/2
b
5-5
6-6
H≥700 边梁侧视图
H-150
3b/2
7-7
8-8
(H≥700mm)预制梁三维图
说明：1.预制梁构件按高度分为以上2大类，共4种，构件配筋见梁平法配筋图。
2.梁(搭板)启口配筋应按本图标识配筋。
3.钢筋伸出段尺寸应按本图进行设置。
4.钢筋伸出段所用钢筋直径d为所配钢筋最大直径，具体梁梁搭接口长度应按梁拆分图。
5.L1为预制梁上长度，L2为下长度，两者有数量关系：L1-L2=20d+220。
6.H为梁高度，b为标准梁宽度。
图号
8.2.3-20
图名
配电装置楼预制梁配筋详图(二)(HN-110-A2-3-T02-20)

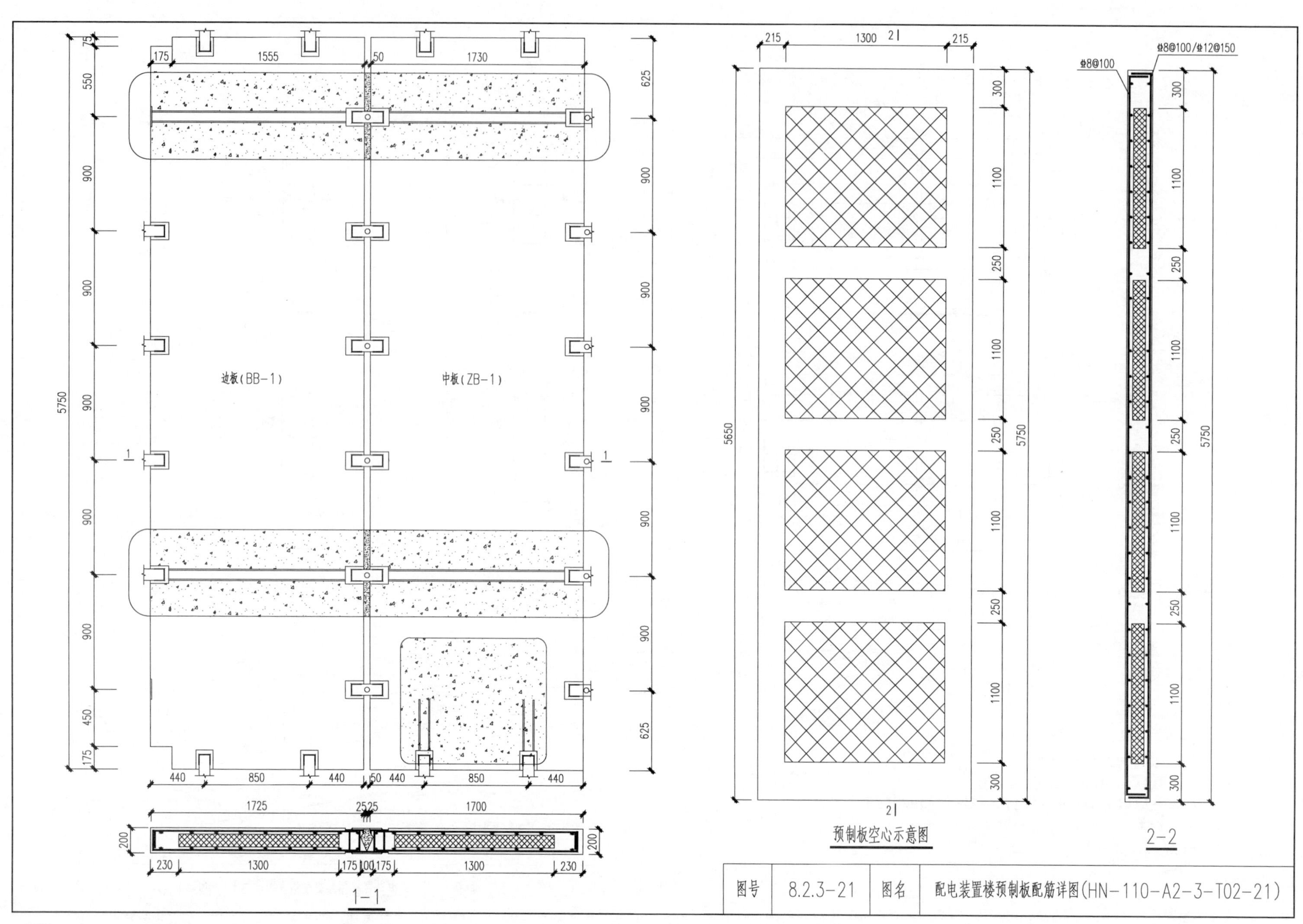
边板(BB-1)
中板(ZB-1)
1-1
预制板空心示意图
2-2
ф8@100
ф8@100/ф12@150
图号
8.2.3-21
图名
配电装置楼预制板配筋详图(HN-110-A2-3-T02-21)

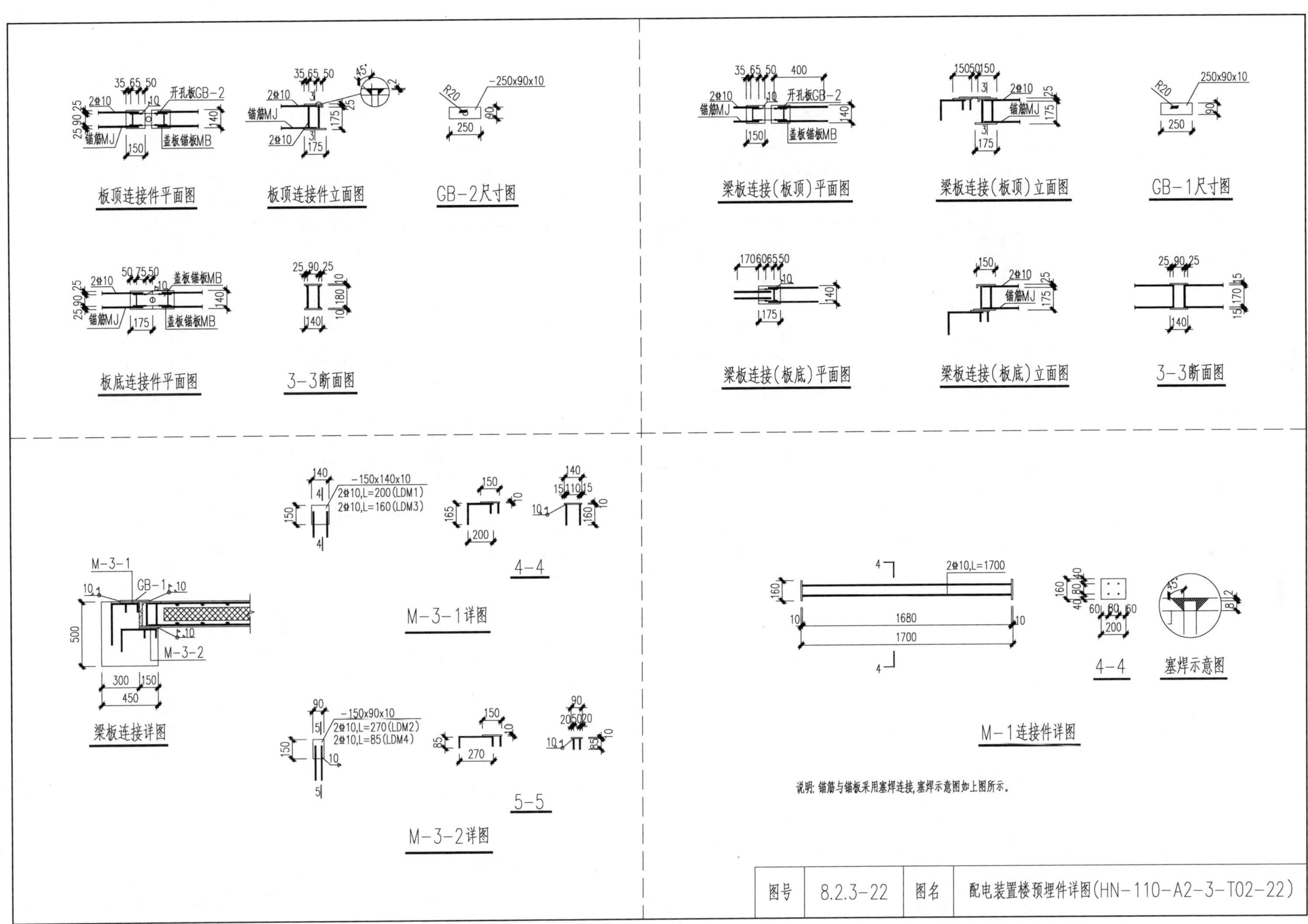

板顶连接件平面图
板顶连接件立面图
GB-2尺寸图
板底连接件平面图
3-3断面图
梁板连接(板顶)平面图
梁板连接(板顶)立面图
GB-1尺寸图
梁板连接(板底)平面图
梁板连接(板底)立面图
3-3断面图
梁板连接详图
M-3-1详图
4-4
M-3-2详图
5-5
M-1连接件详图
4-4
塞焊示意图
开孔板GB-2
锚筋MJ
盖板锚板MB
-250x90x10
-150x140x10
2⊈10,L=200(LDM1)
2⊈10,L=160(LDM3)
-150x90x10
2⊈10,L=270(LDM2)
2⊈10,L=85(LDM4)
2⊈10,L=1700
M-3-1
M-3-2
GB-1
说明: 锚筋与锚板采用塞焊连接,塞焊示意图如上图所示。
图号
8.2.3-22
图名
配电装置楼预埋件详图(HN-110-A2-3-T02-22)

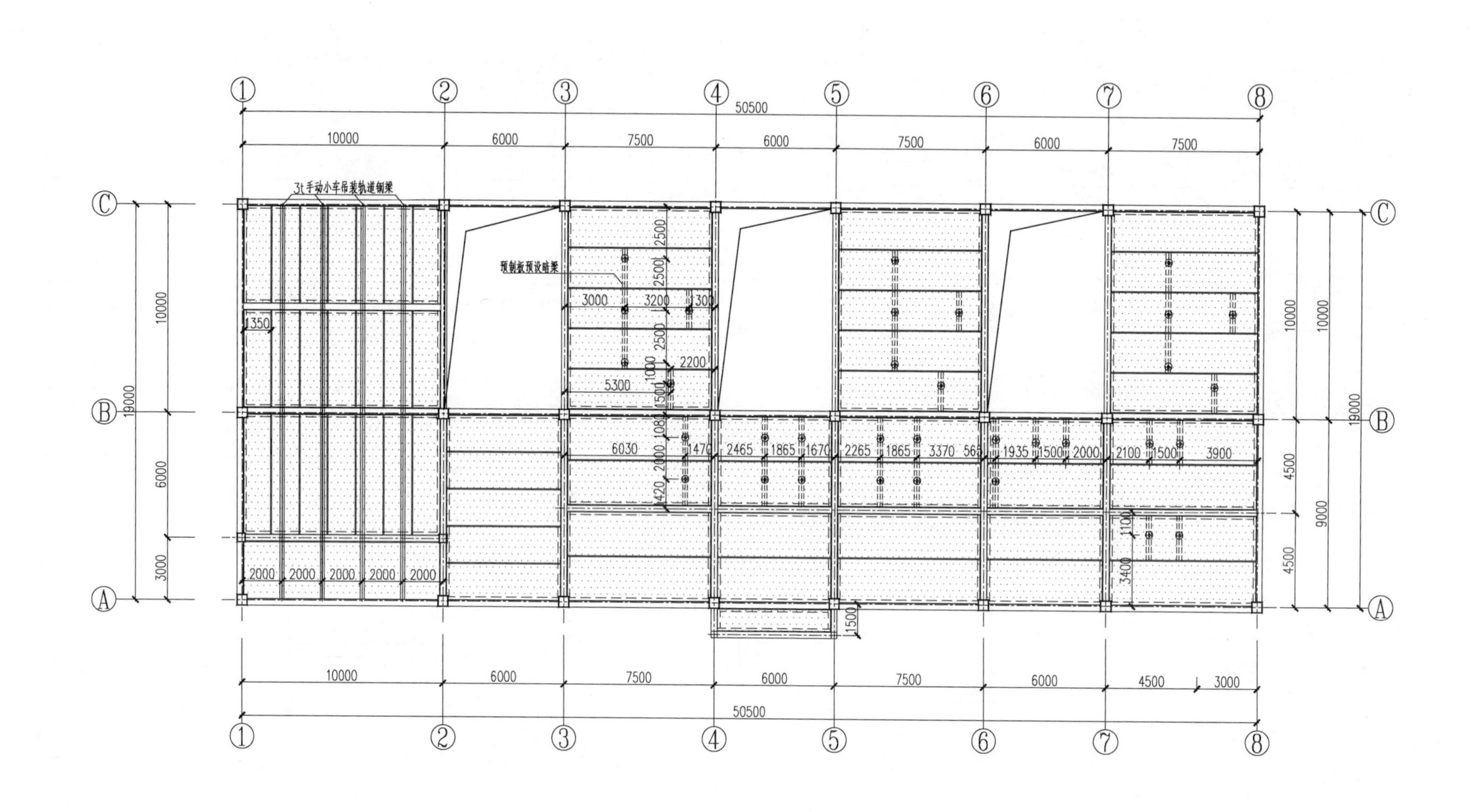

说明：1.图中"⊕"为吊点位置。
2.吊点位置以电气一次安装图为准。
3.任何设备洞口均应在施工前与设备专业图纸核对无误后方可施工。
4.图中需要预埋吊点的预制板板内设置暗梁。

图号	8.2.3-23	图名	配电装置楼设备滑轨布置图(HN-110-A2-3-T02-23)

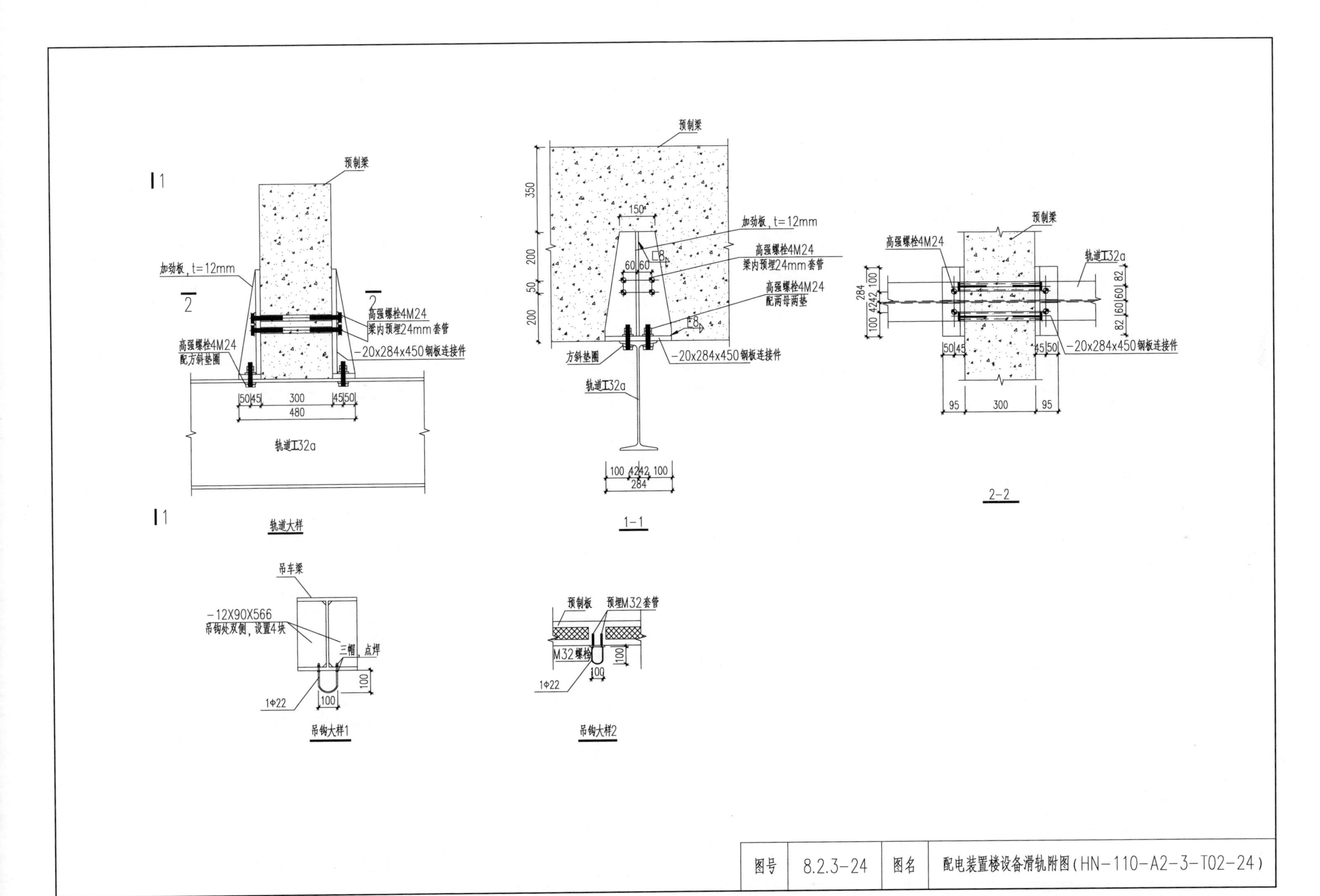

图号	8.2.3-24	图名	配电装置楼设备滑轨附图(HN-110-A2-3-T02-24)

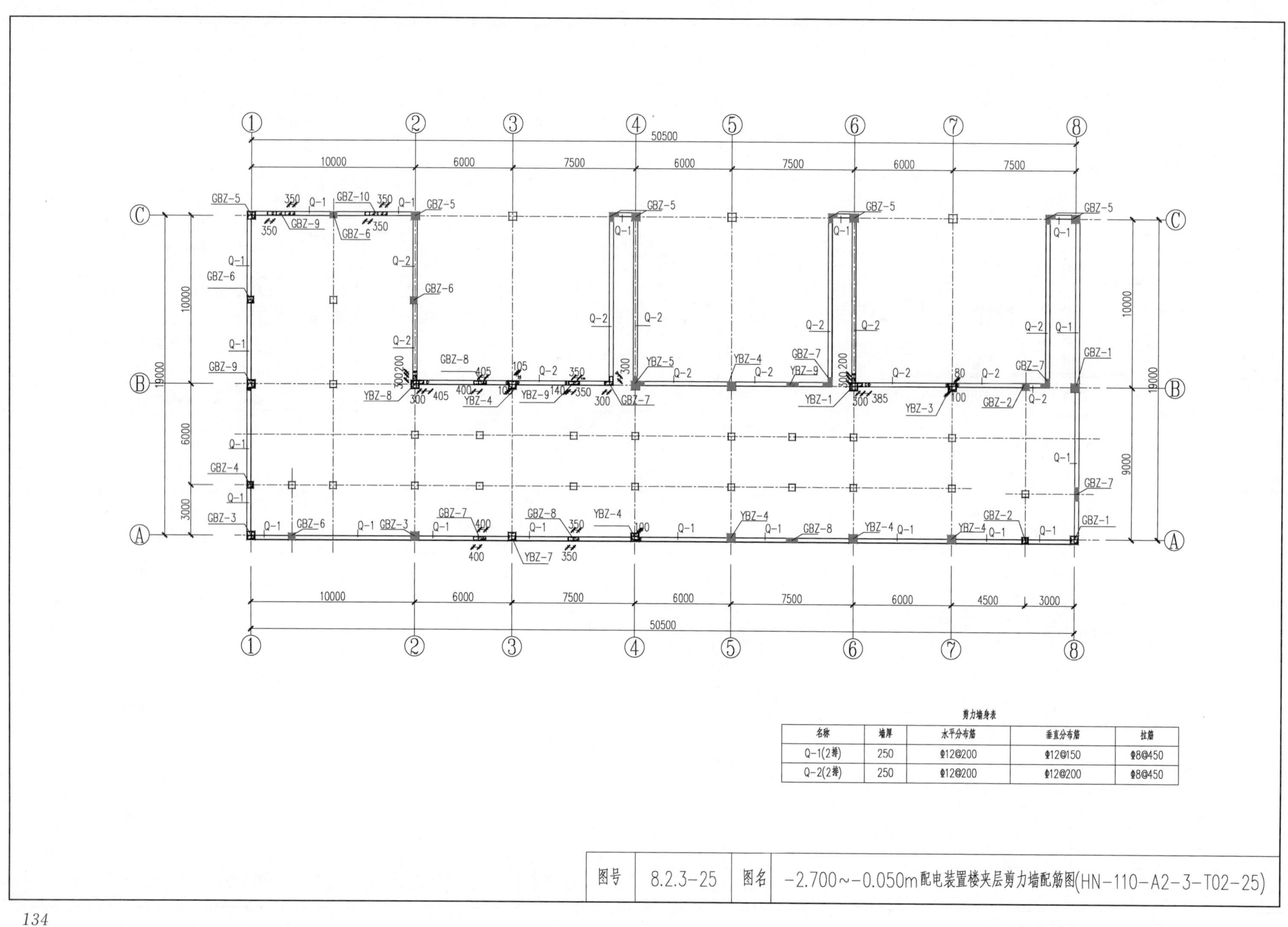

剪力墙身表

名称	墙厚	水平分布筋	垂直分布筋	拉筋
Q-1(2排)	250	Φ12@200	Φ12@150	Φ8@450
Q-2(2排)	250	Φ12@200	Φ12@200	Φ8@450

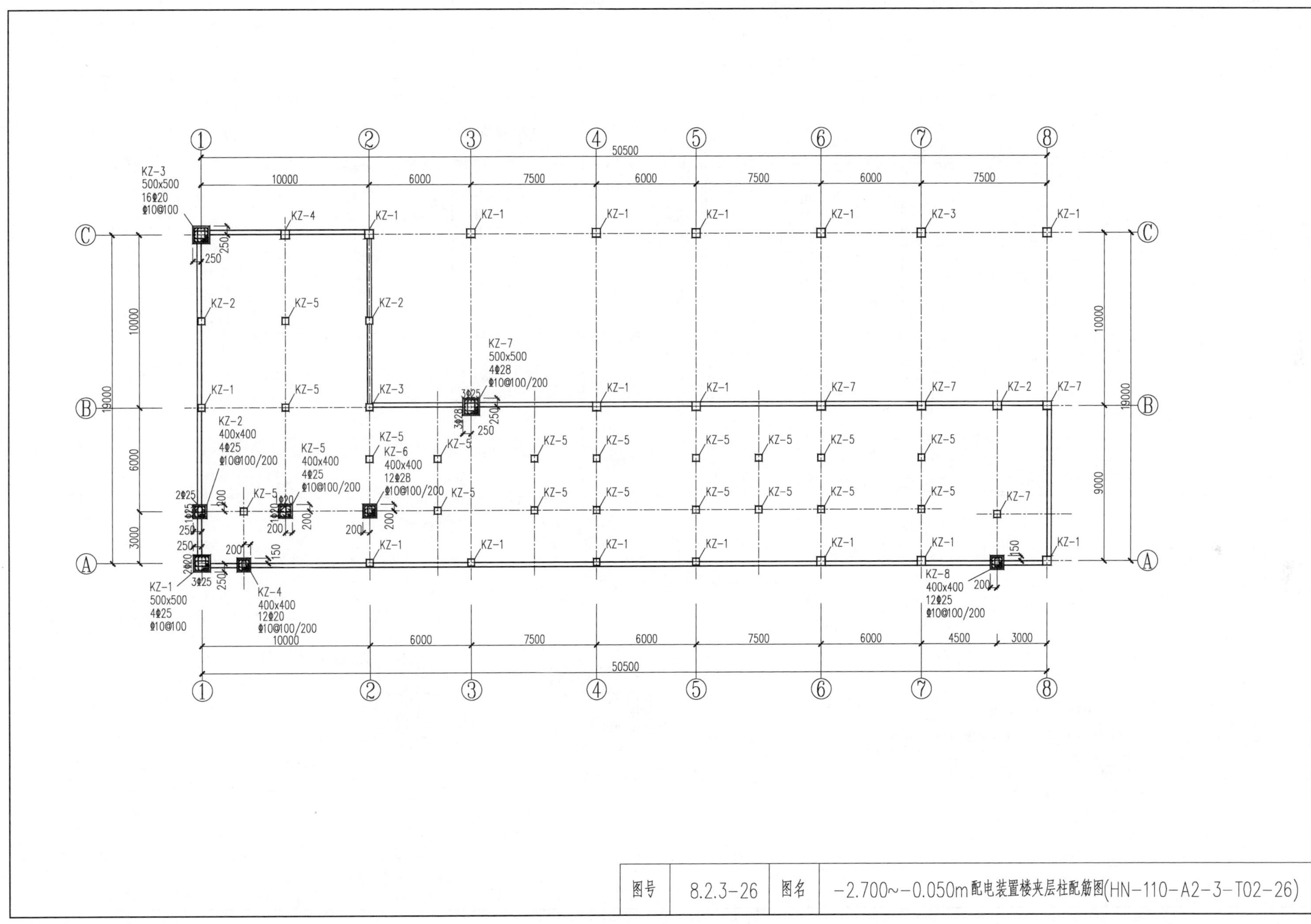

图号	8.2.3-26	图名	−2.700~−0.050m配电装置楼夹层柱配筋图(HN-110-A2-3-T02-26)

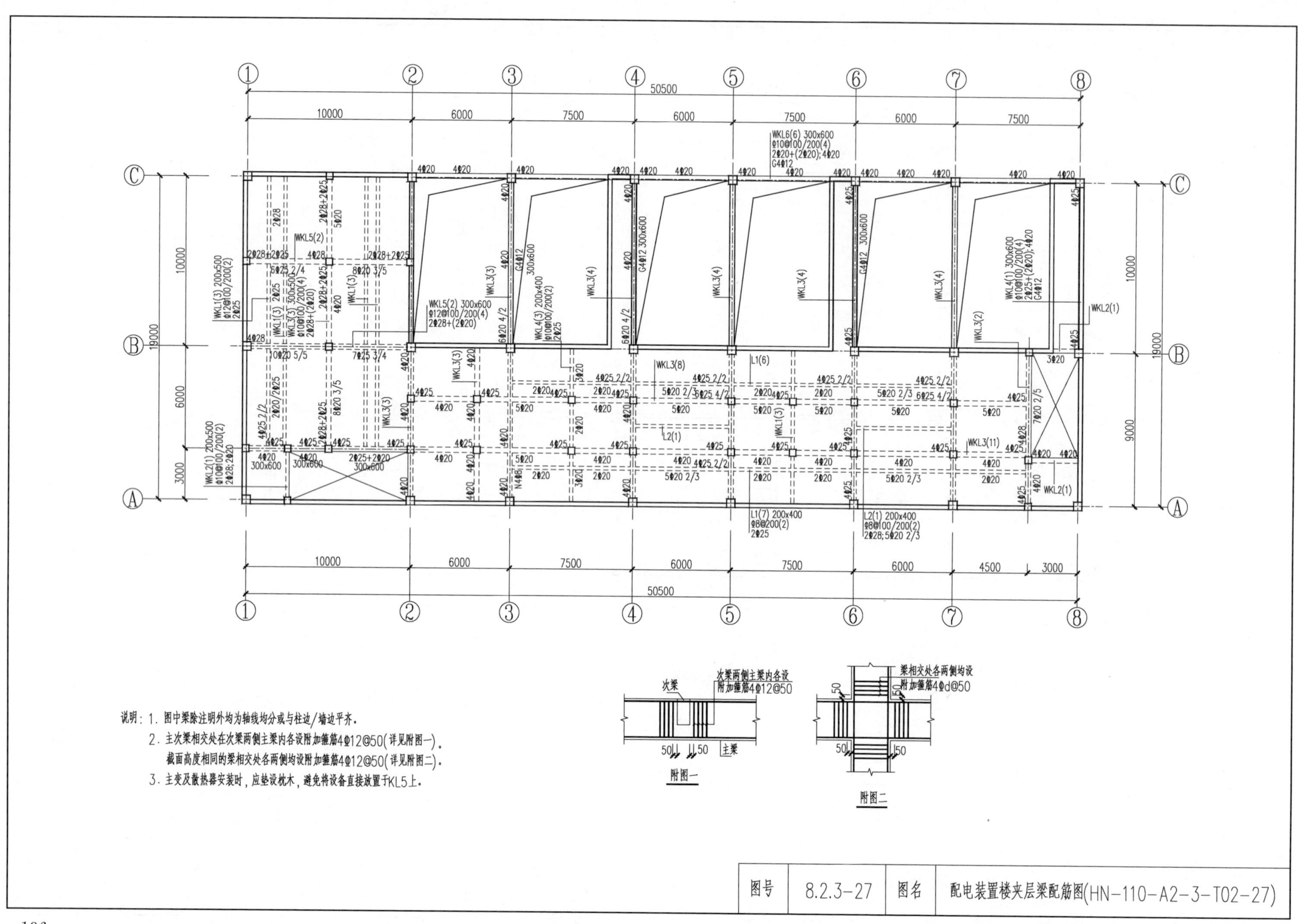
说明：1. 图中梁除注明外均为轴线均分或与柱边/墙边平齐。
2. 主次梁相交处在次梁两侧主梁内各设附加箍筋4Φ12@50(详见附图一)。
截面高度相同的梁相交处各两侧均设附加箍筋4Φ12@50(详见附图二)。
3. 主变及散热器安装时，应垫设枕木，避免将设备直接放置于KL5上。
次梁
次梁两侧主梁内各设
附加箍筋4Φ12@50
主梁
附图一
梁相交处各两侧均设
附加箍筋4Φd@50
附图二
图号
8.2.3-27
图名
配电装置楼夹层梁配筋图(HN-110-A2-3-T02-27)

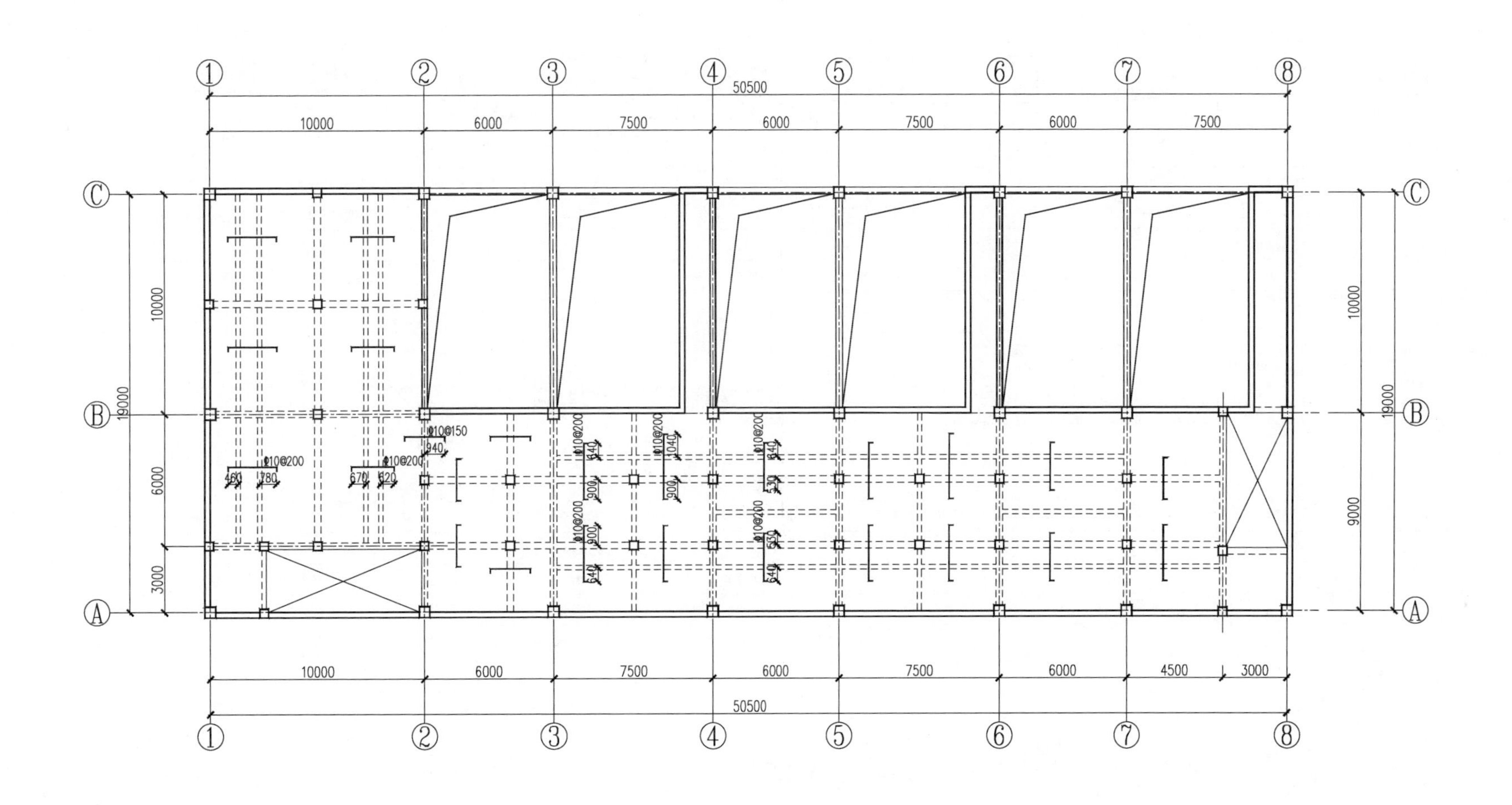

说明：1. 板厚均为200mm。

板配筋：除特殊注明外，B&T：XΦ10@200，YΦ10@200。

2. 相邻跨板筋相同时，可连续拉通设置施工。

3. 所有楼板钢筋在端支座锚固构造均按充分利用钢筋的抗拉强度施工。

图号	8.2.3-28	图名	配电装置楼夹层板配筋图(HN-110-A2-3-T02-28)

截面	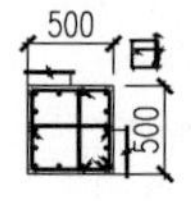 500 500	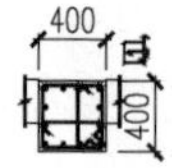 400 400	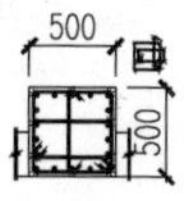 500 500	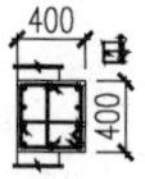 400 400	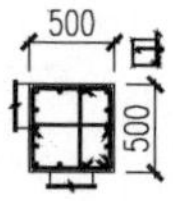 500 500	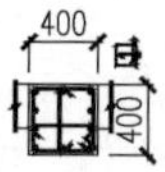 400 400	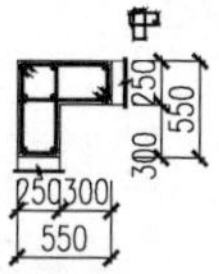 250 550 300 250 300 550	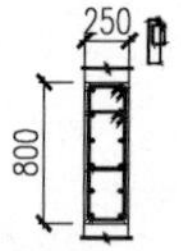 250 800	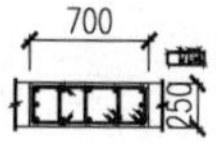 700 250	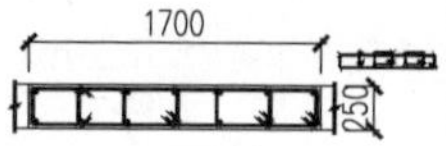 1700 250
编号	GBZ-1	GBZ-2	GBZ-3	GBZ-4	GBZ-5	GBZ-6	GBZ-7	GBZ-8	GBZ-9	GBZ-10
标高	−2.700~−0.050	−2.700~−0.050	−2.700~−0.050	−2.700~−0.050	−2.700~−0.050	−2.700~−0.050	−2.700~−0.050	−2.700~−0.050	−2.700~−0.050	−2.700~−0.050
纵筋	14Φ25	12Φ25	18Φ20	10Φ25	14Φ20	10Φ20	8Φ20	12Φ20	12Φ20	14Φ20
箍筋	Φ8@100	Φ8@100	Φ8@100	Φ8@100	Φ8@100	Φ8@100	Φ8@125	Φ8@125	Φ8@150	Φ8@100

250 800	700 250	1700 250	1395 250	125 250 425 Φ10@100 200 Φ10@100 500 300 250 300 800 385 250 500 300 800	500 500 Φ8@100 100	100 500 Φ8@100 Φ8@100 500 80	100 500 Φ8@100 Φ8@100 500 105
GBZ-8	GBZ-9	GBZ-10	GBZ-11	YBZ-1	YBZ-2	YBZ-3	YBZ-4
−2.700~−0.050	−2.700~−0.050	−2.700~−0.050	−2.700~−0.050	−2.700~−0.050	−2.700~−0.050	−2.700~−0.050	−2.700~−0.050
12Φ20	12Φ20	14Φ20	12Φ20	28Φ20	18Φ25	18Φ25	16Φ25
Φ8@125	Φ8@150	Φ8@100	Φ8@125	Φ8@100	Φ8@100	Φ8@100	Φ8@100

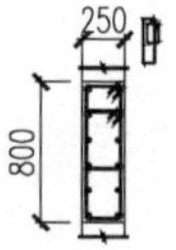

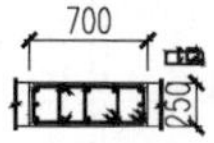

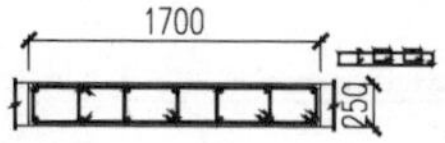

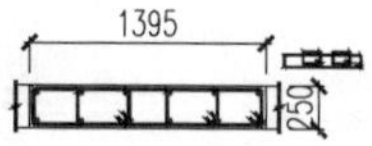

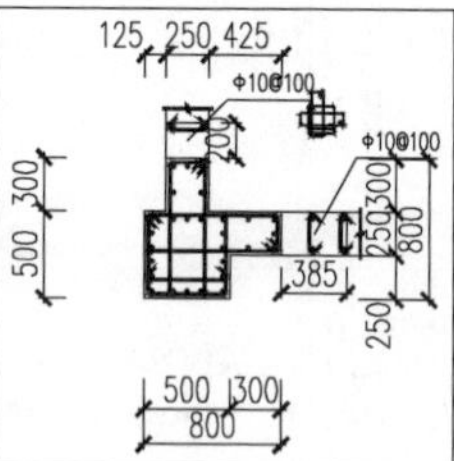

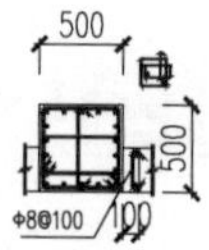

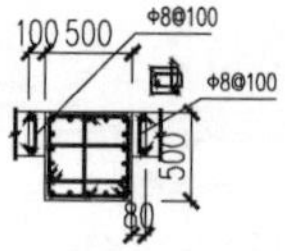

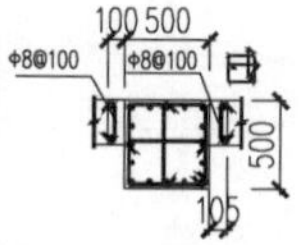

截面	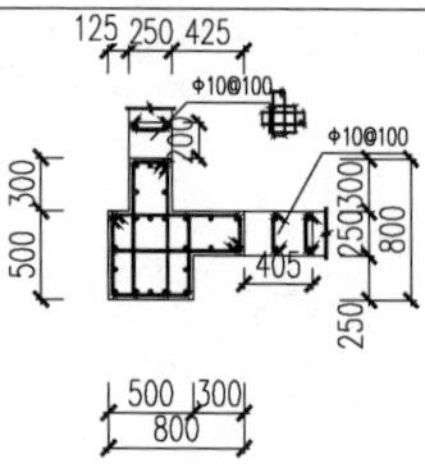 125 250 425 Φ10@100 200 Φ10@100 500 300 250 300 800 405 250 500 300 800	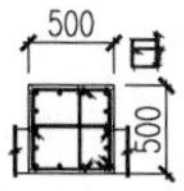 500 500	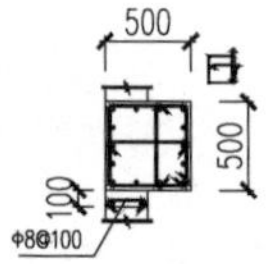 500 500 100 Φ8@100	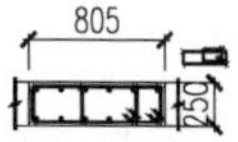 805 250	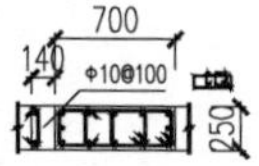 700 140 Φ10@100 250
编号	YBZ-5	YBZ-6	YBZ-7	YBZ-8	YBZ-9
标高	−2.700~−0.050	−2.700~0.000	−2.700~0.000	−2.700~0.000	−2.700~.000
纵筋	23Φ20	14Φ25	14Φ20	12Φ20	12Φ20
箍筋	Φ8@100	Φ8@100	Φ8@100	Φ8@100	Φ8@100

图号	8.2.3-29	图名	配电装置楼夹层剪力墙配筋图附图(HN-110-A2-3-T02-29)

第9章 HN-110-A3-3方案

9.1 HN-110-A3-3方案主要技术条件

HN-110-A3-3方案主要技术条件见表9.1-1。

表9.1-1　　HN-110-A3-3方案主要技术条件

序号	项目		本方案技术条件
1	建设规模	主变压器	本期1组63MVA，远期3组63MVA
		出线	110kV：本期2回，远期4回； 10kV：本期14回，远期42回（方案一）； 本期12回，远期36回（方案二）
		无功补偿装置	10kV并联电容器：本期1×(4800+4800)kvar，远期3×(4800+4800)kvar
2	站址基本条件		海拔小于1000m，设计基本地震加速度0.15g，设计风速$v_0 \leqslant 30m/s$，地基承载力特征值$f_{ak}=150kPa$，无地下水影响，场地同一设计标高
3	电气部分		110kV本期单母线分段接线，远期为单母线分段接线； 10kV本期单母线接线，远期为单母线四分段接线； 主变压器采用三相双绕组油浸自冷式有载调压变压器； 110kV采用户内GIS设备； 10kV高压开关柜选用金属封闭铠装移开式封闭开关柜； 10kV并联电容器组选用户内框架式
4	建筑部分		本方案围墙内占地面积3526m²，配电装置楼建筑面积773.7m²； 建筑物结构型式为装配式钢筋混凝土结构； 建筑物外墙采用200mm厚ALC板，内墙采用150mm厚ALC板，屋面板采用分布式连接全装配RC楼板（DCPCD）
5	结构部分		本方案采用有限元分析程序Midas Gen和PKPM相互结合、相互印证的方式进行，Midas Gen中的计算方法采用时程分析法。结构中梁柱节点采用预制的形式，节点与预制柱（基础）、预制梁分别采用转接头螺栓连接和搭接的形式、同时对连接区域后浇超高性能混凝土（UHPC）材料，梁（墙）-板、板-板连接采用上下匹配的分布式连接件连接

9.2 HN-110-A3-3方案主要设计图纸

9.2.1 总图部分

HN-110-A3-3方案主要设计图纸总图部分见表9.2-1。

表9.2-1　　HN-110-A3-3方案主要设计图纸总图部分

序号	图号	图名
1	图9.2.1-01	总平面布置图（HN-110-A3-3-Z01-01）

9.2.2 建筑部分

HN-110-A3-3方案主要设计图纸建筑部分见表9.2-2。

表9.2-2　　HN-110-A3-3方案主要设计图纸建筑部分

序号	图号	图名
1	图9.2.2-01	配电装置室建筑设计说明（HN-110-A3-3-T01-01）
2	图9.2.2-02	配电装置室平面图（HN-110-A3-3-T01-02）
3	图9.2.2-03	配电装置室屋面排水平面图（HN-110-A3-3-T01-03）

续表

序号	图号	图　　名
4	图 9.2.2-04	配电装置室立面图（HN-110-A3-3-T01-04）
5	图 9.2.2-05	配电装置室剖面图（HN-110-A3-3-T01-05）

9.2.3　结构部分

HN-110-A3-3方案主要设计图纸结构部分见表9.2-3。

表9.2-3　　HN-110-A3-3方案主要设计图纸结构部分

序号	图号	图　　名
1	图 9.2.3-01	配电装置室工程结构说明（一）（HN-110-A3-3-T02-01）
2	图 9.2.3-02	配电装置室工程结构说明（二）（HN-110-A3-3-T02-02）
3	图 9.2.3-03	配电装置室预制梁配筋图（HN-110-A3-3-T02-03）
4	图 9.2.3-04	配电装置室预制节点连接详图（HN-110-A3-3-T02-04）
5	图 9.2.3-05	配电装置室预制梁柱布置图（HN-110-A3-3-T02-05）
6	图 9.2.3-06	配电装置室预制板拆分图（HN-110-A3-3-T02-06）
7	图 9.2.3-07	配电装置室预埋件布置图（HN-110-A3-3-T02-07）
8	图 9.2.3-08	配电装置室预制柱配筋图（HN-110-A3-3-T02-08）
9	图 9.2.3-09	配电装置室预制梁拆分图（HN-110-A3-3-T02-09）
10	图 9.2.3-10	配电装置室预制梁配筋详图（HN-110-A3-3-T02-10）
11	图 9.2.3-11	配电装置室预制节点配筋详图（HN-110-A3-3-T02-11）
12	图 9.2.3-12	配电装置室预制板配筋详图（HN-110-A3-3-T02-12）
13	图 9.2.3-13	配电装置室预埋件详图（HN-110-A3-3-T02-13）
14	图 9.2.3-14	配电装置室设备滑轨布置图（一）（HN-110-A3-3-T02-14）
15	图 9.2.3-15	配电装置室设备滑轨布置图（二）（HN-110-A3-3-T02-15）

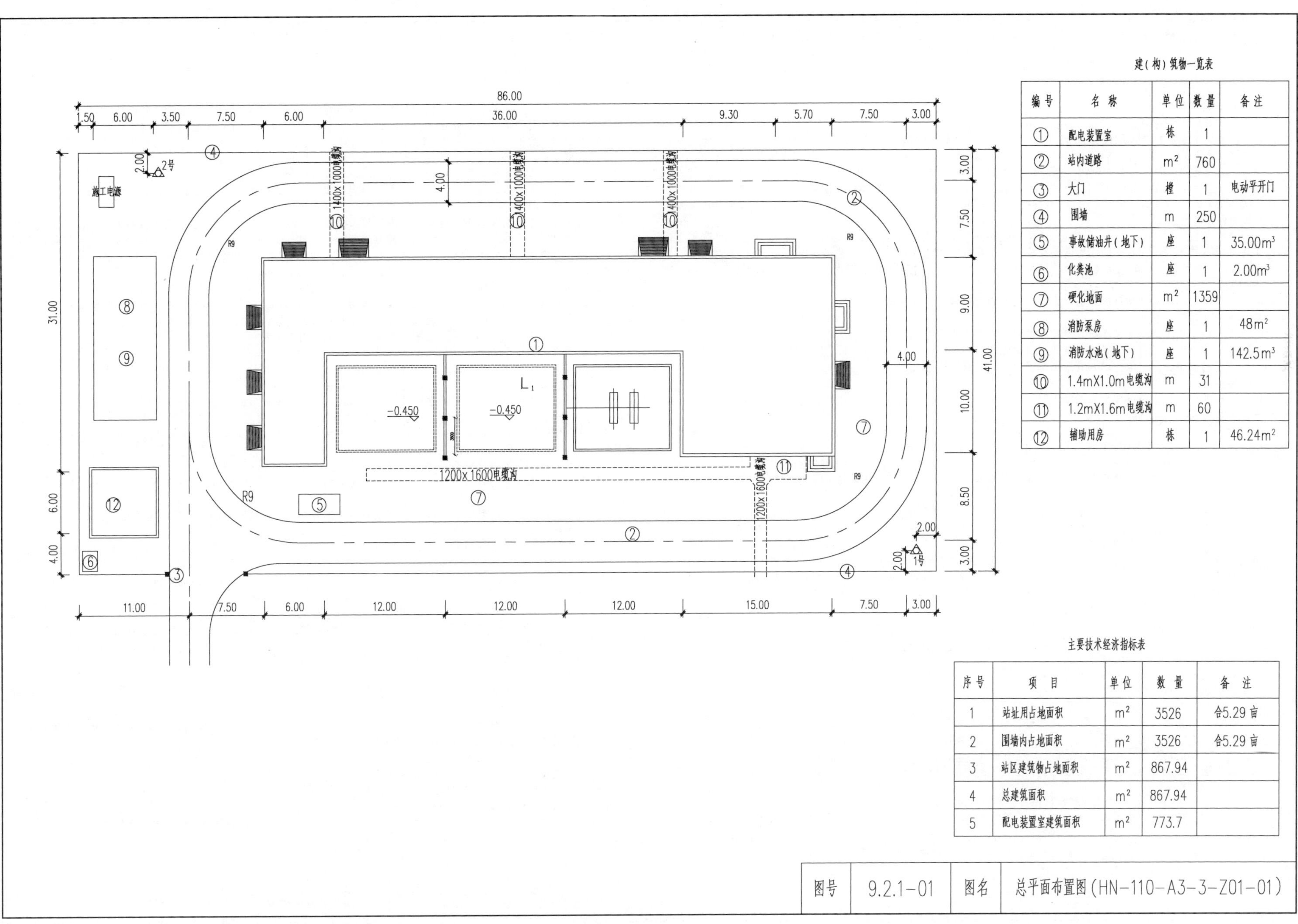

建(构)筑物一览表

编号	名称	单位	数量	备注
①	配电装置室	栋	1	
②	站内道路	m²	760	
③	大门	樘	1	电动平开门
④	围墙	m	250	
⑤	事故储油井(地下)	座	1	35.00m³
⑥	化粪池	座	1	2.00m³
⑦	硬化地面	m²	1359	
⑧	消防泵房	座	1	48m²
⑨	消防水池(地下)	座	1	142.5m³
⑩	1.4mX1.0m电缆沟	m	31	
⑪	1.2mX1.6m电缆沟	m	60	
⑫	辅助用房	栋	1	46.24m²

主要技术经济指标表

序号	项目	单位	数量	备注
1	站址用占地面积	m²	3526	合5.29亩
2	围墙内占地面积	m²	3526	合5.29亩
3	站区建筑物占地面积	m²	867.94	
4	总建筑面积	m²	867.94	
5	配电装置室建筑面积	m²	773.7	

图号	9.2.1-01	图名	总平面布置图(HN-110-A3-3-Z01-01)

建筑项目主要特征表	建筑名称	结构类型	建筑面积/m^2	建筑基底面积/m^2	建筑工程等级	设计使用年限	建筑层数	建筑总高度/m	火灾危险性分类	耐火等级	屋面防水等级	地下室防水等级	抗震设防烈度
	配电装置室	装配式混凝土结构	773.7	773.7	中型	50	一	9.0	丙	二	Ⅰ	—	7

一、主要设计依据：

(1) 初步设计、总平面图及各相关专业资料。

(2) 现行的国家有关建筑设计的主要规范及规程：《建筑设计防火规范》(GB 50016—2014) 2018 年版、《火力发电厂与变电站设计防火标准》(GB 50229—2019)、《屋面工程技术规范》(GB 50345—2012)、《民用建筑设计统一标准》(GB 50352—2019)、《建筑玻璃应用技术规程》(JGJ 113—2015)、《建筑内部装修设计防火规范》(GB 50222—2017)、《建筑防烟排烟系统技术标准》(GB 51251—2017)、《建筑地面设计规范》(GB 50037—2013)、《建筑外窗气密性能分级及其检测方法》(GB/T 7106—2008)、《110kV～220kV 智能变电站设计规范》(GB/T 51072—2014)、《国家电网公司输变电工程施工图设计内容深度规定》。

(3) 本工程需遵照执行《输变电工程建设标准强制性条文实施管理规程》《国家电网公司输变电工程质量通病防治工作要求及技术措施》和《国家电网公司输变电工程标准工艺（六）标准工艺设计图集》(2014 年版)（下文简称 BDTJ）中相关规定。工艺标准施工按照《国家电网公司输变电工程标准工艺（三）工艺标准库》(2016 年版) 中相关要求。

(4) 其他相关的国家和项目所在省、市的法规、规范、规定、标准等。

二、本单体建筑工程概况

(1) 本单体建筑工程概况见本册建筑项目主要特征表。本变电站为无人值守智能变电站。

(2) 本建筑总平面定位坐标详见总平面图；本建筑室内地坪±0.000 标高相对应的绝对标高详见总平面图。

(3) 本建筑图中标高单位为米，其余图纸尺寸单位为毫米，各层标注标高为完成面标高（建筑面标高），屋面标高为结构面标高。

(4) 梁柱的尺寸、定位等详见结构施工图。

三、墙体工程

(1) 材料与厚度：±0.000 以下采用 MU20 蒸压灰砂砖 M10 水泥砂浆砌筑；±0.000 以上采用建筑外墙除特殊说明外采用 200mm 厚 A 级 ALC 板，耐火极限 3.0h (蒸压加气混凝土板材简称 ALC 板)。

防火内墙：内墙为 150mm 厚 A 级，ALC 板，耐火极限 3.0h。细部构造做法参见 13J104。

注：工业化墙板系统材料均为工厂预制完成，现场拼接、固定、安装完成，最终以甲方订货为准；墙上预留埋铁需由装配式墙体厂家考虑设置并满足荷载要求。

阴影处墙体为配电箱等设备所在墙体，按照箱体要求适当加厚处理，满足配电箱暗装要求。

(2) 构造要求：建议工业化墙板由专业和具备资质的同一厂家进行排版、设计、供货、施工安装，厂家应考虑墙体上的洞口、门、雨篷安装等要求，设备尺寸大于房间门洞尺寸的房间须待设备安装到位后再安装墙体。

蒸压加气混凝土板材的施工工艺以及各相关构造做法要求参照《蒸压加气混凝土砌块、板材构造》(13J104)。

(3) 外墙窗户及墙体预留洞详见建施及设备平面图，洞口处四周增加檩条，由墙体厂家统一考虑。

(4) 墙体上的空调管留洞、排气洞、过水洞等应注意避开水立管和不影响外窗开启。

(5) 墙上管道及工艺开孔需封堵的孔洞请见各专业相应要求。

(6) 墙上配电箱等设备的预留洞（槽）尺寸及位置需结合设备专业图纸。

(7) 散水宽度根据具体工程情况核定，图中为示意。

四、楼地面工程

本工程楼地面做法详见“室内装修做法表”。

五、屋面防水工程

(1) 雨水管下方设置水簸箕。雨水管及水簸箕做法参见《平屋面建筑构造》(12J201 - H6)。

(2) 屋面检修孔做法参见《平屋面建筑构造》(12J201 - H20)；设备基座做法参见 12J201 - H20 - 3。

(3) 设防要求：按倒置式屋面做法（即防水层在下，保温隔热层在上）；所有防水材料的四周卷起泛水高度，均距结构楼面 300mm 高；女儿墙阴阳转角处应附加一层防水材料。

(4) 凡管道穿屋面等屋面留孔位置需检查核实后再做防水材料，避免做防水材料后再凿洞。

六、外门窗工程

(1) 外门窗均采用 90 系列节能型断热桥铝合金型材和 6＋12A＋6 中空浮法玻璃。

易遭受撞击、冲击而造成人体伤害部位的玻璃均应选用安全玻璃。

外门窗（含阳台门）的气密性、水密性及抗风压性能应符合《建筑外门窗气密、水密、抗风压性能分级及检测办法》(GB/T 7106—2008) 的相关规定，其中气密性不应低于 4 级，水密性不应低于 4 级，抗风压性能不应低于 3 级，空气隔声性能不应低于 3 级。

(2) 门窗立面均表示洞口尺寸，门窗加工尺寸应按照装修面厚度予以调整，门窗制作安装应实测核对各洞口尺寸及各门窗编号与个数，以防止由于设计及构造误差造成安装困难，门窗侧边固定连接点的定位原则：每边最端头固定点距门窗边框端头 180，其余固定点位置间隔 500 左右均分。

(3) 门窗立樘：内外门窗立樘除特殊说明外均居墙中（墙檩处）。

(4) 建筑外窗宜加装安全防盗设施，具体形式由建设方确定。

(5) 门窗的立面形式、数量、尺寸、色彩、开启方式、型材、玻璃等详见门窗表和门窗立面图放大图。

七、内装修工程

(1) 本工程各部位内装修做法详见“室内装修做法表”。装修所用材料应采用对人体健康无毒无害的环保型材料，同时符合《民用建筑工程室内环境污染控制规范》(GB 50325—2010) 的规定，并应在施工前提供样板，经建设单位和设计单位认可后方可施工。本工程所有建筑材料和设备均应符合管理部门的环保规定和质量标准及节约能源的要求。

(2) 装修时建筑内部污水立管、透气管、雨水管、空调冷凝水管、排气道的位置不得移动。

(3) 未经技术鉴定和设计认可，不得拆改结构构件和进行加层改造。当建筑装修涉及主体结构改动或增加荷载时，须由设计单位进行结构安全性复核，提出具体实施方案后方可施工。

(4) 所有穿过防水层的预埋件、紧固件应采用高性能密封材料密封。

(5) 楼面找平须待设备管线孔洞预留无误后再行施工。

(6) 所有材料、构造、施工应遵照《建筑装饰装修工程质量验收标准》(GB 50210—2018) 执行。

八、外装修工程

(1) 建筑立面的颜色和材质详见立面图，外墙面做法详见“室外装修做法表”。外墙面施工前应作出样板，待建设方和设计方认可后方可进行施工，并应遵照《建筑装饰装修工程质量验收标准》(GB 50210—2018) 的要求。

(2) 其余外露铁件做一道防锈底漆和二道面漆。不露面铁件做二道防锈漆，金属件接缝要严密，用于室外的金属件接缝处用树脂涂料二道密封。

(3) 各种外墙洞口边缘应做滴水线。

(4) 窗台节点确保里高外低不泛水，室内抹灰成活面高于室外成活面高差不小于 20mm。腰线、檐板以及窗外窗台面层均坡向墙外。

(5) 建筑装饰装修工程所用材料应符合国家有关建筑装饰装修材料有害物质限量标准的规定。

九、噪声防治及主变泄爆措施

(1) 变电站噪声对周围环境的影响必须符合国标《工业企业厂界噪声标准》(GB 12348—2008) 和《声环境质量标准》(GB 3096—2008) 的规定的 2 类标准。

(2) 主变室内墙体吸声、大门、窗、风机等设施降噪均应选择隔声性能合格的产品，由专业厂家二次设计、制作、安装。

(3) 主变室外墙设置轻型泄爆外墙，墙体构造根据《建筑设计防火规范》(GB 50016—2014) 2018 年版要求，单位质量不大于 0.6kN/m，具备资质厂家二次设计，墙体做法参考《抗爆、泄爆门窗及屋盖、墙体建筑构造》(14J938) 相关做法执行。

(4) 泄爆外墙装饰应与整体建筑装饰效果相适应，优先选择同种材料。

十、其他应注意事项

(1) 土建施工时应注意将建筑、结构、水、暖、电气等各专业施工图纸相互对照，确认墙体及楼板各种预留孔洞尺寸及位置无误后方可进行施工。

(2) 若有疑问应提前与设计院沟通解决. 施工过程中，如遇各专业施工图纸不符的，不得以其中任何一个专业图纸作为施工依据。

(3) 工业化墙板供货厂家应根据产品实际规格及相关配件规格进行深化设计及排板设计。建筑物装修色彩应先做样，取得建设单位和设计单位的同意后方可施工。

(4) 本设计说明及全部施工图纸未尽之处应按国家各有关施工及验收规范执行。

十一、本站选用建筑标准设计图集

《国家电网公司输变电工程标准工艺（六）标准工艺设计图集》、《国家电网公司输变电工程标准工艺（三）工艺标准库》、《特种门窗（一）》(17J610 - 1)、《建筑节能门窗（一）》(06J607 - 1)。

图号	9.2.2-01	图名	配电装置室建筑设计说明(HN-220-A3-3-T01-01)

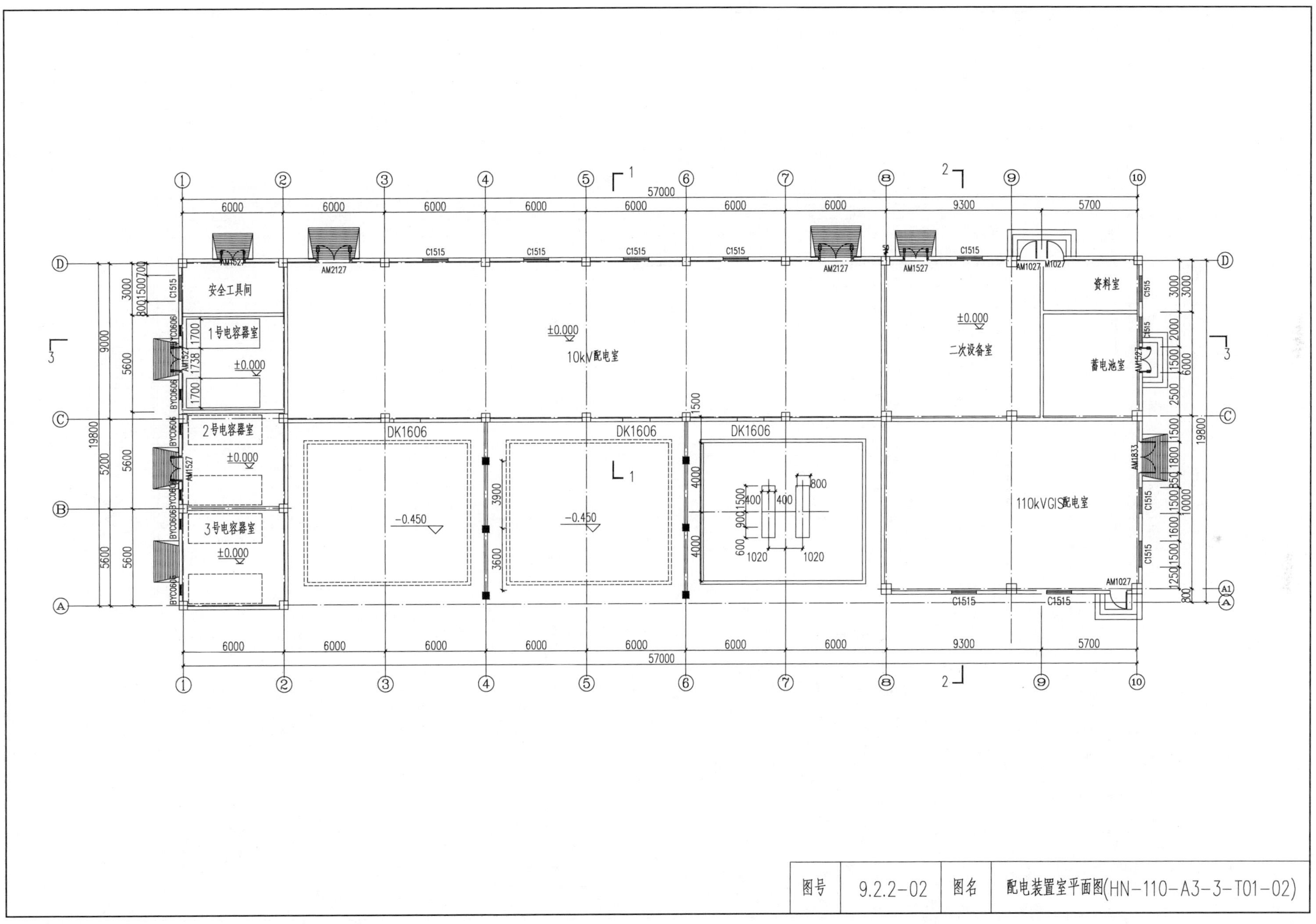

图号	9.2.2-02	图名	配电装置室平面图(HN-110-A3-3-T01-02)

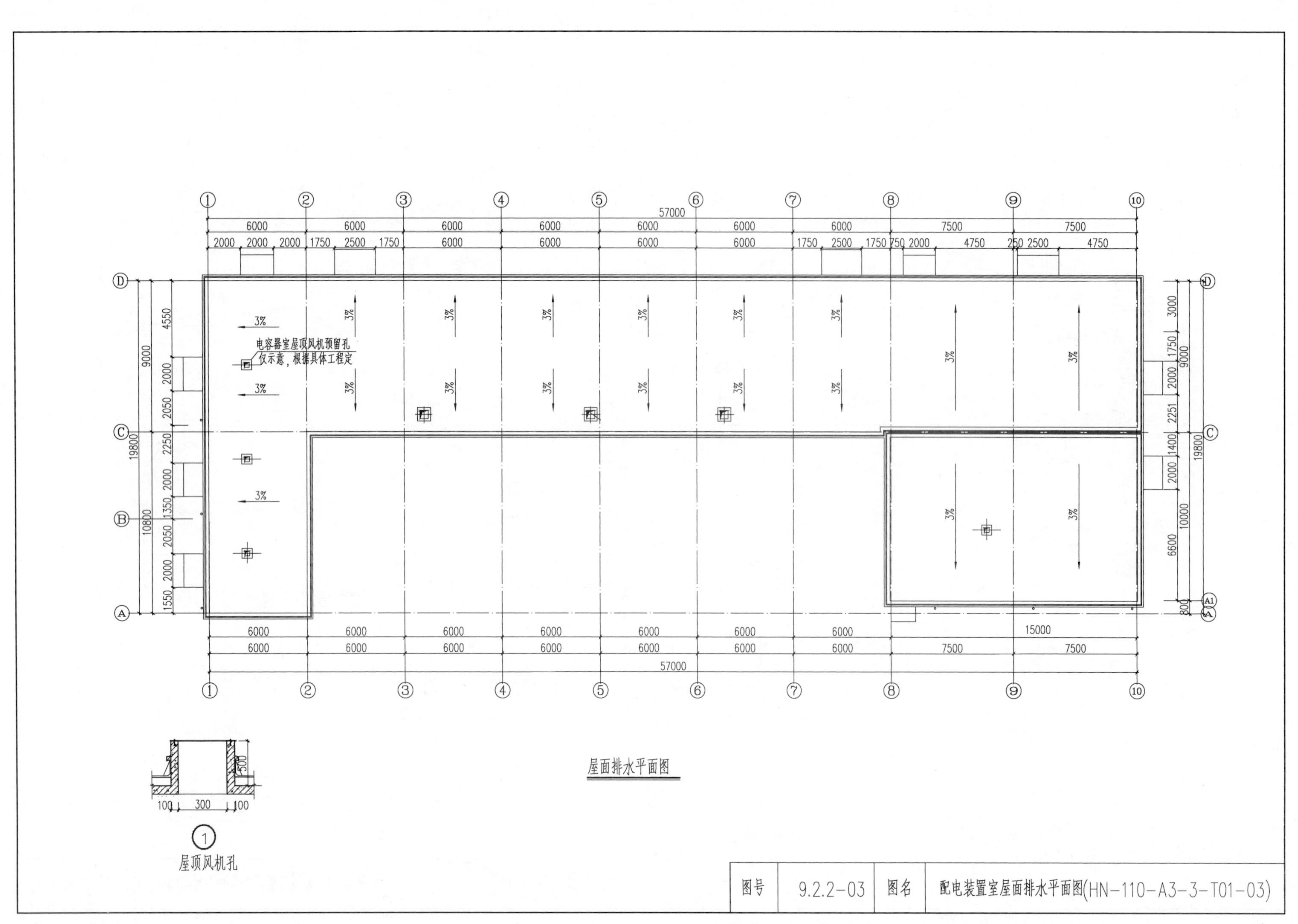
电容器室屋顶风机预留孔
仅示意，根据具体工程定
3%
屋面排水平面图
屋顶风机孔
57000
图号
9.2.2-03
图名
配电装置室屋面排水平面图(HN-110-A3-3-T01-03)

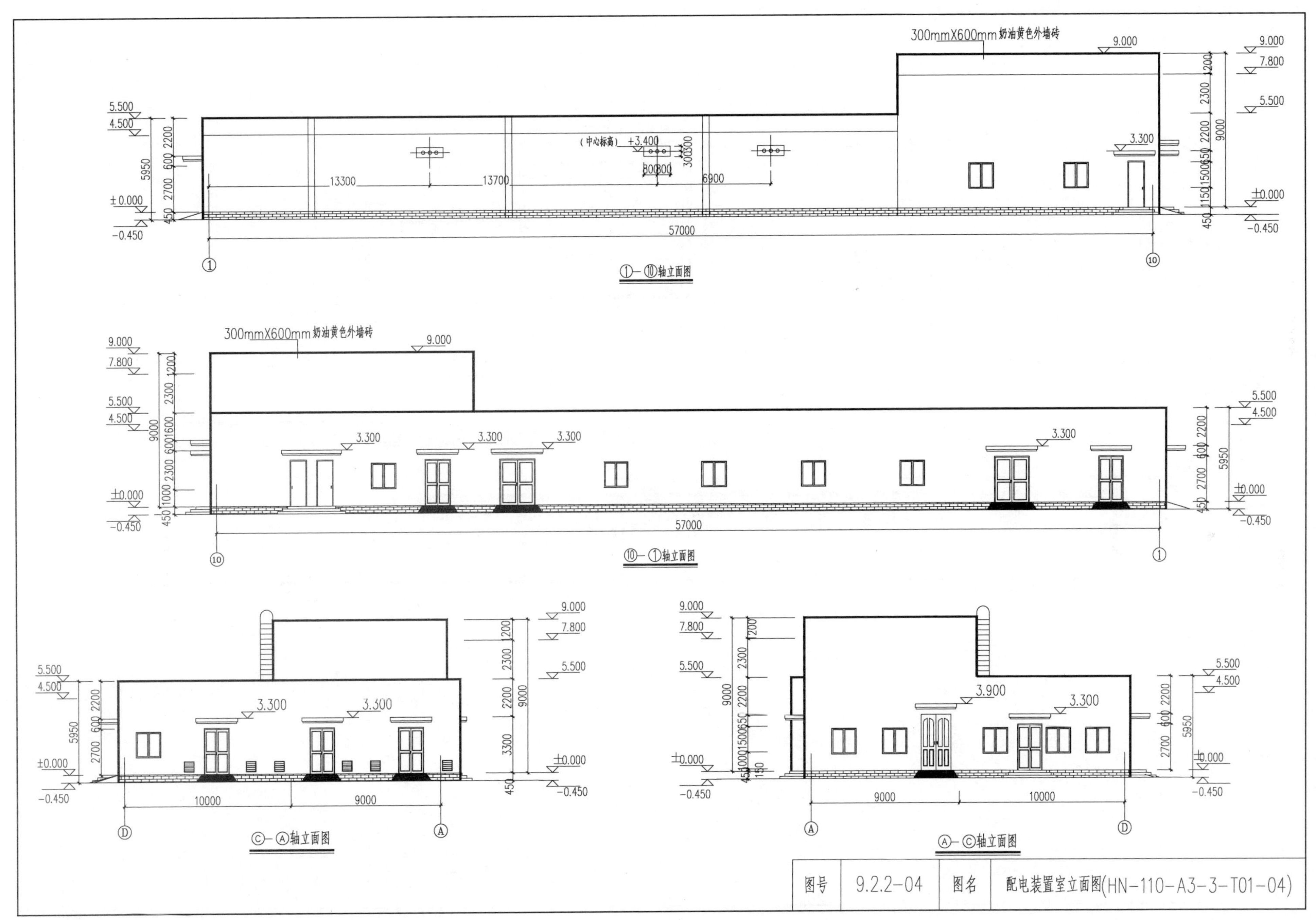
300mmX600mm奶油黄色外墙砖
(中心标高) +3.400
①—⑩轴立面图
⑩—①轴立面图
Ⓒ—Ⓐ轴立面图
Ⓐ—Ⓒ轴立面图
图号
9.2.2-04
图名
配电装置室立面图(HN-110-A3-3-T01-04)

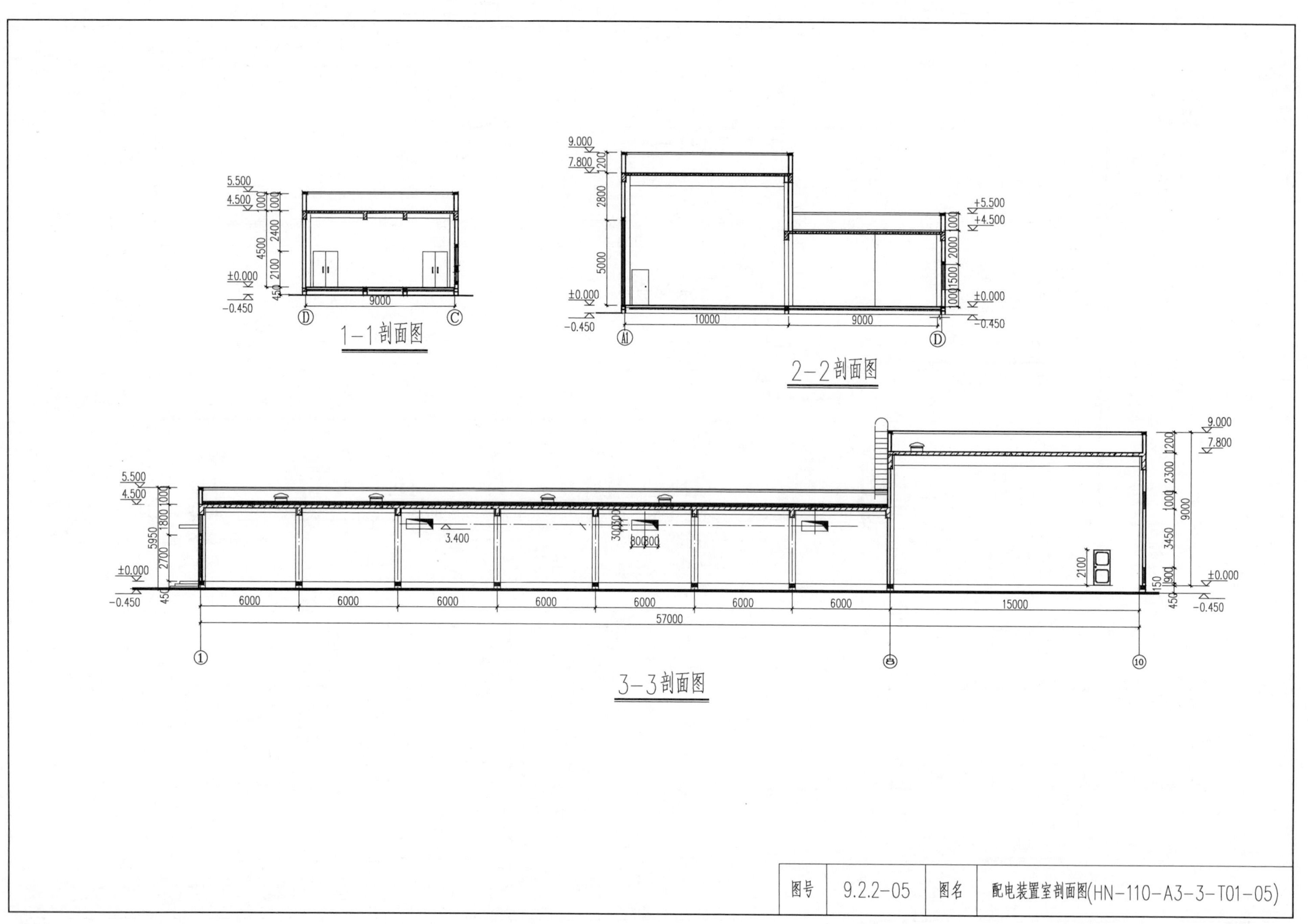
5.500
4.500
±0.000
-0.450
9000
1-1剖面图
9.000
7.800
±0.000
-0.450
10000
9000
+5.500
+4.500
2-2剖面图
3.400
6000
15000
57000
3-3剖面图
图号
9.2.2-05
图名
配电装置室剖面图(HN-110-A3-3-T01-05)

一、工程概况

（1）本卷册为河南公司 HN－110－A3－3 标准化设计 10kV 配电装置室结构图。

（2）10kV 配电装置室为二层装配式混凝土框架结构。

（3）本卷册未包含基础设计，采用本方案的工程，需根据具体的工程地质进行具体的基础设计及必要的地基处理。基础部分采用现浇，正负零以上采用全装配式结构，底层柱底与基础采用连接块连接，预留柱伸入基础的钢筋。

（4）本方案结构设计使用年限为 50 年，建筑结构安全等级为二级，结构重要性系数为 1.0，建筑抗震设防类别丙类，设计使用年限内未经技术鉴定或设计许可，不得改变结构的用途和使用环境。

（5）本工程图纸所注尺寸均以毫米为单位，标高以米计，±0.00 相当于黄海高程×××m，建筑定位详总平面定位图。

（6）设计活荷载取值见下表：

种类	标准值/(kN/m^2)	所在区域
基本风压	0.45	n=50 年
基本雪压	0.40	n=50 年
屋面活荷载	0.70	不上人屋面

二、设计依据

（1）根据国家电网有限公司部门文件《国网基建部关于发布 35～750kV 变电站通用设计通信、消防部分修订成果的通知》（基建技术〔2019〕51 号）之规定及通用方案，并结合河南省实标而修改后的实施方案，编号为 HN－110－A3－3－T02。

（2）国家有关标准及规范（以下所列规程、规范和标准均按现行版本执行，并且并不限于以下规程、规范和标准，凡与其有关的规程、规范和标准均须执行。当所列规程、规范和标准的规定有不一致时，按较高标准执行）见下表：

名　　称	代　　号
《装配式混凝土建筑技术标准》	GB/T 51231—2016
《装配式混凝土结构技术标准》	JGJ 1—2014
《预制混凝土构件质量检验标准》	T/CECS 631：2019
《装配式结构工程施工质量验收规程》	DGJ32/J 184—2016
《建筑结构可靠度设计统一标准》	GB 50068—2018
《建筑工程抗震设防分类标准》	GB 50223—2008
《建筑抗震设计规范》	GB 50011—2010（2016 年版）
《电力设施抗震设计规范》	GB 50260—2013
《建筑结构荷载规范》	GB 50009—2012
《混凝土结构设计规范》	GB 50010—2010（2015 年版）
《变电站建筑结构设计技术规程》	DL/T 5457—2012
《220kV～750kV 变电站设计技术规程》	DL/T 5218—2012
《建筑地基基础设计规范》	GB 50007—2011
《建筑地基处理技术规范》	JGJ 79—2012
《建筑地基基础工程施工质量验收标准》	GB 50202—2018
《混凝土结构工程施工质量验收规范》	GB 50204—2015
《钢结构设计标准》	GB 50017—2017
《冷弯薄壁型钢结构技术规范》	GB 50018—2002

续表

名　　称	代　　号
《建筑设计防火规范》	GB 50016—20141（2018 年版）
《火力发电厂与变电站设计防火标准》	GB 50229—2019
《建筑钢结构防火技术规范》	GB 51249—2017
《钢结构防火涂料》	GB 14907—2018
《建筑钢结构防腐蚀技术规程》	JGJ/T 251—2011
《钢结构焊接规范》	GB 50661—2011
《钢筋焊接及验收规程》	JGJ 18—2012
《钢结构工程施工质量验收标准》	GB 50205—2020
《钢筋机械连接技术规程》	JGJ 107—2016
《电力建设施工质量验收及评定规程》	DL/T 5210.1—2018
《砌体结构工程施工质量验收规范》	GB 50203—2011

三、本方案设计假定自然条件

（1）基本风压：0.45kN/m^2，地面粗糙度为 B 类。

（2）基本雪压：S_0=0.4kN/m^2。

（3）抗震设防烈度为 7 度，设计基本地震加速度值为 0.15g，设计地震分组为第二组。

（4）建筑物抗震设防类别为丙类，建筑场地类别为Ⅱ类，特征周期为 0.4s。

（5）抗震构造措施设防烈度 7 度，钢筋混凝土结构抗震等级为三级。

四、设计计算程序

结构整体受力分析及抗震验算采用中国建筑科学研究院研制的 PKPM5.0 系列软件、MIDASGEN 及静力计算手册进行计算，结构规则性信息为规则。

五、主要结构材料

（1）混凝土强度等级见下表：

预制构件混凝土强度等级选用表

垫层	基础、柱（基础～－0.050）	柱（－0.05～柱顶）	梁、板、楼梯	圈梁、构造柱
C15	C35	C30	C30	C30

（2）混凝土耐久性要求见下表：

结构混凝土材料的耐久性基本要求

环境类型	最大水胶比	最低强度等级	最大氯离子含量/%	最大碱含量/(kg/m^3)
一	0.60	C20	0.30	不限制
二 a	0.55	C25	0.20	3.0
二 b	0.50（0.55）	C30（C25）	0.15	

注：处于严寒和寒冷地区二 b 类环境中的混凝土应使用引气剂，并可采用括号中的有关参数。

（3）必须选用国家标准钢材，Φ为 HPB300 钢筋，⌀为 HRB400 钢筋。型钢及钢板采用 Q235B 钢材。

（4）当钢筋采用焊接时，HPB300 钢筋用 E43 焊条，HRB400 钢筋用 E55 焊条，按《钢筋焊接及验收规程》（JGJ 18—2012）施工和验收。

图号	9.2.3-01	图名	配电装置室工程结构说明(一)(HN-110-A3-3-T02-01)

（5）框架纵向受力钢筋的抗拉强度实测值与屈服强度实测值的比值不应小于1.25；且钢筋的屈服强度实测值与强度标准值的比值不应大于1.3，且钢筋在最大拉力下的总伸长率实测值不应小于9%。钢筋的强度标准值应具有不小于95%的保证率。

（6）受力预埋件锚筋不应采用冷加工钢筋，钢材采用Q235B。

六、钢筋混凝土相关问题

（1）完全外露构件、结构外围构件的外侧及±0.000以下构件与土接触的面均为二b类环境，其余为一类环境。

（2）构件的保护层厚度见下表：

环境类别	板、墙、壳	梁、柱、杆
一	15	20
二a	20	25
二b	25	35

注： 1. 混凝土强度等级不大于C25时，表中保护层厚度数值应增加5mm。

2. 钢筋混凝土基础设置100mm混凝土垫层，基础中钢筋的混凝土保护层厚度应以垫层顶面算起，且不应小于40mm。

（3）钢筋锚固长度与搭接长度按《混凝土结构施工图平面整体表示方法制图规则和构造详图》（16G101-01）和《装配式混凝土结构连接节点构造》（15G310-1～2）。

（4）钢筋的接头宜设置在受力较小处，框架结构钢筋接头不宜设置在梁柱箍筋加密区，同一纵向受力钢筋不宜设置两个或两个以上接头，框架梁柱及配有抗扭纵筋的非框架梁均采用抗震箍筋。

（5）楼层梁板上部筋接头应在跨中，下部筋接头在支座。基础拉梁钢筋接头在支座处。板钢筋采用搭接接头时，同一截面钢筋搭接接头数量不得大于钢筋总量的25%，相邻接头间的最小距离为45d。

（6）预制柱的设计应符合现行国家标准《混凝土结构设计规范》（GB 50010）的要求，柱箍筋加密区长度范围参考16G101-01标准图集，并应符合下列规定：柱纵向受力钢筋直径不宜小于20mm；矩形柱截面宽度或圆柱直径不宜小于400mm，且不宜小于同方向梁宽的1.5倍。

（7）梁、柱纵向钢筋在后浇节点区内采用直线锚固、弯折锚固或机械锚固的方式时，其锚固长度应符合现行国家标准《混凝土结构设计规范》（GB 50010）中的有关规定；当梁、柱纵向钢筋采用锚固板时，应符合现行行业标准《钢筋锚固板应用技术规程》（JGJ 256）中的有关规定。

七、图纸内容表达

（1）构造及制图执行《混凝土结构施工图平面整体表示方法制图规则和构造详图》（16G101-01）、《装配式混凝土结构表示方法及示例》（15G107-1）和《装配式混凝土结构连接节点构造》（15G310-1～2）。

（2）楼梯采用预制楼梯，具体做法参考《预制钢筋混凝土板式楼梯》（15G367-1）。

（3）图中长度单位为mm，结构标高单位为m。

八、预制构件制作及检验

（1）应根据预制构件制作特点制定工艺流程，明确质量要求和质量控制要求。

（2）模具所选用材料应有质量证明书或检验报告，模具应具有足够的刚度、强度、稳定性，模具构造应满足钢筋入模、混凝土浇捣和养护的要求；模具组装完成后需进行去毛、除锈、清渣等工作；并符合构件精度要求；与构件混凝土直接接触的钢模表面需均匀涂抹脱模剂。

（3）对于外观要求较高的构件，在模板拼接处如侧模与底模的拼接处须以止水条做好密封处理以免漏浆影响外观。

（4）预埋窗框的固定，预制构件厂按图纸位置在窗框内侧附加钢框用以固定窗框，还需根据窗厂产品要求按间距埋设加强爪件。

（5）钢筋应有产品合格证，并应按有关标准规定进行复试检验，质量必须符合现行有关标准和结构总说明的规定。严格按构件加工图纸要求排布钢筋，并控制保护层厚度。叠合筋应按设计要求露出高度设置。

（6）混凝土用的水泥、骨料（砂、石）、外加剂、掺合料等应有产品合格证，并按有关标准的规定进行复试检验，质量必须符合现行有关标准的规定。混凝土应按国家现行标准《普通混凝土配合比设计规程》（JGJ 55）的有关规定，根据混凝土强度等级、耐久性和工作性等要求进行配合比设计。混凝土外加剂的选择与使用应满足《混凝土外加剂应用技术规范》（GB 50119）。选择各类外加剂时，应特别注意外加剂的适用范围。

（7）构件浇筑成型前，模具、隔离剂涂刷、钢筋成品（骨架）质量、保护层控制措施、预留孔道、配件和埋件等，应逐件进行隐蔽验收，符合有关标准规定和设计文件要求后方可浇筑混凝土。

（8）根据实际情况均匀振捣，要求均匀密实，振捣时应避开钢筋、埋件、管线、面砖等，对于重要勿碰部位提前做好标记。

（9）构件外表面应光滑无明显凹坑破损，内侧与现浇部分相接面须做均匀拉毛处理，拉深4～5mm。

（10）预制构件混凝土浇筑完毕后，应及时按国家混凝土养护的规定操作养护。

（11）预制构件达到混凝土抗压强度设计值的75%且不小于15N/mm^{2}时方可拆模起吊。

（12）按国家规范检测混凝土强度；预埋连接件、插筋、孔洞数量、规格、定位；外观质量检查；外形尺寸检查。成品构件尺寸偏差及变形与裂缝应控制在允许范围内，详见《预制预应力混凝土装配整体式框架结构技术规程》（JGJ 224）。

（13）对预制构件修补和保护，预制梁、楼梯、楼板存放采用平躺式，且做好包角包面与固定的防护措施。

（14）预制构件内钢筋弯钩及锚固做法详见《装配式混凝土结构连接节点构造》（15G310-1）中相关构造要求。

（15）为确保安全脱模、起吊，应按设计要求预先做金属预埋件拉拔试验，并递交正式的实验报告。

（16）预制构件模具的允许偏差。预制构件的允许尺寸偏差及检验方法应符合《装配式混凝土结构技术规程》（JGJ 1）的相关规定；预制构件应按设计要求和现行国家标准《混凝土结构工程施工质量验收规范》（GB 50204）的有关规定进行结构性能检验。

九、运输要求

1. 运输注意事项

（1）预制构件运输时，车上应设有专用架，且有可靠的稳定构件措施。预制构件混凝土强度达到设计强度时方可运输。

（2）预制构件运输时，应采用木材或混凝土块作为支撑物，构件接触部位用柔性垫片填实，支撑牢固不得有松动。

2. 运输方式

（1）竖立式：适用于预制混凝土构件较大且为不规则形状时，或高度不是很高的扁平预制混凝土构件可排列竖立。竖立式除了需注意超高限制外还要防止倾覆，必须制作专用钢排架，排架常有山形架和A字架。构件与排架之间须有限位措施并绑扎牢固，同时做好易碰部位的边角保护。

（2）平躺式：适用于大多数预制混凝土构件，对于预制楼板、墙板等扁平构件，计算出最佳支点距离以指导运输方正确设置，谨慎采取二点以上支点的方式，如采用需专门措施保证每个支点同时受力。构件平躺叠加，支点与上下层构件的接触点必须设置减震措施，如垫橡胶块等，禁止硬碰硬方式。重叠不宜超过5层，且各层垫块必须在同一竖向位置。

十、标准图集

（1）《混凝土结构施工图平面整体表示方法制图规则和构造详图》（16G101-01）。

（2）《混凝土结构施工图平面整体表示方法制图规则和构造详图》（16G101-03）。

（3）《钢筋混凝土抗震构造详图》（11YG002）。

（4）《钢筋混凝土过梁》（11YG301）。

（5）《装配式建筑系列标准应用实施指南（装配式混凝土结构建筑）》。

（6）《装配式混凝土结构表示方法及示例》（15G107-1）。

（7）《装配式混凝土结构连接节点构造》（15G310-1～2）。

（8）《装配式混凝土结构技术规程》（JGJ 1—2014）。

图号	9.2.3-02	图名	配电装置室工程结构说明(二)(HN-110-A3-3-T02-02)

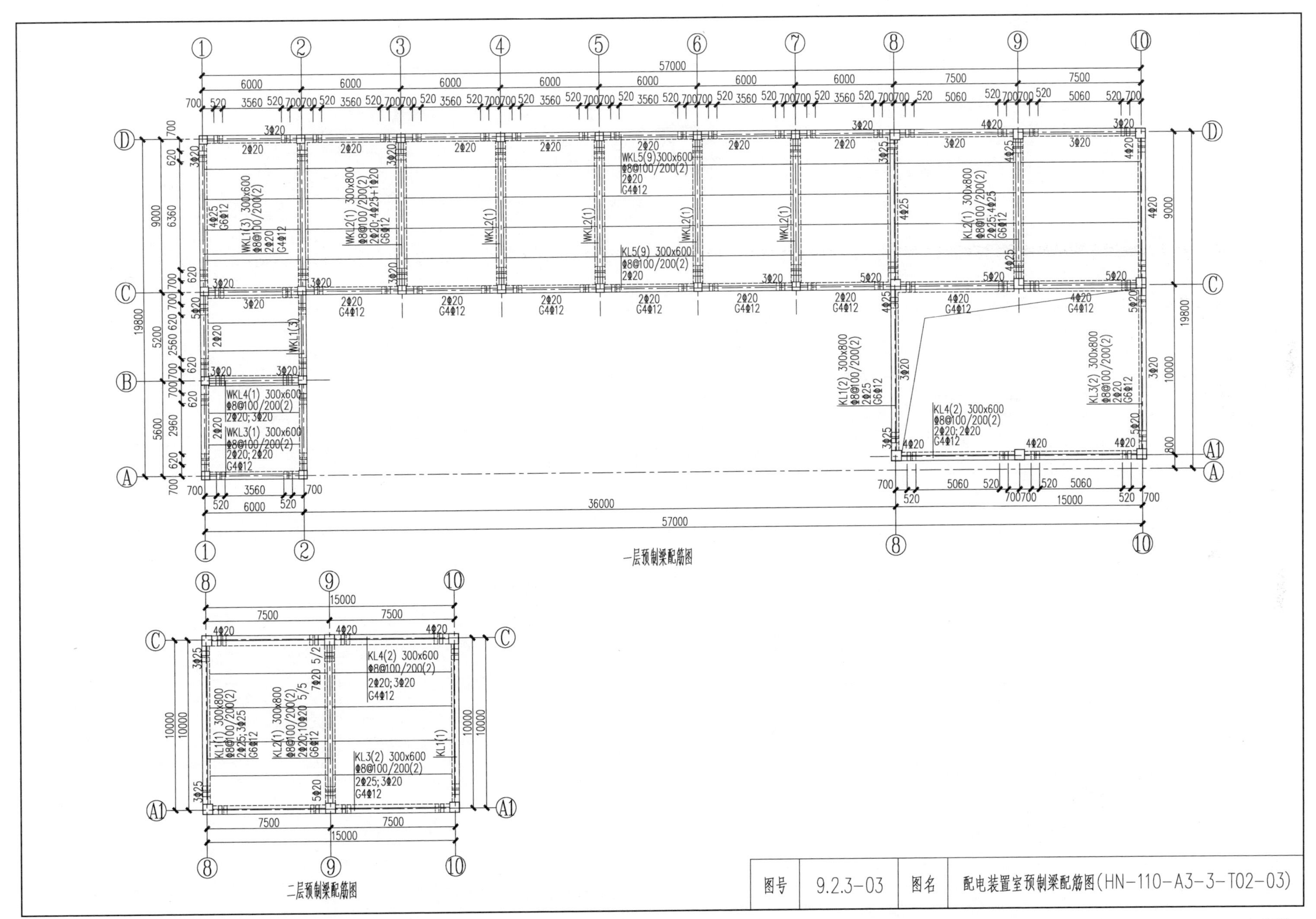
一层预制梁配筋图
WKL5(9) 300x600
Φ8@100/200(2)
2Φ20
G4Φ12
KL5(9) 300x600
Φ8@100/200(2)
2Φ20
WKL1(3) 300x600
Φ8@100/200(2)
2Φ20
G4Φ12
WKL2(1) 300x800
Φ8@100/200(2)
2Φ20;4Φ25+1Φ20
G6Φ12
KL2(1) 300x800
Φ8@100/200(2)
2Φ25;4Φ25
G6Φ12
WKL4(1) 300x600
Φ8@100/200(2)
2Φ20;3Φ20
WKL3(1) 300x600
Φ8@100/200(2)
2Φ20;2Φ20
G4Φ12
KL1(2) 300x800
Φ8@100/200(2)
2Φ25
G6Φ12
KL4(2) 300x600
Φ8@100/200(2)
2Φ20;2Φ20
G4Φ12
KL3(2) 300x800
Φ8@100/200(2)
2Φ20
G6Φ12
二层预制梁配筋图
KL4(2) 300x600
Φ8@100/200(2)
2Φ20;3Φ20
G4Φ12
KL1(1) 300x800
Φ8@100/200(2)
2Φ25;3Φ25
G6Φ12
KL2(1) 300x800
Φ8@100/200(2)
2Φ20;10Φ20 5/5
G6Φ12
KL3(2) 300x600
Φ8@100/200(2)
2Φ25;3Φ20
G4Φ12
图号
9.2.3-03
图名
配电装置室预制梁配筋图(HN-110-A3-3-T02-03)

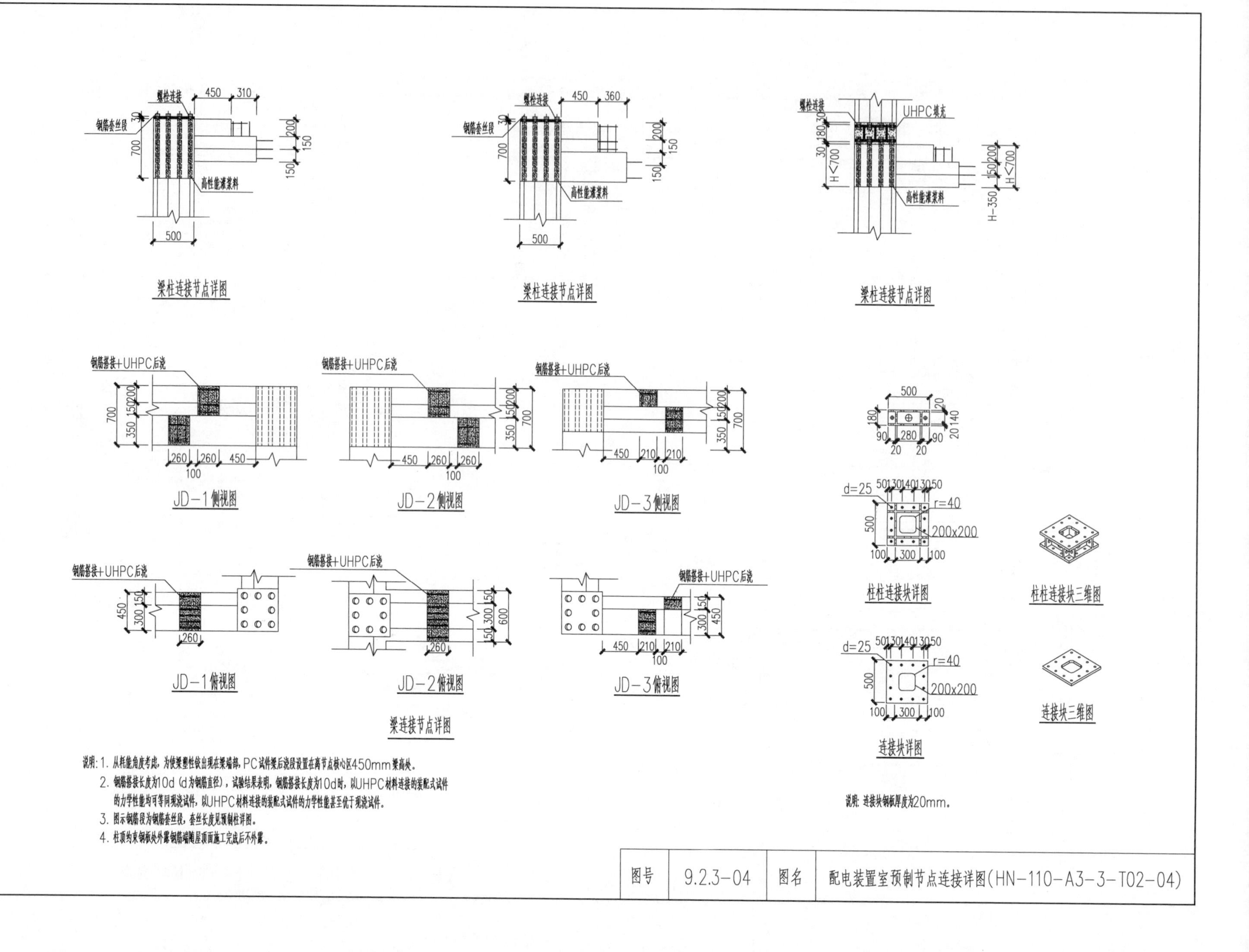

螺栓连接
钢筋套丝段
高性能灌浆料
UHPC填充
梁柱连接节点详图
梁柱连接节点详图
梁柱连接节点详图
钢筋搭接+UHPC后浇
JD−1侧视图
JD−2侧视图
JD−3侧视图
JD−1俯视图
JD−2俯视图
JD−3俯视图
梁连接节点详图
柱柱连接块详图
柱柱连接块三维图
连接块详图
连接块三维图
说明：1. 从耗能角度考虑，为使梁塑性铰出现在梁端部，PC试件梁后浇段设置在离节点核心区450mm梁高处。
2. 钢筋搭接长度为10d（d为钢筋直径），试验结果表明，钢筋搭接长度为10d时，以UHPC材料连接的装配式试件的力学性能均可等同现浇试件，以UHPC材料连接的装配式试件的力学性能甚至优于现浇试件。
3. 图示钢筋段为钢筋套丝段，套丝长度见预制柱详图。
4. 柱顶约束钢板处外露钢筋端随屋顶面施工完成后不外露。
说明：连接块钢板厚度为20mm。
图号 9.2.3−04 图名 配电装置室预制节点连接详图(HN−110−A3−3−T02−04)

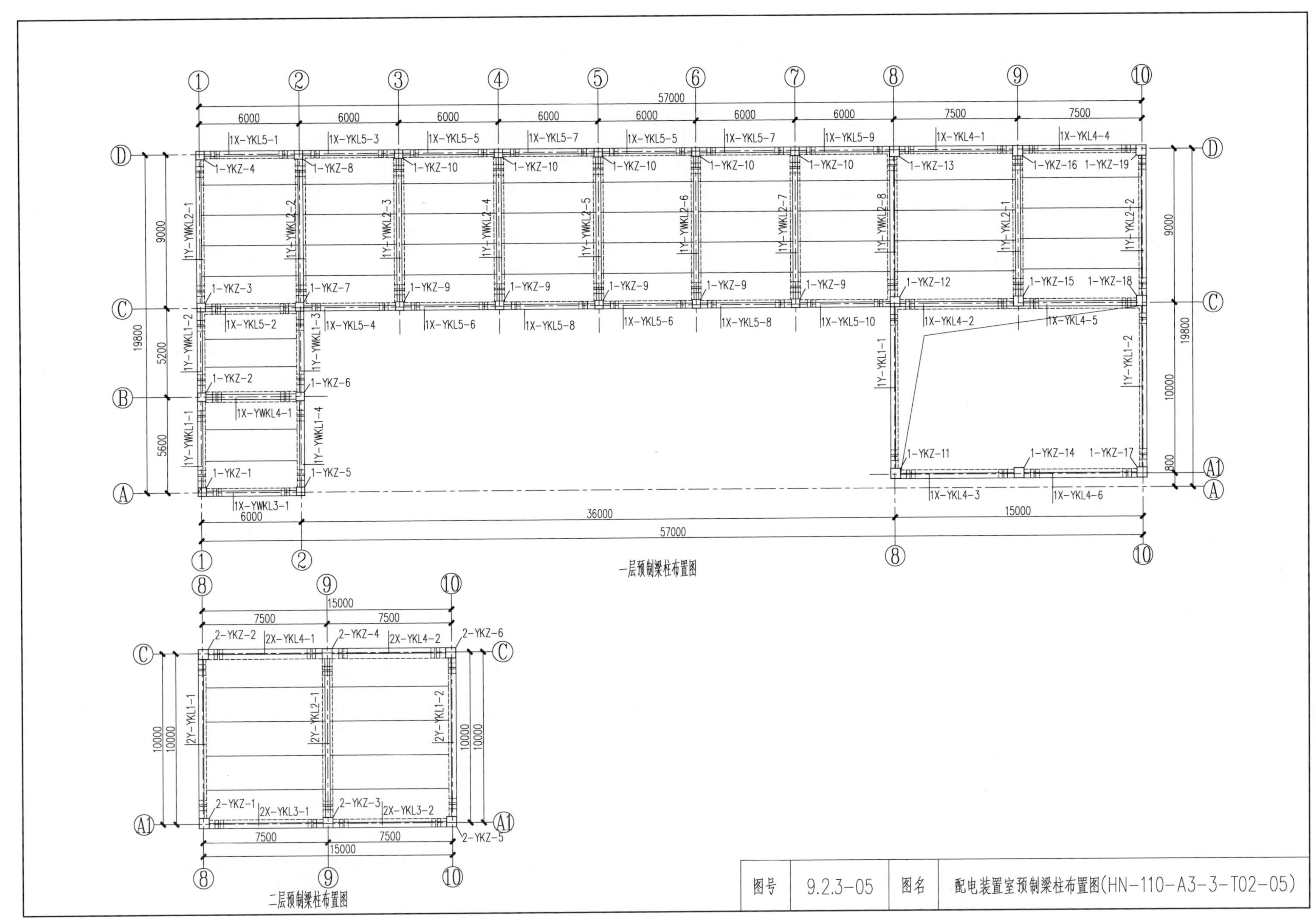
57000
6000
7500
1X-YKL5-1
1X-YKL5-3
1X-YKL5-5
1X-YKL5-7
1X-YKL5-9
1X-YKL4-1
1X-YKL4-4
1-YKZ-4
1-YKZ-8
1-YKZ-10
1-YKZ-13
1-YKZ-16
1-YKZ-19
9000
19800
5200
5600
10000
800
1Y-YWKL2-1
1Y-YWKL2-2
1Y-YWKL2-3
1Y-YWKL2-4
1Y-YWKL2-5
1Y-YWKL2-6
1Y-YWKL2-7
1Y-YWKL2-8
1Y-YKL2-1
1Y-YKL2-2
1-YKZ-3
1-YKZ-7
1-YKZ-9
1-YKZ-12
1-YKZ-15
1-YKZ-18
1X-YKL5-2
1X-YKL5-4
1X-YKL5-6
1X-YKL5-8
1X-YKL5-10
1X-YKL4-2
1X-YKL4-5
1Y-YWKL1-2
1Y-YWKL1-3
1Y-YKL1-1
1Y-YKL1-2
1-YKZ-2
1-YKZ-6
1X-YWKL4-1
1Y-YWKL1-1
1Y-YWKL1-4
1-YKZ-1
1-YKZ-5
1-YKZ-11
1-YKZ-14
1-YKZ-17
1X-YWKL3-1
1X-YKL4-3
1X-YKL4-6
36000
15000
一层预制梁柱布置图
2-YKZ-2
2X-YKL4-1
2-YKZ-4
2X-YKL4-2
2-YKZ-6
2Y-YKL1-1
2Y-YKL2-1
2Y-YKL1-2
2-YKZ-1
2X-YKL3-1
2-YKZ-3
2X-YKL3-2
2-YKZ-5
二层预制梁柱布置图
图号
9.2.3-05
图名
配电装置室预制梁柱布置图(HN-110-A3-3-T02-05)

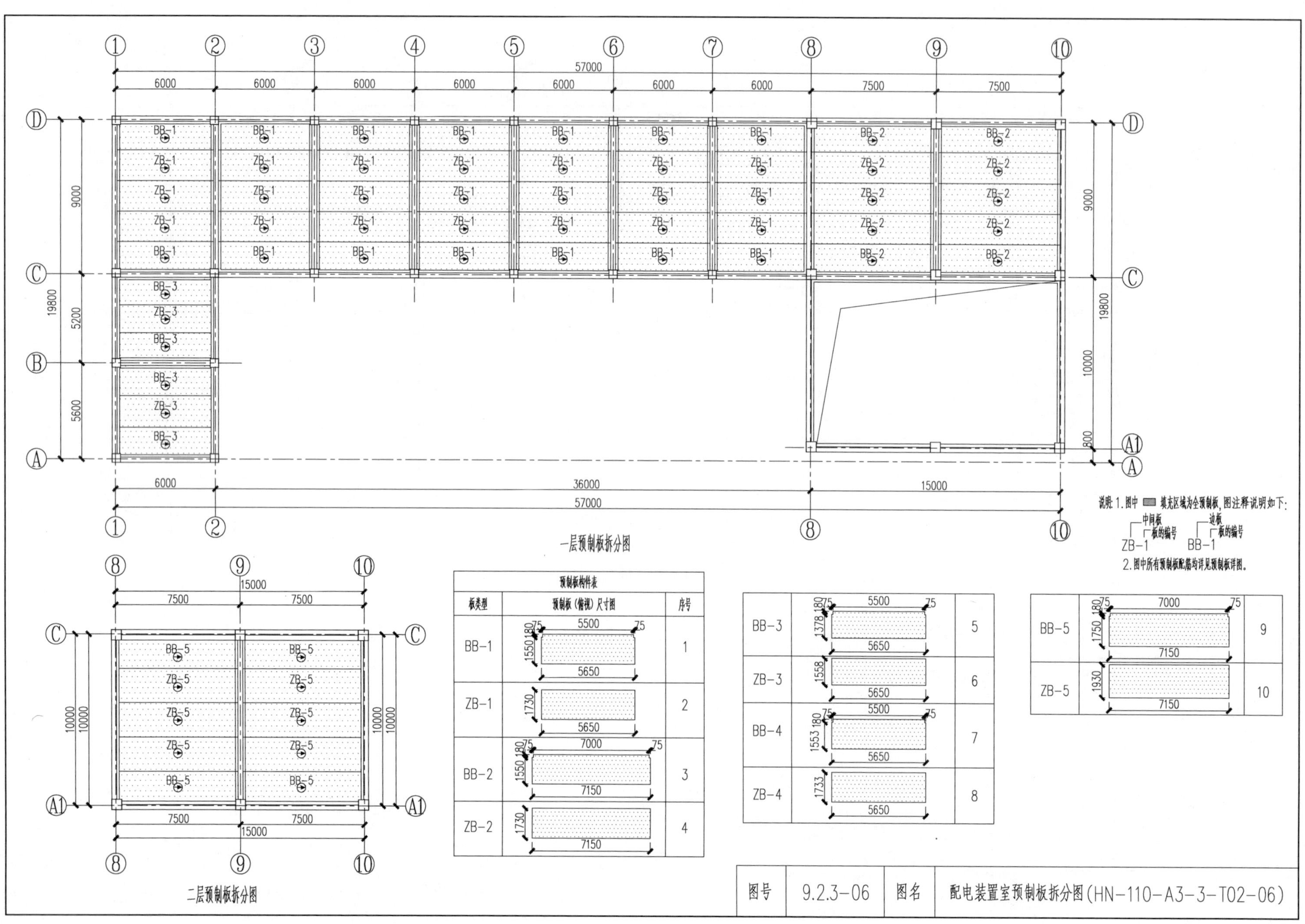
一层预制板拆分图
二层预制板拆分图
说明：1.图中 填充区域为全预制板，图注释说明如下：
中间板
板的编号
ZB-1
边板
板的编号
BB-1
2.图中所有预制板配筋均详见预制板详图。
预制板构件表
板类型
预制板（俯视）尺寸图
序号
图号
9.2.3-06
图名
配电装置室预制板拆分图(HN-110-A3-3-T02-06)

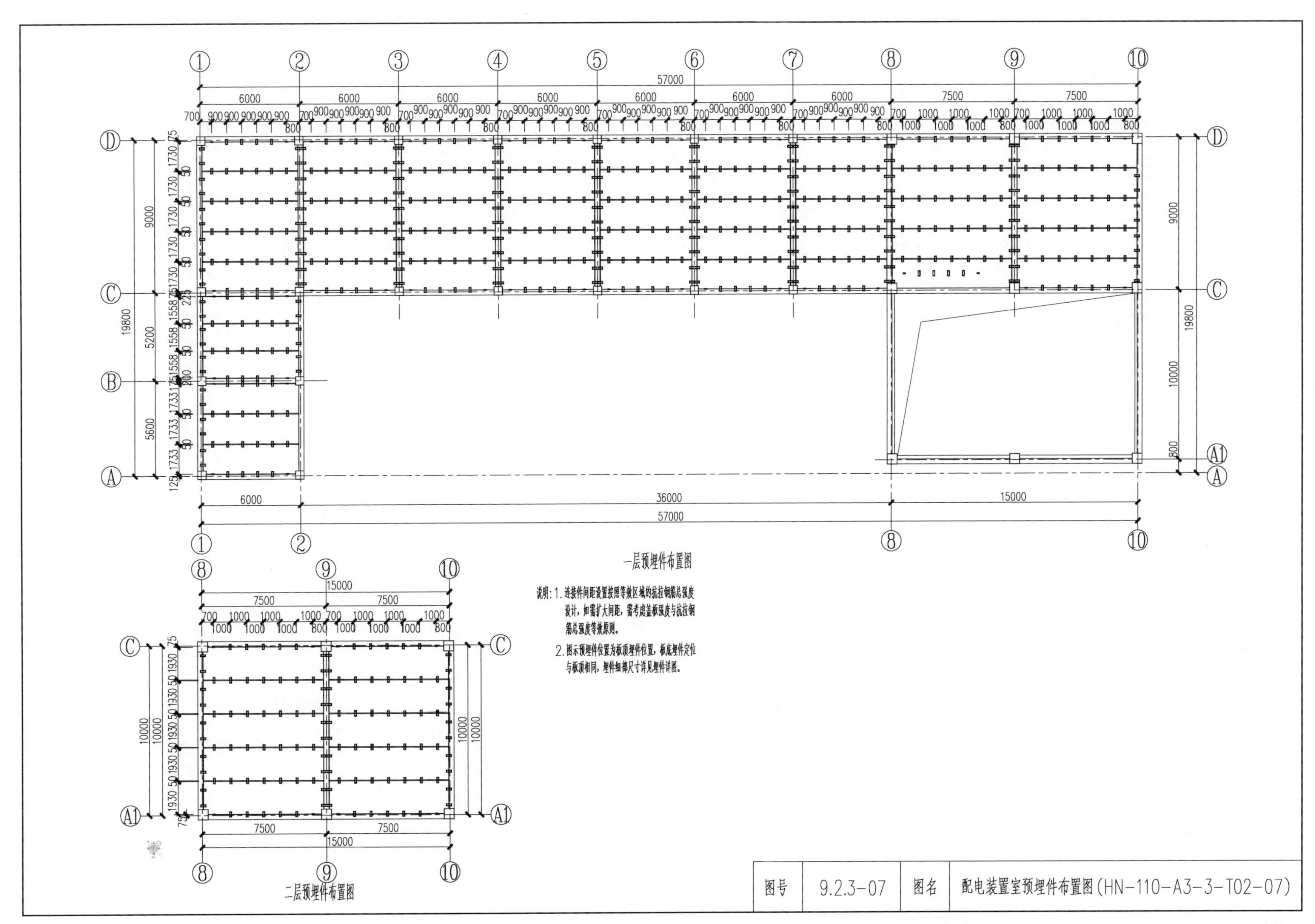

一层预埋件布置图
说明：1. 连接件间距设置按照等效区域的抗拉钢筋总强度设计，如需扩大间距，需考虑盖板强度与抗拉钢筋总强度等效原则。
2. 图示预埋件位置为板顶埋件位置，板底埋件定位与板顶相同，埋件细部尺寸详见埋件详图。
二层预埋件布置图
图号
9.2.3-07
图名
配电装置室预埋件布置图(HN-110-A3-3-T02-07)

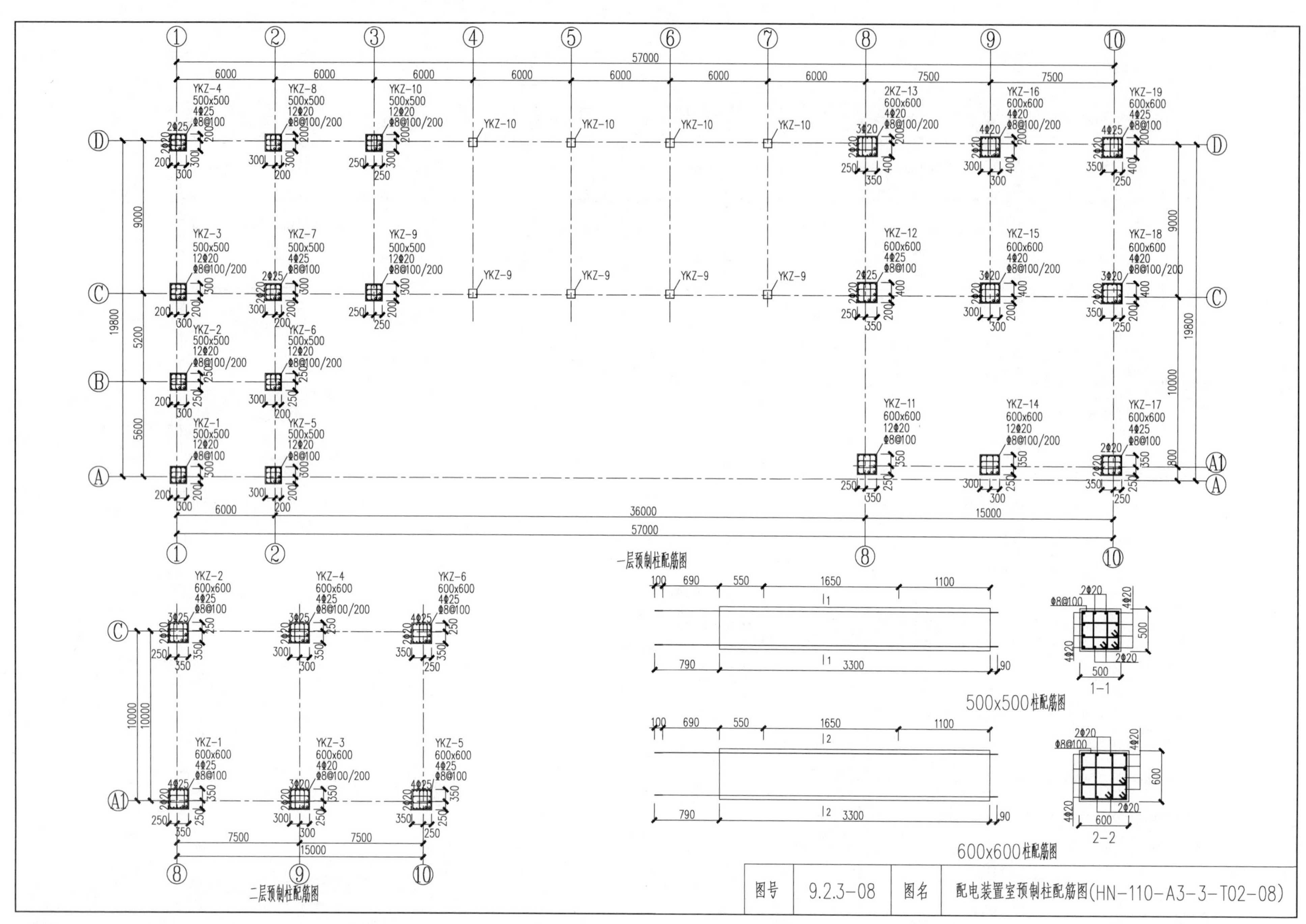

57000
6000
7500
YKZ-4
500x500
4Φ25
Φ8@100
YKZ-8
500x500
12Φ20
Φ8@100/200
YKZ-10
500x500
12Φ20
Φ8@100/200
2KZ-13
600x600
4Φ20
Φ8@100/200
YKZ-16
600x600
4Φ20
Φ8@100/200
YKZ-19
600x600
4Φ25
Φ8@100
YKZ-3
500x500
12Φ20
Φ8@100/200
YKZ-7
500x500
4Φ25
Φ8@100
YKZ-9
500x500
12Φ20
Φ8@100/200
YKZ-12
600x600
4Φ25
Φ8@100
YKZ-15
600x600
4Φ20
Φ8@100/200
YKZ-18
600x600
4Φ20
Φ8@100/200
YKZ-2
500x500
12Φ20
Φ8@100/200
YKZ-6
500x500
12Φ20
Φ8@100/200
YKZ-1
500x500
12Φ20
Φ8@100
YKZ-5
500x500
12Φ20
Φ8@100
YKZ-11
600x600
12Φ20
Φ8@100
YKZ-14
600x600
12Φ20
Φ8@100/200
YKZ-17
600x600
4Φ25
Φ8@100
9000
5200
5600
19800
10000
800
36000
15000
一层预制柱配筋图
YKZ-2
600x600
4Φ25
Φ8@100
YKZ-4
600x600
4Φ25
Φ8@100/200
YKZ-6
600x600
4Φ25
Φ8@100
YKZ-1
600x600
4Φ25
Φ8@100
YKZ-3
600x600
4Φ20
Φ8@100/200
YKZ-5
600x600
4Φ25
Φ8@100
二层预制柱配筋图
100 690 550 1650 1100
790 3300 90
1-1
500x500柱配筋图
2-2
600x600柱配筋图
图号
9.2.3-08
图名
配电装置室预制柱配筋图(HN-110-A3-3-T02-08)

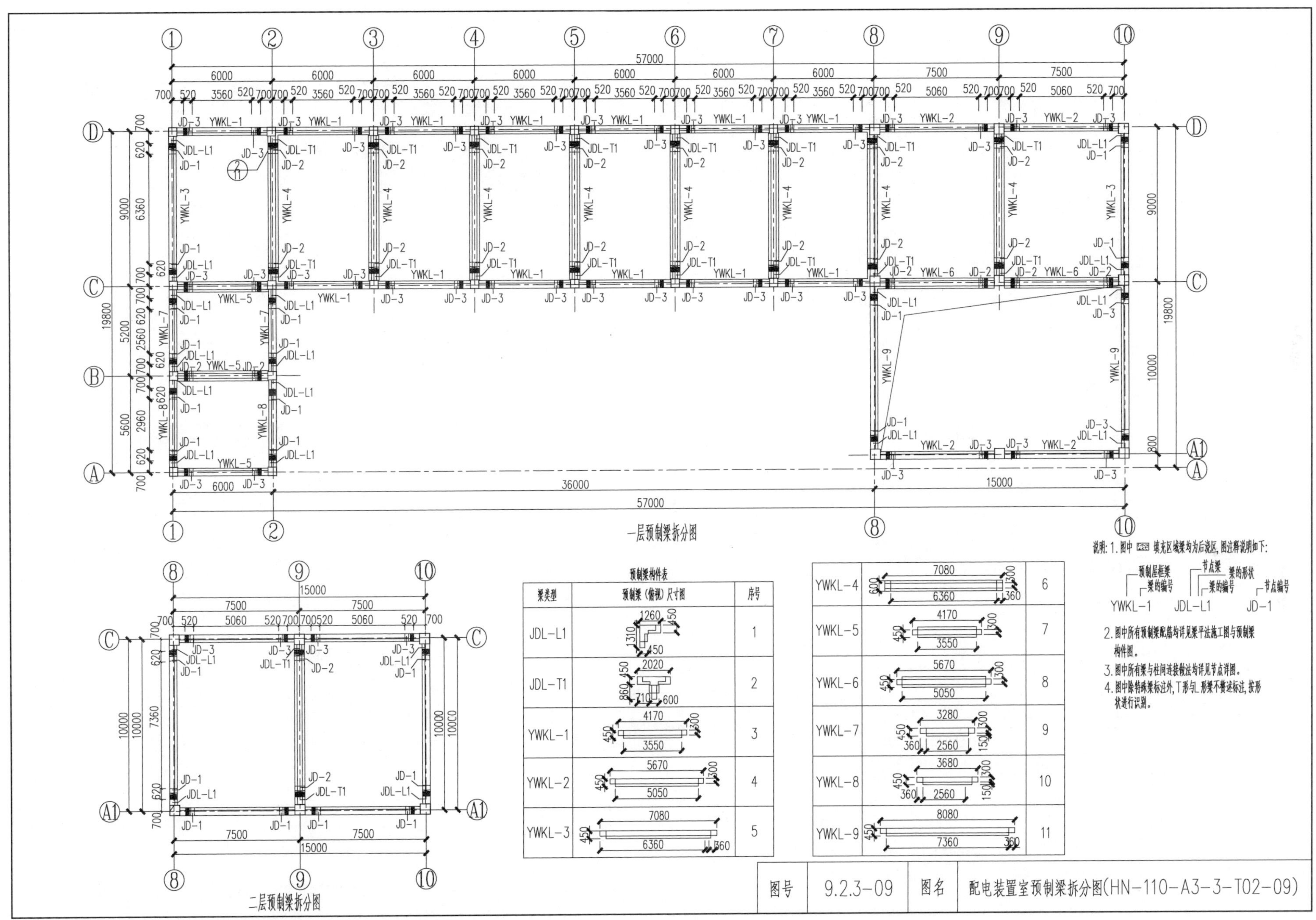

预制梁构件表

梁类型	预制梁（俯视）尺寸图	序号
JDL-L1	1260, 450, 1310, 450	1
JDL-T1	2020, 450, 860, 710, 600	2
YWKL-1	4170, 450, 300, 3550	3
YWKL-2	5670, 450, 300, 5050	4
YWKL-3	7080, 450, 6360, 360	5
YWKL-4	7080, 600, 300, 6360, 360	6
YWKL-5	4170, 450, 300, 3550	7
YWKL-6	5670, 450, 300, 5050	8
YWKL-7	3280, 450, 300, 360, 2560, 150	9
YWKL-8	3680, 450, 300, 360, 2560, 150	10
YWKL-9	8080, 450, 7360, 360	11

图号	9.2.3-09	图名	配电装置室预制梁拆分图(HN-110-A3-3-T02-09)

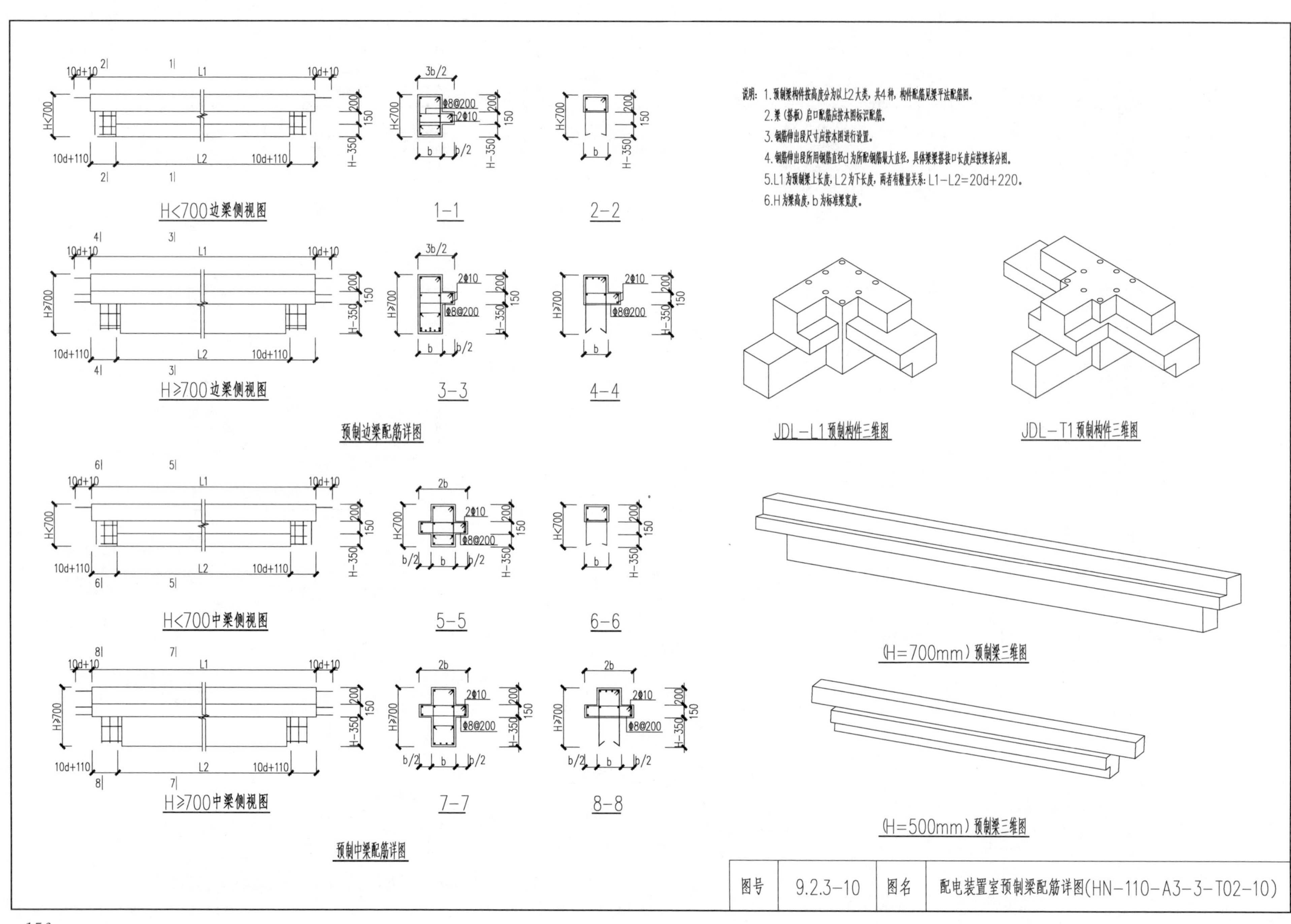
说明：1.预制梁构件按高度分为以上2大类，共4种，构件配筋见梁平法配筋图。
2.梁（搭板）启口配筋应按本图标识配筋。
3.钢筋伸出段尺寸应按本图进行设置。
4.钢筋伸出段所用钢筋直径d为所配钢筋最大直径，具体梁梁搭接口长度应按梁拆分图。
5.L1为预制梁上长度，L2为下长度，两者有数量关系：L1−L2=20d+220。
6.H为梁高度，b为标准梁宽度。
10d+10
L1
10d+110
L2
H<700
H≥700
H-350
200
150
3b/2
2b
b
b/2
Φ8@200
2Φ10
H<700边梁侧视图
1-1
2-2
H≥700边梁侧视图
3-3
4-4
预制边梁配筋详图
H<700中梁侧视图
5-5
6-6
H≥700中梁侧视图
7-7
8-8
预制中梁配筋详图
JDL−L1预制构件三维图
JDL−T1预制构件三维图
(H=700mm）预制梁三维图
(H=500mm）预制梁三维图
图号
9.2.3-10
图名
配电装置室预制梁配筋详图(HN-110-A3-3-T02-10)

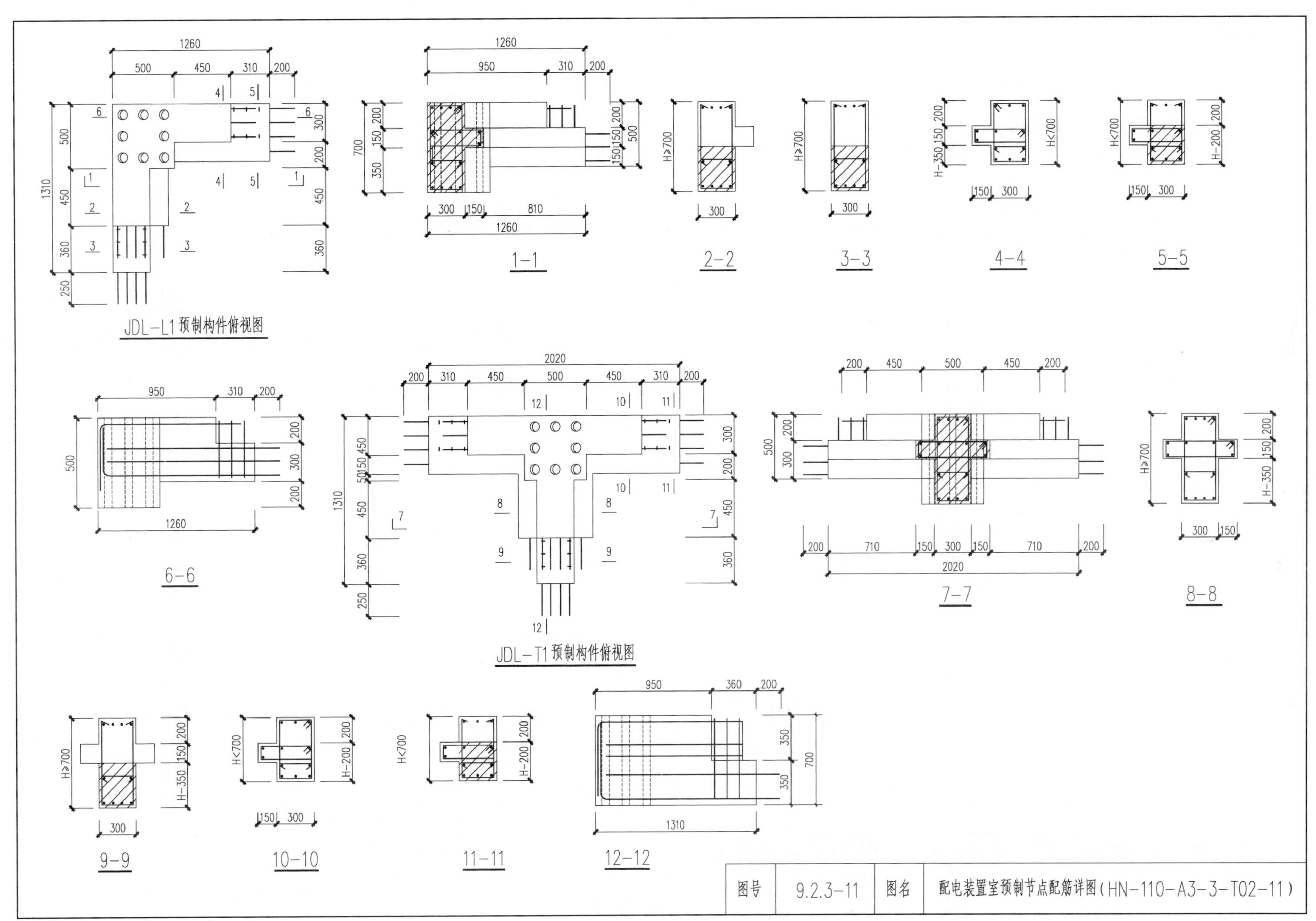
JDL-L1预制构件俯视图
1-1
2-2
3-3
4-4
5-5
6-6
JDL-T1预制构件俯视图
7-7
8-8
9-9
10-10
11-11
12-12
图号
9.2.3-11
图名
配电装置室预制节点配筋详图(HN-110-A3-3-T02-11)

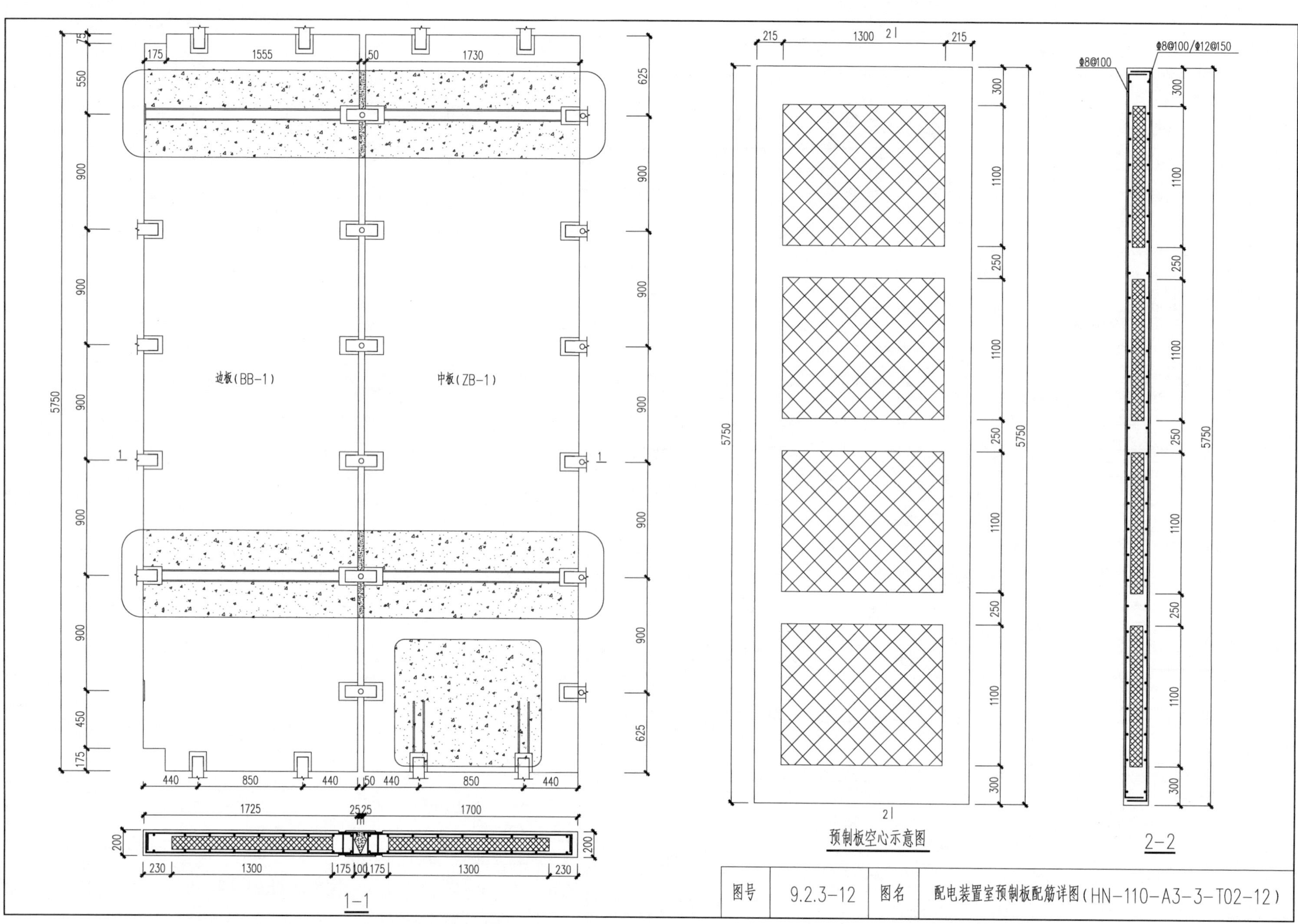

图号	9.2.3-12	图名	配电装置室预制板配筋详图(HN-110-A3-3-T02-12)

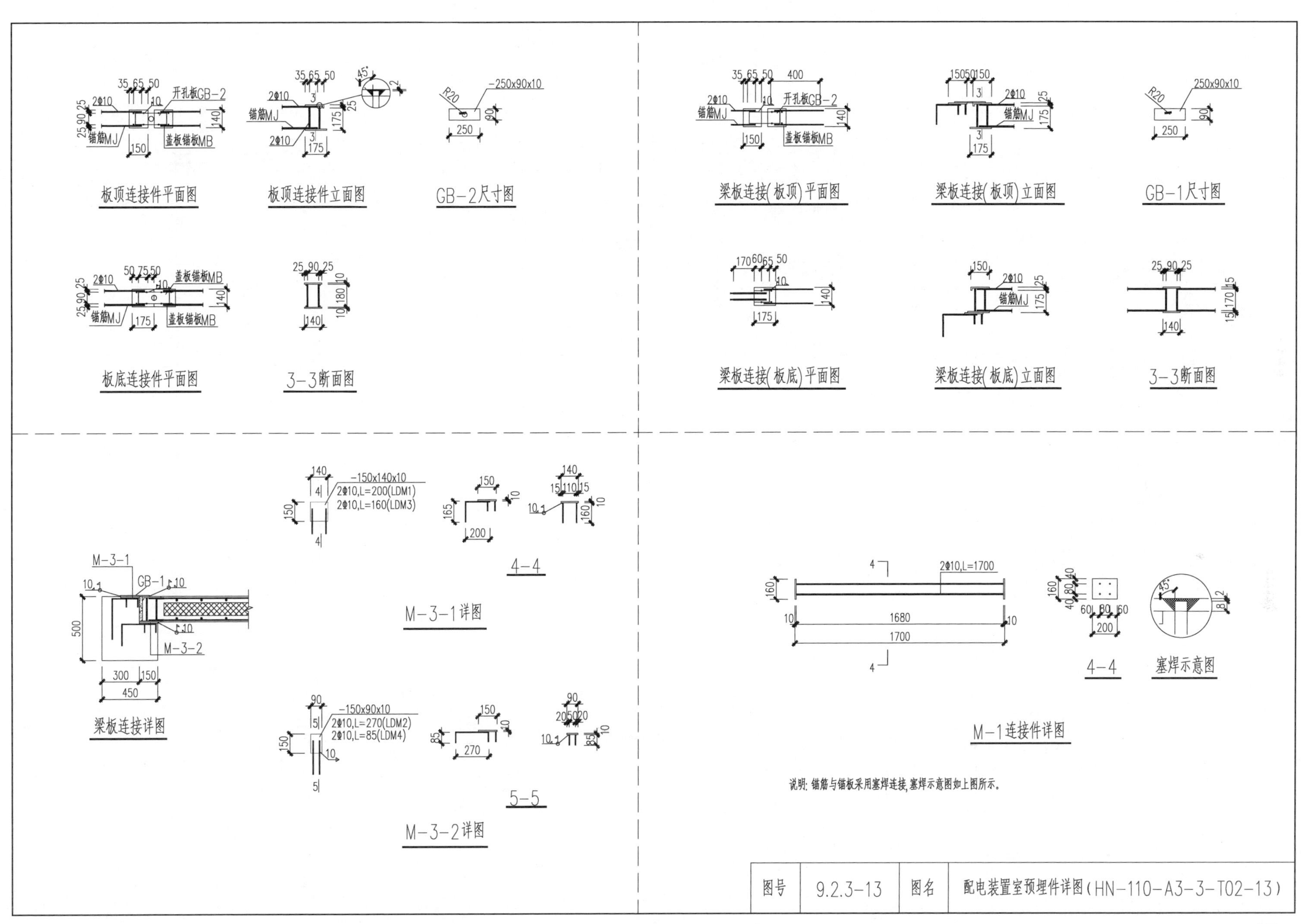

板顶连接件平面图
板顶连接件立面图
GB-2尺寸图
梁板连接(板顶)平面图
梁板连接(板顶)立面图
GB-1尺寸图
板底连接件平面图
3-3断面图
梁板连接(板底)平面图
梁板连接(板底)立面图
3-3断面图
开孔板GB-2
锚筋MJ
盖板锚板MB
-250x90x10
250x90x10
梁板连接详图
M-3-1
GB-1
M-3-2
-150x140x10
2Φ10,L=200(LDM1)
2Φ10,L=160(LDM3)
4-4
M-3-1详图
-150x90x10
2Φ10,L=270(LDM2)
2Φ10,L=85(LDM4)
5-5
M-3-2详图
2Φ10,L=1700
4-4
塞焊示意图
M-1连接件详图
说明：锚筋与锚板采用塞焊连接,塞焊示意图如上图所示。
图号
9.2.3-13
图名
配电装置室预埋件详图(HN-110-A3-3-T02-13)

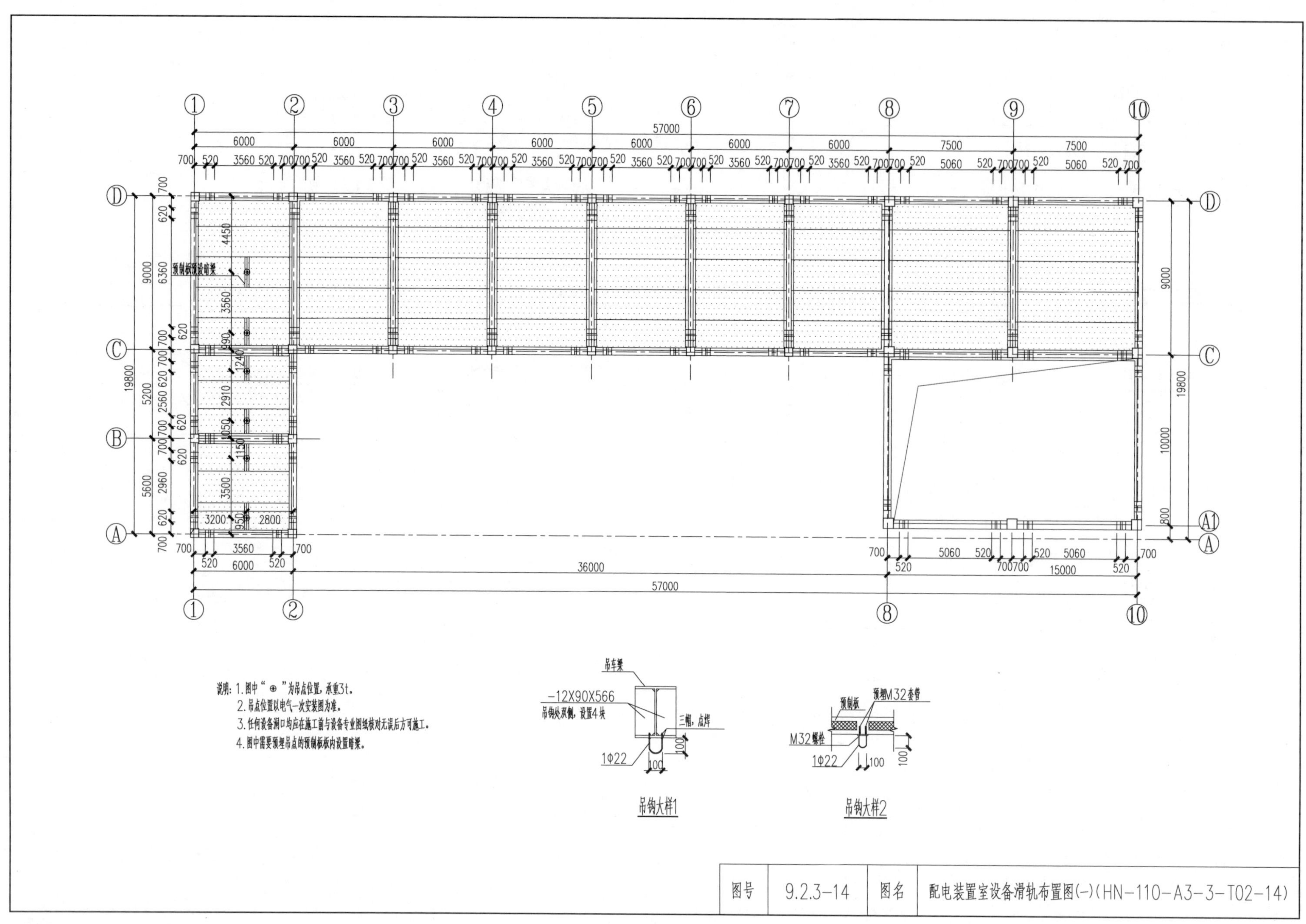

57000
6000 6000 6000 6000 6000 6000 6000 7500 7500
19800
9000
10000
800
36000
15000
预制板预设暗梁
吊车梁
-12X90X566
吊钩处双侧，设置4块
三帽，点焊
1Φ22
100
预制板
预埋M32套管
M32螺栓
吊钩大样1
吊钩大样2
说明：1.图中“ ⊕ ”为吊点位置，承重3t。
2.吊点位置以电气一次安装图为准。
3.任何设备洞口均应在施工前与设备专业图纸核对无误后方可施工。
4.图中需要预埋吊点的预制板板内设置暗梁。
图号 9.2.3-14 图名 配电装置室设备滑轨布置图(一)(HN-110-A3-3-T02-14)

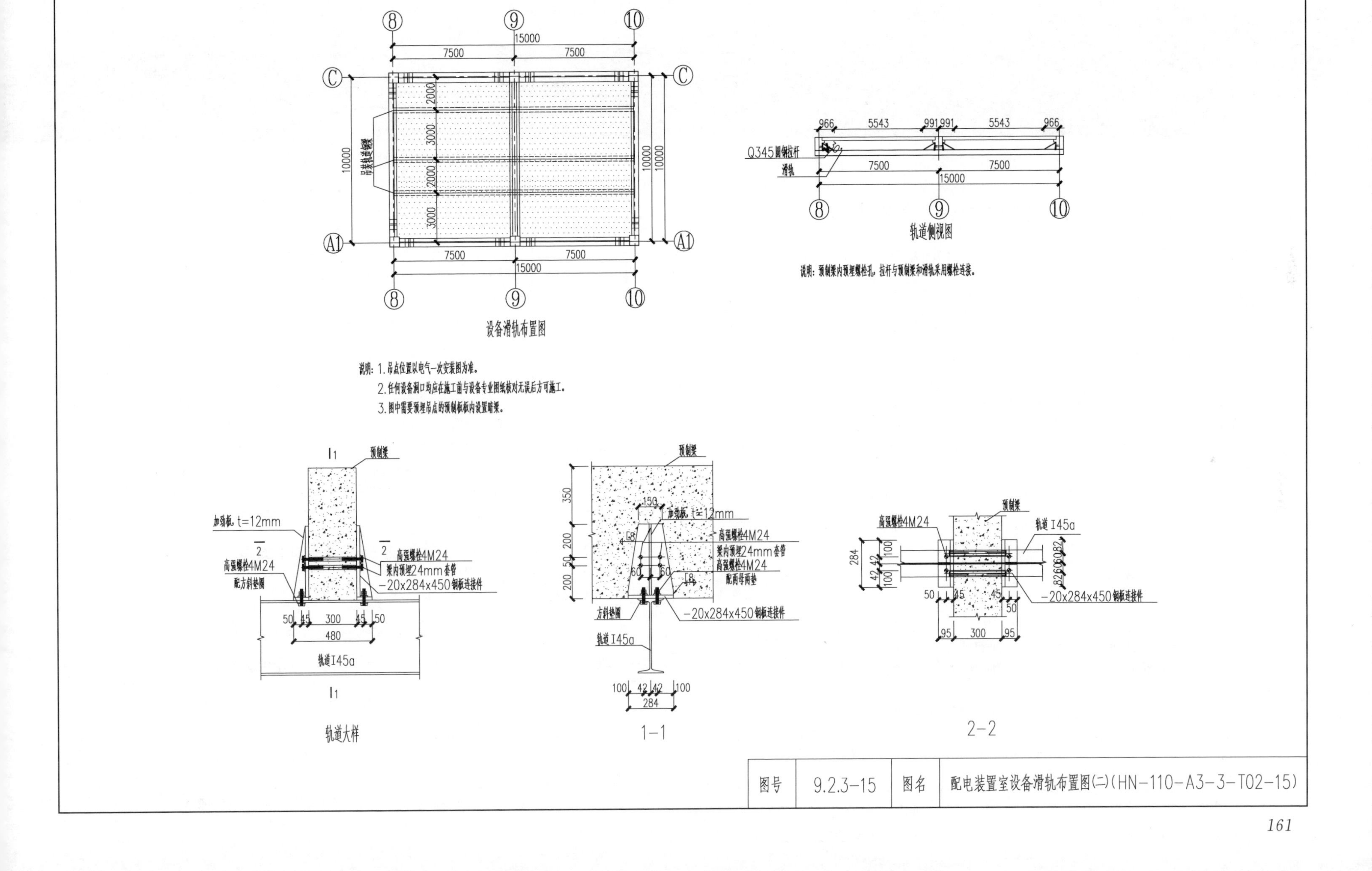
设备滑轨布置图
说明：1.吊点位置以电气一次安装图为准。
2.任何设备洞口均应在施工前与设备专业图纸核对无误后方可施工。
3.图中需要预埋吊点的预制板板内设置暗梁。
Q345圆钢拉杆
滑轨
轨道侧视图
说明：预制梁内预埋螺栓孔，拉杆与预制梁和滑轨采用螺栓连接。
预制梁
加劲板 t=12mm
高强螺栓4M24
梁内预埋24mm套管
配方斜垫圈
-20x284x450钢板连接件
轨道I45a
方斜垫圈
配两导两垫
轨道大样
1-1
2-2
图号
9.2.3-15
图名
配电装置室设备滑轨布置图(二)(HN-110-A3-3-T02-15)

第 10 章 HN－110－HGIS（35）方案

10.1 HN－110－HGIS（35）方案主要技术条件

HN－110－HGIS（35）方案主要技术条件见表 10.1－1。

表 10.1－1　HN－110－HGIS（35）方案主要技术条件

序号	项目		本方案技术条件
1	建设规模	主变压器	本期 1 组 50MVA，远期 3 组 50MVA
		出线	110kV：本期 2 回，远期 4 回； 35kV：本期 3 回，远期 6 回； 10kV：本期 10 回，远期 30 回（方案一），本期 8 回，远期 26 回（方案二）
		无功补偿装置	10kV 并联电容器：本期 1×(3600＋4800)kvar；远期 3×(3600＋4800)kvar
2	站址基本条件		海拔小于 1000m，设计基本地震加速度 0.15g，设计风速 $v_0 \leqslant 30$m/s，地基承载力特征值 $f_{ak}=150$kPa，无地下水影响，场地同一设计标高
3	电气部分		110kV 本期单母线分段接线，远期为单母线分段接线； 35kV 本期单母线接线，远期为单母线分段接线； 10kV 本期单母线接线，远期为单母线三分段接线 主变压器采用三相双绕组油浸自冷式有载调压变压器（方案一）； 主变压器采用三相三绕组油浸自冷式有载调压变压器（方案二）； 110kV 采用户外 HGIS 设备； 35kV、10kV 高压开关柜选用金属封闭铠装移开式封闭开关柜； 10kV 并联电容器组选用户外框架式

续表

序号	项目	本方案技术条件
4	建筑部分	HN－110－HGIS(35) 方案围墙内占地面积 4781.4m²，配电装置室建筑面积 537.05m²； 建筑物结构型式为装配式混凝土加结构； 建筑物外墙采用采用 200mm 厚 ALC 板，内墙采用 150mm 厚 ALC 板。屋面板采用分布式连接全装配 RC 楼板（DCPCD）
5	结构部分	本方案采用有限元分析程序 Midas Gen 和 PKPM 相互结合、相互印证的方式进行，Midas Gen 中的计算方法采用时程分析法。结构中梁柱节点采用预制的形式，节点与预制柱（基础）、预制梁分别采用转接头螺栓连接和搭接的形式、同时对连接区域后浇超高性能混凝土（UHPC）材料，梁（墙）-板、板-板连接采用上下匹配的分布式连接件连接

10.2 HN－110－HGIS（35）方案主要设计图纸

10.2.1 总图部分

HN－110－HGIS（35）方案主要设计图纸总图部分见表 10.2－1。

表 10.2－1　HN－110－HGIS（35）方案主要设计图纸总图部分

序号	图号	图名
1	图 10.2.1－01	总平面布置图[HN－110－HGIS(35)－Z01－01]

10.2.2 建筑部分

HN－110－HGIS（35）方案主要设计图纸建筑部分见表 10.2－2。

表 10.2-2　HN-110-HGIS（35）方案主要设计图纸建筑部分

序号	图　号	图　　名
1	图 10.2.2-01	配电装置室建筑设计说明[HN-110-HGIS(35)-T01-01]
2	图 10.2.2-02	配电装置室零米层平面及 A-A 剖面图[HN-110-HGIS(35)-T01-02]
3	图 10.2.2-03	配电装置室屋顶平面布置图[HN-110-HGIS(35)-T01-03]
4	图 10.2.2-04	配电装置室立面图[HN-110-HGIS(35)-T01-04]

10.2.3　结构部分

HN-110-HGIS（35）方案主要设计图纸结构部分见表 10.2-3。

表 10.2-3　HN-110-HGIS（35）方案主要设计图纸结构部分

序号	图　号	图　　名
1	图 10.2.3-01	配电装置室工程结构说明(一)[HN-110-HGIS(35)-T02-01]
2	图 10.2.3-02	配电装置室工程结构说明(二)[HN-110-HGIS(35)-T02-02]
3	图 10.2.3-03	配电装置室预制梁配筋图[HN-110-HGIS(35)-T02-03]
4	图 10.2.3-04	配电装置室预制梁柱布置图[HN-110-HGIS(35)-T02-04]
5	图 10.2.3-05	配电装置室预制板拆分图[HN-110-HGIS(35)-T02-05]
6	图 10.2.3-06	配电装置室预埋件布置图[HN-110-HGIS(35)-T02-06]
7	图 10.2.3-07	配电装置室预制柱配筋图[HN-110-HGIS(35)-T02-07]
8	图 10.2.3-08	配电装置室预制柱配筋详图[HN-110-HGIS(35)-T02-08]
9	图 10.2.3-09	配电装置室预制梁拆分图[HN-110-HGIS(35)-T02-09]
10	图 10.2.3-10	配电装置室预制节点连接详图[HN-110-HGIS(35)-T02-10]
11	图 10.2.3-11	配电装置室预制梁配筋详图(一)[HN-110-HGIS(35)-T02-11]
12	图 10.2.3-12	配电装置室预制梁配筋详图(二)[HN-110-HGIS(35)-T02-12]
13	图 10.2.3-13	配电装置室预制梁配筋详图(三)[HN-110-HGIS(35)-T02-13]
14	图 10.2.3-14	配电装置室预制节点配筋详图[HN-110-HGIS(35)-T02-14]
15	图 10.2.3-15	配电装置室预制板配筋详图[HN-110-HGIS(35)-T02-15]
16	图 10.2.3-16	配电装置室预埋件详图[HN-110-HGIS(35)-T02-16]

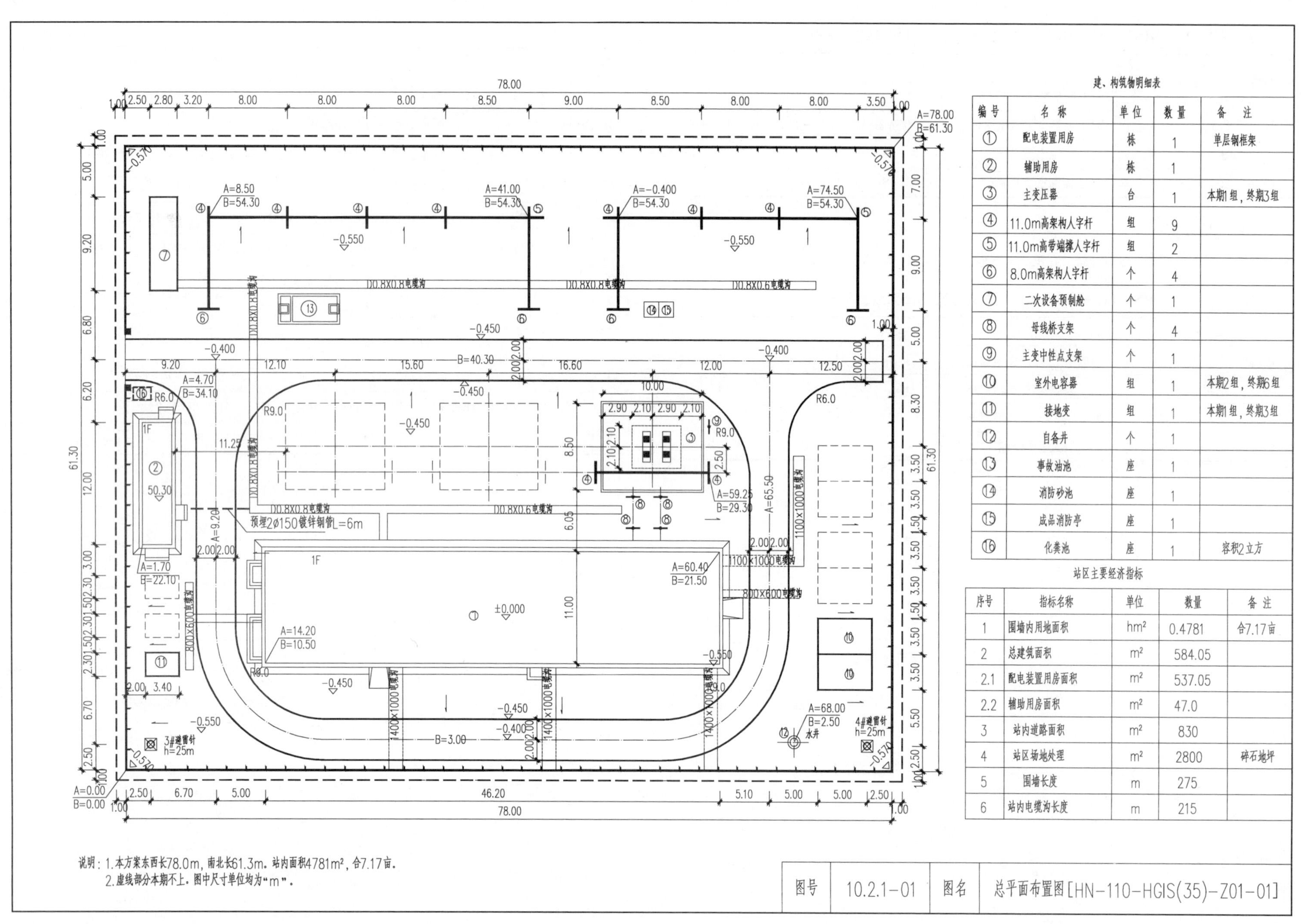

建、构筑物明细表

编号	名称	单位	数量	备注
①	配电装置用房	栋	1	单层钢框架
②	辅助用房	栋	1	
③	主变压器	台	1	本期1组，终期3组
④	11.0m高架构人字杆	组	9	
⑤	11.0m高带端撑人字杆	组	2	
⑥	8.0m高架构人字杆	个	4	
⑦	二次设备预制舱	个	1	
⑧	母线桥支架	个	4	
⑨	主变中性点支架	个	1	
⑩	室外电容器	组	1	本期2组，终期6组
⑪	接地变	组	1	本期1组，终期3组
⑫	自备井	个	1	
⑬	事故油池	座	1	
⑭	消防砂池	座	1	
⑮	成品消防亭	座	1	
⑯	化粪池	座	1	容积2立方

站区主要经济指标

序号	指标名称	单位	数量	备注
1	围墙内用地面积	hm²	0.4781	合7.17亩
2	总建筑面积	m²	584.05	
2.1	配电装置用房面积	m²	537.05	
2.2	辅助用房面积	m²	47.0	
3	站内道路面积	m²	830	
4	站区场地处理	m²	2800	碎石地坪
5	围墙长度	m	275	
6	站内电缆沟长度	m	215	

说明：1.本方案东西长78.0m，南北长61.3m。站内面积4781m²，合7.17亩。
2.虚线部分本期不上。图中尺寸单位均为“m”。

图号	10.2.1-01	图名	总平面布置图[HN-110-HGIS(35)-Z01-01]

建筑项目主要特征表	建筑名称	结构类型	建筑面积/m²	建筑基底面积/m²	建筑工程等级	设计使用年限	建筑层数	建筑总高度/m	火灾危险性分类	耐火等级	屋面防水等级	地下室防水等级	抗震设防烈度
	配电装置室	装配式混凝土结构	537.05	537.05	中型	50	一	5.5	戊	二	Ⅰ	—	7

一、主要设计依据

（1）初步设计、总平面图及各相关专业资料。

（2）现行的国家有关建筑设计的主要规范及规程：《建筑设计防火规范》（GB 50016—2014）2018年版、《火力发电厂与变电站设计防火标准》（GB 50229—2019）、《屋面工程技术规范》（GB 50345—2012）、《民用建筑设计统一标准》（GB 50352—2019）、《建筑玻璃应用技术规程》（JGJ 113—2015）、《建筑内部装修设计防火规范》（GB 50222—2017）、《建筑防烟排烟系统技术标准》（GB 51251—2017）、《建筑地面设计规范》（GB 50037—2013）、《建筑外窗气密性能分级及其检测方法》（GB/T 7106—2008）、《110kV～220kV智能变电站设计规范》（GB/T 51072—2014）、《国家电网公司输变电工程施工图设计内容深度规定》。

（3）本工程需遵照执行《输变电工程建设标准强制性条文实施管理规程》《国家电网公司输变电工程质量通病防治工作要求及技术措施》和《国家电网公司输变电工程标准工艺（六）标准工艺设计图集》（2014年版）（下文简称BDTJ）中相关规定。工艺标准施工按照《国家电网公司输变电工程标准工艺（三）工艺标准库》（2016年版）中相关要求。

（4）其他相关的国家和项目所在省、市的法规、规范、规定、标准等。

二、本单体建筑工程概况

（1）本单体建筑工程概况见本册建筑项目主要特征表。本变电站为无人值守智能变电站。

（2）本建筑总平面定位坐标详见总平面图；本建筑室内地坪±0.000标高相对应的绝对标高详见总平面图。

（3）本建筑图中标高单位为米，其余图纸尺寸单位为毫米，各层标注标高为完成面标高（建筑面标高），屋面标高为结构面标高。

（4）梁柱的尺寸、定位等详见结构施工图。

三、墙体工程

（1）材料与厚度：±0.000以下采用MU20蒸压灰砂砖M10水泥砂浆砌筑；±0.000以上采用建筑外墙除特殊说明外采用200mm厚A级ALC板，耐火极限3.0h（蒸压加气混凝土板材简称ALC板）。

防火内墙：内墙为150mm厚A级，ALC板，耐火极限3.0h。细部构造做法参见13J104。

注：工业化墙板系统材料均为工厂预制完成，现场拼接、固定、安装完成，最终以甲方订货为准；墙上预留埋铁需由装配式墙体厂家考虑设置并满足荷载要求。

阴影处墙体为配电箱等设备所在墙体，按照箱体要求适当加厚处理，满足配电箱暗装要求。

（2）构造要求：建议工业化墙板由专业和具备资质的同一厂家进行排版、设计、供货、施工安装，厂家应考虑墙体上的洞口、门、雨篷安装等要求，设备尺寸大于房间门洞尺寸的房间须待设备安装到位后再安装墙体。

蒸压加气混凝土板材的施工工艺以及各相关构造做法要求参照《蒸压加气混凝土砌块、板材构造》（13J104）。

（3）外墙窗户及墙体预留洞详见建施及设备平面图，洞口处四周增加檩条，由墙体厂家统一考虑。

（4）墙体上的空调管留洞、排气洞、过水洞等应注意避开水立管和不影响外窗开启。

（5）墙上管道及工艺开孔需封堵的孔洞请见各专业相应要求。

（6）墙上配电箱等设备的预留洞（槽）尺寸及位置需结合设备专业图纸。

（7）散水宽度根据具体工程情况核定，图中为示意。

四、楼地面工程

本工程楼地面做法详见“室内装修做法表”。

五、屋面防水工程

（1）雨水管下方设置水簸箕。雨水管及水簸箕做法参见《平屋面建筑构造》（12J201-H6）。

（2）屋面检修孔做法参见《平屋面建筑构造》（12J201-H20）；设备基座做法参见12J201-H20-3。

（3）设防要求：按倒置式屋面做法（即防水层在下，保温隔热层在上）；所有防水材料的四周卷起泛水高度，均距结构楼面300mm高；女儿墙阴阳转角处应附加一层防水材料。

（4）凡管道穿屋面等屋面留孔位置需检查核实后再做防水材料，避免做防水材料后再凿洞。

六、外门窗工程

（1）外门窗均采用90系列节能型断热桥铝合金型材和6+12A+6中空浮法玻璃。

易遭受撞击、冲击而造成人体伤害部位的玻璃均应选用安全玻璃。

外门窗（含阳台门）的气密性、水密性及抗风压性能应符合《建筑外门窗气密、水密、抗风压性能分级及检测办法》（GB/T 7106—2008）的相关规定，其中气密性不应低于4级，水密性不应低于4级，抗风压性能不应低于3级，空气隔声性能不应低于3级。

（2）门窗立面均表示洞口尺寸，门窗加工尺寸应按照装修面厚度予以调整，门窗制作安装应实测核对各洞口尺寸及各门窗编号与个数，以防止由于设计及构造误差造成安装困难，门窗侧边固定连接点的定位原则：每边最端头固定点距门窗边框端头180，其余固定点位置间隔500左右均分。

（3）门窗立樘：内外门窗立樘除特殊说明外均居墙中（墙檩处）。

（4）建筑外窗宜加装安全防盗设施，具体形式由建设方确定。

（5）门窗的立面形式、数量、尺寸、色彩、开启方式、型材、玻璃等详见门窗表和门窗立面图放大图。

七、内装修工程

（1）本工程各部位内装修做法详见“室内装修做法表”。装修所用材料应采用对人体健康无毒无害的环保型材料，同时符合《民用建筑工程室内环境污染控制规范》（GB 50325—2010）的规定，并应在施工前提供样板，经建设单位和设计单位认可后方可施工。本工程所有建筑材料和设备均应符合管理部门的环保规定和质量标准及节约能源的要求。

（2）装修时建筑内部污水立管、透气管、雨水管、空调冷凝水管、排气道的位置不得移动。

（3）未经技术鉴定和设计认可，不得拆改结构构件和进行加层改造。当建筑装修涉及主体结构改动或增加荷载时，须由设计单位进行结构安全性复核，提出具体实施方案后方可施工。

（4）所有穿过防水层的预埋件、紧固件应采用高性能密封材料密封。

（5）楼面找平须待设备管线孔洞预留无误后再行施工。

（6）所有材料、构造、施工应遵照《建筑装饰装修工程质量验收标准》（GB 50210—2018）执行。

八、外装修工程

（1）建筑立面的颜色和材质详见立面图，外墙面做法详见“室外装修做法表”。外墙面施工前应作出样板，待建设方和设计方认可后方可进行施工，并应遵照《建筑装饰装修工程质量验收标准》（GB 50210—2018）的要求。

（2）其余外露铁件做一道防锈底漆和二道面漆。不露面铁件做二道防锈漆，金属件接缝要严密，用于室外的金属件接缝处用树脂涂料二道密封。

（3）各种外墙洞口边缘应做滴水线。

（4）窗台节点确保里高外低不泛水，室内抹灰成活面高于室外成活面高差不小于20mm。腰线、檐板以及窗外窗台面层均坡向墙外。

（5）建筑装饰装修工程所用材料应符合国家有关建筑装饰装修材料有害物质限量标准的规定。

九、噪声防治及主变泄爆措施

（1）变电站噪声对周围环境的影响必须符合国标《工业企业厂界噪声标准》（GB 12348—2008）和《声环境质量标准》（GB 3096—2008）的规定的2类标准。

（2）主变室内墙体吸声、大门、窗、风机等设施降噪均应选择隔声性能合格的产品，由专业厂家二次设计、制作、安装。

（3）主变室外墙设置轻型泄爆外墙，墙体构造根据《建筑设计防火规范》（GB 50016—2014）2018年版要求，单位质量不大于0.6kN/m，具备资质厂家二次设计，墙体做法参考《抗爆、泄爆门窗及屋盖、墙体建筑构造》（14J938）相关做法执行。

（4）泄爆外墙装饰应与整体建筑装饰效果相适应，优先选择同种材料。

十、其他应注意事项

（1）土建施工时应注意将建筑、结构、水、暖、电气等各专业施工图纸相互对照，确认墙体及楼板各种预留孔洞尺寸及位置无误后方可进行施工。

（2）若有疑问应提前与设计院沟通解决．施工过程中，如遇各专业施工图纸不符的，不得以其中任何一个专业图纸作为施工依据。

（3）工业化墙板供货厂家应根据产品实际规格及相关配件规格进行深化设计及排板设计。建筑物装修色彩应先做样，取得建设单位和设计单位的同意后方可施工。

（4）本设计说明及全部施工图纸未尽之处应按国家各有关施工及验收规范执行。

十一、本站选用建筑标准设计图集

《国家电网公司输变电工程标准工艺（六）标准工艺设计图集》、《国家电网公司输变电工程标准工艺（三）工艺标准库》、《特种门窗（一）》（17J610-1）、《建筑节能门窗（一）》（06J607-1）。

图号	10.2.2-01	图名	配电装置室建筑设计说明[HN-110-HGIS(35)-T01-01]

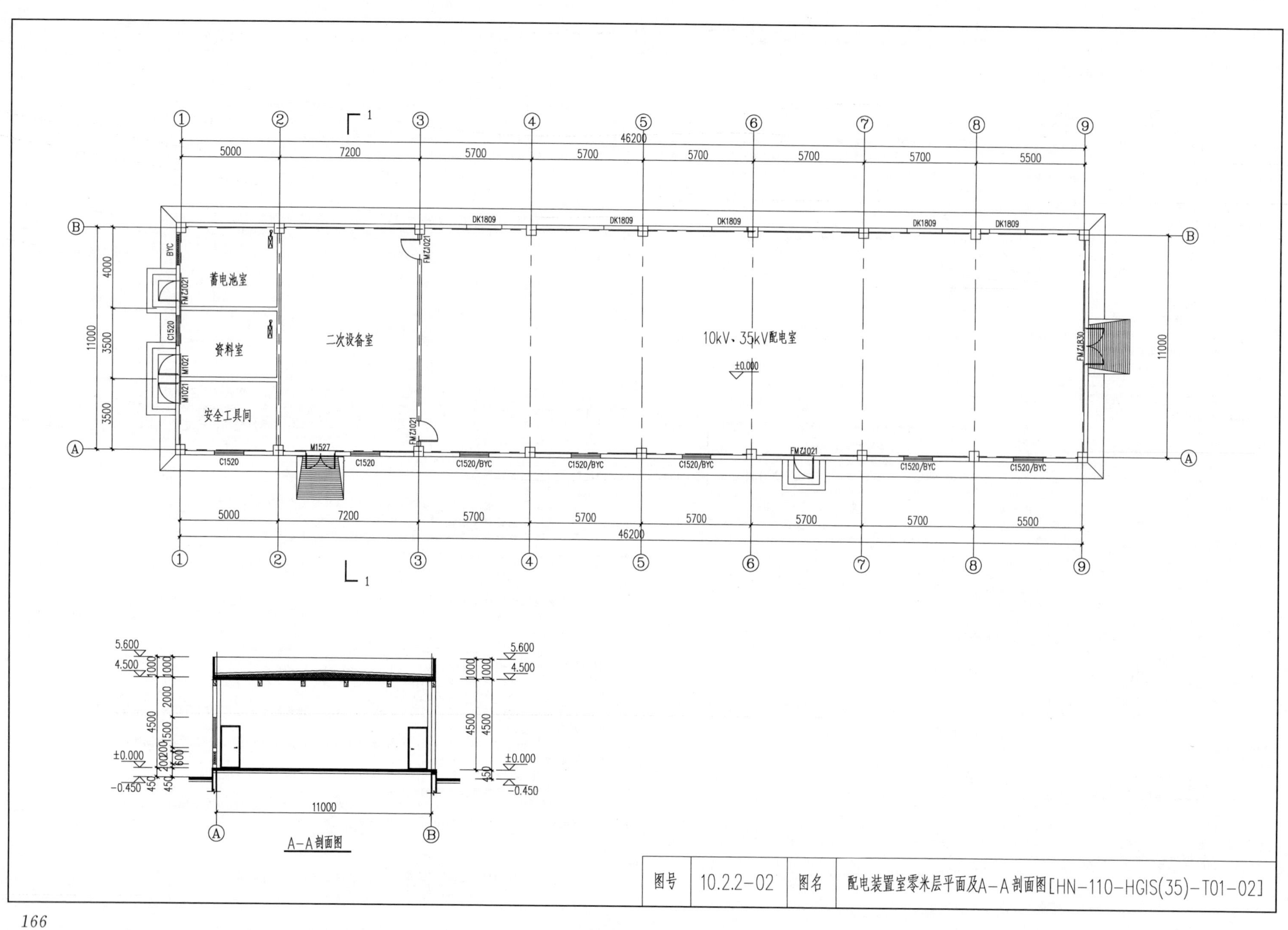

图号	10.2.2-02	图名	配电装置室零米层平面及A—A剖面图[HN-110-HGIS(35)-T01-02]

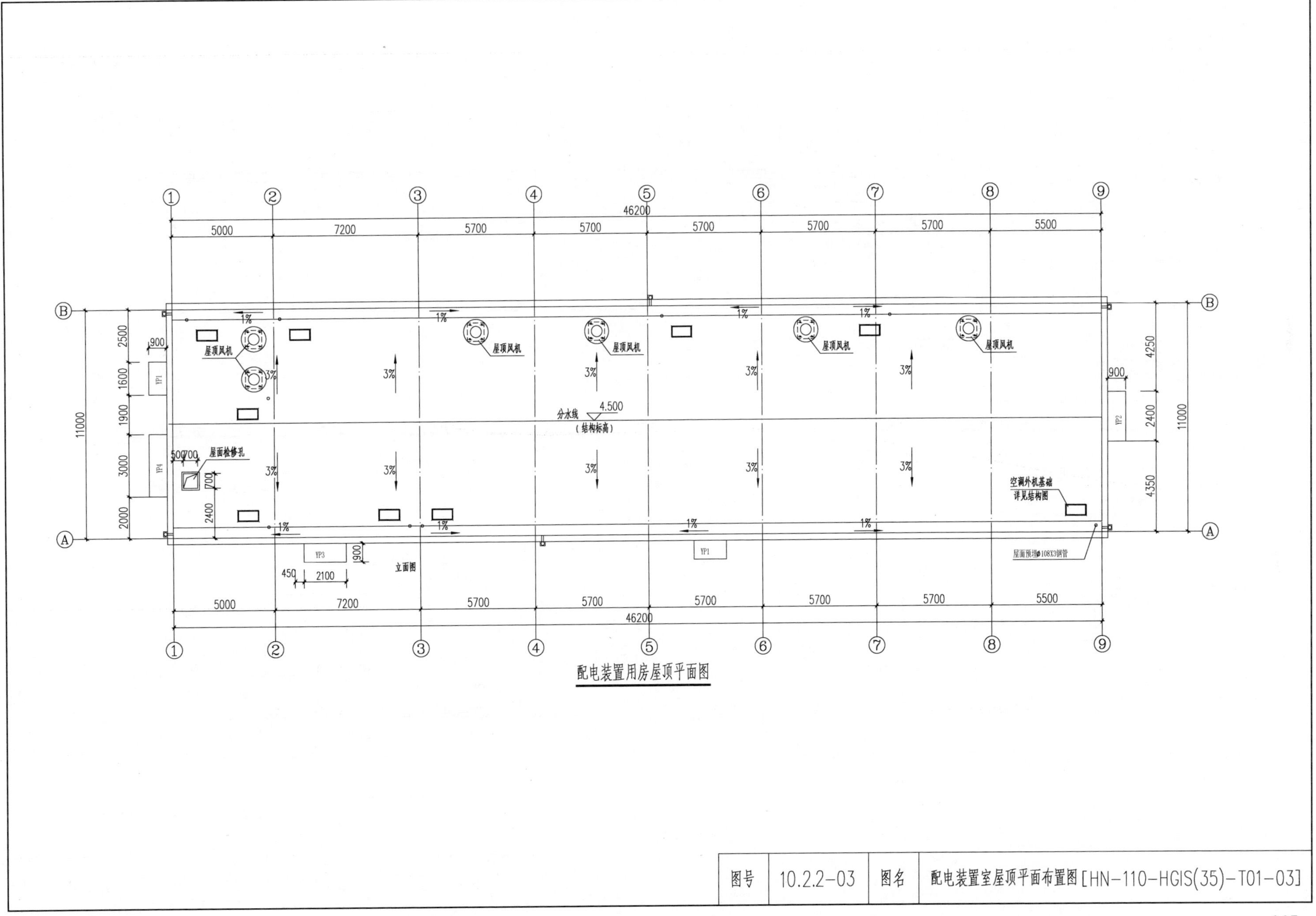

46200
5000
7200
5700
5500
11000
2500
1600
1900
3000
2000
4250
2400
4350
900
500
700
2400
450
2100
屋顶风机
3%
1%
分水线
4.500
（结构标高）
屋面检修孔
空调外机基础
详见结构图
屋面预埋φ108X3钢管
立面图
YP1
YP2
YP3
YP4
配电装置用房屋顶平面图
图号
10.2.2-03
图名
配电装置室屋顶平面布置图[HN-110-HGIS(35)-T01-03]

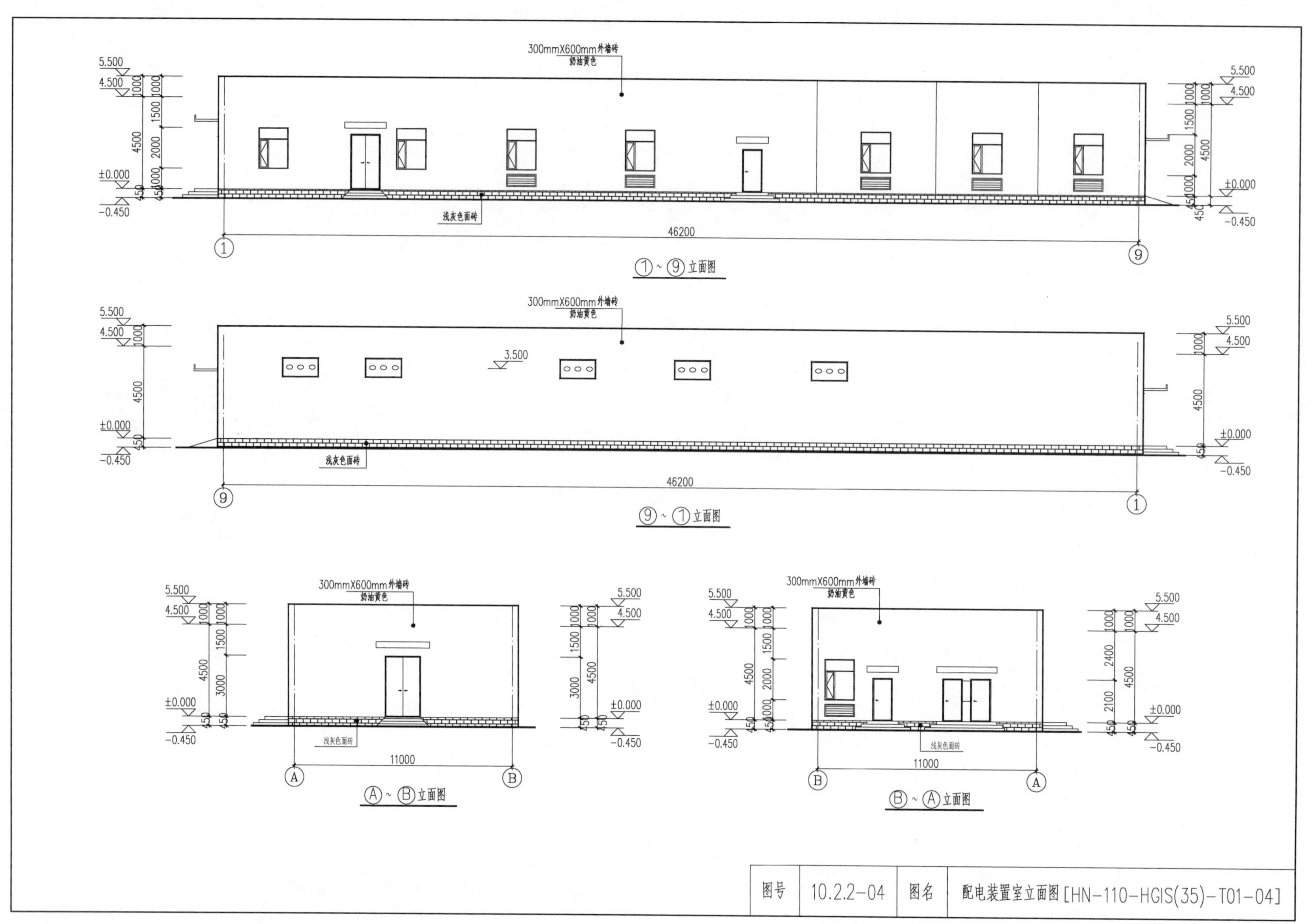

图号	10.2.2-04	图名	配电装置室立面图[HN-110-HGIS(35)-T01-04]

一、工程概况

（1）本卷册为河南公司 HN-110-HGIS(35) 标准化设计 35kV 配电装置室结构图。

（2）35kV 配电装置室为一层装配式混凝土框架结构。

（3）本卷册未包含基础设计，采用本方案的工程，需根据具体的工程地质进行具体的基础设计及必要的地基处理。基础部分采用现浇，正负零以上采用全装配式结构，底层柱底与基础采用连接块连接，预留柱伸入基础的钢筋。

（4）本方案结构设计使用年限为 50 年，建筑结构安全等级为二级，结构重要性系数为 1.0，建筑抗震设防类别丙类，设计使用年限内未经技术鉴定或设计许可，不得改变结构的用途和使用环境。

（5）本工程图纸所注尺寸均以毫米为单位，标高以米计，±0.00 相当于黄海高程×××m，建筑定位详总平面定位图。

（6）设计活荷载取值见下表：

种类	标准值/(kN/m^2)	所在区域
基本风压	0.45	n=50 年
基本雪压	0.40	n=50 年
屋面活荷载	0.70	不上人屋面

二、设计依据

（1）根据国家电网有限公司部门文件《国网基建部关于发布 35～750kV 变电站通用设计通信、消防部分修订成果的通知》（基建技术〔2019〕51 号）之规定及通用方案，并结合河南省实标而修改后的实施方案，编号为 HN-110-HGIS（35）-T02。

（2）国家有关标准及规范（以下所列规程、规范和标准均按现行版本执行，并且并不限于以下规程、规范和标准，凡与其有关的规程、规范和标准均须执行。当所列规程、规范和标准的规定有不一致时，按较高标准执行）见下表：

名　　称	代　　号
《装配式混凝土建筑技术标准》	GB/T 51231—2016
《装配式混凝土结构技术标准》	JGJ 1—2014
《预制混凝土构件质量检验标准》	T/CECS 631：2019
《装配式结构工程施工质量验收规程》	DGJ32/J 184—2016
《建筑结构可靠度设计统一标准》	GB 50068—2018
《建筑工程抗震设防分类标准》	GB 50223—2008
《建筑抗震设计规范》	GB 50011—2010（2016 年版）
《电力设施抗震设计规范》	GB 50260—2013
《建筑结构荷载规范》	GB 50009—2012
《混凝土结构设计规范》	GB 50010—2010（2015 年版）
《变电站建筑结构设计技术规程》	DL/T 5457—2012
《220kV～750kV 变电站设计技术规程》	DL/T 5218—2012
《建筑地基基础设计规范》	GB 50007—2011
《建筑地基处理技术规范》	JGJ 79—2012
《建筑地基基础工程施工质量验收标准》	GB 50202—2018
《混凝土结构工程施工质量验收规范》	GB 50204—2015
《钢结构设计标准》	GB 50017—2017
《冷弯薄壁型钢结构技术规范》	GB 50018—2002

续表

名　　称	代　　号
《建筑设计防火规范》	GB 50016—20141（2018 年版）
《火力发电厂与变电站设计防火标准》	GB 50229—2019
《建筑钢结构防火技术规范》	GB 51249—2017
《钢结构防火涂料》	GB 14907—2018
《建筑钢结构防腐蚀技术规程》	JGJ/T 251—2011
《钢结构焊接规范》	GB 50661—2011
《钢筋焊接及验收规程》	JGJ 18—2012
《钢结构工程施工质量验收标准》	GB 50205—2020
《钢筋机械连接技术规程》	JGJ 107—2016
《电力建设施工质量验收及评定规程》	DL/T 5210.1—2018
《砌体结构工程施工质量验收规范》	GB 50203—2011

三、本方案设计假定自然条件

（1）基本风压：0.45kN/m^2，地面粗糙度为 B 类。

（2）基本雪压：S_0=0.4kN/m^2。

（3）抗震设防烈度为 7 度，设计基本地震加速度值为 0.15g，设计地震分组为第二组。

（4）建筑物抗震设防类别为丙类，建筑场地类别为Ⅱ类，特征周期为 0.4s。

（5）抗震构造措施设防烈度 7 度，钢筋混凝土结构抗震等级为三级。

四、设计计算程序

结构整体受力分析及抗震验算采用中国建筑科学研究院研制的 PKPM5.0 系列软件、MIDASGEN 及静力计算手册进行计算，结构规则性信息为规则。

五、主要结构材料

（1）混凝土强度等级见下表：

预制构件混凝土强度等级选用表

垫层	基础、柱（基础～－0.050）	柱（－0.05～柱顶）	梁、板、楼梯	圈梁、构造柱
C15	C35	C30	C30	C30

（2）混凝土耐久性要求见下表：

结构混凝土材料的耐久性基本要求

环境类型	最大水胶比	最低强度等级	最大氯离子含量/%	最大碱含量/(kg/m^3)
一	0.60	C20	0.30	不限制
二 a	0.55	C25	0.20	3.0
二 b	0.50（0.55）	C30（C25）	0.15	

注：处于严寒和寒冷地区二 b 类环境中的混凝土应使用引气剂，并可采用括号中的有关参数。

（3）必须选用国家标准钢材，Φ为 HPB300 钢筋，Ф为 HRB400 钢筋。型钢及钢板采用 Q235B 钢材。

（4）当钢筋采用焊接时，HPB300 钢筋用 E43 焊条，HRB400 钢筋用 E55 焊条，按《钢筋焊接及验收规程》（JGJ 18—2012）施工和验收。

图号	10.2.3-01	图名	配电装置室工程结构说明(一)[HN-110-HGIS(35)-T02-01]

（5）框架纵向受力钢筋的抗拉强度实测值与屈服强度实测值的比值不应小于 1.25；且钢筋的屈服强度实测值与强度标准值的比值不应大于 1.3，且钢筋在最大拉力下的总伸长率实测值不应小于 9%。钢筋的强度标准值应具有不小于 95%的保证率。

（6）受力预埋件锚筋不应采用冷加工钢筋，钢材采用 Q235B。

六、钢筋混凝土相关问题

（1）完全外露构件、结构外围构件的外侧及±0.000 以下构件与土接触的面均为二 b 类环境，其余为一类环境。

（2）构件的保护层厚度见下表：

环境类别	板、墙、壳	梁、柱、杆
一	15	20
二 a	20	25
二 b	25	35

注 1. 混凝土强度等级不大于 C25 时，表中保护层厚度数值应增加 5mm。
2. 钢筋混凝土基础设置 100mm 混凝土垫层，基础中钢筋的混凝土保护层厚度应以垫层顶面算起，且不应小于 40mm。

（3）钢筋锚固长度与搭接长度按《混凝土结构施工图平面整体表示方法制图规则和构造详图》（16G101－01）和《装配式混凝土结构连接节点构造》（15G310－1～2）。

（4）钢筋的接头宜设置在受力较小处，框架结构钢筋接头不宜设置在梁柱箍筋加密区，同一纵向受力钢筋不宜设置两个或两个以上接头，框架梁柱及配有抗扭纵筋的非框架梁均采用抗震箍筋。

（5）楼层梁板上部筋接头应在跨中，下部筋接头在支座。基础拉梁钢筋接头在支座处。板钢筋采用搭接接头时，同一截面钢筋搭接接头数量不得大于钢筋总量的 25%，相邻接头间的最小距离为 45d。

（6）预制柱的设计应符合现行国家标准《混凝土结构设计规范》（GB 50010）的要求，柱箍筋加密区长度范围参考 16G101－01 标准图集，并应符合下列规定：柱纵向受力钢筋直径不宜小于 20mm；矩形柱截面宽度或圆柱直径不宜小于 400mm，且不宜小于同方向梁宽的 1.5 倍。

（7）梁、柱纵向钢筋在后浇节点区内采用直线锚固、弯折锚固或机械锚固的方式时，其锚固长度应符合现行国家标准《混凝土结构设计规范》（GB 50010）中的有关规定；当梁、柱纵向钢筋采用锚固板时，应符合现行行业标准《钢筋锚固板应用技术规程》（JGJ 256）中的有关规定。

七、图纸内容表达

（1）构造及制图执行《混凝土结构施工图平面整体表示方法制图规则和构造详图》（16G101－01）、《装配式混凝土结构表示方法及示例》（15G107－1）和《装配式混凝土结构连接节点构造》（15G310－1～2）。

（2）图中长度单位为 mm，结构标高单位为 m。

八、预制构件制作及检验

（1）应根据预制构件制作特点制定工艺流程，明确质量要求和质量控制要求。

（2）模具所选用材料应有质量证明书或检验报告，模具应具有足够的刚度、强度、稳定性，模具构造应满足钢筋入模、混凝土浇捣和养护的要求；模具组装完成后需进行去毛、除锈、清渣等工作；并符合构件精度要求；与构件混凝土直接接触的钢模表面需均匀涂抹脱模剂。

（3）对于外观要求较高的构件，在模板拼接处如侧模与底模的拼接处须以止水条做好密封处理以免漏浆影响外观。

（4）预埋窗框的固定，预制构件厂按图纸位置在窗框内侧附加钢框用以固定窗框，还需根据窗厂产品要求按间距埋设加强爪件。

（5）钢筋应有产品合格证，并应按有关标准规定进行复试检验，质量必须符合现行有关标准和结构总说明的规定。严格按构件加工图纸要求排布钢筋，并控制保护层厚度。叠合筋应按设计要求露出高度设置。

（6）混凝土用的水泥、骨料（砂、石）、外加剂、掺合料等应有产品合格证，并按有关标准的规定进行复试检验，质量必须符合现行有关标准的规定。混凝土应按国家现行标准《普通混凝土配合比设计规程》（JGJ 55）的有关规定，根据混凝土强度等级、耐久性和工作性等要求进行配合比设计。混凝土外加剂的选择与使用应满足《混凝土外加剂应用技术规范》（GB 50119）。选择各类外加剂时，应特别注意外加剂的适用范围。

（7）构件浇筑成型前，模具、隔离剂涂刷、钢筋成品（骨架）质量、保护层控制措施、预留孔道、配件和埋件等，应逐件进行隐蔽验收，符合有关标准规定和设计文件要求后方可浇筑混凝土。

（8）根据实际情况均匀振捣，要求均匀密实，振捣时应避开钢筋、埋件、管线、面砖等，对于重要勿碰部位提前做好标记。

（9）构件外表面应光滑无明显凹坑破损，内侧与现浇部分相接面须做均匀拉毛处理，拉深 4～5mm。

（10）预制构件混凝土浇筑完毕后，应及时按国家混凝土养护的规定操作养护。

（11）预制构件达到混凝土抗压强度设计值的 75%且不小于 15N/mm^2 时方可拆模起吊。

（12）按国家规范检测混凝土强度；预埋连接件、插筋、孔洞数量、规格、定位；外观质量检查；外形尺寸检查。成品构件尺寸偏差及变形与裂缝应控制在允许范围内，详见《预制预应力混凝土装配整体式框架结构技术规程》（JGJ 224）。

（13）对预制构件修补和保护，预制梁、楼梯、楼板存放采用平躺式，且做好包角包面与固定的防护措施。

（14）预制构件内钢筋弯钩及锚固做法详见《装配式混凝土结构连接节点构造》（15G310－1）中相关构造要求。

（15）为确保安全脱模、起吊，应按设计要求预先做金属预埋件拉拔试验，并递交正式的实验报告。

（16）预制构件模具的允许偏差。预制构件的允许尺寸偏差及检验方法应符合《装配式混凝土结构技术规程》（JGJ 1）的相关规定；预制构件应按设计要求和现行国家标准《混凝土结构工程施工质量验收规范》（GB 50204）的有关规定进行结构性能检验。

九、运输要求

1. 运输注意事项

（1）预制构件运输时，车上应设有专用架，且有可靠的稳定构件措施。预制构件混凝土强度达到设计强度时方可运输。

（2）预制构件运输时，应采用木材或混凝土块作为支撑物，构件接触部位用柔性垫片填实，支撑牢固不得有松动。

2. 运输方式

（1）竖立式：适用于预制混凝土构件较大且为不规则形状时，或高度不是很高的扁平预制混凝土构件可排列竖立。竖立式除了需注意超高限制外还要防止倾覆，必须制作专用钢排架，排架常有山形架和 A 字架。构件与排架之间须有限位措施并绑扎牢固，同时做好易碰部位的边角保护。

（2）平躺式：适用于大多数预制混凝土构件，对于预制楼板、墙板等扁平构件，计算出最佳支点距离以指导运输方正确设置，谨慎采取二点以上支点的方式，如采用需专门措施保证每个支点同时受力。构件平躺叠加，支点与上下层构件的接触点必须设置减震措施，如垫橡胶块等，禁止硬碰硬方式。重叠不宜超过 5 层，且各层垫块必须在同一竖向位置。

十、标准图集

（1）《混凝土结构施工图平面整体表示方法制图规则和构造详图》（16G101－01）。

（2）《混凝土结构施工图平面整体表示方法制图规则和构造详图》（16G101－03）。

（3）《钢筋混凝土抗震构造详图》（11YG002）。

（4）《钢筋混凝土过梁》（11YG301）。

（5）《装配式建筑系列标准应用实施指南（装配式混凝土结构建筑）》。

（6）《装配式混凝土结构表示方法及示例》（15G107－1）。

（7）《装配式混凝土结构连接节点构造》（15G310－1～2）。

（8）《装配式混凝土结构技术规程》（JGJ 1—2014）。

图号	10.2.3-02	图名	配电装置室工程结构说明(二)[HN-110-HGIS(35)-T02-02]

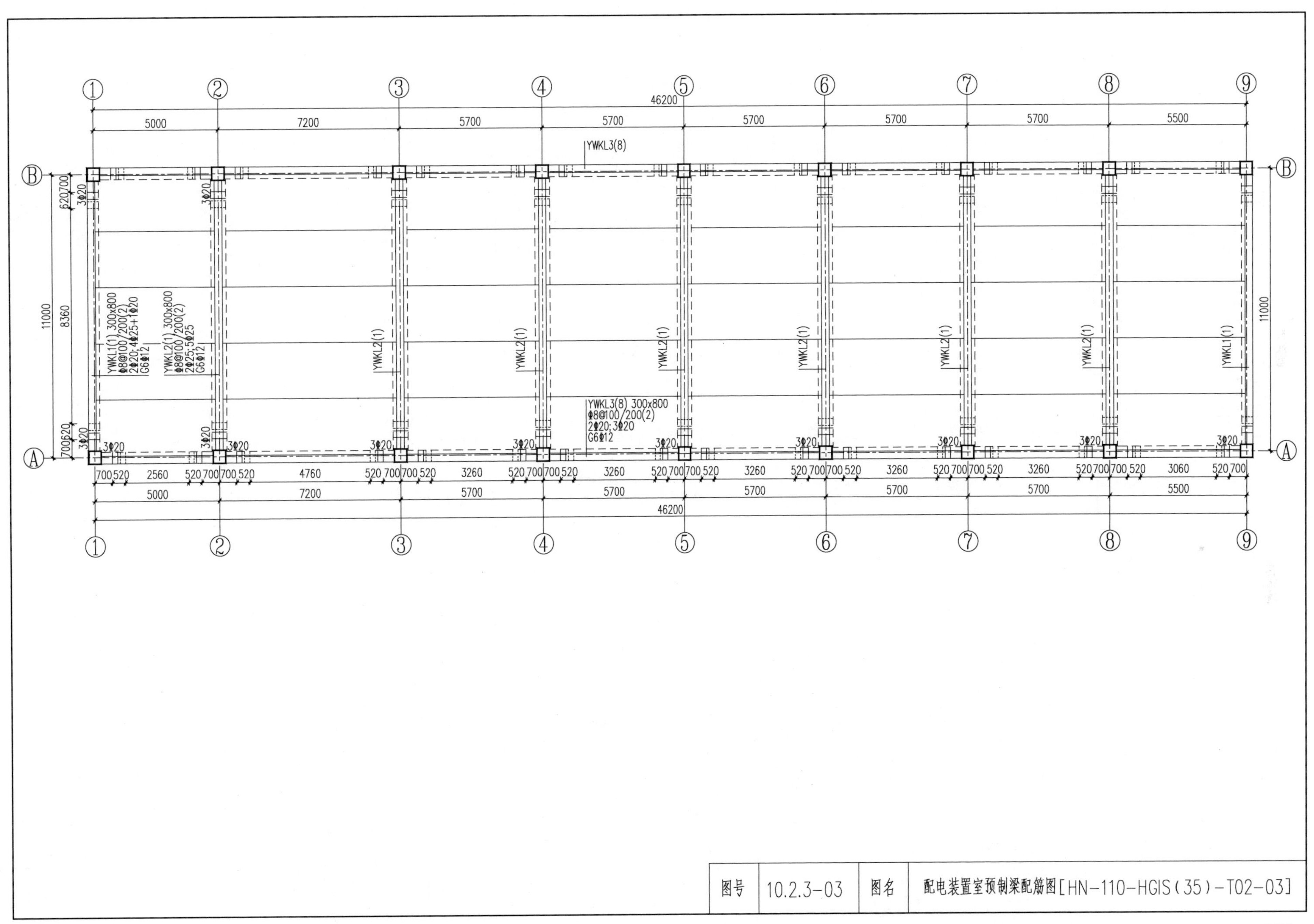

图号	10.2.3-03	图名	配电装置室预制梁配筋图[HN-110-HGIS(35)-T02-03]

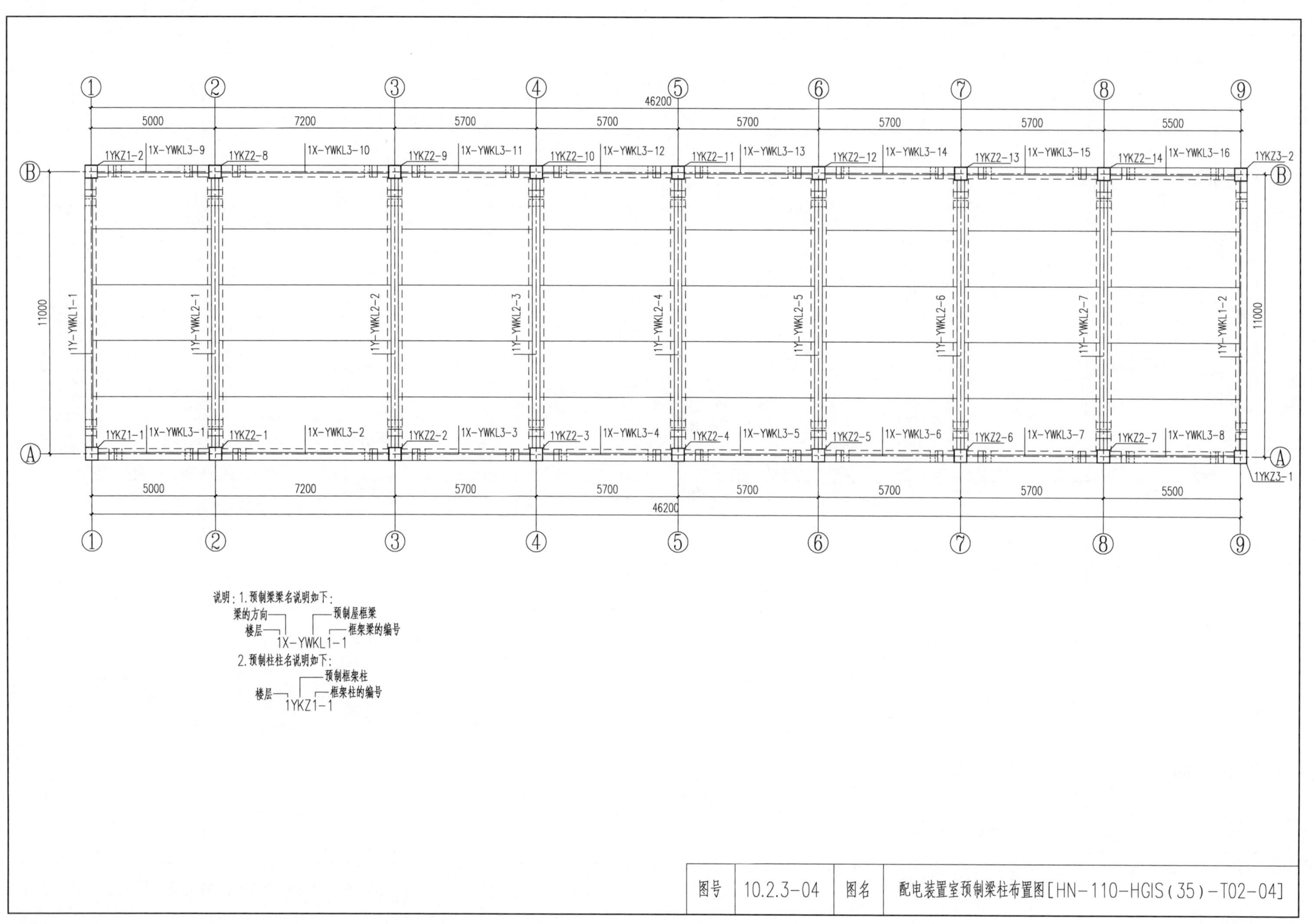

46200
5000
7200
5700
5700
5700
5700
5700
5500
11000
1YKZ1-2
1X-YWKL3-9
1YKZ2-8
1X-YWKL3-10
1YKZ2-9
1X-YWKL3-11
1YKZ2-10
1X-YWKL3-12
1YKZ2-11
1X-YWKL3-13
1YKZ2-12
1X-YWKL3-14
1YKZ2-13
1X-YWKL3-15
1YKZ2-14
1X-YWKL3-16
1YKZ3-2
1Y-YWKL1-1
1Y-YWKL2-1
1Y-YWKL2-2
1Y-YWKL2-3
1Y-YWKL2-4
1Y-YWKL2-5
1Y-YWKL2-6
1Y-YWKL2-7
1Y-YWKL1-2
1YKZ1-1
1X-YWKL3-1
1YKZ2-1
1X-YWKL3-2
1YKZ2-2
1X-YWKL3-3
1YKZ2-3
1X-YWKL3-4
1YKZ2-4
1X-YWKL3-5
1YKZ2-5
1X-YWKL3-6
1YKZ2-6
1X-YWKL3-7
1YKZ2-7
1X-YWKL3-8
1YKZ3-1
说明：1.预制梁梁名说明如下：
梁的方向
楼层
预制屋框梁
框架梁的编号
1X-YWKL1-1
2.预制柱柱名说明如下：
预制框架柱
楼层
框架柱的编号
1YKZ1-1
图号
10.2.3-04
图名
配电装置室预制梁柱布置图[HN-110-HGIS(35)-T02-04]

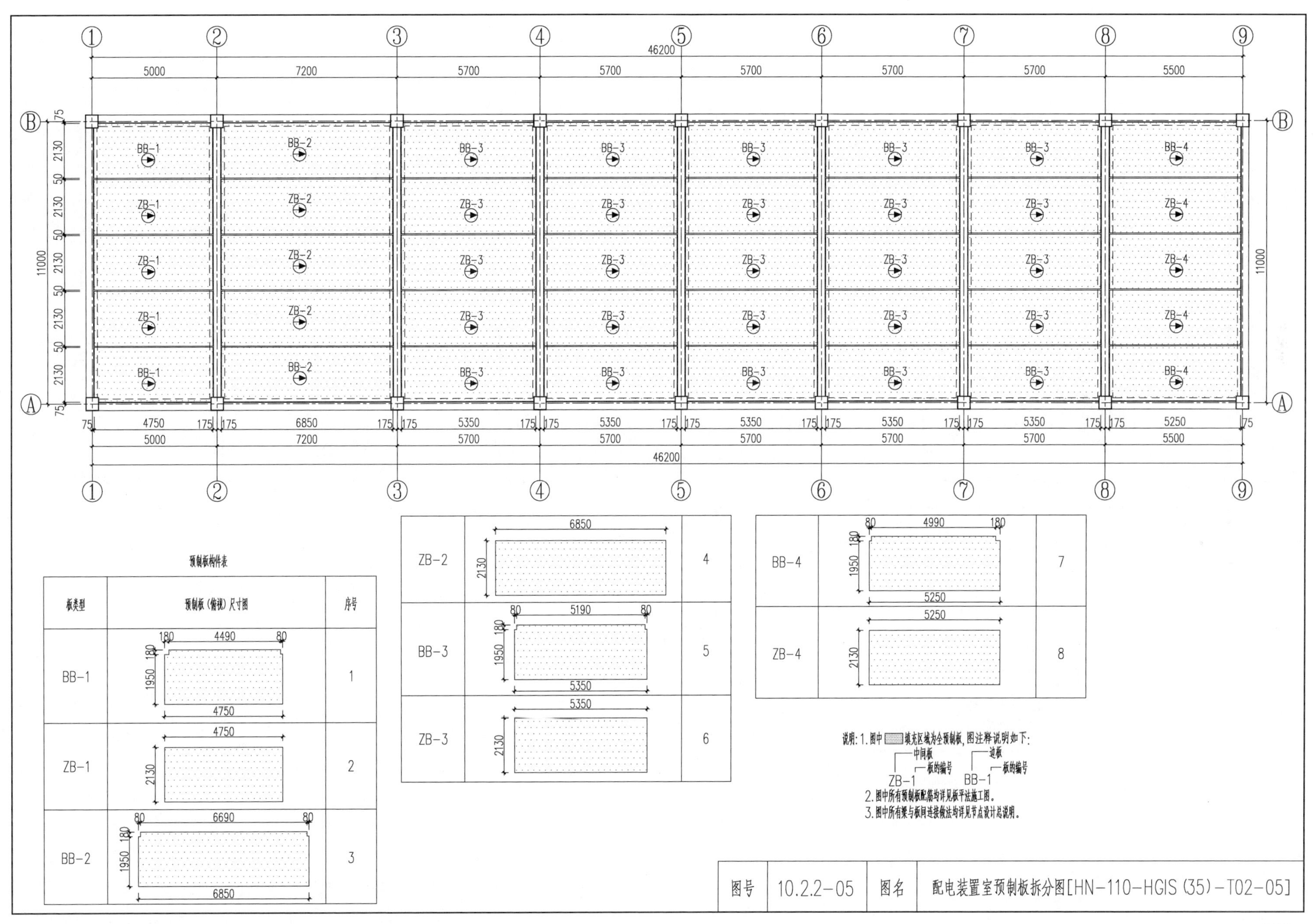
46200
5000
7200
5700
5500
11000
BB-1
BB-2
BB-3
BB-4
ZB-1
ZB-2
ZB-3
ZB-4
预制板构件表
板类型
预制板（俯视）尺寸图
序号
说明：1.图中▒填充区域为全预制板，图注释说明如下：
中间板
板的编号
边板
板的编号
ZB-1
BB-1
2.图中所有预制板配筋均详见板平法施工图。
3.图中所有梁与板间连接做法均详见节点设计总说明。
图号
10.2.2-05
图名
配电装置室预制板拆分图[HN-110-HGIS(35)-T02-05]

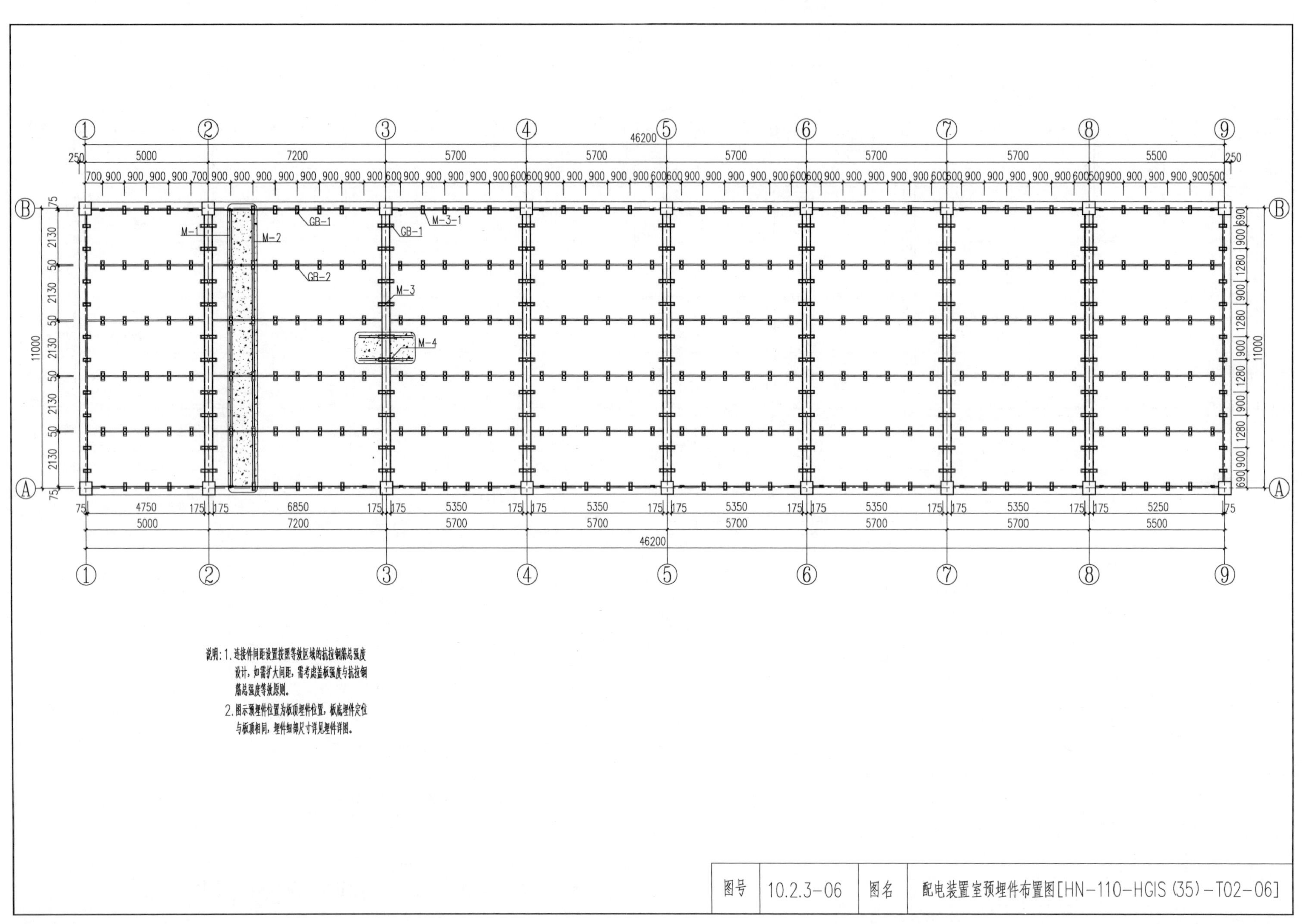

①
②
③
④
⑤
⑥
⑦
⑧
⑨
Ⓐ
Ⓑ
46200
250
5000
7200
5700
5500
4750
6850
5350
5250
11000
2130
690
900
1280
M-1
M-2
M-3
M-3-1
M-4
GB-1
GB-2
说明：1. 连接件间距设置按照等效区域的抗拉钢筋总强度设计，如需扩大间距，需考虑盖板强度与抗拉钢筋总强度等效原则。
2. 图示预埋件位置为板顶埋件位置，板底埋件定位与板顶相同，埋件细部尺寸详见埋件详图。
图号
10.2.3-06
图名
配电装置室预埋件布置图[HN-110-HGIS(35)-T02-06]

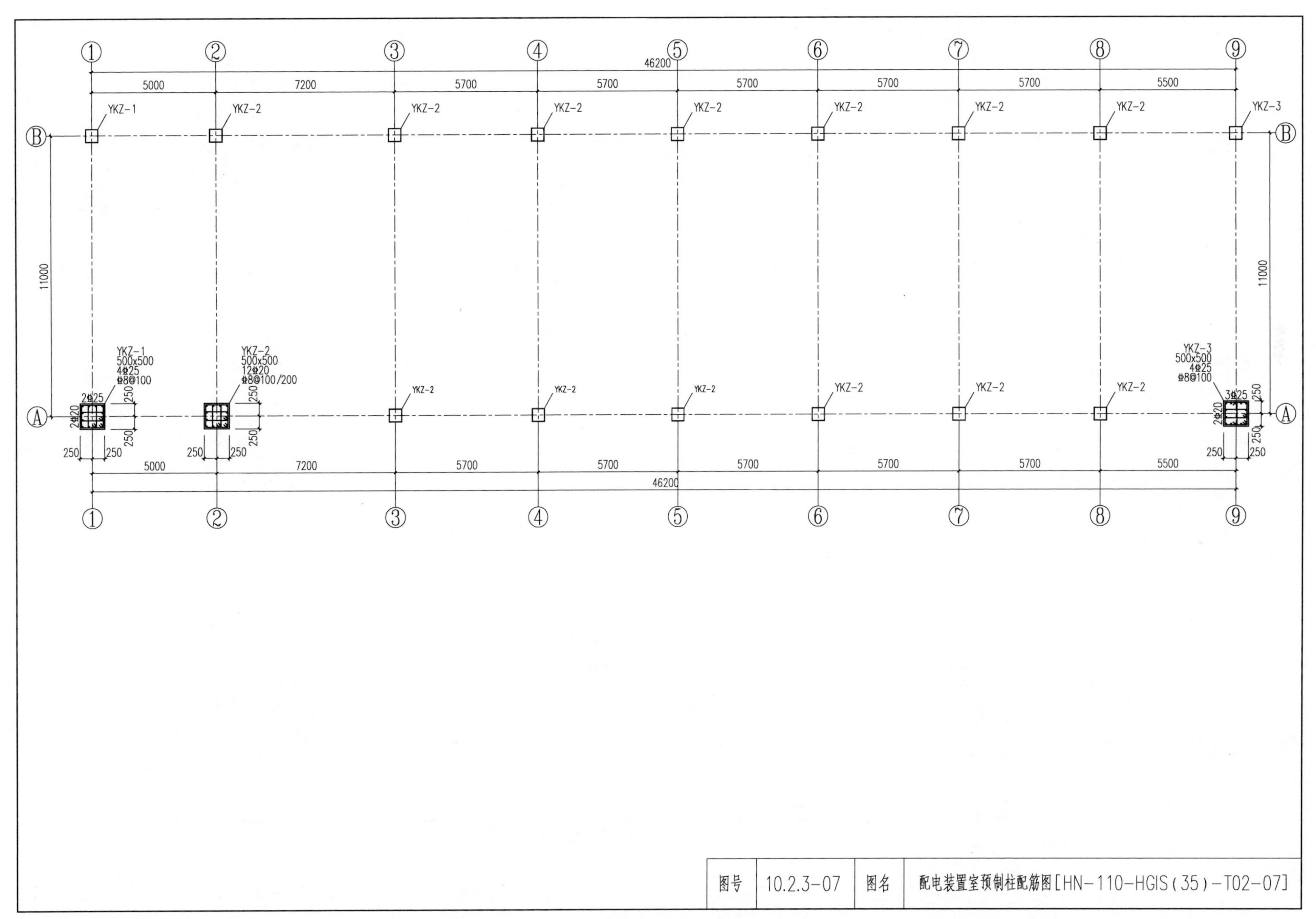

①
②
③
④
⑤
⑥
⑦
⑧
⑨
Ⓐ
Ⓑ
46200
5000
7200
5700
5500
11000
YKZ-1
YKZ-2
YKZ-3
YKZ-1
500x500
4⌀25
⌀8@100
YKZ-2
500x500
12⌀20
⌀8@100/200
YKZ-3
500x500
4⌀25
⌀8@100
2⌀25
2⌀20
3⌀25
250
图号
10.2.3-07
图名
配电装置室预制柱配筋图[HN-110-HGIS(35)-T02-07]

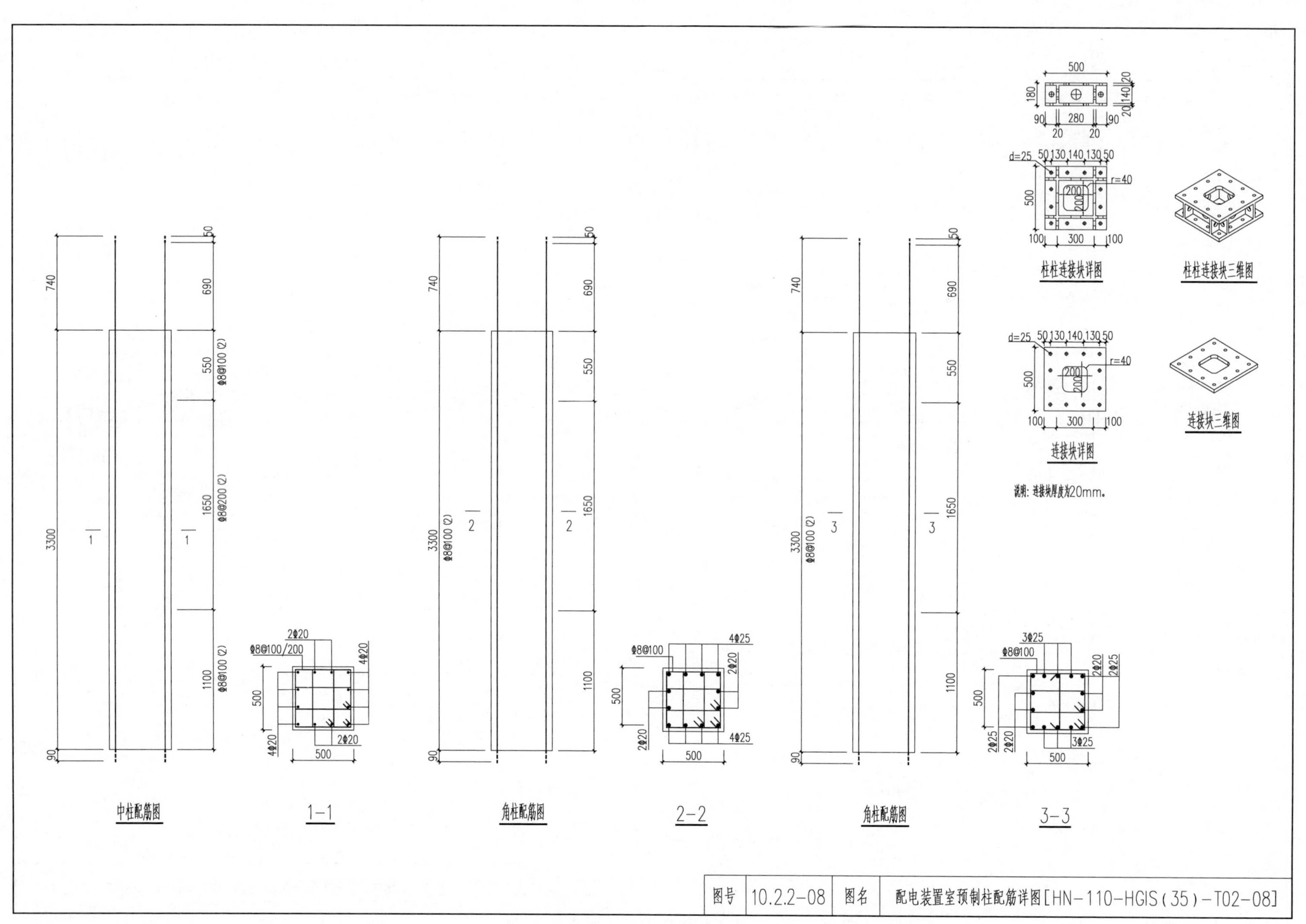

图号	10.2.2-08	图名	配电装置室预制柱配筋详图[HN-110-HGIS(35)-T02-08]

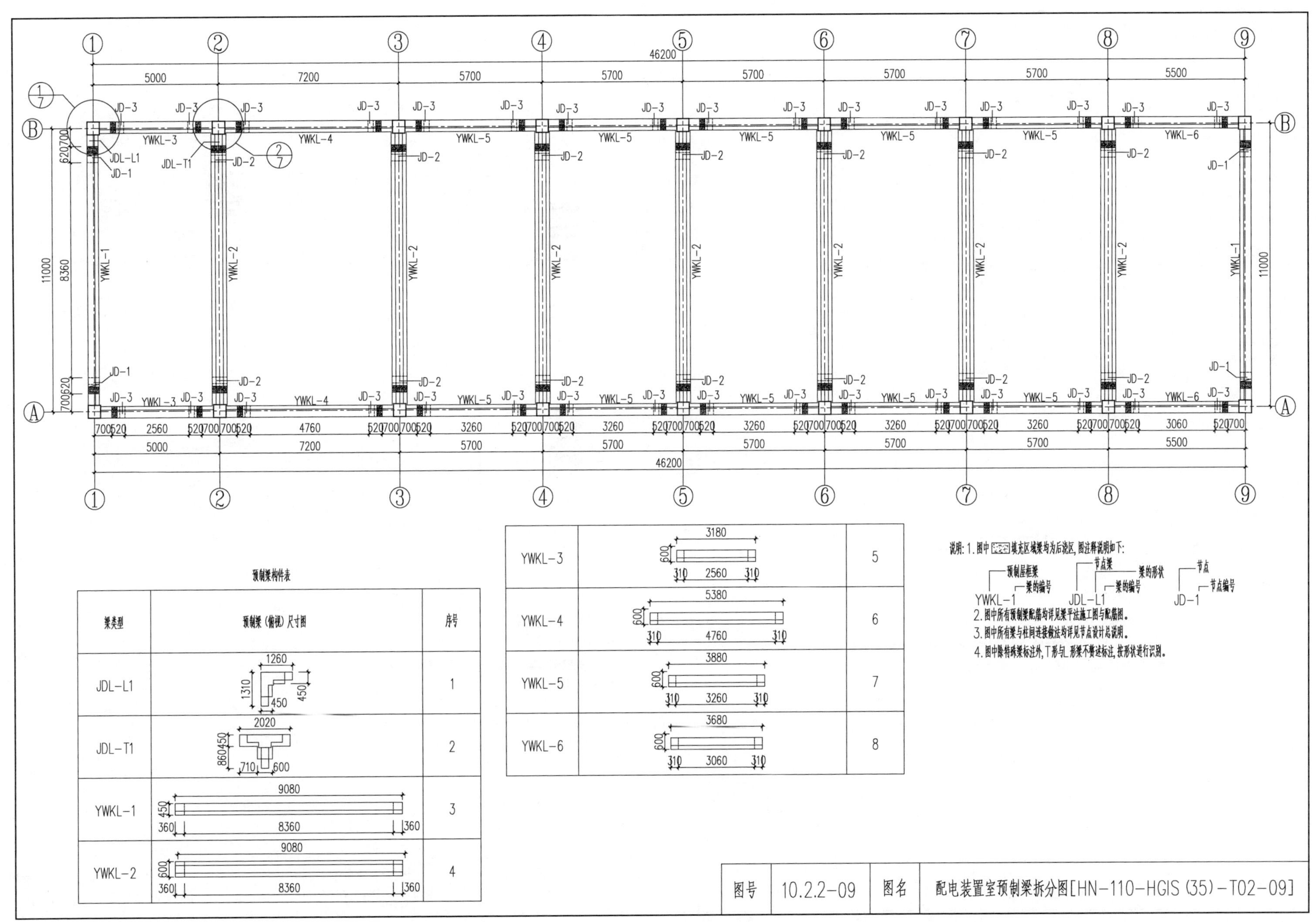

预制梁构件表

梁类型	预制梁（俯视）尺寸图	序号
JDL-L1	1260, 1310, 450, 450	1
JDL-T1	2020, 860, 450, 710, 600	2
YWKL-1	9080, 450, 360, 8360, 360	3
YWKL-2	9080, 600, 360, 8360, 360	4
YWKL-3	3180, 600, 310, 2560, 310	5
YWKL-4	5380, 600, 310, 4760, 310	6
YWKL-5	3880, 600, 310, 3260, 310	7
YWKL-6	3680, 600, 310, 3060, 310	8

图号	10.2.2-09	图名	配电装置室预制梁拆分图[HN-110-HGIS(35)-T02-09]

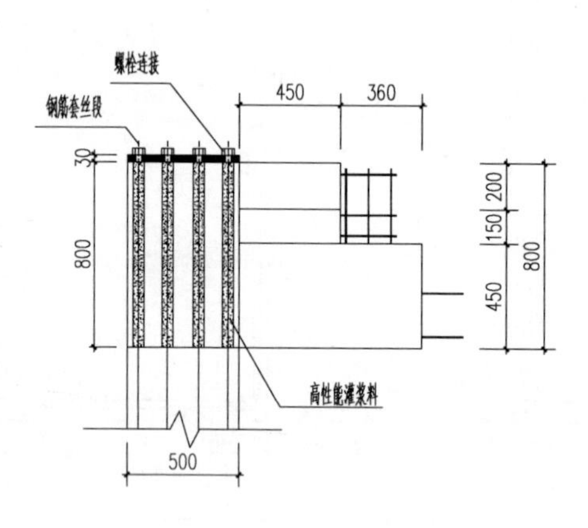

梁柱连接节点详图

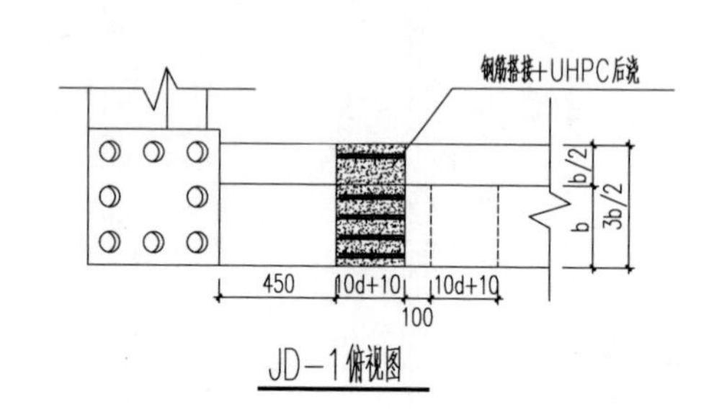

JD-1俯视图

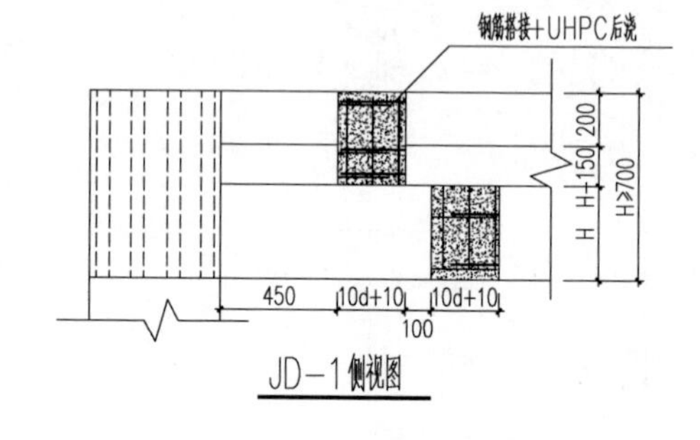

JD-1侧视图

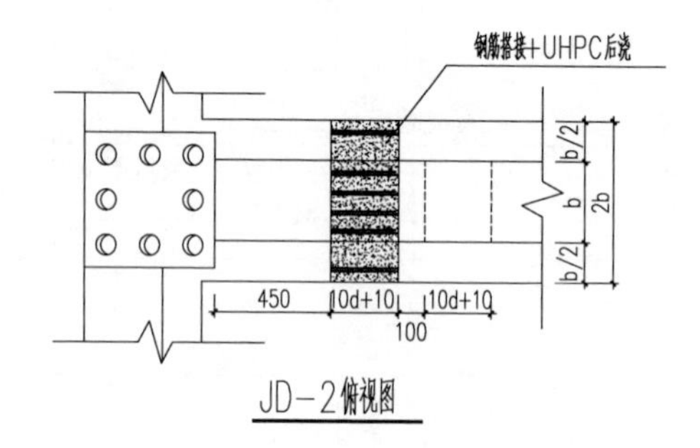

JD-2俯视图

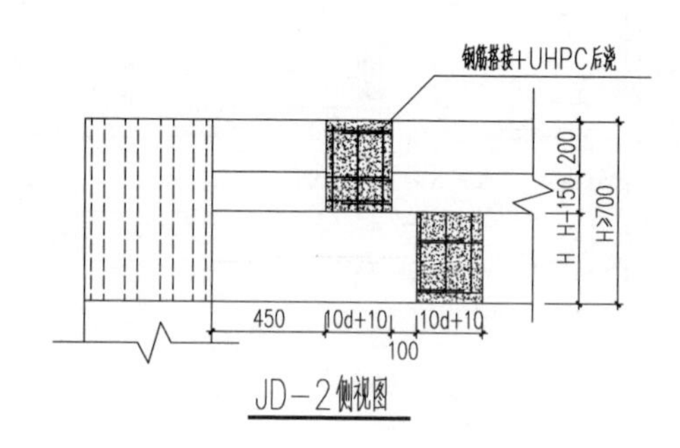

JD-2侧视图

H≥700梁连接节点详图

说明：1. 从耗能角度考虑，为使梁塑性铰出现在梁端部，PC试件梁后浇段设置在离节点核心区450mm梁高处。
2. 钢筋搭接长度为10d（d为钢筋直径），试验结果表明，钢筋搭接长度为10d时，以UHPC材料连接的装配式试件的力学性能均可等同现浇试件，以UHPC材料连接的装配式试件的力学性能甚至优于现浇试件。
3. 图示钢筋段为钢筋套丝段，套丝长度见预制柱详图。
4. 柱顶约束钢板处外露钢筋端随屋顶面施工完成后不外露。

说明：1. 梁（搭板）启口配筋应按本图标识配筋。
2. 钢筋伸出段尺寸应按本图进行设置。
3. 钢筋伸出段所用钢筋直径d为所配钢筋最大直径，具体梁梁搭接口长度应按梁拆分图。
4. H为梁高度，b为标准梁宽度。

图号	10.2.3-10	图名	配电装置室预制节点连接详图[HN-110-HGIS(35)-T02-10]

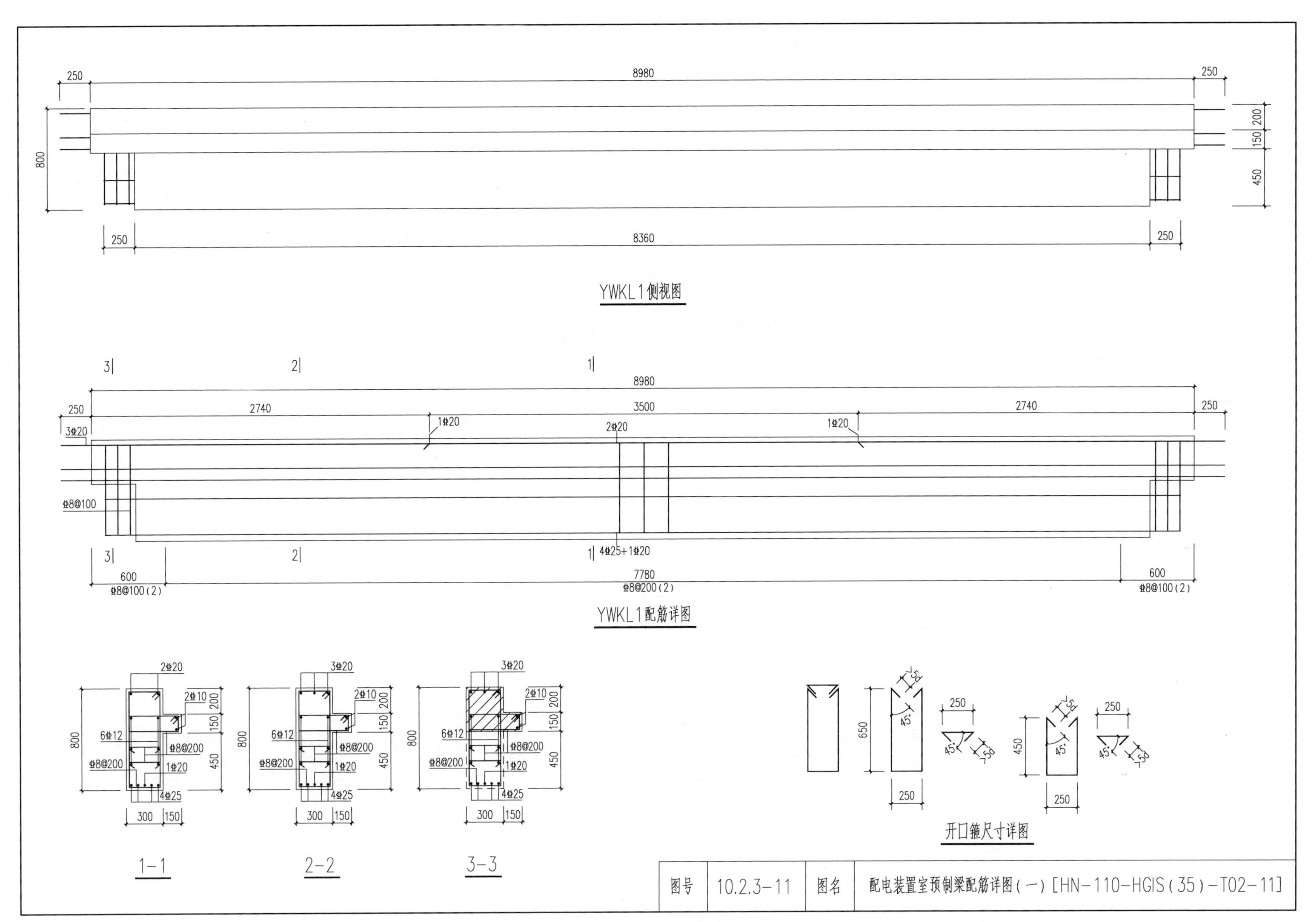

图号	10.2.3-11	图名	配电装置室预制梁配筋详图(一)[HN-110-HGIS(35)-T02-11]

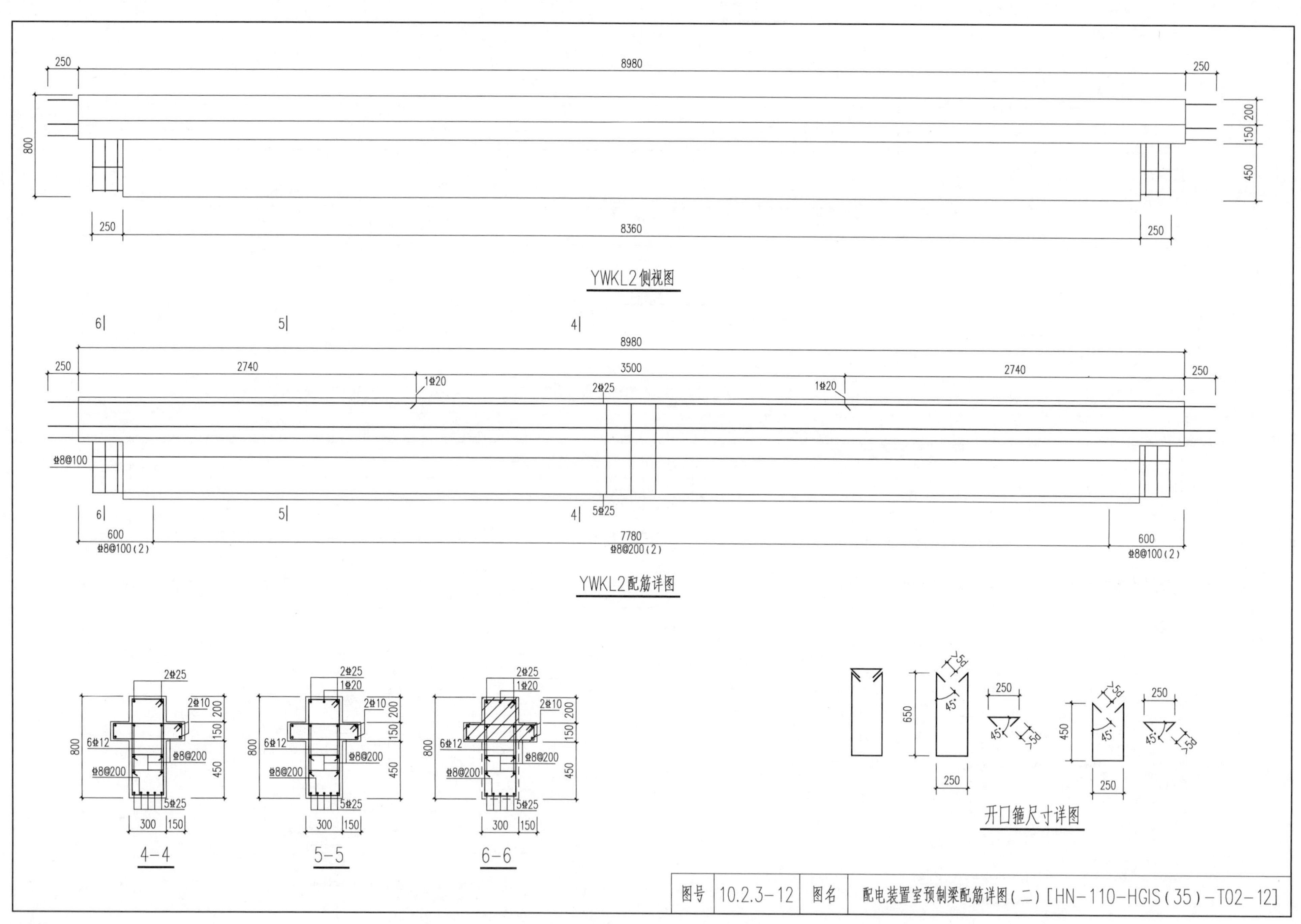

图号	10.2.3-12	图名	配电装置室预制梁配筋详图(二)[HN-110-HGIS(35)-T02-12]

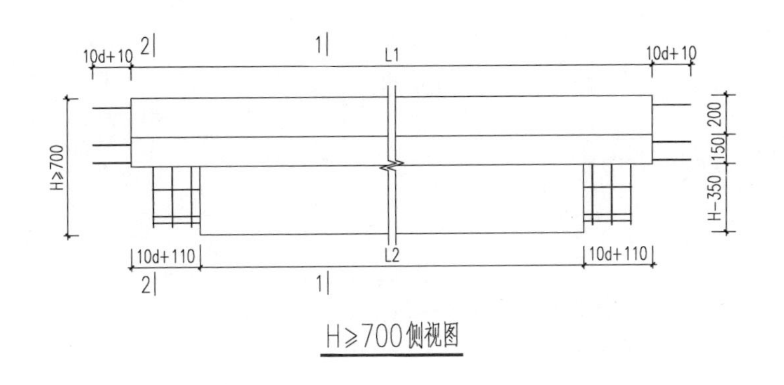

H≥700侧视图

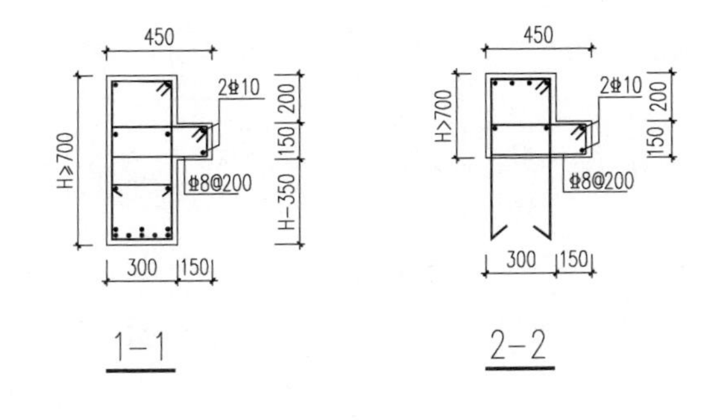

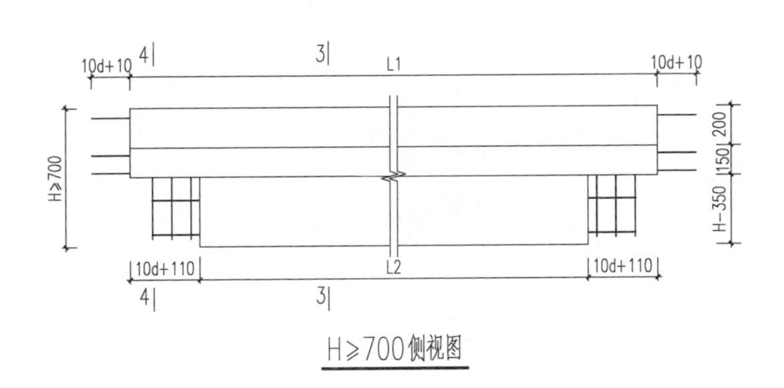

H≥700侧视图

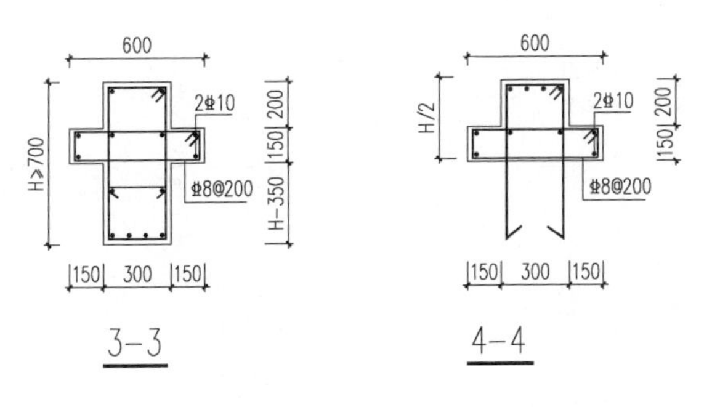

说明：1.梁（搭板）启口配筋应按本图标识配筋。
2.钢筋伸出段尺寸应按本图进行设置。
3.钢筋伸出段所用钢筋直径d为所配钢筋最大直径，具体梁梁搭接口长度应按梁拆分图。
4.L1为预制梁上长度，L2为下长度，两者有数量关系：L1-L2=20d+220。
5.H为梁高度，b为梁宽度。

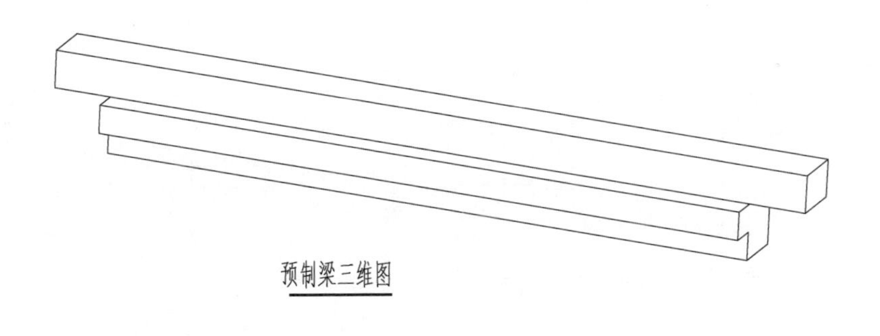

预制梁三维图

图号	10.2.3-13	图名	配电装置室预制梁配筋详图（三）[HN-110-HGIS（35）-T02-13]

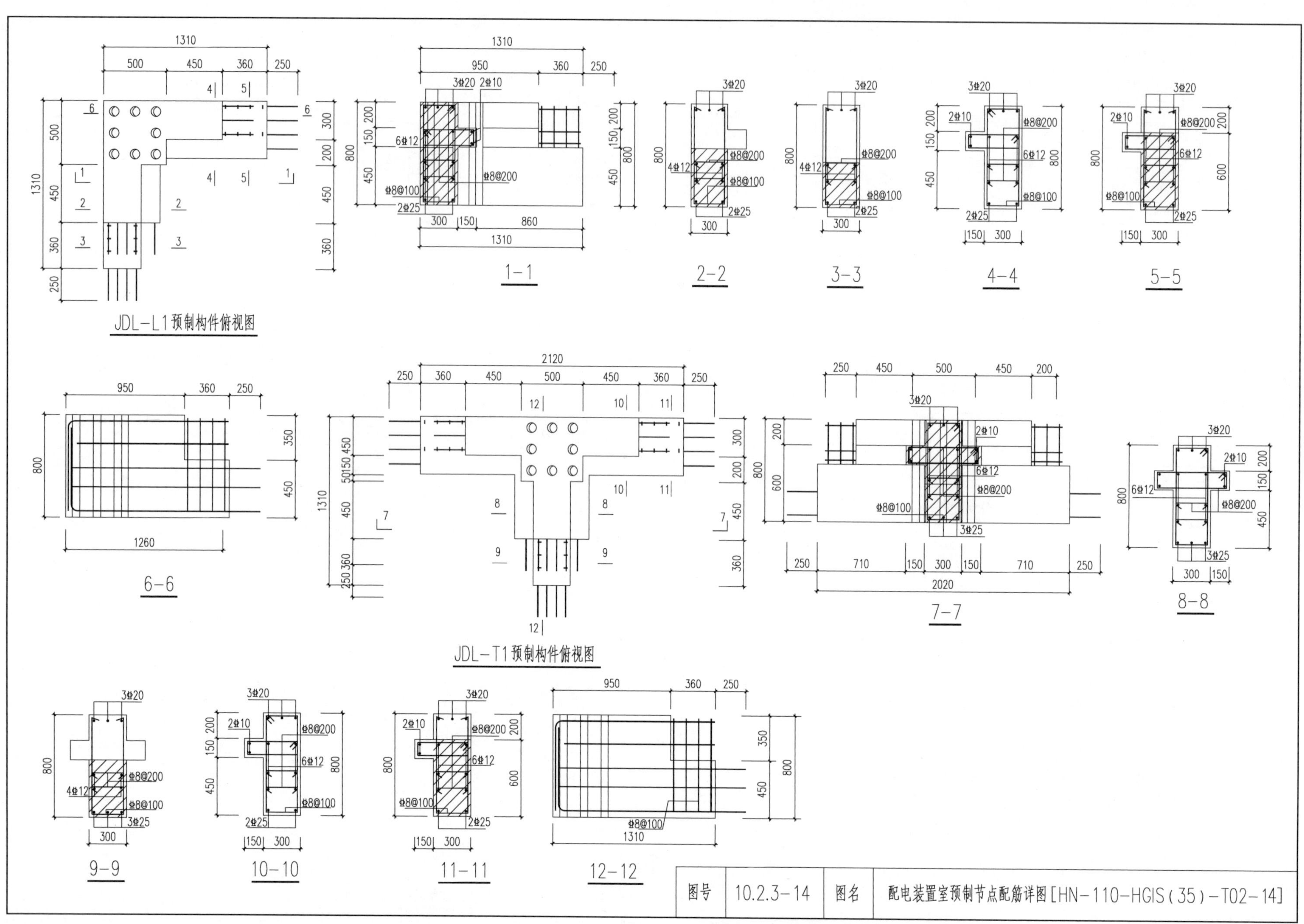
JDL－L1预制构件俯视图
1－1
2－2
3－3
4－4
5－5
6－6
JDL－T1预制构件俯视图
7－7
8－8
9－9
10－10
11－11
12－12
3⌀20
2⌀10
6⌀12
4⌀12
⌀8@200
⌀8@100
2⌀25
3⌀25
图号
10.2.3－14
图名
配电装置室预制节点配筋详图[HN－110－HGIS(35)－T02－14]

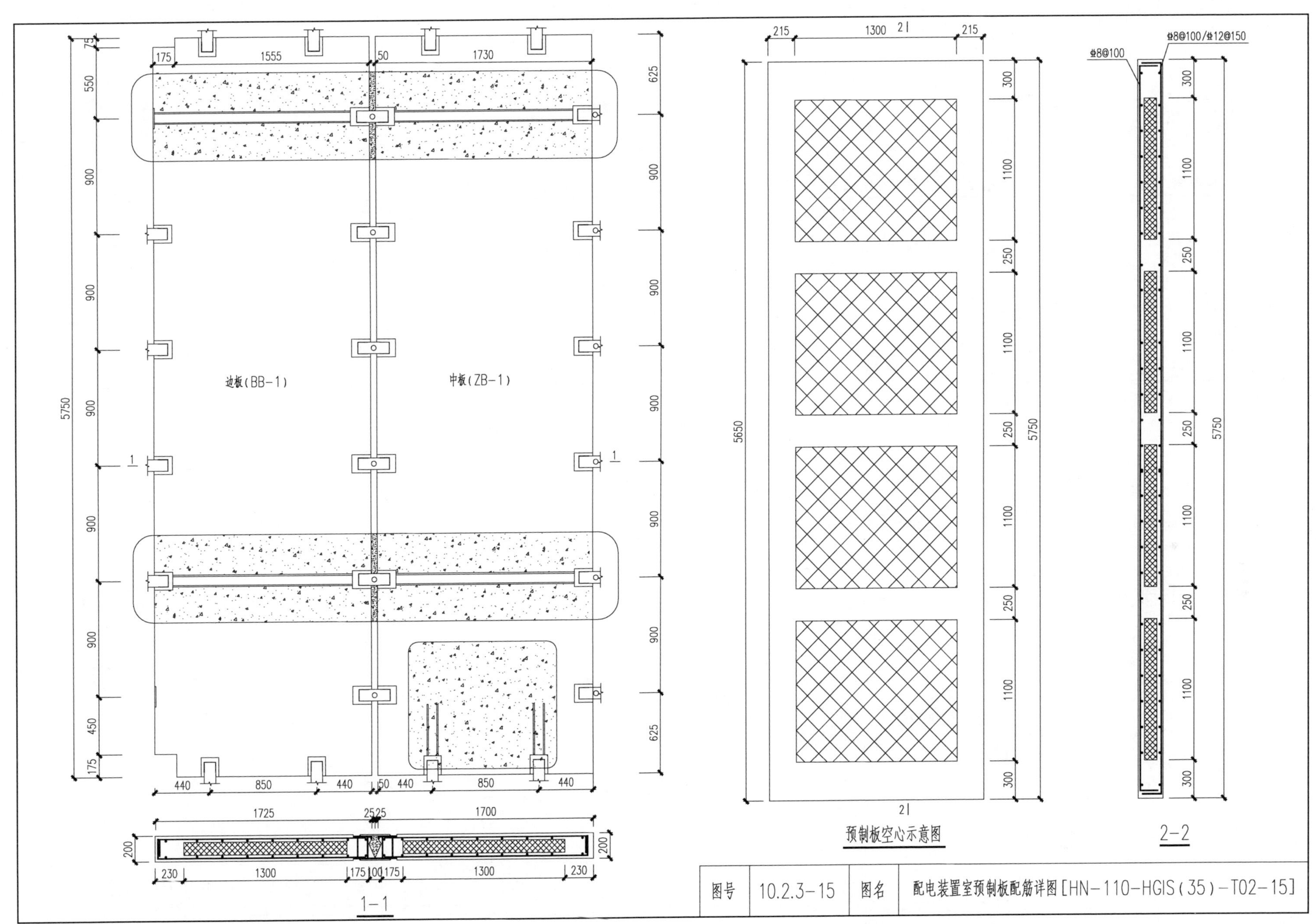
边板(BB-1)
中板(ZB-1)
1-1
预制板空心示意图
2-2
ф8@100
ф8@100/ф12@150
5750
5650
图号
10.2.3-15
图名
配电装置室预制板配筋详图[HN-110-HGIS(35)-T02-15]

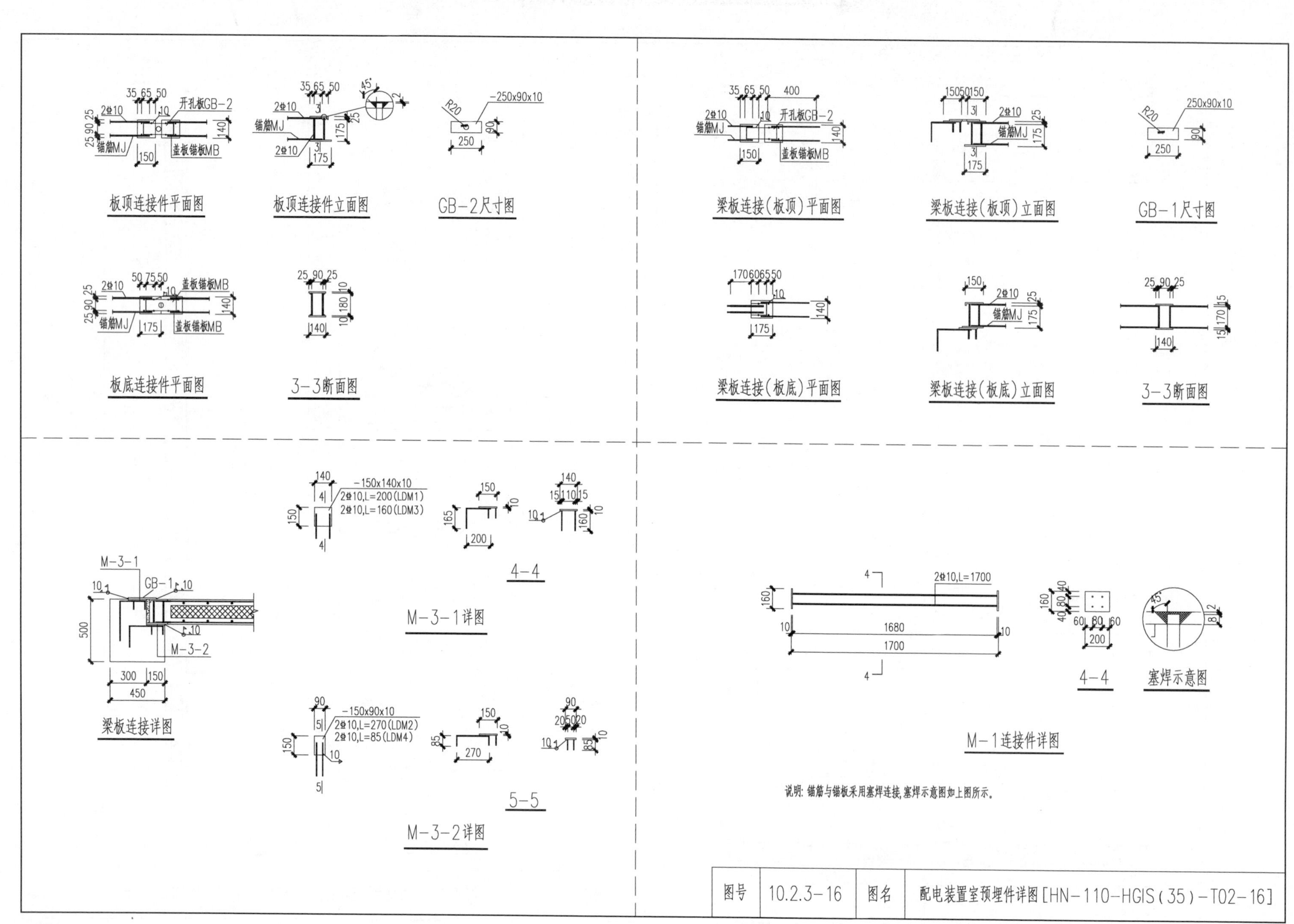

说明：锚筋与锚板采用塞焊连接，塞焊示意图如上图所示。

图号	10.2.3−16	图名	配电装置室预埋件详图[HN−110−HGIS(35)−T02−16]

第11章 HN-110-HGIS（10）方案

11.1 HN-110-HGIS（10）方案主要技术条件

HN-110-HGIS（10）方案主要技术条件见表11.1-1。

表11.1-1 HN-110-HGIS（10）方案主要技术条件

序号	项目		本方案技术条件
1	建设规模	主变压器	本期1组50MVA，远期3组50MVA
		出线	110kV：本期2回，远期4回； 35kV：本期3回，远期6回； 10kV：本期10回，远期30回（方案一），本期8回，远期26回（方案二）
		无功补偿装置	10kV并联电容器：本期1×(3600+4800)kvar;远期3×(3600+4800)kvar
2	站址基本条件		海拔小于1000m，设计基本地震加速度0.15g，设计风速$v_0 \leqslant 30$m/s，地基承载力特征值$f_{ak}=150$kPa，无地下水影响，场地同一设计标高
3	电气部分		110kV本期单母线分段接线，远期为单母线分段接线； 35kV本期单母线接线，远期为单母线分段接线； 10kV本期单母线接线，远期为单母线三分段接线； 主变压器采用三相双绕组油浸自冷式有载调压变压器（方案一）； 主变压器采用三相三绕组油浸自冷式有载调压变压器（方案二）； 110kV采用户外HGIS设备； 35kV、10kV高压开关柜选用金属封闭铠装移开式封闭开关柜； 10kV并联电容器组选用户外框架式
4	建筑部分		110-HGIS-(10)方案围墙内占地面积4586.4m^2，配电装置室建筑面积386.65m^2； 建筑物结构形式为装配式混凝土加结构； 建筑物外墙采用200mm厚ALC板，内墙采用150mm厚ALC板，屋面板采用分布式连接全装配RC楼板（DCPCD）
5	结构部分		本方案采用有限元分析程序Midas Gen和PKPM相互结合、相互印证的方式进行，Midas Gen中的计算方法采用时程分析法。结构中梁柱节点采用预制的形式，节点与预制柱（基础）、预制梁分别采用转接头螺栓连接和搭接的形式、同时对连接区域后浇超高性能混凝土（UHPC）材料，梁（墙）-板、板-板连接采用上下匹配的分布式连接件连接

11.2 HN-110-HGIS（10）方案主要设计图纸

11.2.1 总图部分

HN-110-HGIS（10）方案主要设计图纸总图部分见表11.2-1。

表11.2-1 HN-110-HGIS（10）方案主要设计图纸总图部分

序号	图号	图名
1	图11.2.1-01	总平面布置图[HN-110-HGIS(10)-Z01-01]

11.2.2 建筑部分

HN-110-HGIS（10）方案主要设计图纸建筑部分见表11.2-2。

表 11.2-2　HN-110-HGIS（10）方案主要设计图纸建筑部分

序号	图　号	图　　名
1	图 11.2.2-01	配电装置室建筑设计说明 [HN-110-HGIS(10)-T01-01]
2	图 11.2.2-02	配电装置室零米层平面及 A-A 剖面图 [HN-110-HGIS(10)-T01-02]
3	图 11.2.2-03	配电装置室屋顶平面布置图 [HN-110-HGIS(10)-T01-03]
4	图 11.2.2-04	配电装置室立面图 [HN-110-HGIS(10)-T01-04]

11.2.3　结构部分

HN-110-HGIS（10）方案主要设计图纸结构部分见表 11.2-3。

表 11.2-3　HN-110-HGIS（10）方案主要设计图纸结构部分

序号	图　名	图　　名
1	图 11.2.3-01	配电装置室工程结构说明（一）[HN-110-HGIS（10）-T02-01]
2	图 11.2.3-02	配电装置室工程结构说明（二）[HN-110-HGIS（10）-T02-02]
3	图 11.2.3-03	配电装置室预制梁配筋图 [HN-110-HGIS（10）-T02-03]
4	图 11.2.3-04	配电装置室预制节点连接详图 [HN-110-HGIS（10）-T02-04]

续表

序号	图　名	图　　名
5	图 11.2.3-05	配电装置室预制梁柱布置图 [HN-110-HGIS（10）-T02-05]
6	图 11.2.3-06	配电装置室预制板拆分图 [HN-110-HGIS（10）-T02-06]
7	图 11.2.3-07	配电装置室预埋件布置图 [HN-110-HGIS（10）-T02-07]
8	图 11.2.3-08	配电装置室预制柱配筋图 [HN-110-HGIS（10）-T02-08]
9	图 11.2.3-09	配电装置室预制柱配筋详图 [HN-110-HGIS（10）-T02-09]
10	图 11.2.3-10	配电装置室预制梁拆分图 [HN-110-HGIS（10）-T02-10]
11	图 11.2.3-11	配电装置室预制节点配筋详图 [HN-110-HGIS（10）-T02-11]
12	图 11.2.3-12	配电装置室预制梁配筋详图（一）[HN-110-HGIS（10）-T02-12]
13	图 11.2.3-13	配电装置室预制梁配筋详图（二）[HN-110-HGIS（10）-T02-13]
14	图 11.2.3-14	配电装置室预制梁配筋详图（三）[HN-110-HGIS（10）-T02-14]
15	图 11.2.3-15	配电装置室预制板配筋详图 [HN-110-HGIS（10）-T02-15]
16	图 11.2.3-16	配电装置室预埋件详图 [HN-110-HGIS（10）-T02-16]

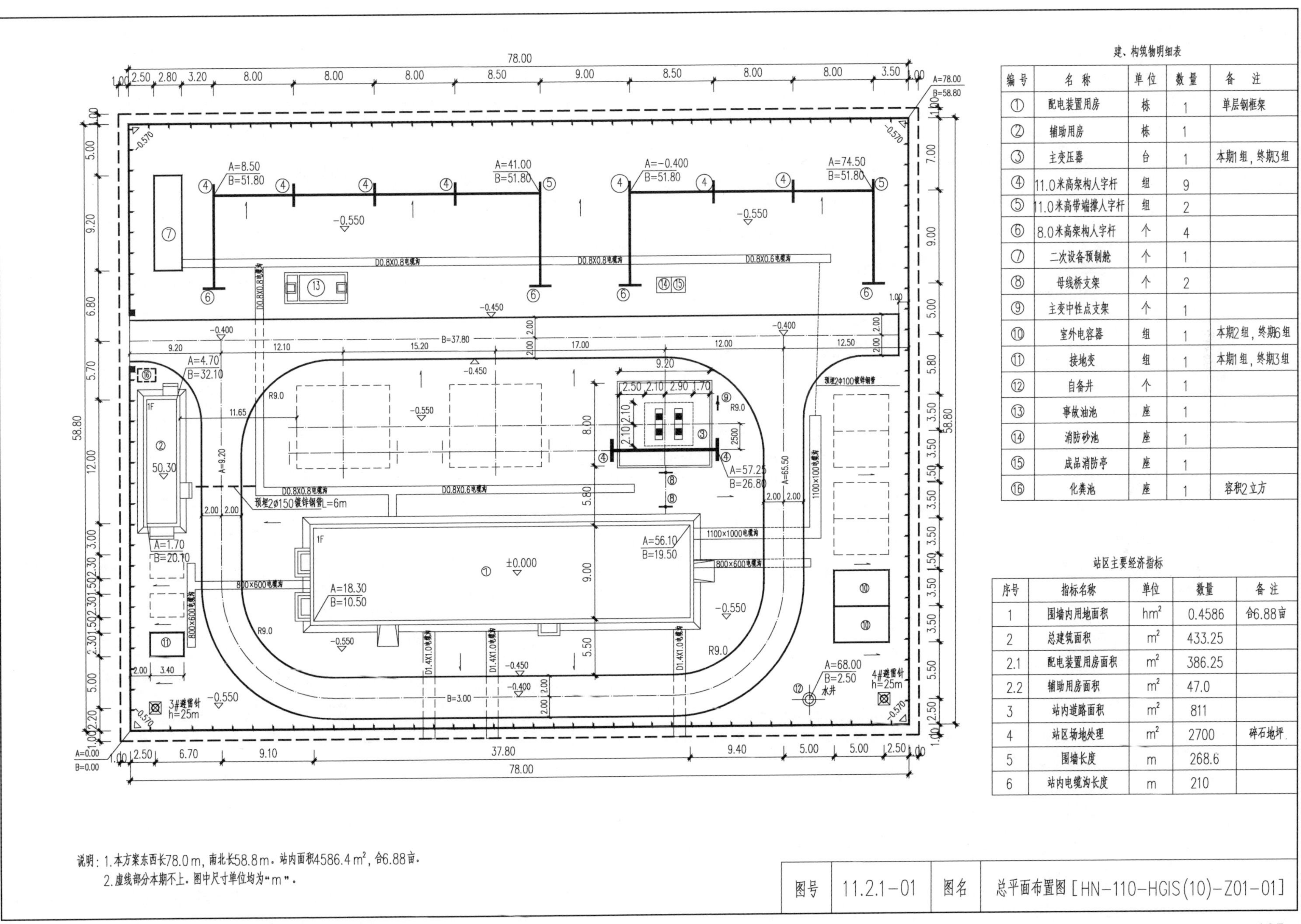

建、构筑物明细表

编号	名称	单位	数量	备注
①	配电装置用房	栋	1	单层钢框架
②	辅助用房	栋	1	
③	主变压器	台	1	本期1组，终期3组
④	11.0米高架构人字杆	组	9	
⑤	11.0米高带端撑人字杆	组	2	
⑥	8.0米高架构人字杆	个	4	
⑦	二次设备预制舱	个	1	
⑧	母线桥支架	个	2	
⑨	主变中性点支架	个	1	
⑩	室外电容器	组	1	本期2组，终期6组
⑪	接地变	组	1	本期1组，终期3组
⑫	自备井	个	1	
⑬	事故油池	座	1	
⑭	消防砂池	座	1	
⑮	成品消防亭	座	1	
⑯	化粪池	座	1	容积2立方

站区主要经济指标

序号	指标名称	单位	数量	备注
1	围墙内用地面积	hm^2	0.4586	合6.88亩
2	总建筑面积	m^2	433.25	
2.1	配电装置用房面积	m^2	386.25	
2.2	辅助用房面积	m^2	47.0	
3	站内道路面积	m^2	811	
4	站区场地处理	m^2	2700	碎石地坪
5	围墙长度	m	268.6	
6	站内电缆沟长度	m	210	

说明：1. 本方案东西长78.0 m，南北长58.8 m。站内面积4586.4 m^2，合6.88亩。

2. 虚线部分本期不上。图中尺寸单位均为“m”。

图号	11.2.1-01	图名	总平面布置图［HN-110-HGIS(10)-Z01-01］

建筑项目主要特征表	建筑名称	结构类型	建筑面积/m^2	建筑基底面积/m^2	建筑工程等级	设计使用年限	建筑层数	建筑总高度/m	火灾危险性分类	耐火等级	屋面防水等级	地下室防水等级	抗震设防烈度
	配电装置室	装配式混凝土结构	386	386	中型	50	一	4.45	戊	二	Ⅰ	—	7

一、主要设计依据

（1）初步设计、总平面图及各相关专业资料。

（2）现行的国家有关建筑设计的主要规范及规程：《建筑设计防火规范》（GB 50016—2014）2018 年版、《火力发电厂与变电站设计防火标准》（GB 50229—2019）、《屋面工程技术规范》（GB 50345—2012）、《民用建筑设计统一标准》（GB 50352—2019）、《建筑玻璃应用技术规程》（JGJ 113—2015）、《建筑内部装修设计防火规范》（GB 50222—2017）、《建筑防烟排烟系统技术标准》（GB 51251—2017）、《建筑地面设计规范》（GB 50037—2013）、《建筑外窗气密性能分级及其检测方法》（GB/T 7106—2008）、《110kV～220kV 智能变电站设计规范》（GB/T 51072—2014）、《国家电网公司输变电工程施工图设计内容深度规定》。

（3）本工程需遵照执行《输变电工程建设标准强制性条文实施管理规程》《国家电网公司输变电工程质量通病防治工作要求及技术措施》和《国家电网公司输变电工程标准工艺（六）标准工艺设计图集》（2014 年版）（下文简称 BDTJ）中相关规定。工艺标准施工按照《国家电网公司输变电工程标准工艺（三）工艺标准库》（2016 年版）中相关要求。

（4）其他相关的国家和项目所在省、市的法规、规范、规定、标准等。

二、本单体建筑工程概况

（1）本单体建筑工程概况见本册建筑项目主要特征表。本变电站为无人值守智能变电站。

（2）本建筑总平面定位坐标详见总平面图；本建筑室内地坪±0.000 标高相对应的绝对标高详见总平面图。

（3）本建筑图中标高单位为米，其余图纸尺寸单位为毫米，各层标注标高为完成面标高（建筑面标高），屋面标高为结构面标高。

（4）梁柱的尺寸、定位等详见结构施工图。

三、墙体工程

（1）材料与厚度：±0.000 以下采用 MU20 蒸压灰砂砖 M10 水泥砂浆砌筑；±0.000 以上采用建筑外墙除特殊说明外采用 200mm 厚 A 级 ALC 板，耐火极限 3.0h（蒸压加气混凝土板材简称 ALC 板）。

防火内墙：内墙为 150mm 厚 A 级，ALC 板，耐火极限 3.0h。细部构造做法参见 13J104。

注：工业化墙板系统材料均为工厂预制完成，现场拼接、固定、安装完成，最终以甲方订货为准；墙上预留埋铁需由装配式墙体厂家考虑设置并满足荷载要求。

阴影处墙体为配电箱等设备所在墙体，按照箱体要求适当加厚处理，满足配电箱暗装要求。

（2）构造要求：建议工业化墙板由专业和具备资质的同一厂家进行排版、设计、供货、施工安装，厂家应考虑墙体上的洞口、门、雨篷安装等要求，设备尺寸大于房间门洞尺寸的房间须待设备安装到位后再安装墙体。

蒸压加气混凝土板材的施工工艺以及各相关构造做法要求参照《蒸压加气混凝土砌块、板材构造》（13J104）。

（3）外墙窗户及墙体预留洞详见建施及设备平面图，洞口处四周增加檩条，由墙体厂家统一考虑。

（4）墙体上的空调管留洞、排气洞、过水洞等应注意避开水立管和不影响外窗开启。

（5）墙上管道及工艺开孔需封堵的孔洞请见各专业相应要求。

（6）墙上配电箱等设备的预留洞（槽）尺寸及位置需结合设备专业图纸。

（7）散水宽度根据具体工程情况核定，图中为示意。

四、楼地面工程

本工程楼地面做法详见“室内装修做法表”。

五、屋面防水工程

（1）雨水管下方设置水簸箕。雨水管及水簸箕做法参见《平屋面建筑构造》（12J201-H6）。

（2）屋面检修孔做法参见《平屋面建筑构造》（12J201-H20）；设备基座做法参见 12J201-H20-3。

（3）设防要求：按倒置式屋面做法（即防水层在下，保温隔热层在上）；所有防水材料的四周卷起泛水高度，均距结构楼面 300mm 高；女儿墙阴阳转角处应附加一层防水材料。

（4）凡管道穿屋面等屋面留孔位置需检查核实后再做防水材料，避免做防水材料后再凿洞。

六、外门窗工程

（1）外门窗均采用 90 系列节能型断热桥铝合金型材和 6+12A+6 中空浮法玻璃。

易遭受撞击、冲击而造成人体伤害部位的玻璃均应选用安全玻璃。

外门窗（含阳台门）的气密性、水密性及抗风压性能应符合《建筑外门窗气密、水密、抗风压性能分级及检测办法》（GB/T 7106—2008）的相关规定，其中气密性不应低于 4 级，水密性不应低于 4 级，抗风压性能不应低于 3 级，空气隔声性能不应低于 3 级。

（2）门窗立面均表示洞口尺寸，门窗加工尺寸应按照装修面厚度予以调整，门窗制作安装应实测核对各洞口尺寸及各门窗编号与个数，以防止由于设计及构造误差造成安装困难，门窗侧边固定连接点的定位原则：每边最端头固定点距门窗边框端头 180，其余固定点位置间隔 500 左右均分。

（3）门窗立樘：内外门窗立樘除特殊说明外均居墙中（墙檩处）。

（4）建筑外窗宜加装安全防盗设施，具体形式由建设方确定。

（5）门窗的立面形式、数量、尺寸、色彩、开启方式、型材、玻璃等详见门窗表和门窗立面图放大图。

七、内装修工程

（1）本工程各部位内装修做法详见“室内装修做法表”。装修所用材料应采用对人体健康无毒无害的环保型材料，同时符合《民用建筑工程室内环境污染控制规范》（GB 50325—2010）的规定，并应在施工前提供样板，经建设单位和设计单位认可后方可施工。本工程所有建筑材料和设备均应符合管理部门的环保规定和质量标准及节约能源的要求。

（2）装修时建筑内部污水立管、透气管、雨水管、空调冷凝水管、排气道的位置不得移动。

（3）未经技术鉴定和设计认可，不得拆改结构构件和进行加层改造。当建筑装修涉及主体结构改动或增加荷载时，须由设计单位进行结构安全性复核，提出具体实施方案后方可施工。

（4）所有穿过防水层的预埋件、紧固件应采用高性能密封材料密封。

（5）楼面找平须待设备管线孔洞预留无误后再行施工。

（6）所有材料、构造、施工应遵照《建筑装饰装修工程质量验收标准》（GB 50210—2018）执行。

八、外装修工程

（1）建筑立面的颜色和材质详见立面图，外墙面做法详见“室外装修做法表”。外墙面施工前应作出样板，待建设方和设计方认可后方可进行施工，并应遵照《建筑装饰装修工程质量验收标准》（GB 50210—2018）的要求。

（2）其余外露铁件做一道防锈底漆和二道面漆。不露面铁件做二道防锈漆，金属件接缝要严密，用于室外的金属件接缝处用树脂涂料二道密封。

（3）各种外墙洞口边缘应做滴水线。

（4）窗台节点确保里高外低不泛水，室内抹灰成活面高于室外成活面高差不小于 20mm。腰线、檐板以及窗外窗台面层均坡向墙外。

（5）建筑装饰装修工程所用材料应符合国家有关建筑装饰装修材料有害物质限量标准的规定。

九、噪声防治及主变泄爆措施

（1）变电站噪声对周围环境的影响必须符合国标《工业企业厂界噪声标准》（GB 12348—2008）和《声环境质量标准》（GB 3096—2008）的规定的 2 类标准。

（2）主变室内墙体吸声、大门、窗、风机等设施降噪均应选择隔声性能合格的产品，由专业厂家二次设计、制作、安装。

（3）主变室外墙设置轻型泄爆外墙，墙体构造根据《建筑设计防火规范》（GB 50016—2014）2018 年版要求，单位质量不大于 0.6kN/m，具备资质厂家二次设计，墙体做法参考《抗爆、泄爆门窗及屋盖、墙体建筑构造》（14J938）相关做法执行。

（4）泄爆外墙装饰应与整体建筑装饰效果相适应，优先选择同种材料。

十、其他应注意事项

（1）土建施工时应注意将建筑、结构、水、暖、电气等各专业施工图纸相互对照，确认墙体及楼板各种预留孔洞尺寸及位置无误后方可进行施工。

（2）若有疑问应提前与设计院沟通解决．施工过程中，如遇各专业施工图纸不符的，不得以其中任何一个专业图纸作为施工依据。

（3）工业化墙板供货厂家应根据产品实际规格及相关配件规格进行深化设计及排板设计。建筑物装修色彩应先做样，取得建设单位和设计单位的同意后方可施工。

（4）本设计说明及全部施工图纸未尽之处应按国家各有关施工及验收规范执行。

十一、本站选用建筑标准设计图集

《国家电网公司输变电工程标准工艺（六）标准工艺设计图集》、《国家电网公司输变电工程标准工艺（三）工艺标准库》、《特种门窗（一）》（17J610-1）、《建筑节能门窗（一）》（06J607-1）。

图号	11.2.2-01	图名	配电装置室建筑设计说明[HN-110-HGIS(10)-T01-01]

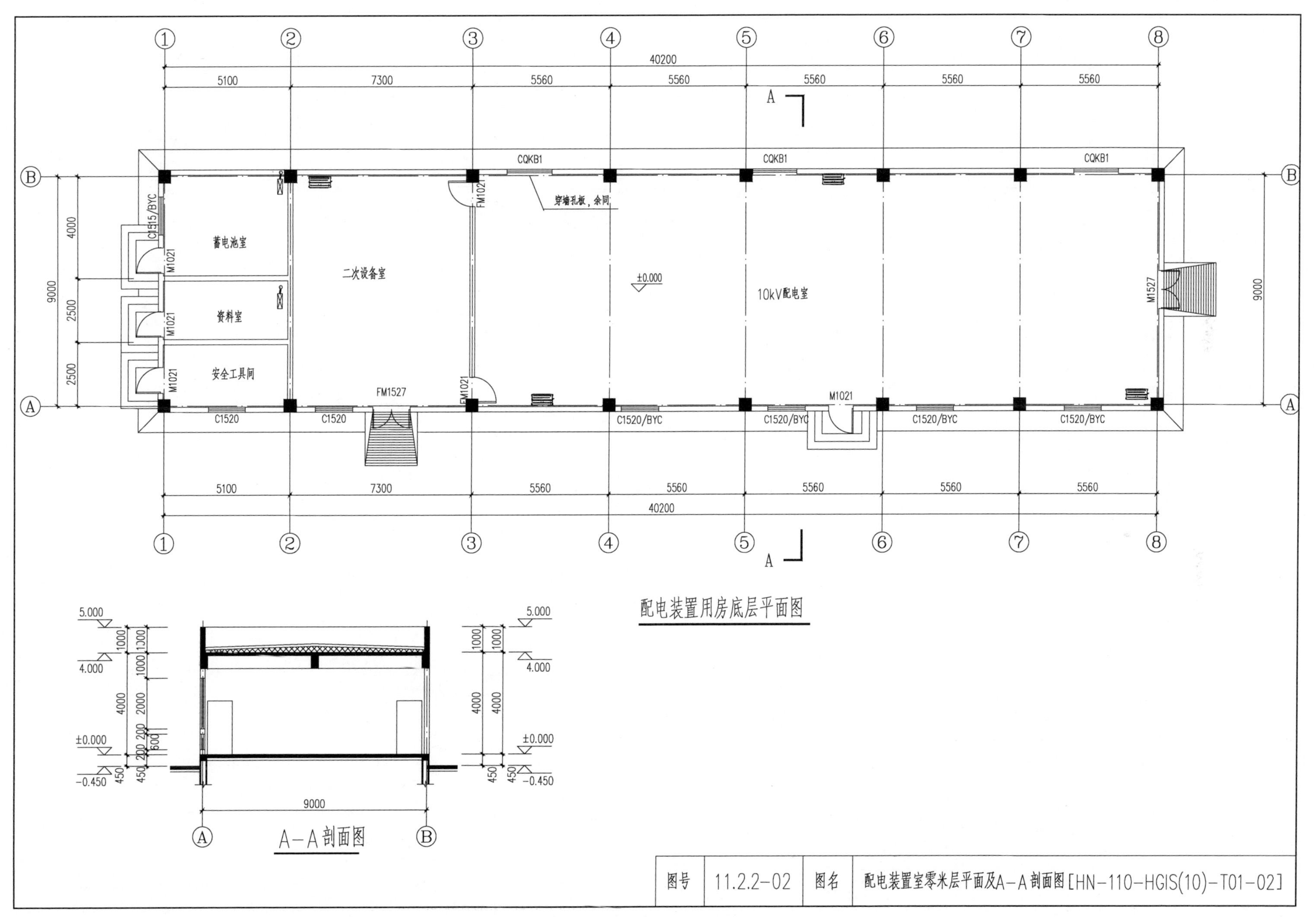

图号	11.2.2-02	图名	配电装置室零米层平面及A-A剖面图[HN-110-HGIS(10)-T01-02]

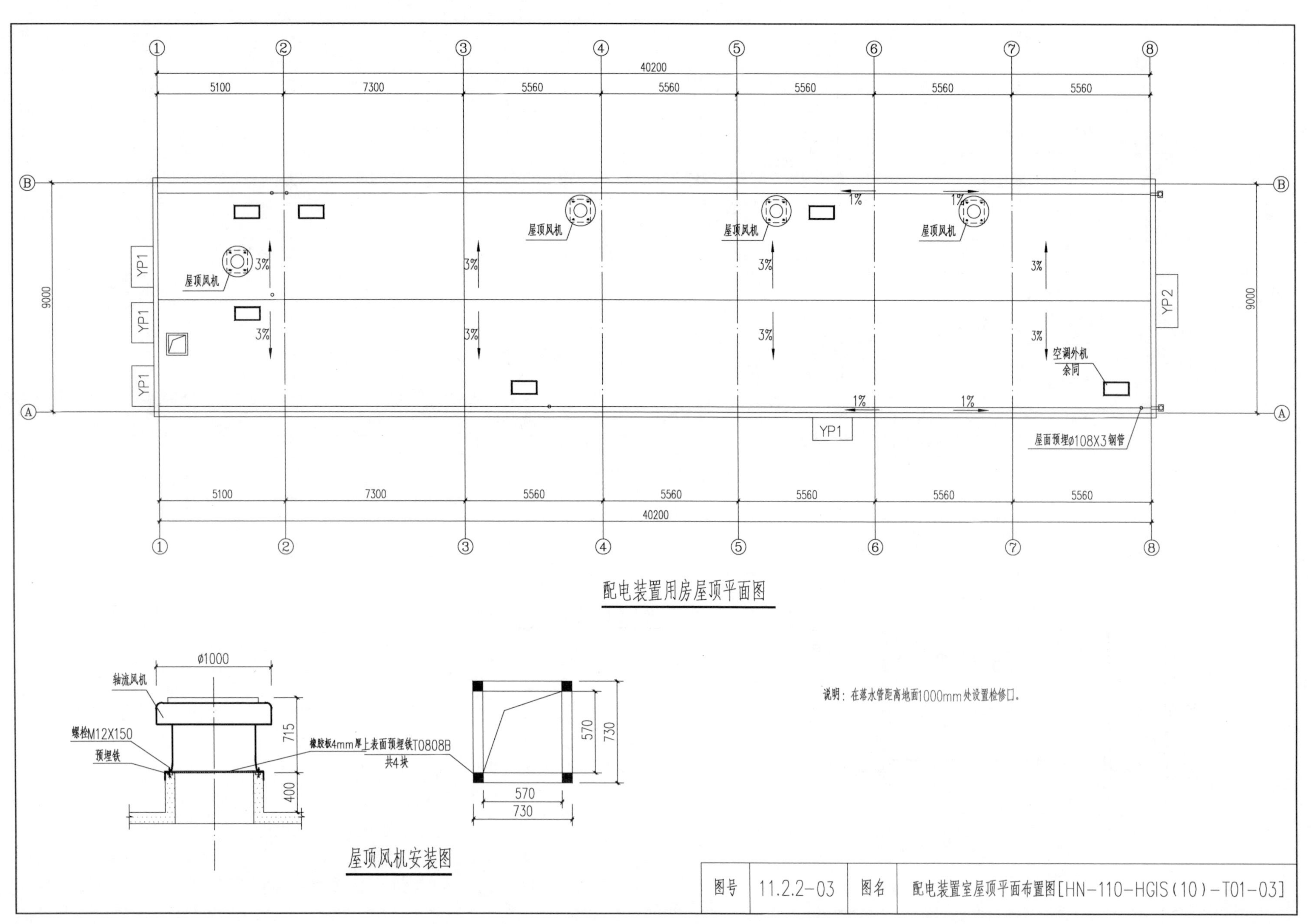

40200
5100
7300
5560
屋顶风机
YP1
YP2
3%
1%
空调外机
余同
屋面预埋ø108X3钢管
配电装置用房屋顶平面图
ø1000
轴流风机
螺栓M12X150
预埋铁
橡胶板4mm厚
上表面预埋铁T0808B
共4块
715
400
570
730
屋顶风机安装图
说明：在落水管距离地面1000mm处设置检修口。
图号
11.2.2-03
图名
配电装置室屋顶平面布置图[HN-110-HGIS(10)-T01-03]

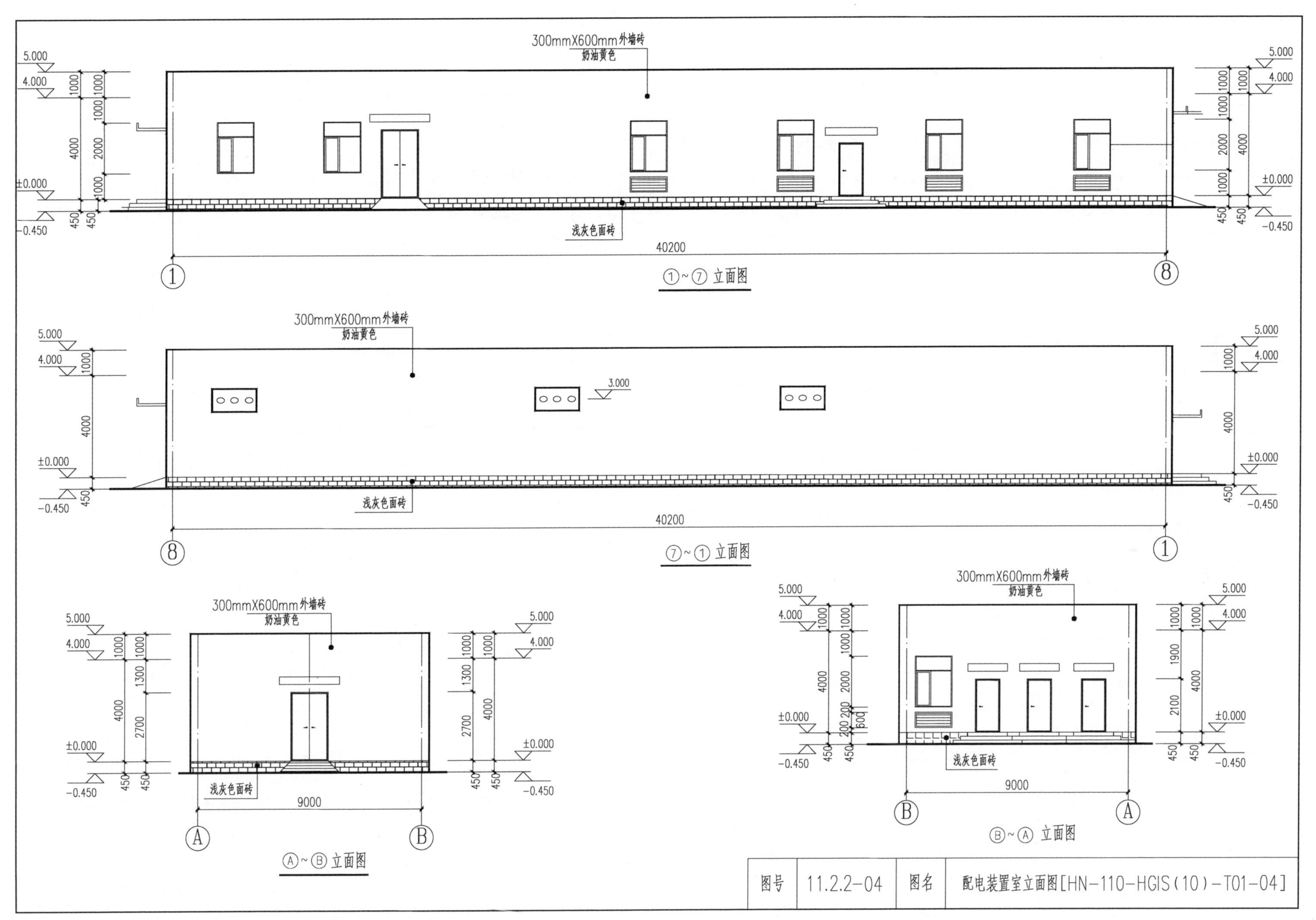

图号	11.2.2-04	图名	配电装置室立面图[HN-110-HGIS(10)-T01-04]

一、工程概况

（1）本卷册为河南公司 HN-110-HGIS（10）标准化设计 10kV 配电装置室结构图。

（2）10kV 配电装置室为一层装配式混凝土框架结构。

（3）本卷册未包含基础设计，采用本方案的工程，需根据具体的工程地质进行具体的基础设计及必要的地基处理。基础部分采用现浇，正负零以上采用全装配式结构，底层柱底与基础采用连接块连接，预留柱伸入基础的钢筋。

（4）本方案结构设计使用年限为 50 年，建筑结构安全等级为二级，结构重要性系数为 1.0，建筑抗震设防类别丙类，设计使用年限内未经技术鉴定或设计许可，不得改变结构的用途和使用环境。

（5）本工程图纸所注尺寸均以毫米为单位，标高以米计，±0.00 相当于黄海高程×××m，建筑定位详总平面定位图。

（6）设计活荷载取值见下表：

种类	标准值/(kN/m^2)	所在区域
基本风压	0.45	n=50 年
基本雪压	0.40	n=50 年
屋面活荷载	0.70	不上人屋面

二、设计依据

（1）根据国家电网有限公司部门文件《国网基建部关于发布 35～750kV 变电站通用设计通信、消防部分修订成果的通知》（基建技术〔2019〕51 号）之规定及通用方案，并结合河南省实标而修改后的实施方案，编号为 HN-110-HGIS-（10）-T02。

（2）国家有关标准及规范（以下所列规程、规范和标准均按现行版本执行，并且并不限于以下规程、规范和标准，凡与其有关的规程、规范和标准均须执行。当所列规程、规范和标准的规定有不一致时，按较高标准执行）见下表：

名　　称	代　　号
《装配式混凝土建筑技术标准》	GB/T 51231—2016
《装配式混凝土结构技术标准》	JGJ 1—2014
《预制混凝土构件质量检验标准》	T/CECS 631：2019
《装配式结构工程施工质量验收规程》	DGJ32/J 184—2016
《建筑结构可靠度设计统一标准》	GB 50068—2018
《建筑工程抗震设防分类标准》	GB 50223—2008
《建筑抗震设计规范》	GB 50011—2010（2016 年版）
《电力设施抗震设计规范》	GB 50260—2013
《建筑结构荷载规范》	GB 50009—2012
《混凝土结构设计规范》	GB 50010—2010（2015 年版）
《变电站建筑结构设计技术规程》	DL/T 5457—2012
《220kV～750kV 变电站设计技术规程》	DL/T 5218—2012
《建筑地基基础设计规范》	GB 50007—2011
《建筑地基处理技术规范》	JGJ 79—2012
《建筑地基基础工程施工质量验收标准》	GB 50202—2018
《混凝土结构工程施工质量验收规范》	GB 50204—2015
《钢结构设计标准》	GB 50017—2017
《冷弯薄壁型钢结构技术规范》	GB 50018—2002

续表

名　　称	代　　号
《建筑设计防火规范》	GB 50016—20141（2018 年版）
《火力发电厂与变电站设计防火标准》	GB 50229—2019
《建筑钢结构防火技术规范》	GB 51249—2017
《钢结构防火涂料》	GB 14907—2018
《建筑钢结构防腐蚀技术规程》	JGJ/T 251—2011
《钢结构焊接规范》	GB 50661—2011
《钢筋焊接及验收规程》	JGJ 18—2012
《钢结构工程施工质量验收标准》	GB 50205—2020
《钢筋机械连接技术规程》	JGJ 107—2016
《电力建设施工质量验收及评定规程》	DL/T 5210.1—2018
《砌体结构工程施工质量验收规范》	GB 50203—2011

三、本方案设计假定自然条件

（1）基本风压：0.45kN/m^2，地面粗糙度为 B 类。

（2）基本雪压：S_0=0.4kN/m^2。

（3）抗震设防烈度为 7 度，设计基本地震加速度值为 0.15g，设计地震分组为第二组。

（4）建筑物抗震设防类别为丙类，建筑场地类别为Ⅱ类，特征周期为 0.4s。

（5）抗震构造措施设防烈度 7 度，钢筋混凝土结构抗震等级为三级。

四、设计计算程序

结构整体受力分析及抗震验算采用中国建筑科学研究院研制的 PKPM5.0 系列软件、MIDASGEN 及静力计算手册进行计算，结构规则性信息为规则。

五、主要结构材料

（1）混凝土强度等级见下表：

预制构件混凝土强度等级选用表

垫层	基础、柱（基础～－0.050）	柱（－0.05～柱顶）	梁、板、楼梯	圈梁、构造柱
C15	C35	C30	C30	C30

（2）混凝土耐久性要求见下表：

结构混凝土材料的耐久性基本要求

环境类型	最大水胶比	最低强度等级	最大氯离子含量/%	最大碱含量/(kg/m^3)
一	0.60	C20	0.30	不限制
二 a	0.55	C25	0.20	3.0
二 b	0.50（0.55）	C30（C25）	0.15	

注：处于严寒和寒冷地区二 b 类环境中的混凝土应使用引气剂，并可采用括号中的有关参数。

（3）必须选用国家标准钢材，Φ为 HPB300 钢筋，⌀为 HRB400 钢筋。型钢及钢板采用 Q235B 钢材。

（4）当钢筋采用焊接时，HPB300 钢筋用 E43 焊条，HRB400 钢筋用 E55 焊条，按《钢筋焊接及验收规程》（JGJ 18—2012）施工和验收。

图号	11.2.3-01	图名	配电装置室工程结构说明(一)[HN-110-HGIS(10)-T02-01]

（5）框架纵向受力钢筋的抗拉强度实测值与屈服强度实测值的比值不应小于1.25；且钢筋的屈服强度实测值与强度标准值的比值不应大于1.3，且钢筋在最大拉力下的总伸长率实测值不应小于9%。钢筋的强度标准值应具有不小于95%的保证率。

（6）受力预埋件锚筋不应采用冷加工钢筋，钢材采用Q235B。

六、钢筋混凝土相关问题

（1）完全外露构件、结构外围构件的外侧及±0.000以下构件与土接触的面均为二b类环境，其余为一类环境。

（2）构件的保护层厚度见下表：

环境类别	板、墙、壳	梁、柱、杆
一	15	20
二a	20	25
二b	25	35

注 1. 混凝土强度等级不大于C25时，表中保护层厚度数值应增加5mm。
2. 钢筋混凝土基础设置100mm混凝土垫层，基础中钢筋的混凝土保护层厚度应以垫层顶面算起，且不应小于40mm。

（3）钢筋锚固长度与搭接长度按《混凝土结构施工图平面整体表示方法制图规则和构造详图》（16G101-01）和《装配式混凝土结构连接节点构造》（15G310-1～2）。

（4）钢筋的接头宜设置在受力较小处，框架结构钢筋接头不宜设置在梁柱箍筋加密区，同一纵向受力钢筋不宜设置两个或两个以上接头，框架梁柱及配有抗扭纵筋的非框架梁均采用抗震箍筋。

（5）楼层梁板上部筋接头应在跨中，下部筋接头在支座。基础拉梁钢筋接头在支座处。板钢筋采用搭接接头时，同一截面钢筋搭接接头数量不得大于钢筋总量的25%，相邻接头间的最小距离为$45d$。

（6）预制柱的设计应符合现行国家标准《混凝土结构设计规范》（GB 50010）的要求，柱箍筋加密区长度范围参考16G101-01标准图集，并应符合下列规定：柱纵向受力钢筋直径不宜小于20mm；矩形柱截面宽度或圆柱直径不宜小于400mm，且不宜小于同方向梁宽的1.5倍。

（7）梁、柱纵向钢筋在后浇节点区内采用直线锚固、弯折锚固或机械锚固的方式时，其锚固长度应符合现行国家标准《混凝土结构设计规范》（GB 50010）中的有关规定；当梁、柱纵向钢筋采用锚固板时，应符合现行行业标准《钢筋锚固板应用技术规程》（JGJ 256）中的有关规定。

七、图纸内容表达

（1）构造及制图执行《混凝土结构施工图平面整体表示方法制图规则和构造详图》（16G101-01）、《装配式混凝土结构表示方法及示例》（15G107-1）和《装配式混凝土结构连接节点构造》（15G310-1～2）。

（2）图中长度单位为mm，结构标高单位为m。

八、预制构件制作及检验

（1）应根据预制构件制作特点制定工艺流程，明确质量要求和质量控制要求。

（2）模具所选用材料应有质量证明书或检验报告，模具应具有足够的刚度、强度、稳定性，模具构造应满足钢筋入模、混凝土浇捣和养护的要求；模具组装完成后需进行去毛、除锈、清渣等工作；并符合构件精度要求；与构件混凝土直接接触的钢模表面需均匀涂抹脱模剂。

（3）对于外观要求较高的构件，在模板拼接处如侧模与底模的拼接处须以止水条做好密封处理以免漏浆影响外观。

（4）预埋窗框的固定，预制构件厂按图纸位置在窗框内侧附加钢框用以固定窗框，还需根据窗厂产品要求按间距埋设加强爪件。

（5）钢筋应有产品合格证，并应按有关标准规定进行复试检验，质量必须符合现行有关标准和结构总说明的规定。严格按构件加工图纸要求排布钢筋，并控制保护层厚度。叠合筋应按设计要求露出高度设置。

（6）混凝土用的水泥、骨料（砂、石）、外加剂、掺合料等应有产品合格证，并按有关标准的规定进行复试检验，质量必须符合现行有关标准的规定。混凝土应按国家现行标准《普通混凝土配合比设计规程》（JGJ 55）的有关规定，根据混凝土强度等级、耐久性和工作性等要求进行配合比设计。混凝土外加剂的选择与使用应满足《混凝土外加剂应用技术规范》（GB 50119）。选择各类外加剂时，应特别注意外加剂的适用范围。

（7）构件浇筑成型前，模具、隔离剂涂刷、钢筋成品（骨架）质量、保护层控制措施、预留孔道、配件和埋件等，应逐件进行隐蔽验收，符合有关标准规定和设计文件要求后方可浇筑混凝土。

（8）根据实际情况均匀振捣，要求均匀密实，振捣时应避开钢筋、埋件、管线、面砖等，对于重要勿碰部位提前做好标记。

（9）构件外表面应光滑无明显凹坑破损，内侧与现浇部分相接面须做均匀拉毛处理，拉深4～5mm。

（10）预制构件混凝土浇筑完毕后，应及时按国家混凝土养护的规定操作养护。

（11）预制构件达到混凝土抗压强度设计值的75%且不小于15N/mm^{2}时方可拆模起吊。

（12）按国家规范检测混凝土强度；预埋连接件、插筋、孔洞数量、规格、定位；外观质量检查；外形尺寸检查。成品构件尺寸偏差及变形与裂缝应控制在允许范围内，详见《预制预应力混凝土装配整体式框架结构技术规程》（JGJ 224）。

（13）对预制构件修补和保护，预制梁、楼梯、楼板存放采用平躺式，且做好包角包面与固定的防护措施。

（14）预制构件内钢筋弯钩及锚固做法详见《装配式混凝土结构连接节点构造》（15G310-1）中相关构造要求。

（15）为确保安全脱模、起吊，应按设计要求预先做金属预埋件拉拔试验，并递交正式的实验报告。

（16）预制构件模具的允许偏差。预制构件的允许尺寸偏差及检验方法应符合《装配式混凝土结构技术规程》（JGJ 1）的相关规定；预制构件应按设计要求和现行国家标准《混凝土结构工程施工质量验收规范》（GB 50204）的有关规定进行结构性能检验。

九、运输要求

1. 运输注意事项

（1）预制构件运输时，车上应设有专用架，且有可靠的稳定构件措施。预制构件混凝土强度达到设计强度时方可运输。

（2）预制构件运输时，应采用木材或混凝土块作为支撑物，构件接触部位用柔性垫片填实，支撑牢固不得有松动。

2. 运输方式

（1）竖立式：适用于预制混凝土构件较大且为不规则形状时，或高度不是很高的扁平预制混凝土构件可排列竖立。竖立式除了需注意超高限制外还要防止倾覆，必须制作专用钢排架，排架常有山形架和A字架。构件与排架之间须有限位措施并绑扎牢固，同时做好易碰部位的边角保护。

（2）平躺式：适用于大多数预制混凝土构件，对于预制楼板、墙板等扁平构件，计算出最佳支点距离以指导运输方正确设置，谨慎采取二点以上支点的方式，如采用需专门措施保证每个支点同时受力。构件平躺叠加，支点与上下层构件的接触点必须设置减震措施，如垫橡胶块等，禁止硬碰硬方式。重叠不宜超过5层，且各层 垫块必须在同一竖向位置。

十、标准图集

（1）《混凝土结构施工图平面整体表示方法制图规则和构造详图》（16G101-01）。

（2）《混凝土结构施工图平面整体表示方法制图规则和构造详图》（16G101-03）。

（3）《钢筋混凝土抗震构造详图》（11YG002）。

（4）《钢筋混凝土过梁》（11YG301）。

（5）《装配式建筑系列标准应用实施指南（装配式混凝土结构建筑）》。

（6）《装配式混凝土结构表示方法及示例》（15G107-1）。

（7）《装配式混凝土结构连接节点构造》（15G310-1～2）。

（8）《装配式混凝土结构技术规程》（JGJ 1—2014）。

图号	11.2.3-02	图名	配电装置室工程结构说明(二)[HN-110-HGIS(10)-T02-02]

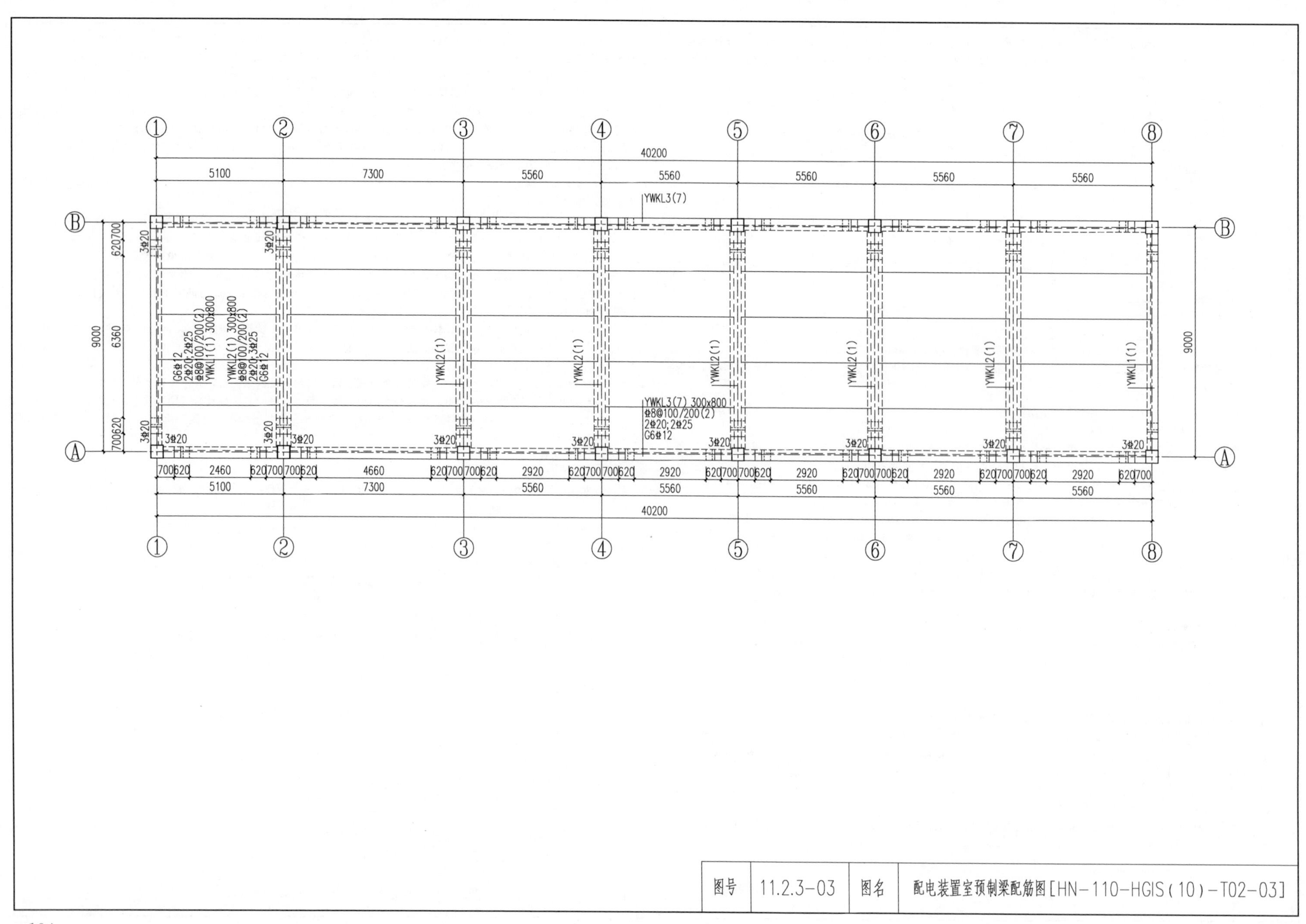

图号	11.2.3-03	图名	配电装置室预制梁配筋图[HN-110-HGIS(10)-T02-03]

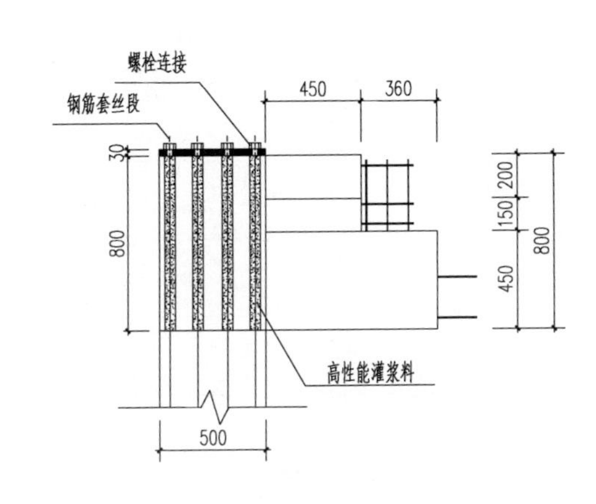

梁柱连接节点详图

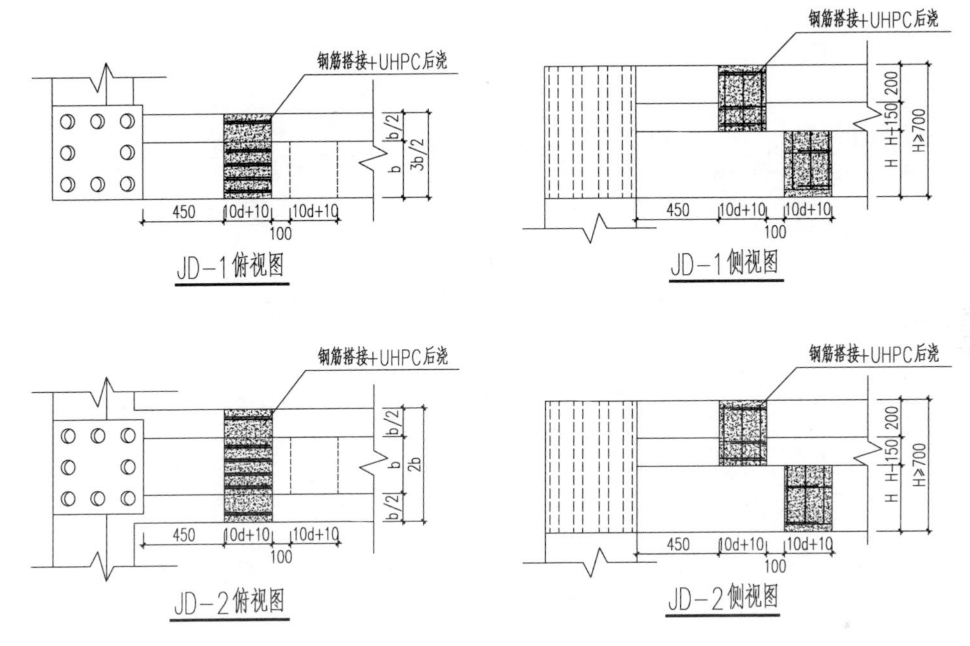

JD-1俯视图

JD-1侧视图

JD-2俯视图

JD-2侧视图

H≥700梁连接节点详图

说明：1. 从耗能角度考虑，为使梁塑性铰出现在梁端部，PC试件梁后浇段设置在离节点核心区450mm梁高处。

2. 钢筋搭接长度为10d（d为钢筋直径），试验结果表明，钢筋搭接长度为10d时，以UHPC材料连接的装配式试件的力学性能均可等同现浇试件，以UHPC材料连接的装配式试件的力学性能甚至优于现浇试件。

3. 图示钢筋段为钢筋套丝段，套丝长度见预制柱详图。

4. 柱顶约束钢板处外露钢筋端随屋顶面施工完成后不外露。

5. 梁（搭板）启口配筋应按本图标识配筋。

6. 钢筋伸出段尺寸应按本图进行设置。

7. 钢筋伸出段所用钢筋直径d为所配钢筋最大直径，具体梁梁搭接口长度应按梁拆分图。

8. H为梁高度，b为标准梁宽度。

图号	11.2.3-04	图名	配电装置室预制节点连接详图[HN-110-HGIS(10)-T02-04]

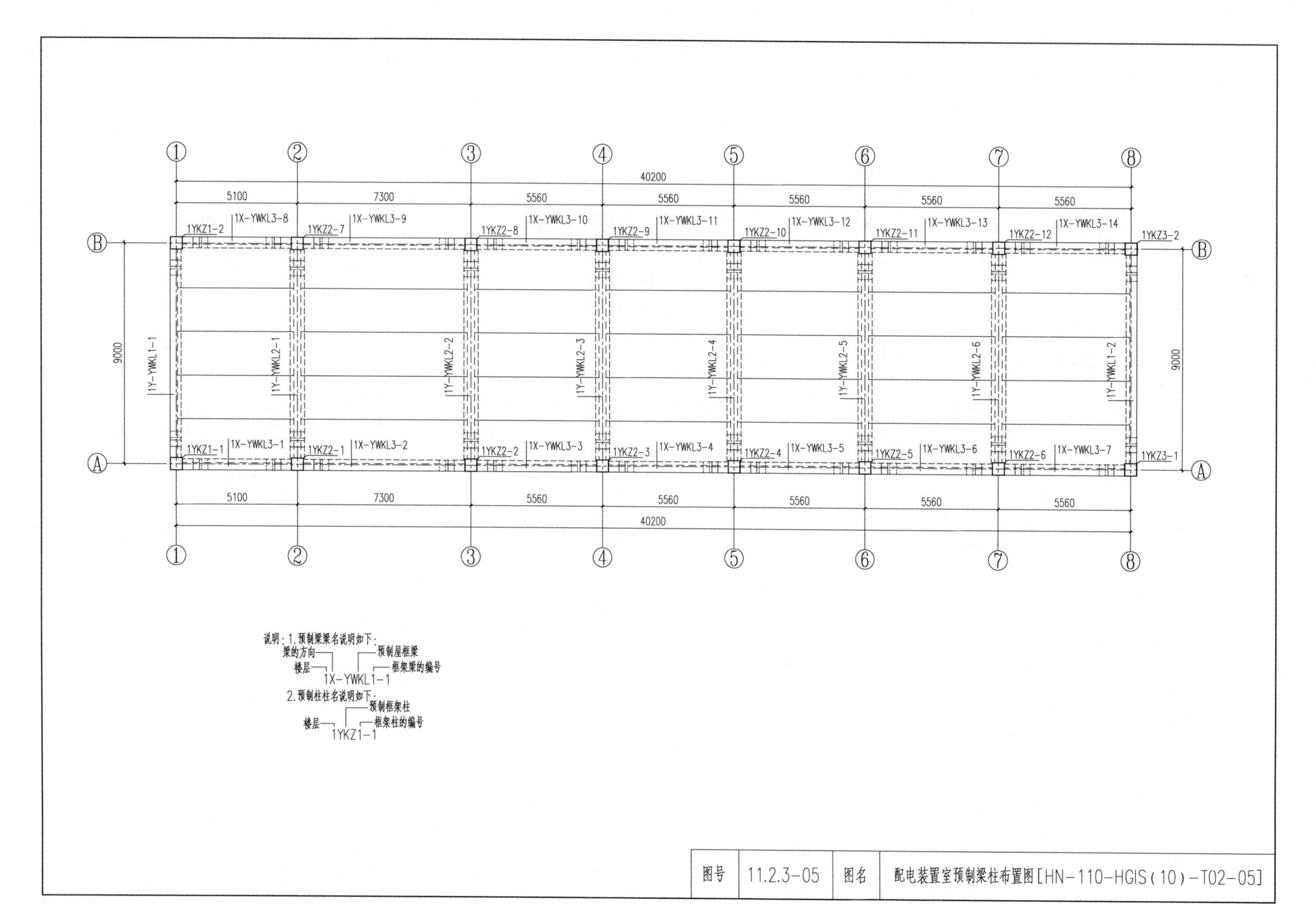

①
②
③
④
⑤
⑥
⑦
⑧
40200
5100
7300
5560
5560
5560
5560
5560
Ⓑ
Ⓐ
9000
1YKZ1-2
1X-YWKL3-8
1YKZ2-7
1X-YWKL3-9
1YKZ2-8
1X-YWKL3-10
1YKZ2-9
1X-YWKL3-11
1YKZ2-10
1X-YWKL3-12
1YKZ2-11
1X-YWKL3-13
1YKZ2-12
1X-YWKL3-14
1YKZ3-2
1Y-YWKL1-1
1Y-YWKL2-1
1Y-YWKL2-2
1Y-YWKL2-3
1Y-YWKL2-4
1Y-YWKL2-5
1Y-YWKL2-6
1Y-YWKL1-2
1YKZ1-1
1X-YWKL3-1
1YKZ2-1
1X-YWKL3-2
1YKZ2-2
1X-YWKL3-3
1YKZ2-3
1X-YWKL3-4
1YKZ2-4
1X-YWKL3-5
1YKZ2-5
1X-YWKL3-6
1YKZ2-6
1X-YWKL3-7
1YKZ3-1
说明：1.预制梁梁名说明如下：
梁的方向
预制屋框梁
楼层
框架梁的编号
1X-YWKL1-1
2.预制柱柱名说明如下：
预制框架柱
楼层
框架柱的编号
1YKZ1-1
图号
11.2.3-05
图名
配电装置室预制梁柱布置图[HN-110-HGIS(10)-T02-05]

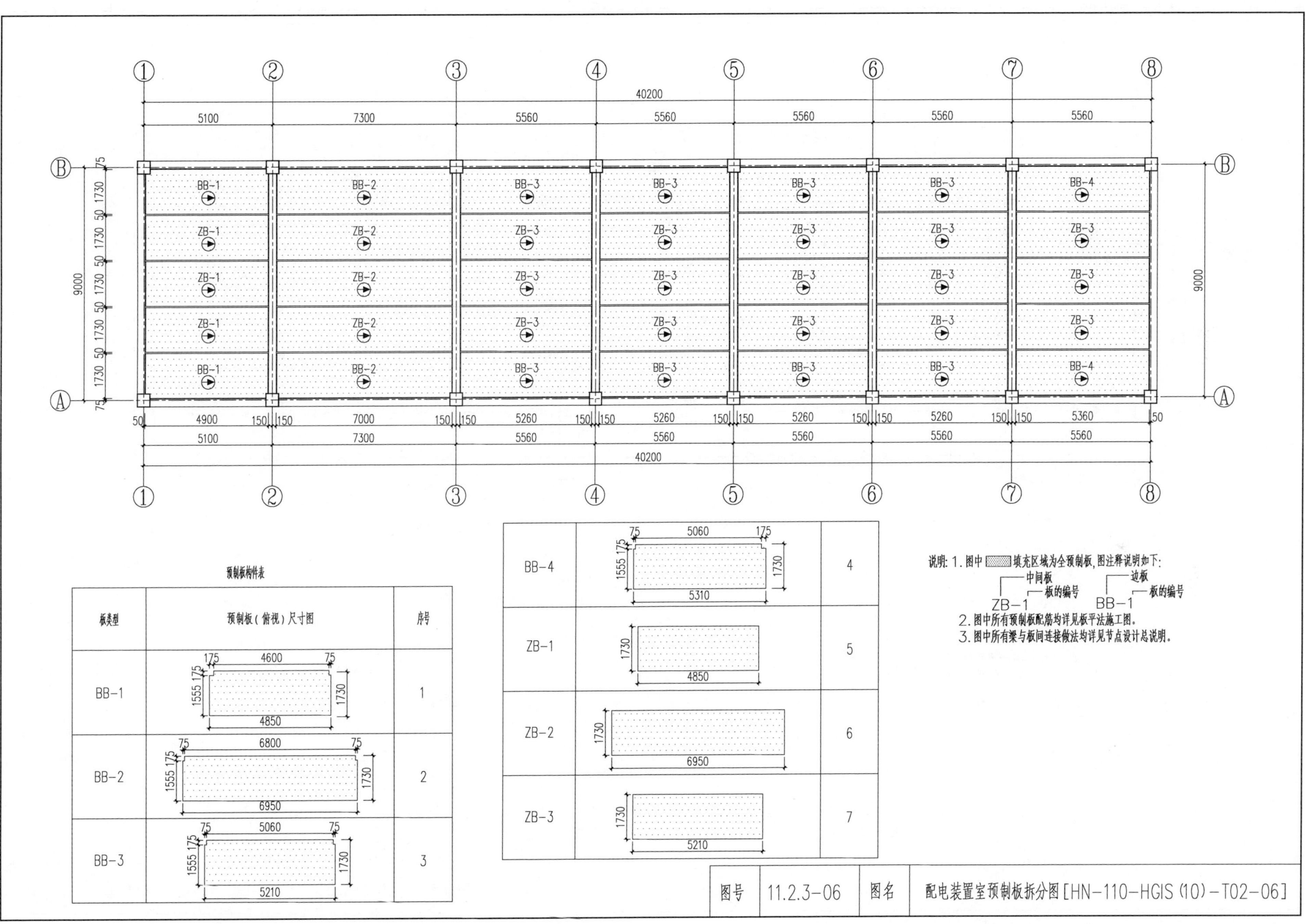

40200
5100 7300 5560 5560 5560 5560 5560
9000
BB-1 BB-2 BB-3 BB-4
ZB-1 ZB-2 ZB-3
50 4900 150 150 7000 150 150 5260 150 150 5260 150 150 5260 150 150 5260 150 150 5360 50
预制板构件表
板类型
预制板（俯视）尺寸图
序号
BB-1 1
BB-2 2
BB-3 3
BB-4 4
ZB-1 5
ZB-2 6
ZB-3 7
说明：1.图中填充区域为全预制板，图注释说明如下：
中间板
板的编号
ZB-1
边板
板的编号
BB-1
2.图中所有预制板配筋均详见板平法施工图。
3.图中所有梁与板间连接做法均详见节点设计总说明。
图号 11.2.3-06
图名 配电装置室预制板拆分图[HN-110-HGIS(10)-T02-06]

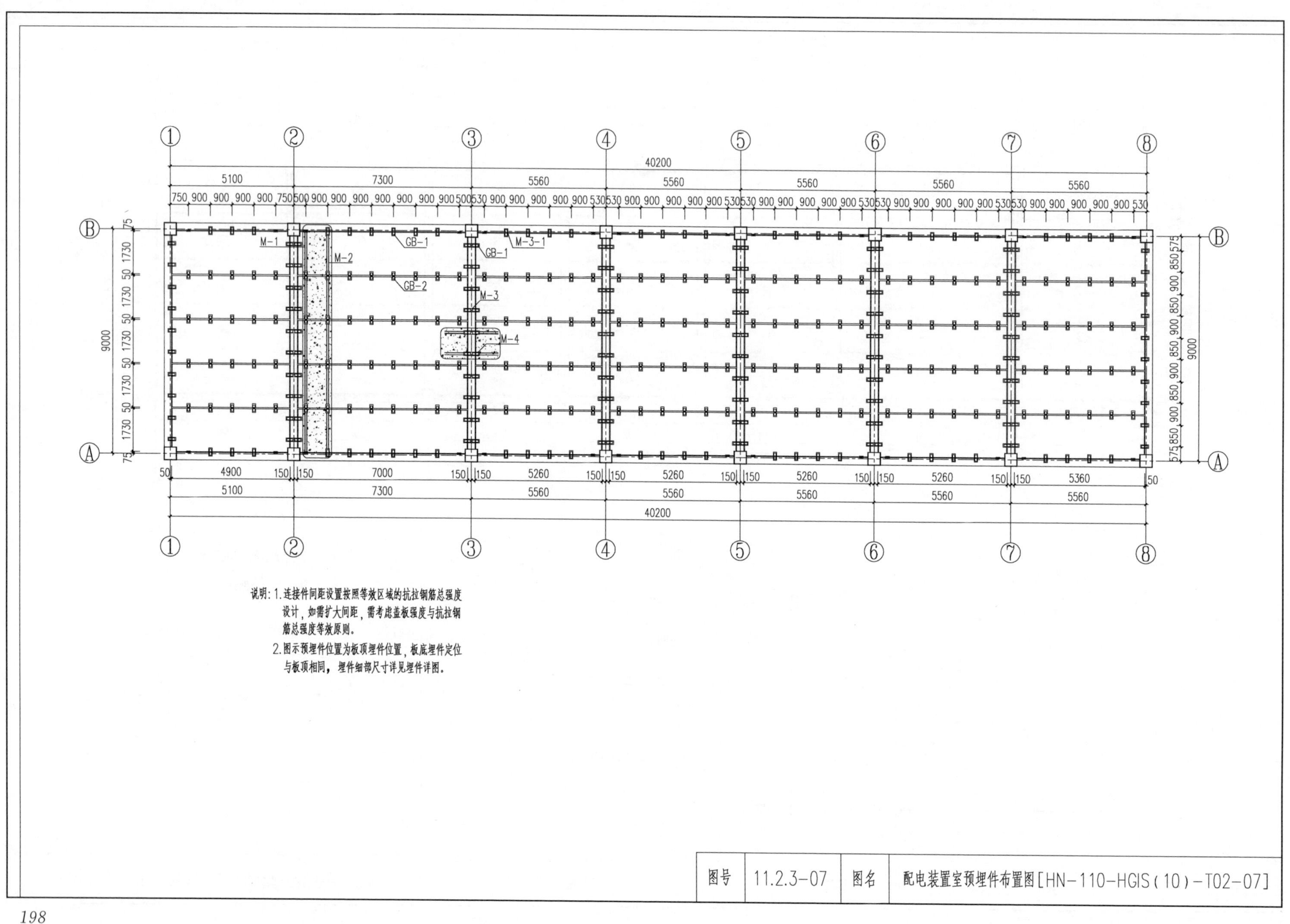
40200
5100
7300
5560
5560
5560
5560
5560
M-1
M-2
GB-1
GB-2
M-3-1
M-3
M-4
9000
4900
7000
5260
5360
说明：1.连接件间距设置按照等效区域的抗拉钢筋总强度设计，如需扩大间距，需考虑盖板强度与抗拉钢筋总强度等效原则。
2.图示预埋件位置为板顶埋件位置，板底埋件定位与板顶相同，埋件细部尺寸详见埋件详图。
图号
11.2.3-07
图名
配电装置室预埋件布置图[HN-110-HGIS(10)-T02-07]

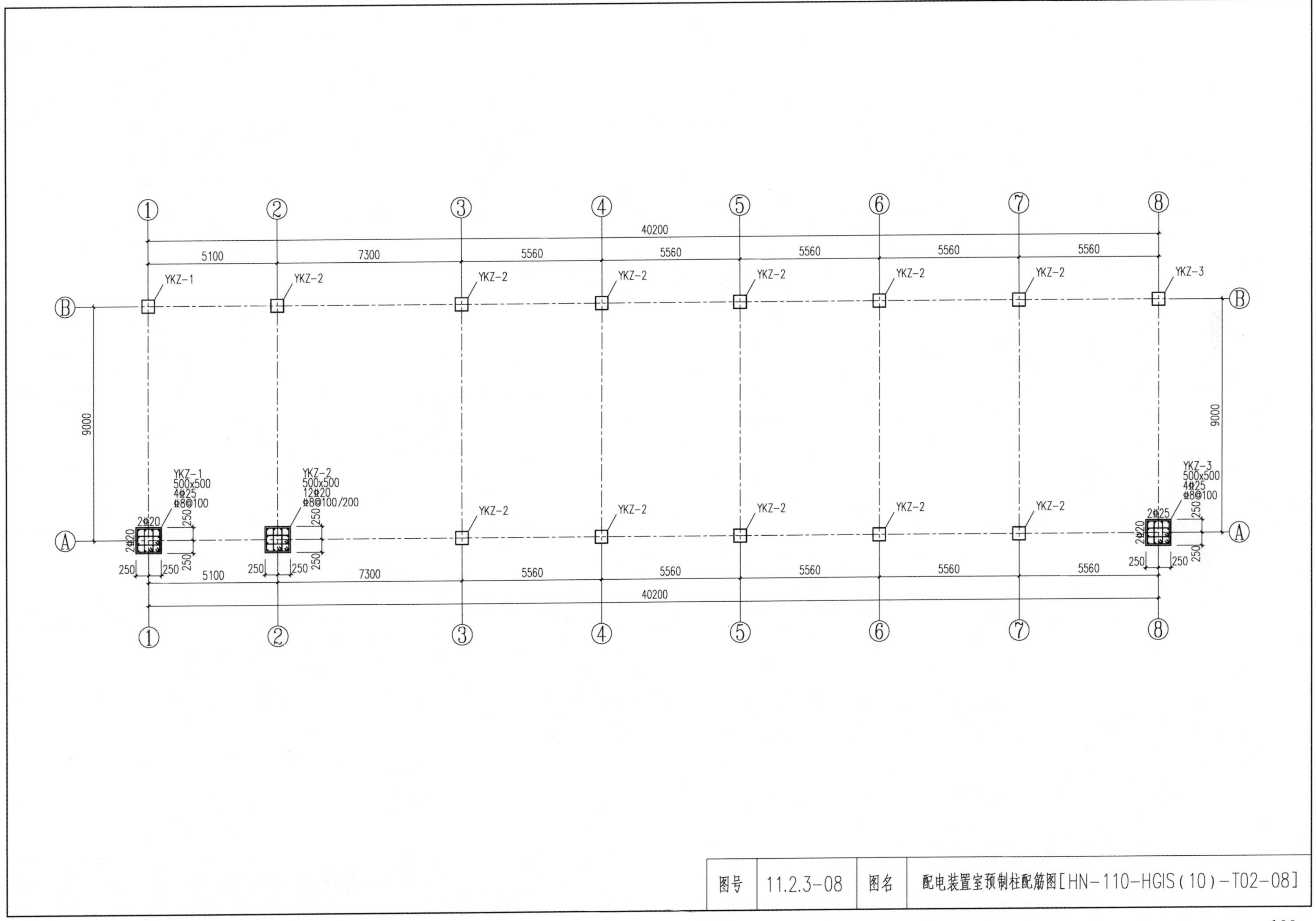

YKZ-1
YKZ-2
YKZ-3
YKZ-1
500x500
4Φ25
Φ8@100
YKZ-2
500x500
12Φ20
Φ8@100/200
YKZ-3
500x500
4Φ25
Φ8@100
2Φ20
2Φ25
40200
5100
7300
5560
9000
250
图号
11.2.3-08
图名
配电装置室预制柱配筋图[HN-110-HGIS(10)-T02-08]

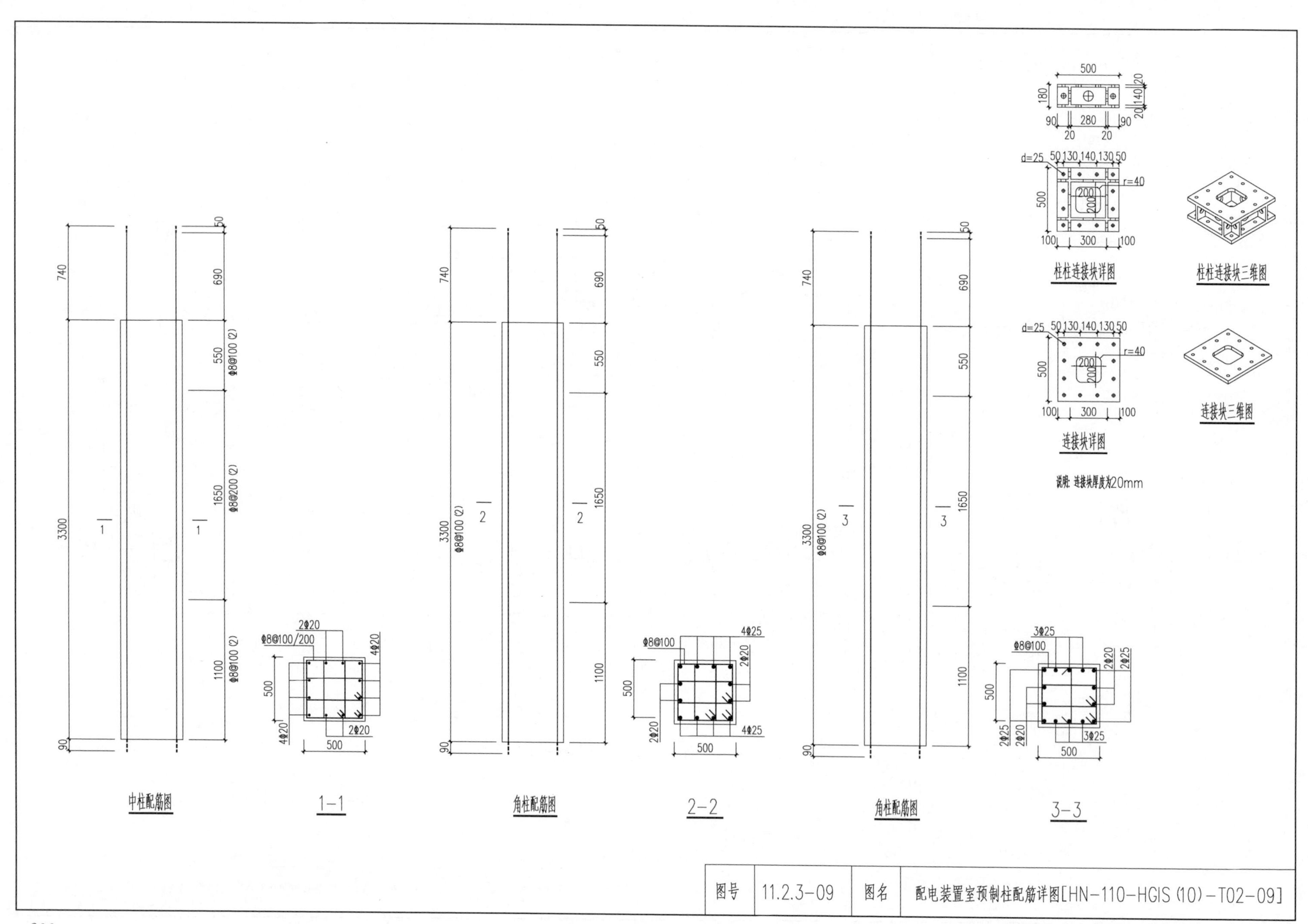

中柱配筋图
1-1
角柱配筋图
2-2
角柱配筋图
3-3
Φ8@100 (2)
Φ8@200 (2)
Φ8@100/200
Φ8@100
2Φ20
4Φ20
4Φ25
3Φ25
2Φ25
柱柱连接块详图
柱柱连接块三维图
连接块详图
连接块三维图
d=25
r=40
说明：连接块厚度为20mm
图号
11.2.3-09
图名
配电装置室预制柱配筋详图[HN-110-HGIS (10) -T02-09]

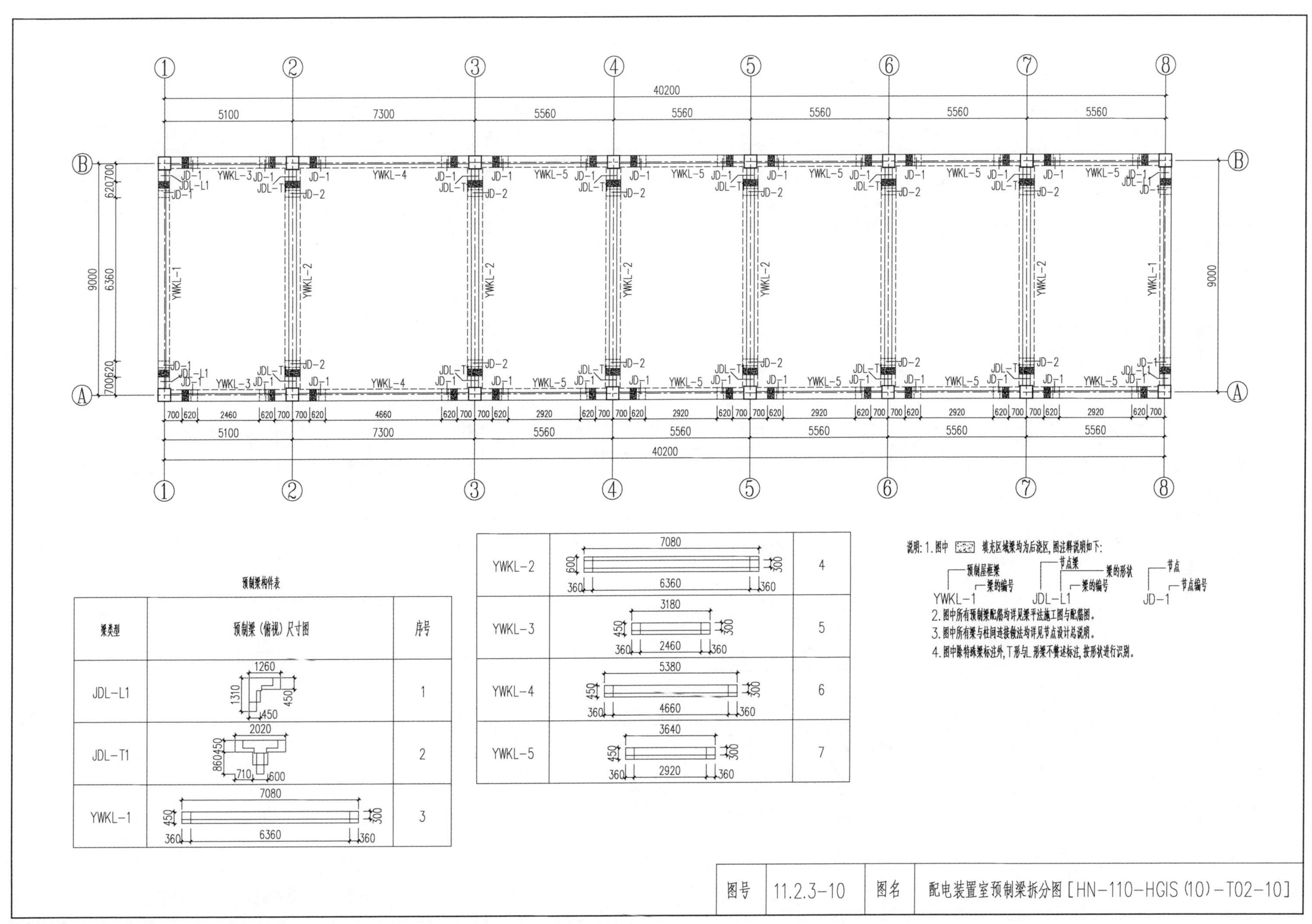

预制梁构件表
梁类型
预制梁（俯视）尺寸图
序号
JDL-L1
1
JDL-T1
2
YWKL-1
3
YWKL-2
4
YWKL-3
5
YWKL-4
6
YWKL-5
7
说明：1.图中 填充区域梁均为后浇区，图注释说明如下：
YWKL-1 预制屋框梁 梁的编号
JDL-L1 节点梁 梁的形状 梁的编号
JD-1 节点 节点编号
2.图中所有预制梁配筋均详见梁平法施工图与配筋图。
3.图中所有梁与柱间连接做法均详见节点设计总说明。
4.图中除特殊梁标注外，T形与L形梁不赘述标注，按形状进行识别。
图号
11.2.3-10
图名
配电装置室预制梁拆分图［HN-110-HGIS（10）-T02-10］

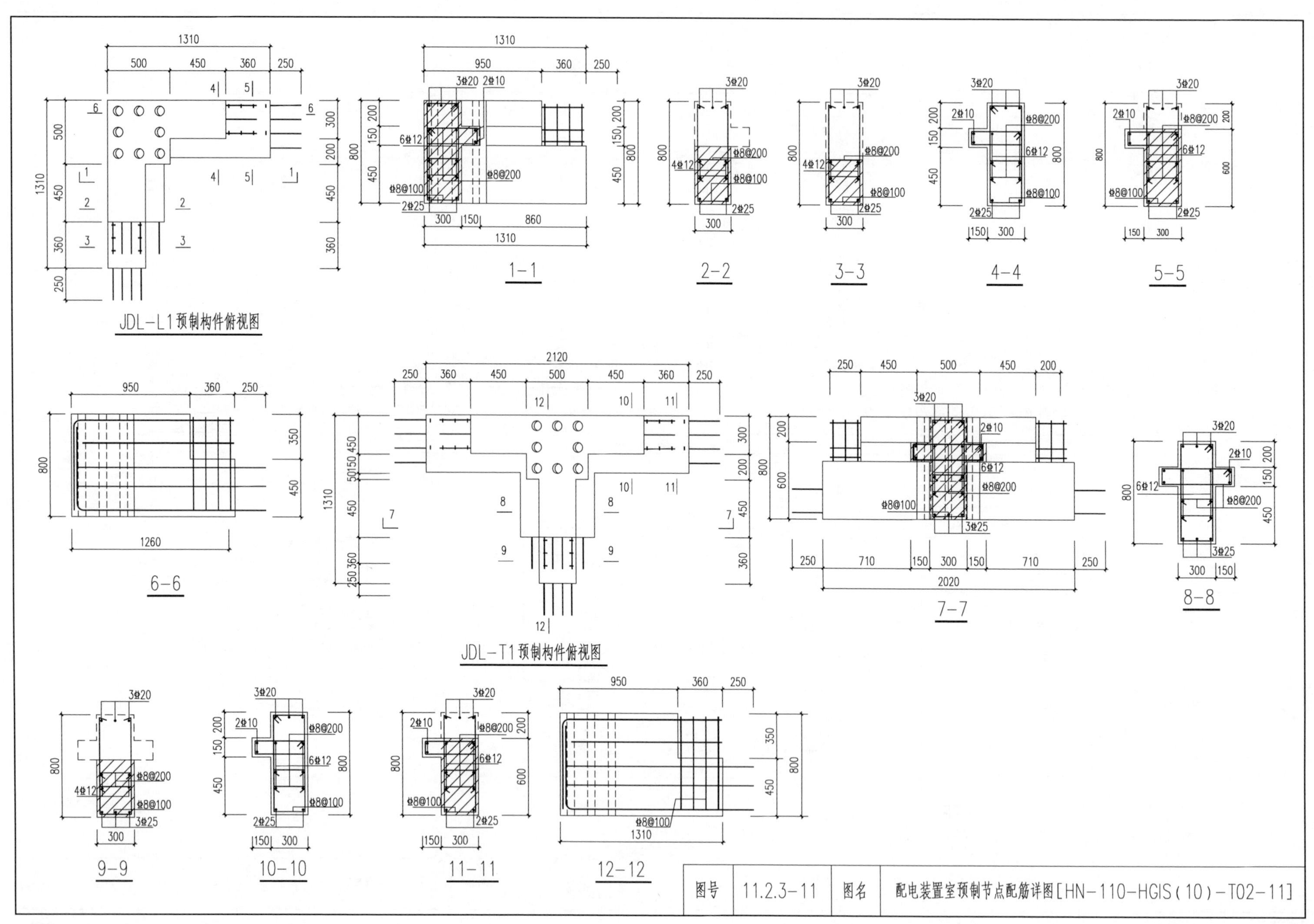
JDL-L1预制构件俯视图
1-1
2-2
3-3
4-4
5-5
6-6
JDL-T1预制构件俯视图
7-7
8-8
9-9
10-10
11-11
12-12
图号
11.2.3-11
图名
配电装置室预制节点配筋详图[HN-110-HGIS(10)-T02-11]

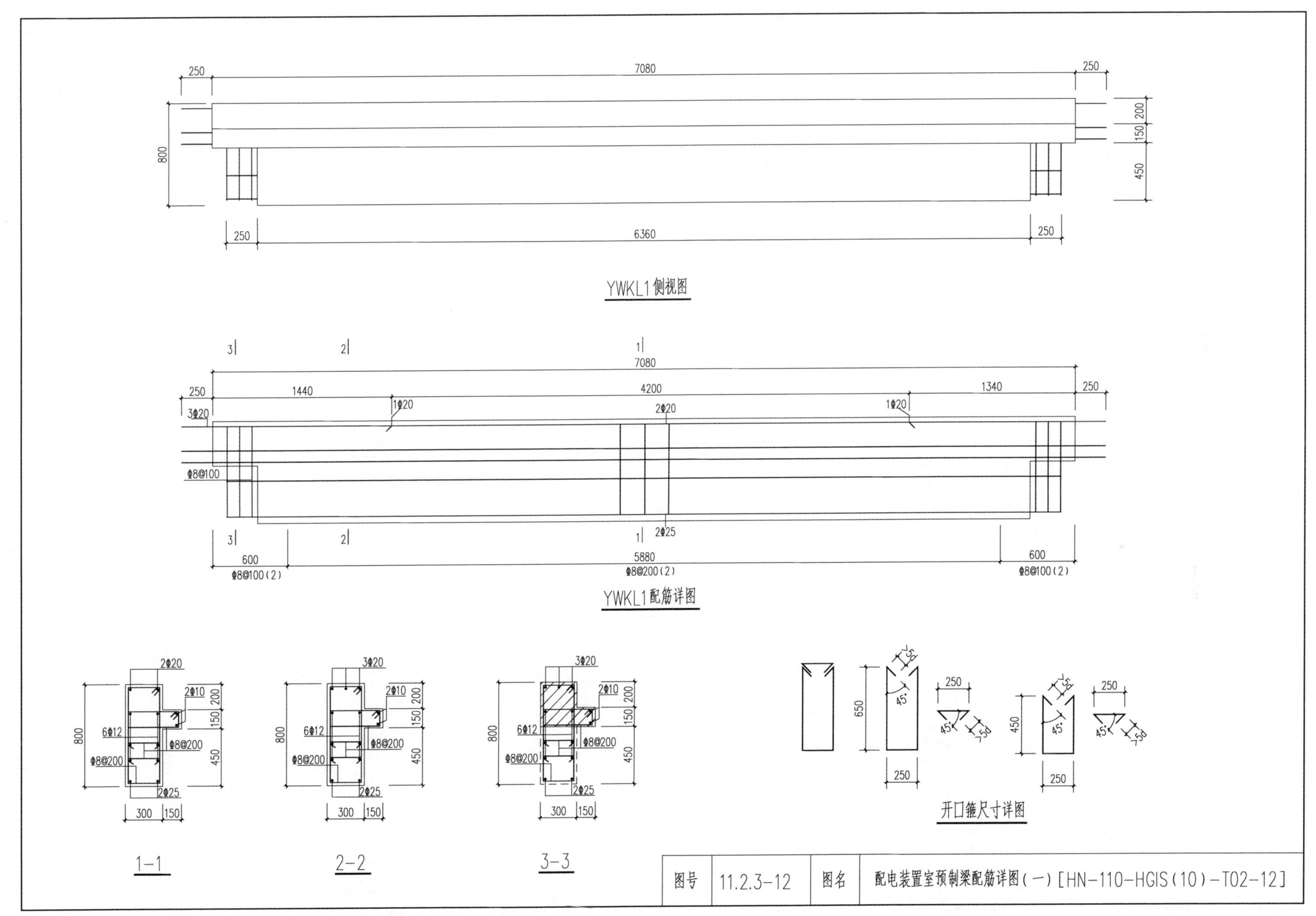

图号	11.2.3-12	图名	配电装置室预制梁配筋详图(一)[HN-110-HGIS(10)-T02-12]

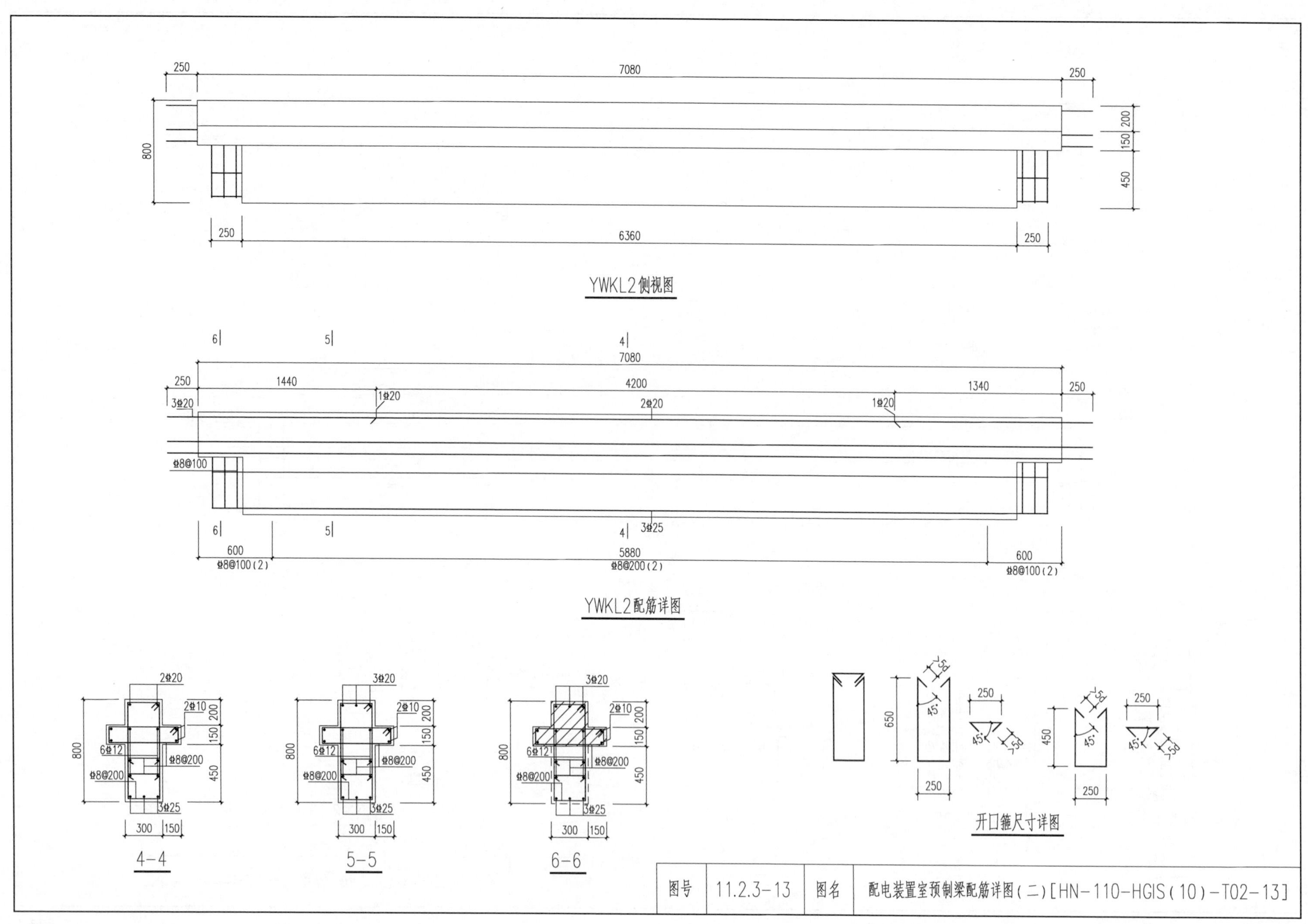
YWKL2侧视图
250
7080
250
800
200
150
450
250
6360
250
YWKL2配筋详图
7080
250
1440
4200
1340
250
3Φ20
1Φ20
2Φ20
1Φ20
Φ8@100
3Φ25
600
Φ8@100(2)
5880
Φ8@200(2)
600
Φ8@100(2)
4-4
5-5
6-6
2Φ20
3Φ20
3Φ20
2Φ10
6Φ12
Φ8@200
3Φ25
300
150
开口箍尺寸详图
650
450
250
45°
≥5d
图号
11.2.3-13
图名
配电装置室预制梁配筋详图(二)[HN-110-HGIS(10)-T02-13]

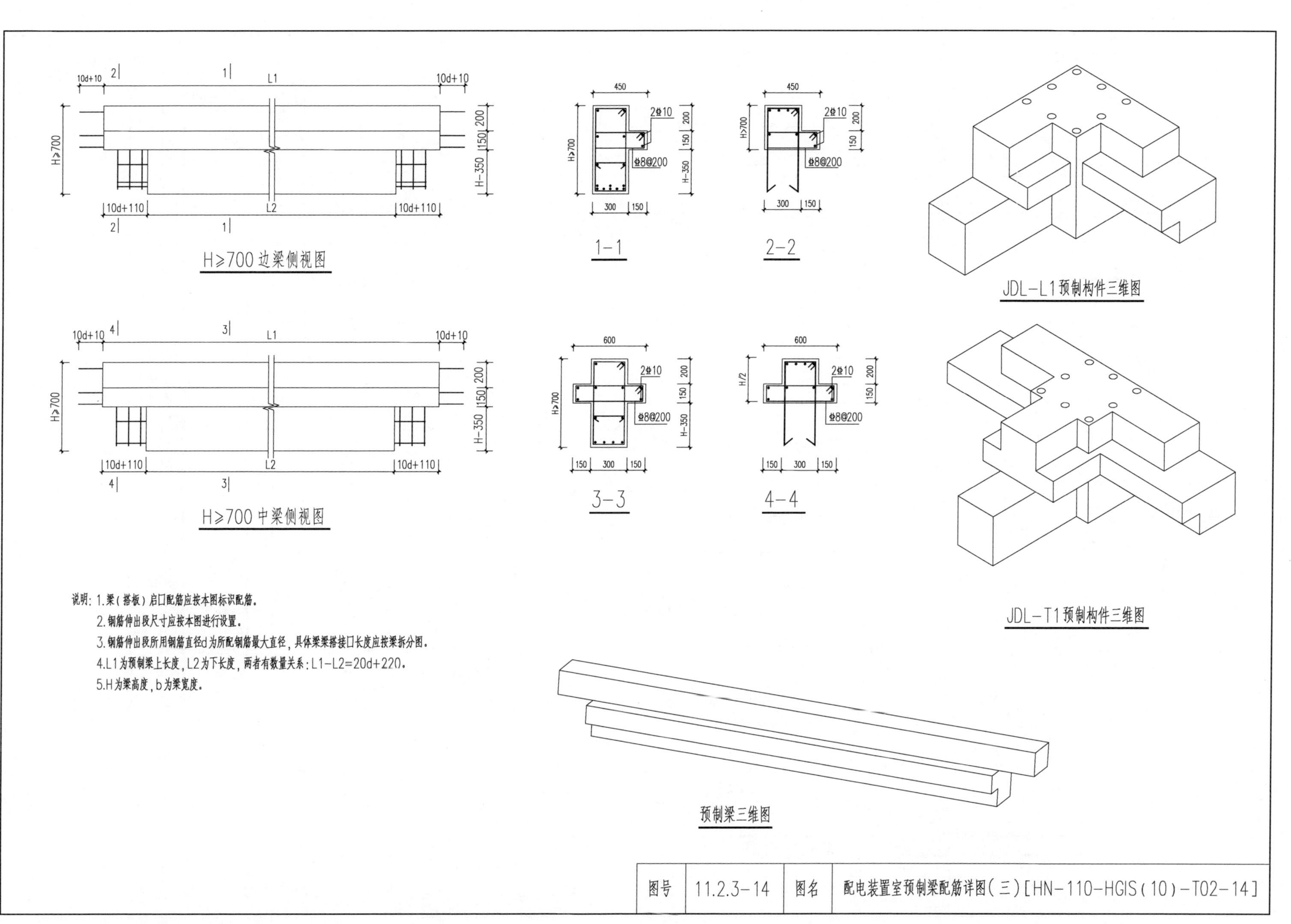
10d+10
L1
10d+110
L2
H≥700
200
150
H-350
H≥700 边梁侧视图
450
2⌀10
⌀8@200
300
150
1-1
2-2
JDL-L1预制构件三维图
H≥700 中梁侧视图
600
3-3
4-4
H/2
JDL-T1预制构件三维图
说明：1.梁（搭板）启口配筋应按本图标识配筋。
2.钢筋伸出段尺寸应按本图进行设置。
3.钢筋伸出段所用钢筋直径d为所配钢筋最大直径，具体梁梁搭接口长度应按梁拆分图。
4.L1为预制梁上长度，L2为下长度，两者有数量关系：L1−L2=20d+220。
5.H为梁高度，b为梁宽度。
预制梁三维图
图号
11.2.3-14
图名
配电装置室预制梁配筋详图（三）[HN-110-HGIS（10）-T02-14]

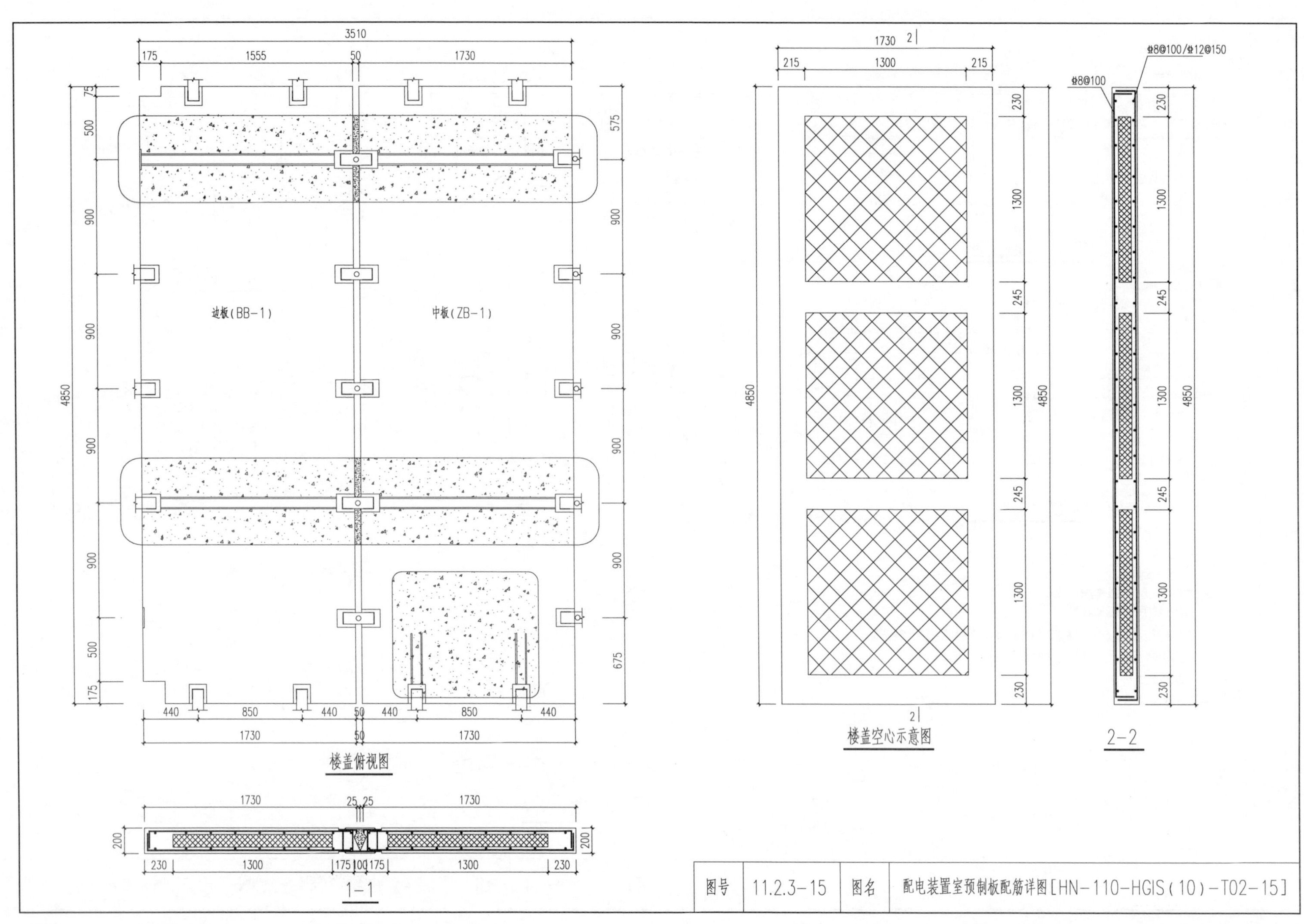

图号	11.2.3-15	图名	配电装置室预制板配筋详图[HN-110-HGIS(10)-T02-15]

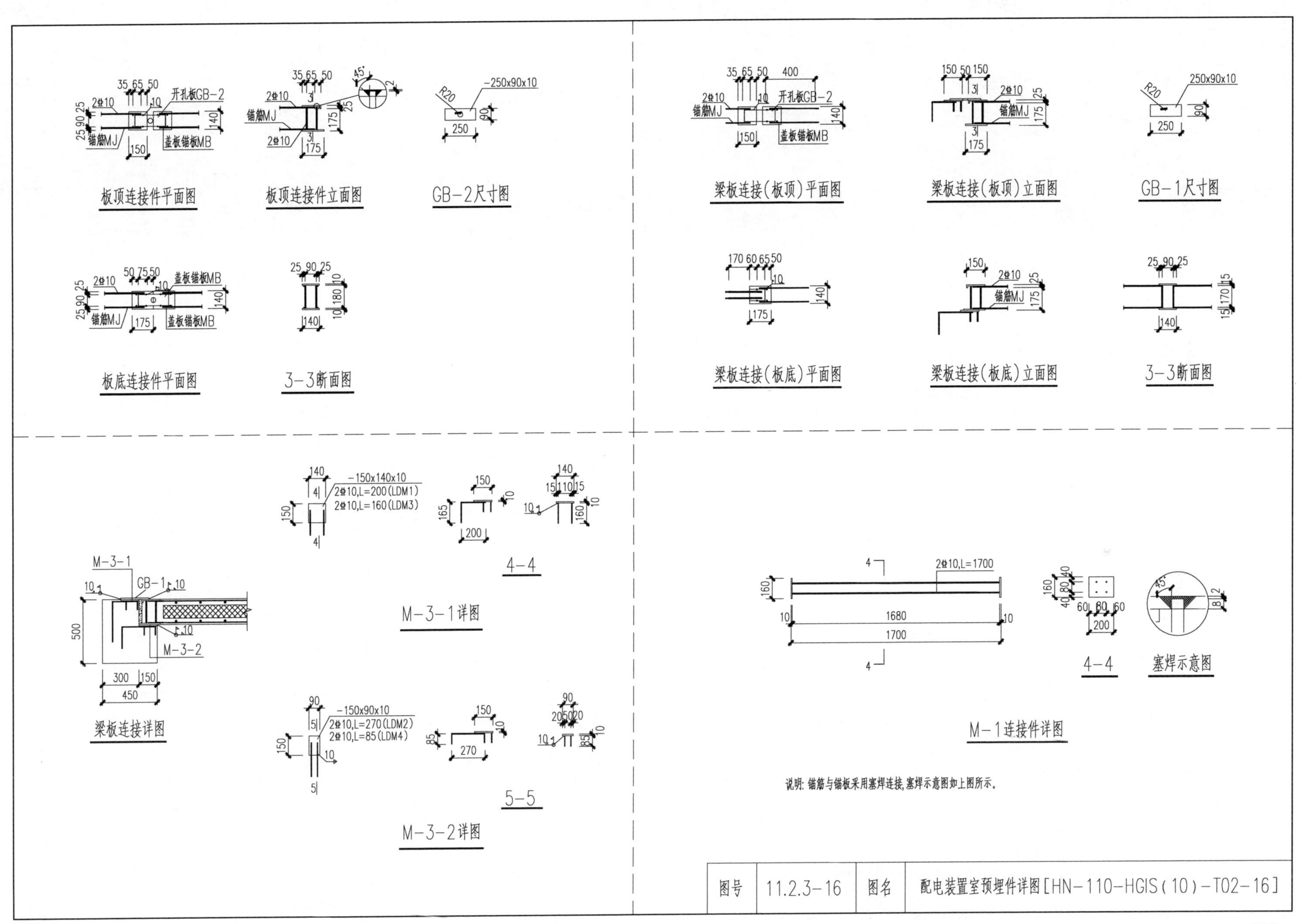
板顶连接件平面图
板顶连接件立面图
GB−2尺寸图
梁板连接(板顶)平面图
梁板连接(板顶)立面图
GB−1尺寸图
板底连接件平面图
3−3断面图
梁板连接(板底)平面图
梁板连接(板底)立面图
3−3断面图
开孔板GB−2
锚筋MJ
盖板锚板MB
−250x90x10
250x90x10
梁板连接详图
M−3−1
GB−1
M−3−2
−150x140x10
2Φ10,L=200(LDM1)
2Φ10,L=160(LDM3)
4−4
M−3−1详图
−150x90x10
2Φ10,L=270(LDM2)
2Φ10,L=85(LDM4)
5−5
M−3−2详图
2Φ10,L=1700
4−4
塞焊示意图
M−1连接件详图
说明：锚筋与锚板采用塞焊连接，塞焊示意图如上图所示。
图号
11.2.3−16
图名
配电装置室预埋件详图[HN−110−HGIS(10)−T02−16]

第12章
HN-35-E3-1方案

12.1 HN-35-E3-1方案主要技术条件

HN-35-E3-1方案主要技术条件见表12.1-1。

表12.1-1 HN-35-E3-1方案主要技术条件

序号	项目		本方案技术条件
1	建设规模	主变压器	本期1台10MVA，远期2台20MVA
		出线	35kV：2/4回电缆； 10kV：6/16回电缆
		无功补偿装置	远期2×(1000+2000)kvar，本期2×1000kvar
2	站址基本条件		海拔小于1000m，设计基本地震加速度0.15g，设计风速v_0≤30m/s，地基承载力特征值f_{ak}=150kPa，无地下水影响，场地同一设计标高
3	电气部分		35kV本期单母线分段接线，远期采用单母线分段接线； 10kV本期单母线接线，远期单母线分段接线； 35kV、10kV短路电流控制水平均为25kA； 主变压器采用三相双绕组自冷有载调压； 35kV采用户内铠装移开式开关柜； 10kV采用户内铠装移开式开关柜； 10kV并联电容器采用框架式； 10kV站用变采用户外油浸式变压器，容量100kVA
4	建筑部分		本方案围墙内占地面积2418m²，配电装置室建筑面积385.25m²； 建筑物结构形式为装配式混凝土结构； 建筑物外墙采用200mm厚ALC板，内墙采用150mm厚ALC板，屋面板采用分布式连接全装配RC楼板（DCPCD）
5	结构部分		本方案采用有限元分析程序Midas Gen和PKPM相互结合、相互印证的方式进行，Midas Gen中的计算方法采用时程分析法。结构中梁柱节点采用预制的形式，节点与预制柱（基础）、预制梁分别采用转接头螺栓连接和搭接的形式、同时对连接区域后浇超高性能混凝土（UHPC）材料，梁（墙）-板、板-板连接采用上下匹配的分布式连接件连接

12.2 HN-35-E3-1方案主要设计图纸

12.2.1 总图部分

HN-35-E3-1方案主要设计图纸总图部分见表12.2-1。

表12.2-1 HN-35-E3-1方案主要设计图纸总图部分

序号	图号	图名
1	图12.2.1-01	总平面布置图（HN-35-E3-1-Z01-01）

12.2.2 建筑部分

HN-35-E3-1方案主要设计图纸建筑部分见表12.2-2。

表 12.2-2　　HN-35-E3-1 方案主要设计图纸建筑部分

序号	图　号	图　　名
1	图 12.2.2-01	配电装置室建筑设计说明(HN-35-E3-1-T01-01)
2	图 12.2.2-02	配电装置室零米层平面图(HN-35-E3-1-T01-02)
3	图 12.2.2-03	配电装置室屋顶平面布置图(HN-35-E3-1-T01-03)
4	图 12.2.2-04	配电装置室立面图(HN-35-E3-1-T01-04)
5	图 12.2.2-05	配电装置室立面图、剖面图(HN-35-E3-1-T01-05)

12.2.3　结构部分

HN-35-E3-1 方案主要设计图纸结构部分见表 12.2-3。

表 12.2-3　　HN-35-E3-1 方案主要设计图纸结构部分

序号	图　号	图　　名
1	图 12.2.3-01	配电装置室工程结构说明(一)(HN-35-E3-1-T02-01)
2	图 12.2.3-02	配电装置室工程结构说明(二)(HN-35-E3-1-T02-02)
3	图 12.2.3-03	配电装置室预制梁配筋图(HN-35-E3-1-T02-03)
4	图 12.2.3-04	配电装置室预制节点连接详图(HN-35-E3-1-T02-04)
5	图 12.2.3-05	配电装置室预制梁柱布置图(HN-35-E3-1-T02-05)
6	图 12.2.3-06	配电装置室预制板拆分图(HN-35-E3-1-T02-06)
7	图 12.2.3-07	配电装置室预埋件布置图(HN-35-E3-1-T02-07)
8	图 12.2.3-08	配电装置室预制柱配筋图(HN-35-E3-1-T02-08)
9	图 12.2.3-09	配电装置室预制柱配筋详图(HN-35-E3-1-T02-09)
10	图 12.2.3-10	配电装置室预制梁拆分图(HN-35-E3-1-T02-10)
11	图 12.2.3-11	配电装置室预制节点配筋详图(HN-35-E3-1-T02-11)
12	图 12.2.3-12	配电装置室预制梁配筋详图(HN-35-E3-1-T02-12)
13	图 12.2.3-13	配电装置室预制板配筋详图(HN-35-E3-1-T02-13)
14	图 12.2.3-14	配电装置室埋件详图(HN-35-E3-1-T02-14)

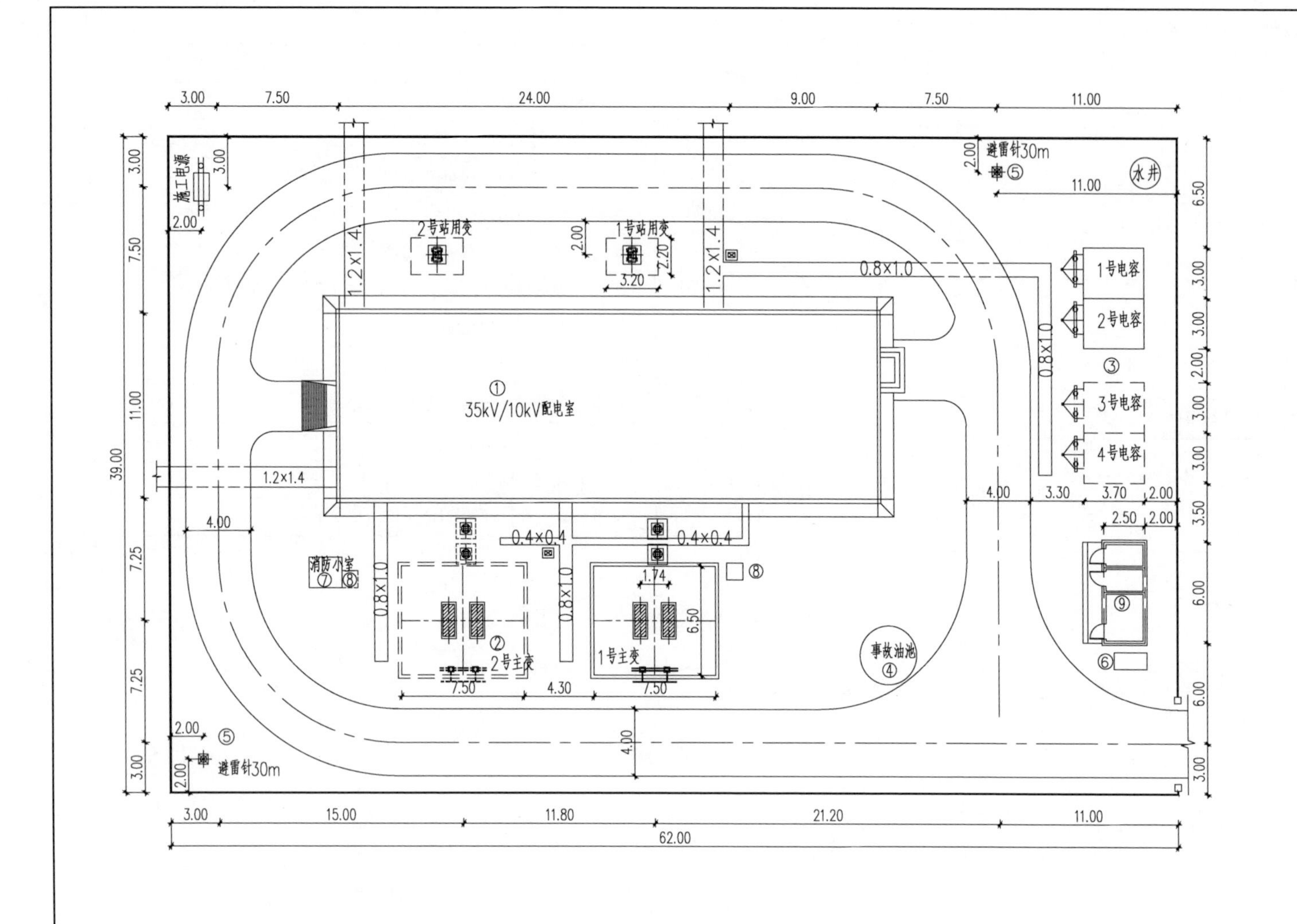

站区主要经济指标

序号	指标名称	单位	数量	备 注
1	围墙内用地面积	hm²	0.2418	合3.63亩
2	总建筑面积	m²	402.25	
2.1	配电装置用房面积	m²	385.25	
2.2	辅助用房面积	m²	17.0	
3	站内道路面积	m²	377	
4	站区场地处理	m²	1150	碎石地坪
5	围墙长度	m	197	
6	站内电缆沟长度	m	102	

站区建（构）筑物一览表

序号	项 目	单位	数 量	备 注
①	配电装置用房	m²	385.25	
②	主变场地	m²	320	
③	电容器场地	m²	180	
④	事故油池	座	1	15m³
⑤	独立避雷针	根	2	30m
⑥	成品化粪池	座	1	2m³
⑦	消防小室	座	1	成品
⑧	消防砂池	座	1	1m³
⑨	辅助用房	m²	17	

说明：1. 图中实线为本期工程，虚线为远期预留。

2. 除环形道路外，其余配电装置区地面均采用干铺碎石。

3. 避雷针基础与围墙基础交叉时应注意施工顺序。

图号	12.2.1-01	图名	总平面布置图（HN-35-E3-1-Z01-01）

建筑项目主要特征表	建筑名称	结构类型	建筑面积/m^2	建筑基底面积/m^2	建筑工程等级	设计使用年限	建筑层数	建筑总高度/m	火灾危险性分类	耐火等级	屋面防水等级	地下室防水等级	抗震设防烈度
	配电装置室	装配式混凝土结构	385.25	385.25	中型	50	一	5.0	戊	二	Ⅰ	—	7

一、主要设计依据

（1）初步设计、总平面图及各相关专业资料。

（2）现行的国家有关建筑设计的主要规范及规程：《建筑设计防火规范》（GB 50016—2014）2018年版、《火力发电厂与变电站设计防火标准》（GB 50229—2019）、《屋面工程技术规范》（GB 50345—2012）、《民用建筑设计统一标准》（GB 50352—2019）、《建筑玻璃应用技术规程》（JGJ 113—2015）、《建筑内部装修设计防火规范》（GB 50222—2017）、《建筑防烟排烟系统技术标准》（GB 51251—2017）、《建筑地面设计规范》（GB 50037—2013）、《建筑外窗气密性能分级及其检测方法》（GB/T 7106—2008）、《110kV～220kV智能变电站设计规范》（GB/T 51072—2014）、《国家电网公司输变电工程施工图设计内容深度规定》。

（3）本工程需遵照执行《输变电工程建设标准强制性条文实施管理规程》《国家电网公司输变电工程质量通病防治工作要求及技术措施》和《国家电网公司输变电工程标准工艺（六）标准工艺设计图集》（2014年版）（下文简称BDTJ）中相关规定。工艺标准施工按照《国家电网公司输变电工程标准工艺（三）工艺标准库》（2016年版）中相关要求。

（4）其他相关的国家和项目所在省、市的法规、规范、规定、标准等。

二、本单体建筑工程概况

（1）本单体建筑工程概况见本册建筑项目主要特征表。本变电站为无人值守智能变电站。

（2）本建筑总平面定位坐标详见总平面图；本建筑室内地坪±0.000标高相对应的绝对标高详见总平面图。

（3）本建筑图中标高单位为米，其余图纸尺寸单位为毫米，各层标注标高为完成面标高（建筑面标高），屋面标高为结构面标高。

（4）梁柱的尺寸、定位等详见结构施工图。

三、墙体工程

（1）材料与厚度：±0.000以下采用MU20蒸压灰砂砖M10水泥砂浆砌筑；±0.000以上采用建筑外墙除特殊说明外采用200mm厚A级ALC板，耐火极限3.0h（蒸压加气混凝土板材简称ALC板）。

防火内墙：内墙为150mm厚A级，ALC板，耐火极限3.0h。细部构造做法参见13J104。

注：工业化墙板系统材料均为工厂预制完成，现场拼接、固定、安装完成，最终以甲方订货为准；墙上预留埋铁需由装配式墙体厂家考虑设置并满足荷载要求。

阴影处墙体为配电箱等设备所在墙体，按照箱体要求适当加厚处理，满足配电箱暗装要求。

（2）构造要求：建议工业化墙板由专业和具备资质的同一厂家进行排版、设计、供货、施工安装，厂家应考虑墙体上的洞口、门、雨篷安装等要求，设备尺寸大于房间门洞尺寸的房间须待设备安装到位后再安装墙体。

蒸压加气混凝土板材的施工工艺以及各相关构造做法要求参照《蒸压加气混凝土砌块、板材构造》（13J104）。

（3）外墙窗户及墙体预留洞详见建施及设备平面图，洞口处四周增加檩条，由墙体厂家统一考虑。

（4）墙体上的空调管留洞、排气洞、过水洞等应注意避开水立管和不影响外窗开启。

（5）墙上管道及工艺开孔需封堵的孔洞请见各专业相应要求。

（6）墙上配电箱等设备的预留洞（槽）尺寸及位置需结合设备专业图纸。

（7）散水宽度根据具体工程情况核定，图中为示意。

四、楼地面工程

本工程楼地面做法详见"室内装修做法表"。

五、屋面防水工程

（1）雨水管下方设置水簸箕。雨水管及水簸箕做法参见《平屋面建筑构造》（12J201-H6）。

（2）屋面检修孔做法参见《平屋面建筑构造》（12J201-H20）；设备基座做法参见12J201-H20-3。

（3）设防要求：按倒置式屋面做法（即防水层在下，保温隔热层在上）；所有防水材料的四周卷起泛水高度，均距结构楼面300mm高；女儿墙阴阳转角处应附加一层防水材料。

（4）凡管道穿屋面等屋面留孔位置需检查核实后再做防水材料，避免做防水材料后再凿洞。

六、外门窗工程

（1）外门窗均采用90系列节能型断热桥铝合金型材和6+12A+6中空浮法玻璃。

易遭受撞击、冲击而造成人体伤害部位的玻璃均应选用安全玻璃。

外门窗（含阳台门）的气密性、水密性及抗风压性能应符合《建筑外门窗气密、水密、抗风压性能分级及检测办法》（GB/T 7106—2008）的相关规定，其中气密性不应低于4级，水密性不应低于4级，抗风压性能不应低于3级，空气隔声性能不应低于3级。

（2）门窗立面均表示洞口尺寸，门窗加工尺寸应按照装修面厚度予以调整，门窗制作安装应实测核对各洞口尺寸及各门窗编号与个数，以防止由于设计及构造误差造成安装困难，门窗侧边固定连接点的定位原则：每边最端头固定点距门窗边框端头180，其余固定点位置间隔500左右均分。

（3）门窗立樘：内外门窗立樘除特殊说明外均居墙中（墙檩处）。

（4）建筑外窗宜加装安全防盗设施，具体形式由建设方确定。

（5）门窗的立面形式、数量、尺寸、色彩、开启方式、型材、玻璃等详见门窗表和门窗立面图放大图。

七、内装修工程

（1）本工程各部位内装修做法详见"室内装修做法表"。装修所用材料应采用对人体健康无毒无害的环保型材料，同时符合《民用建筑工程室内环境污染控制规范》（GB 50325—2010）的规定，并应在施工前提供样板，经建设单位和设计单位认可后方可施工。本工程所有建筑材料和设备均应符合管理部门的环保规定和质量标准及节约能源的要求。

（2）装修时建筑内部污水立管、透气管、雨水管、空调冷凝水管、排气道的位置不得移动。

（3）未经技术鉴定和设计认可，不得拆改结构构件和进行加层改造。当建筑装修涉及主体结构改动或增加荷载时，须由设计单位进行结构安全性复核，提出具体实施方案后方可施工。

（4）所有穿过防水层的预埋件、紧固件应采用高性能密封材料密封。

（5）楼面找平须待设备管线孔洞预留无误后再行施工。

（6）所有材料、构造、施工应遵照《建筑装饰装修工程质量验收标准》（GB 50210—2018）执行。

八、外装修工程

（1）建筑立面的颜色和材质详见立面图，外墙面做法详见"室外装修做法表"。外墙面施工前应作出样板，待建设方和设计方认可后方可进行施工，并应遵照《建筑装饰装修工程质量验收标准》（GB 50210—2018）的要求。

（2）其余外露铁件做一道防锈底漆和二道面漆。不露面铁件做二道防锈漆，金属件接缝要严密，用于室外的金属件接缝处用树脂涂料二道密封。

（3）各种外墙洞口边缘应做滴水线。

（4）窗台节点确保里高外低不泛水，室内抹灰成活面高于室外成活面高差不小于20mm。腰线、檐板以及窗外窗台面层均坡向墙外。

（5）建筑装饰装修工程所用材料应符合国家有关建筑装饰装修材料有害物质限量标准的规定。

九、噪声防治及主变泄爆措施

（1）变电站噪声对周围环境的影响必须符合国标《工业企业厂界噪声标准》（GB 12348—2008）和《声环境质量标准》（GB 3096—2008）的规定的2类标准。

（2）主变室内墙体吸声、大门、窗、风机等设施降噪均应选择隔声性能合格的产品，由专业厂家二次设计、制作、安装。

（3）主变室外墙设置轻型泄爆外墙，墙体构造根据《建筑设计防火规范》（GB 50016—2014）2018年版要求，单位质量不大于0.6kN/m，具备资质厂家二次设计，墙体做法参考《抗爆、泄爆门窗及屋盖、墙体建筑构造》（14J938）相关做法执行。

（4）泄爆外墙装饰应与整体建筑装饰效果相适应，优先选择同种材料。

十、其他应注意事项

（1）土建施工时应注意将建筑、结构、水、暖、电气等各专业施工图纸相互对照，确认墙体及楼板各种预留孔洞尺寸及位置无误后方可进行施工。

（2）若有疑问应提前与设计院沟通解决，施工过程中，如遇各专业施工图纸不符的，不得以其中任何一个专业图纸作为施工依据。

（3）工业化墙板供货厂家应根据产品实际规格及相关配件规格进行深化设计及排板设计。建筑物装修色彩应先做样，取得建设单位和设计单位的同意后方可施工。

（4）本设计说明及全部施工图纸未尽之处应按国家各有关施工及验收规范执行。

十一、本站选用建筑标准设计图集

《国家电网公司输变电工程标准工艺（六）标准工艺设计图集》、《国家电网公司输变电工程标准工艺（三）工艺标准库》、《特种门窗（一）》（17J610-1）、《建筑节能门窗（一）》（06J607-1）。

图号	12.2.2-01	图名	配电装置室建筑设计说明(HN-35-E3-1-T01-01)

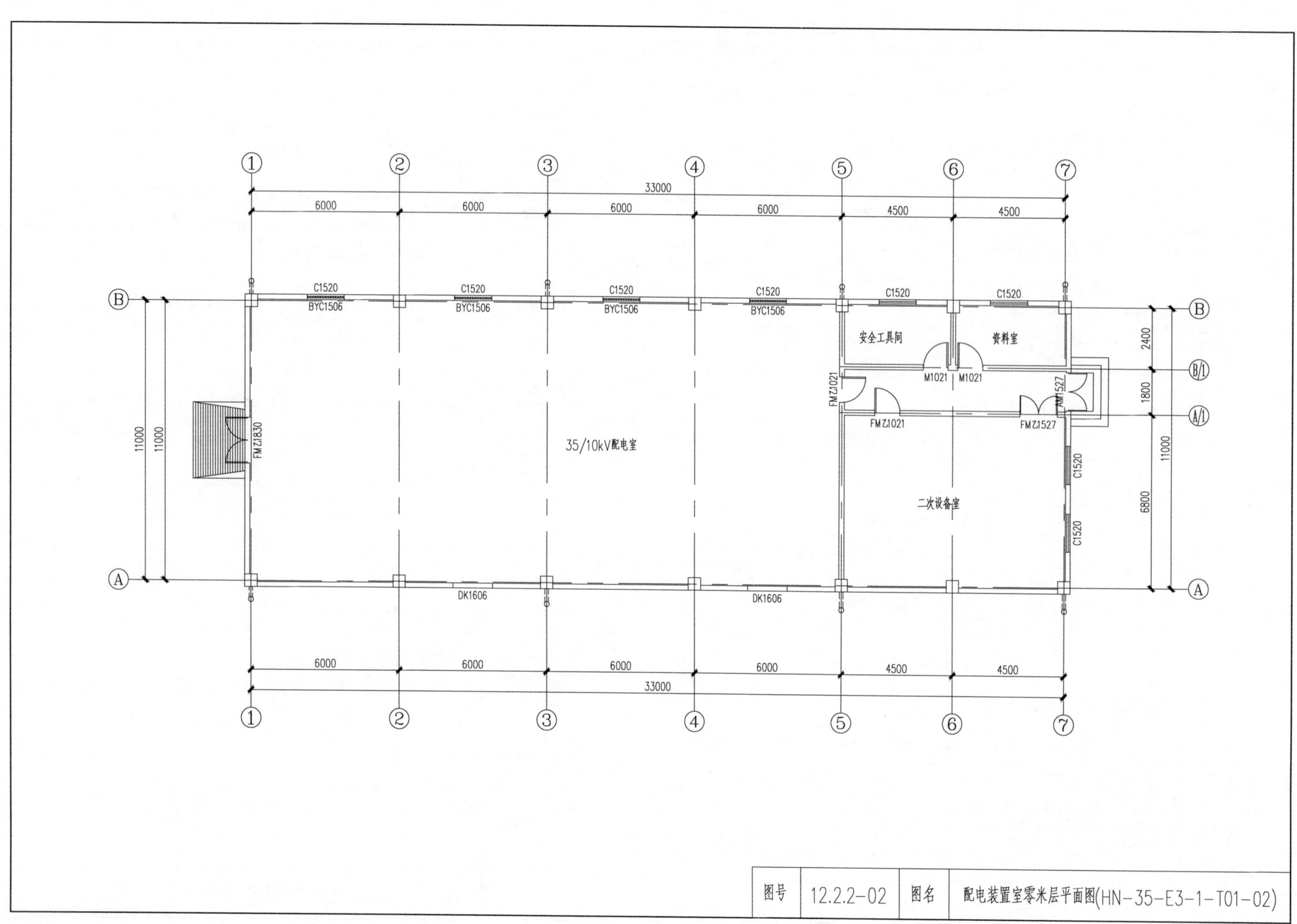

33000
6000
4500
C1520
BYC1506
安全工具间
资料室
M1021
FMZJ1021
FMZJ1527
AM1527
FMZJ1830
35/10kV配电室
二次设备室
DK1606
11000
2400
1800
6800
B
B/1
A/1
A
图号
12.2.2-02
图名
配电装置室零米层平面图(HN-35-E3-1-T01-02)

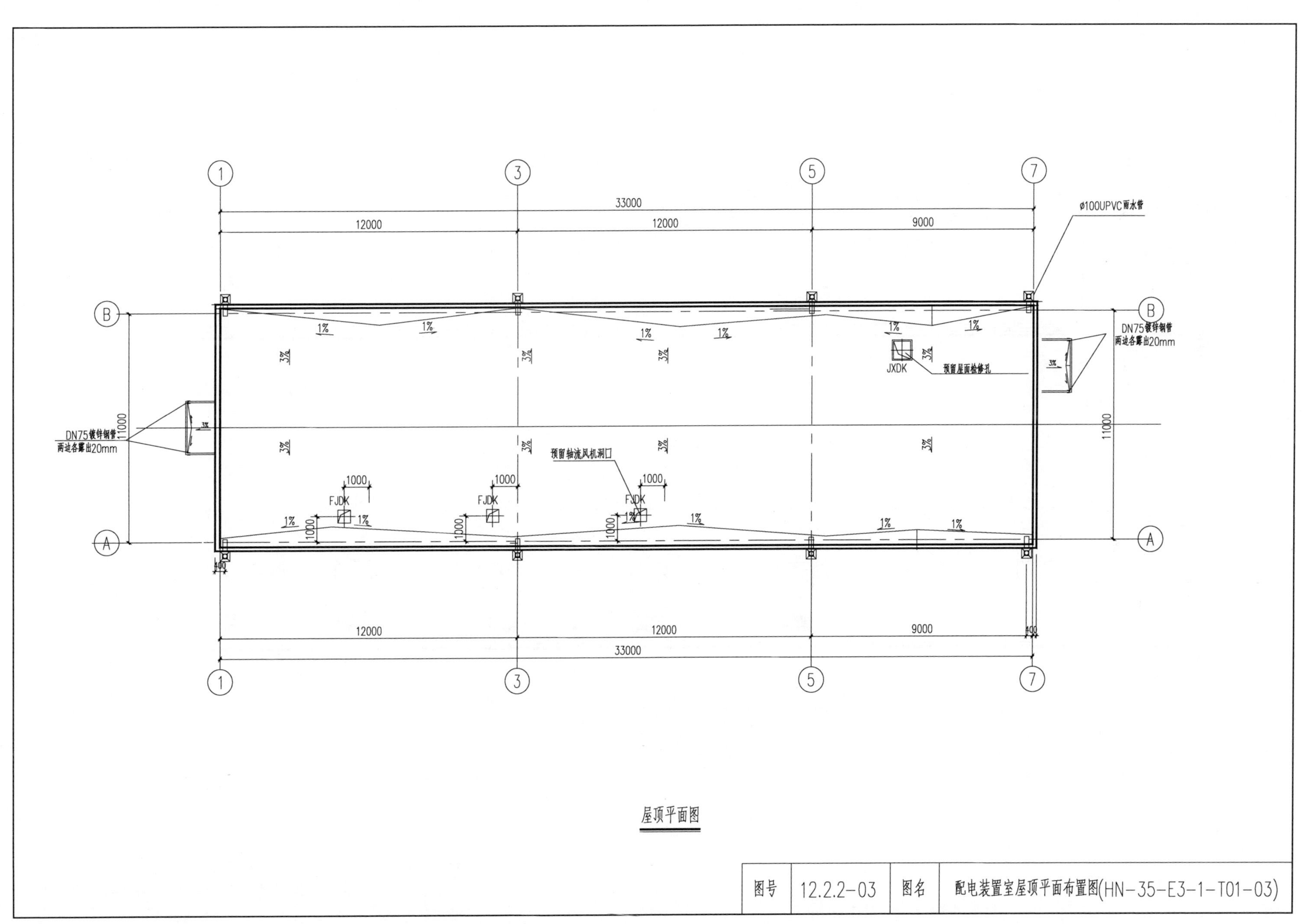

屋顶平面图

图号	12.2.2-03	图名	配电装置室屋顶平面布置图(HN-35-E3-1-T01-03)

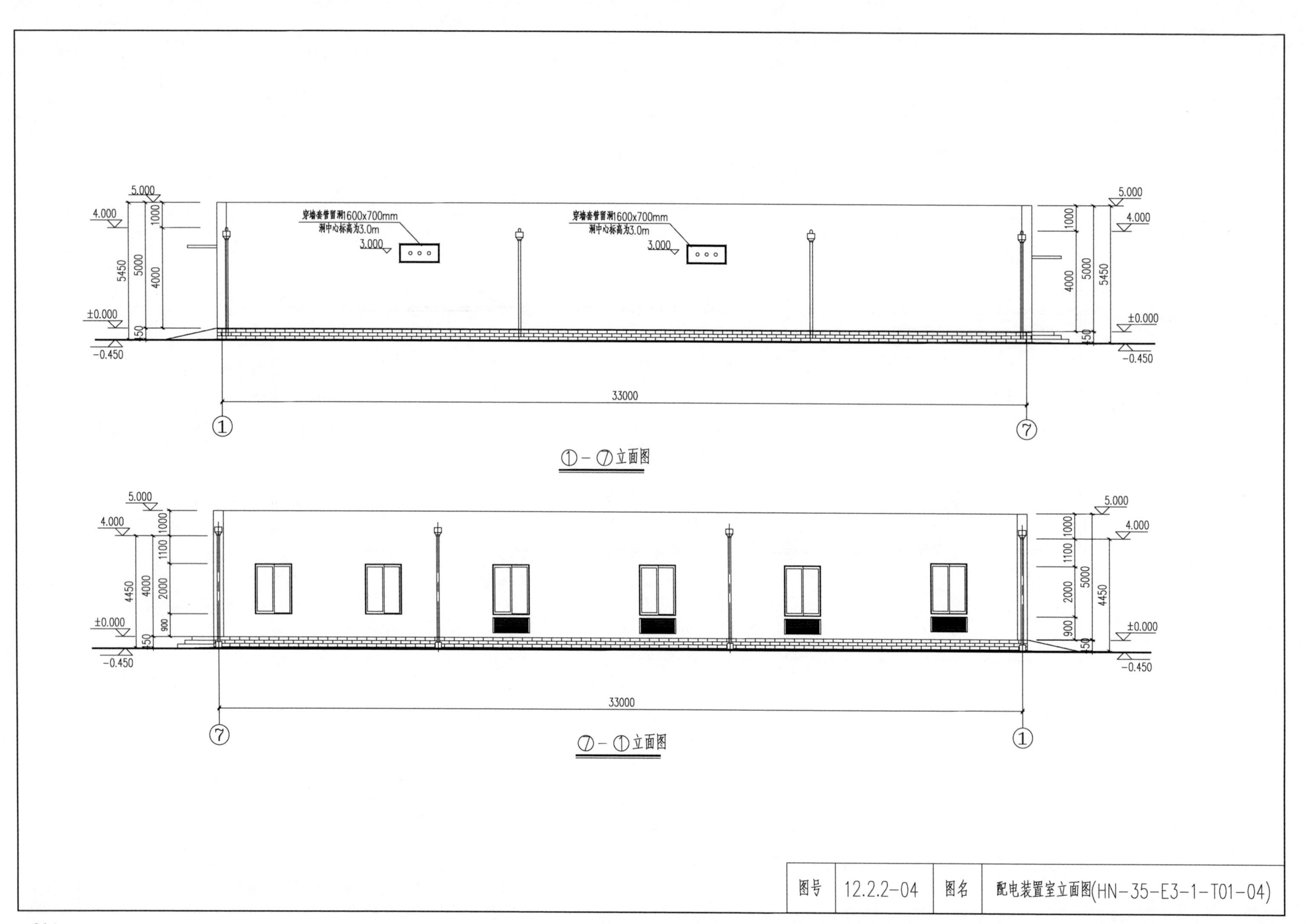

图号	12.2.2-04	图名	配电装置室立面图(HN-35-E3-1-T01-04)

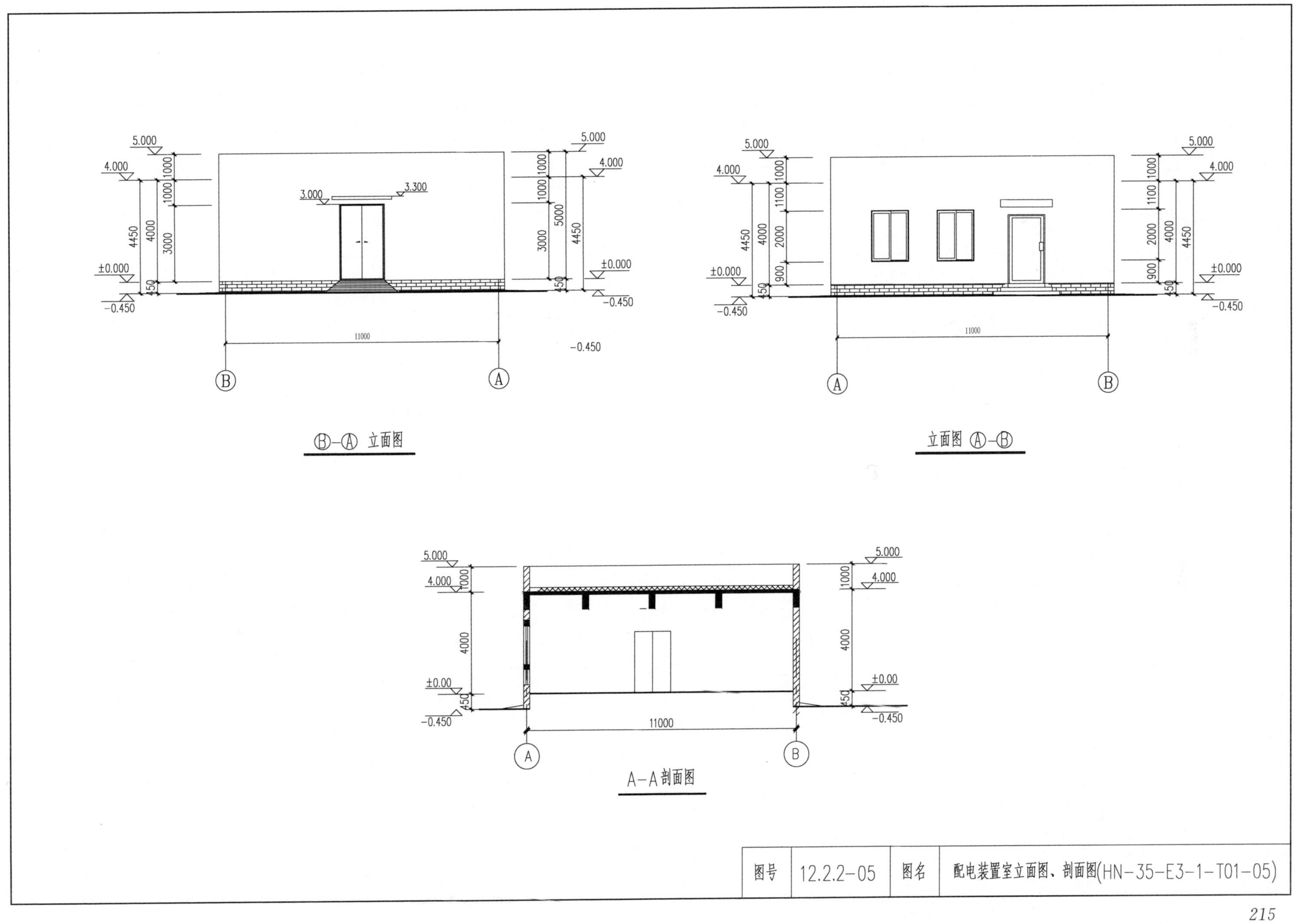
Ⓑ–Ⓐ 立面图
立面图 Ⓐ–Ⓑ
A–A 剖面图
5.000
4.000
3.000
3.300
±0.000
±0.00
−0.450
1000
1100
3000
2000
900
450
4000
4450
5000
11000
A
B
图号
12.2.2–05
图名
配电装置室立面图、剖面图(HN–35–E3–1–T01–05)

一、工程概况

（1）本卷册为河南公司 HN-35-E3-1 标准化设计 35kV 配电装置室结构图。

（2）35kV 配电装置室为一层装配式混凝土框架结构。

（3）本卷册未包含基础设计，采用本方案的工程，需根据具体的工程地质进行具体的基础设计及必要的地基处理。基础部分采用现浇，正负零以上采用全装配式结构，底层柱底与基础采用连接块连接，预留柱伸入基础的钢筋。

（4）本方案结构设计使用年限为 50 年，建筑结构安全等级为二级，结构重要性系数为 1.0，建筑抗震设防类别丙类，设计使用年限内未经技术鉴定或设计许可，不得改变结构的用途和使用环境。

（5）本工程图纸所注尺寸均以毫米为单位，标高以米计，±0.00 相当于黄海高程×××m，建筑定位详总平面定位图。

（6）设计活荷载取值见下表：

种类	标准值/(kN/m^2)	所在区域
基本风压	0.45	n=50 年
基本雪压	0.40	n=50 年
屋面活荷载	0.70	不上人屋面

二、设计依据

（1）根据国家电网有限公司部门文件《国网基建部关于发布 35～750kV 变电站通用设计通信、消防部分修订成果的通知》（基建技术〔2019〕51 号）之规定及通用方案，并结合河南省实标而修改后的实施方案，编号为 HN-35-E3-1-T02。

（2）国家有关标准及规范（以下所列规程、规范和标准均按现行版本执行，并且并不限于以下规程、规范和标准，凡与其有关的规程、规范和标准均须执行。当所列规程、规范和标准的规定有不一致时，按较高标准执行）见下表：

名　称	代　号
《装配式混凝土建筑技术标准》	GB/T 51231—2016
《装配式混凝土结构技术标准》	JGJ 1—2014
《预制混凝土构件质量检验标准》	T/CECS 631：2019
《装配式结构工程施工质量验收规程》	DGJ32/J 184—2016
《建筑结构可靠度设计统一标准》	GB 50068—2018
《建筑工程抗震设防分类标准》	GB 50223—2008
《建筑抗震设计规范》	GB 50011—2010（2016 年版）
《电力设施抗震设计规范》	GB 50260—2013
《建筑结构荷载规范》	GB 50009—2012
《混凝土结构设计规范》	GB 50010—2010（2015 年版）
《变电站建筑结构设计技术规程》	DL/T 5457—2012
《220kV～750kV 变电站设计技术规程》	DL/T 5218—2012
《建筑地基基础设计规范》	GB 50007—2011
《建筑地基处理技术规范》	JGJ 79—2012
《建筑地基基础工程施工质量验收标准》	GB 50202—2018
《混凝土结构工程施工质量验收规范》	GB 50204—2015
《钢结构设计标准》	GB 50017—2017
《冷弯薄壁型钢结构技术规范》	GB 50018—2002

续表

名　称	代　号
《建筑设计防火规范》	GB 50016—20141（2018 年版）
《火力发电厂与变电站设计防火标准》	GB 50229—2019
《建筑钢结构防火技术规范》	GB 51249—2017
《钢结构防火涂料》	GB 14907—2018
《建筑钢结构防腐蚀技术规程》	JGJ/T 251—2011
《钢结构焊接规范》	GB 50661—2011
《钢筋焊接及验收规程》	JGJ 18—2012
《钢结构工程施工质量验收标准》	GB 50205—2020
《钢筋机械连接技术规程》	JGJ 107—2016
《电力建设施工质量验收及评定规程》	DL/T 5210.1—2018
《砌体结构工程施工质量验收规范》	GB 50203—2011

三、本方案设计假定自然条件

（1）基本风压：0.45kN/m^2，地面粗糙度为 B 类。

（2）基本雪压：S_0=0.4kN/m^2。

（3）抗震设防烈度为 7 度，设计基本地震加速度值为 0.15g，设计地震分组为第二组。

（4）建筑物抗震设防类别为丙类，建筑场地类别为Ⅱ类，特征周期为 0.4s。

（5）抗震构造措施设防烈度 7 度，钢筋混凝土结构抗震等级为三级。

四、设计计算程序

结构整体受力分析及抗震验算采用中国建筑科学研究院研制的 PKPM5.0 系列软件、MIDASGEN 及静力计算手册进行计算，结构规则性信息为规则。

五、主要结构材料

（1）混凝土强度等级见下表：

预制构件混凝土强度等级选用表

垫层	基础、柱（基础～−0.050）	柱（−0.05～柱顶）	梁、板、楼梯	圈梁、构造柱
C15	C35	C30	C30	C30

（2）混凝土耐久性要求见下表：

结构混凝土材料的耐久性基本要求

环境类型	最大水胶比	最低强度等级	最大氯离子含量/%	最大碱含量/(kg/m^3)
一	0.60	C20	0.30	不限制
二 a	0.55	C25	0.20	3.0
二 b	0.50（0.55）	C30（C25）	0.15	

注：处于严寒和寒冷地区二 b 类环境中的混凝土应使用引气剂，并可采用括号中的有关参数。

（3）必须选用国家标准钢材，Φ为 HPB300 钢筋，Φ为 HRB400 钢筋。型钢及钢板采用 Q235B 钢材。

（4）当钢筋采用焊接时，HPB300 钢筋用 E43 焊条，HRB400 钢筋用 E55 焊条，按《钢筋焊接及验收规程》（JGJ 18—2012）施工和验收。

图号	12.2.3-01	图名	配电装置室工程结构说明（一）（HN-35-E3-1-T02-01）

(5) 框架纵向受力钢筋的抗拉强度实测值与屈服强度实测值的比值不应小于1.25；且钢筋的屈服强度实测值与强度标准值的比值不应大于1.3，且钢筋在最大拉力下的总伸长率实测值不应小于9%。钢筋的强度标准值应具有不小于95%的保证率。

(6) 受力预埋件锚筋不应采用冷加工钢筋，钢材采用Q235B。

六、钢筋混凝土相关问题

(1) 完全外露构件、结构外围构件的外侧及±0.000以下构件与土接触的面均为二b类环境，其余为一类环境。

(2) 构件的保护层厚度见下表：

环境类别	板、墙、壳	梁、柱、杆
一	15	20
二a	20	25
二b	25	35

注：1. 混凝土强度等级不大于C25时，表中保护层厚度数值应增加5mm。
2. 钢筋混凝土基础设置100mm混凝土垫层，基础中钢筋的混凝土保护层厚度应以垫层顶面算起，且不应小于40mm。

(3) 钢筋锚固长度与搭接长度按《混凝土结构施工图平面整体表示方法制图规则和构造详图》(16G101-01)和《装配式混凝土结构连接节点构造》(15G310-1～2)。

(4) 钢筋的接头宜设置在受力较小处，框架结构钢筋接头不宜设置在梁柱箍筋加密区，同一纵向受力钢筋不宜设置两个或两个以上接头，框架梁柱及配有抗扭纵筋的非框架梁均采用抗震箍筋。

(5) 楼层梁板上部筋接头应在跨中，下部筋接头在支座。基础拉梁钢筋接头在支座处。板钢筋采用搭接接头时，同一截面钢筋搭接接头数量不得大于钢筋总量的25%，相邻接头间的最小距离为45d。

(6) 预制柱的设计应符合现行国家标准《混凝土结构设计规范》(GB 50010)的要求，柱箍筋加密区长度范围参考16G101-01标准图集，并应符合下列规定：柱纵向受力钢筋直径不宜小于20mm；矩形柱截面宽度或圆柱直径不宜小于400mm，且不宜小于同方向梁宽的1.5倍。

(7) 架、柱纵向钢筋在后浇节点区内采用直线锚固、弯折锚固或机械锚固的方式时，其锚固长度应符合现行国家标准《混凝土结构设计规范》(GB 50010)中的有关规定；当梁、柱纵向钢筋采用锚固板时，应符合现行行业标准《钢筋锚固板应用技术规程》(JGJ 256)中的有关规定。

七、图纸内容表达

(1) 构造及制图执行《混凝土结构施工图平面整体表示方法制图规则和构造详图》(16G101-01)、《装配式混凝土结构表示方法及示例》(15G107-1)和《装配式混凝土结构连接节点构造》(15G310-1～2)。

(2) 图中长度单位为mm，结构标高单位为m。

八、预制构件制作及检验

(1) 应根据预制构件制作特点制定工艺流程，明确质量要求和质量控制要求。

(2) 模具所选用材料应有质量证明书或检验报告，模具应具有足够的刚度、强度、稳定性，模具构造应满足钢筋入模、混凝土浇捣和养护的要求；模具组装完成后需进行去毛、除锈、清渣等工作；并符合构件精度要求；与构件混凝土直接接触的钢模表面需均匀涂抹脱模剂。

(3) 对于外观要求较高的构件，在模板拼接处如侧模与底模的拼接处须以止水条做好密封处理以免漏浆影响外观。

(4) 预埋窗框的固定，预制构件厂按图纸位置在窗框内侧附加钢框用以固定窗框，还需根据窗厂产品要求按间距埋设加强爪件。

(5) 钢筋应有产品合格证，并应按有关标准规定进行复试检验，质量必须符合现行有关标准和结构总说明的规定。严格按构件加工图纸要求排布钢筋，并控制保护层厚度。叠合筋应按设计要求露出高度设置。

(6) 混凝土用的水泥、骨料（砂、石）、外加剂、掺合料等应有产品合格证，并按有关标准的规定进行复试检验，质量必须符合现行有关标准的规定。混凝土应按国家现行标准《普通混凝土配合比设计规程》(JGJ 55)的有关规定，根据混凝土强度等级、耐久性和工作性等要求进行配合比设计。混凝土外加剂的选择与使用应满足《混凝土外加剂应用技术规范》(GB 50119)。选择各类外加剂时，应特别注意外加剂的适用范围。

(7) 构件浇筑成型前，模具、隔离剂涂刷、钢筋成品（骨架）质量、保护层控制措施、预留孔道、配件和埋件等，应逐件进行隐蔽验收，符合有关标准规定和设计文件要求后方可浇筑混凝土。

(8) 根据实际情况均匀振捣，要求均匀密实，振捣时应避开钢筋、埋件、管线、面砖等，对于重要勿碰部位提前做好标记。

(9) 构件外表面应光滑无明显凹坑破损，内侧与现浇部分相接面须做均匀拉毛处理，拉深4～5mm。

(10) 预制构件混凝土浇筑完毕后，应及时按国家混凝土养护的规定操作养护。

(11) 预制构件达到混凝土抗压强度设计值的75%且不小于15N/mm^{2}时方可拆模起吊。

(12) 按国家规范检测混凝土强度；预埋连接件、插筋、孔洞数量、规格、定位；外观质量检查；外形尺寸检查。成品构件尺寸偏差及变形与裂缝应控制在允许范围内，详见《预制预应力混凝土装配整体式框架结构技术规程》(JGJ 224)。

(13) 对预制构件修补和保护，预制梁、楼梯、楼板存放采用平躺式，且做好包角包面与固定的防护措施。

(14) 预制构件内钢筋弯钩及锚固做法详见《装配式混凝土结构连接节点构造》(15G310-1)中相关构造要求。

(15) 为确保安全脱模、起吊，应按设计要求预先做金属预埋件拉拔试验，并递交正式的实验报告。

(16) 预制构件模具的允许偏差。预制构件的允许尺寸偏差及检验方法应符合《装配式混凝土结构技术规程》(JGJ 1)的相关规定；预制构件应按设计要求和现行国家标准《混凝土结构工程施工质量验收规范》(GB 50204)的有关规定进行结构性能检验。

九、运输要求

1. 运输注意事项

(1) 预制构件运输时，车上应设有专用架，且有可靠的稳定构件措施。预制构件混凝土强度达到设计强度时方可运输。

(2) 预制构件运输时，应采用木材或混凝土块作为支撑物，构件接触部位用柔性垫片填实，支撑牢固不得有松动。

2. 运输方式

(1) 竖立式：适用于预制混凝土构件较大且为不规则形状时，或高度不是很高的扁平预制混凝土构件可排列竖立。竖立式除了需注意超高限制外还要防止倾覆，必须制作专用钢排架，排架常有山形架和A字架。构件与排架之间须有限位措施并绑扎牢固，同时做好易碰部位的边角保护。

(2) 平躺式：适用于大多数预制混凝土构件，对于预制楼板、墙板等扁平构件，计算出最佳支点距离以指导运输方正确设置，谨慎采取二点以上支点的方式，如采用需专门措施保证每个支点同时受力。构件平躺叠加，支点与上下层构件的接触点必须设置减震措施，如垫橡胶块等，禁止硬碰硬方式。重叠不宜超过5层，且各层垫块必须在同一竖向位置。

十、标准图集

(1)《混凝土结构施工图平面整体表示方法制图规则和构造详图》(16G101-01)。
(2)《混凝土结构施工图平面整体表示方法制图规则和构造详图》(16G101-03)。
(3)《钢筋混凝土抗震构造详图》(11YG002)。
(4)《钢筋混凝土过梁》(11YG301)。
(5)《装配式建筑系列标准应用实施指南（装配式混凝土结构建筑）》。
(6)《装配式混凝土结构表示方法及示例》(15G107-1)。
(7)《装配式混凝土结构连接节点构造》(15G310-1～2)。
(8)《装配式混凝土结构技术规程》(JGJ 1—2014)。

图号	12.2.3-02	图名	配电装置室工程结构说明(二)(HN-35-E3-1-T02-02)

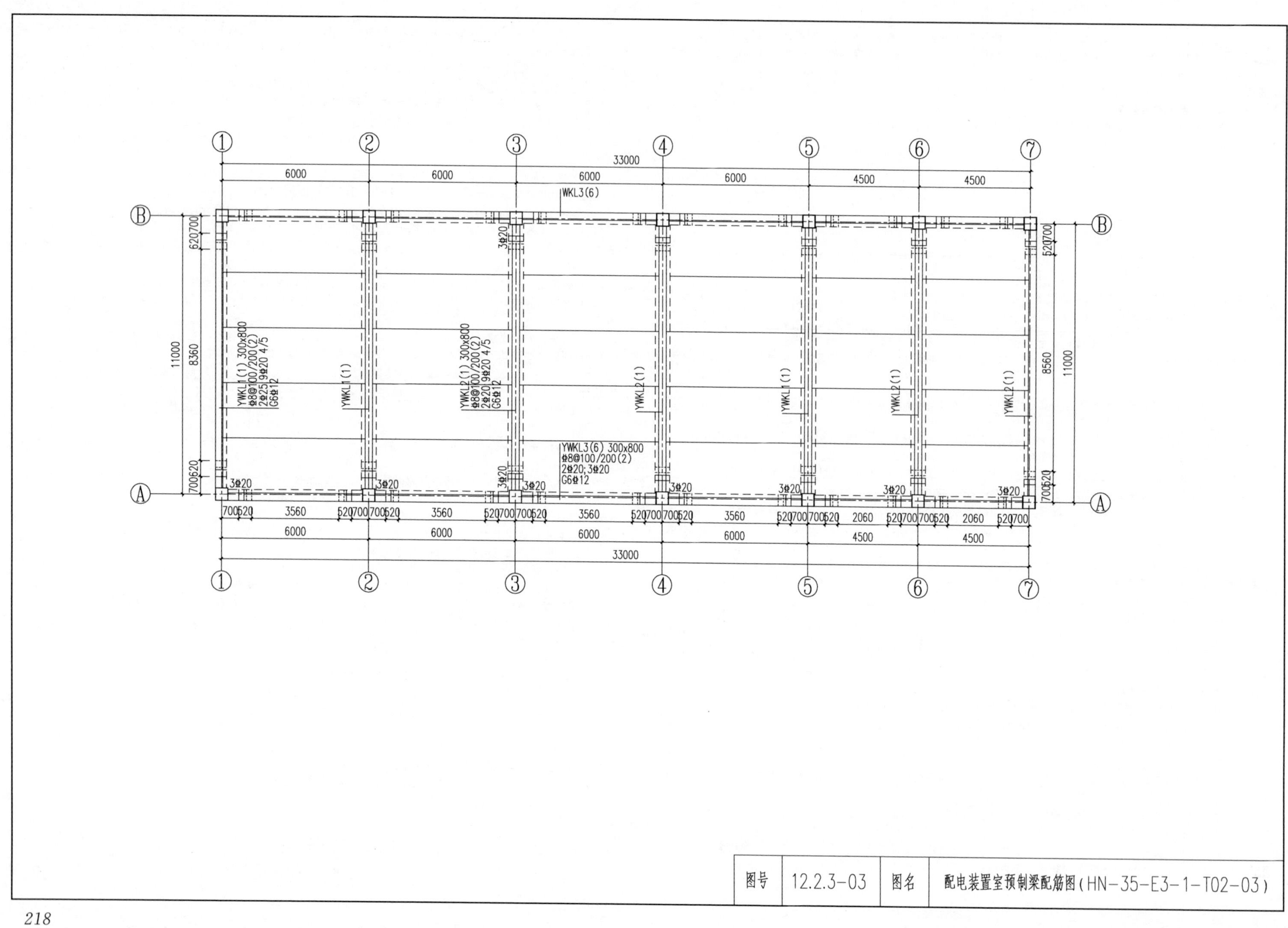

图号	12.2.3-03	图名	配电装置室预制梁配筋图(HN-35-E3-1-T02-03)

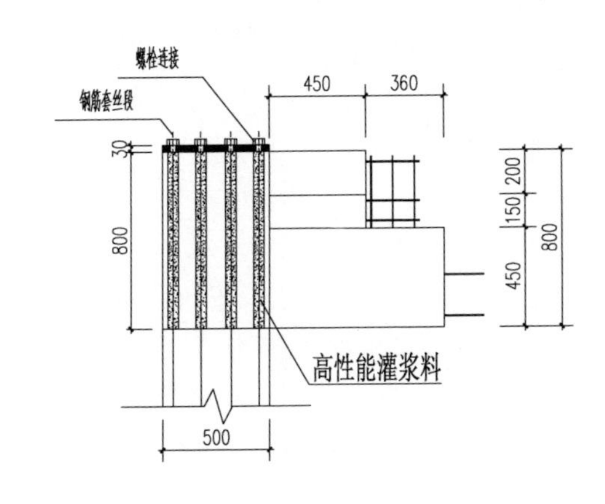

梁柱连接节点详图

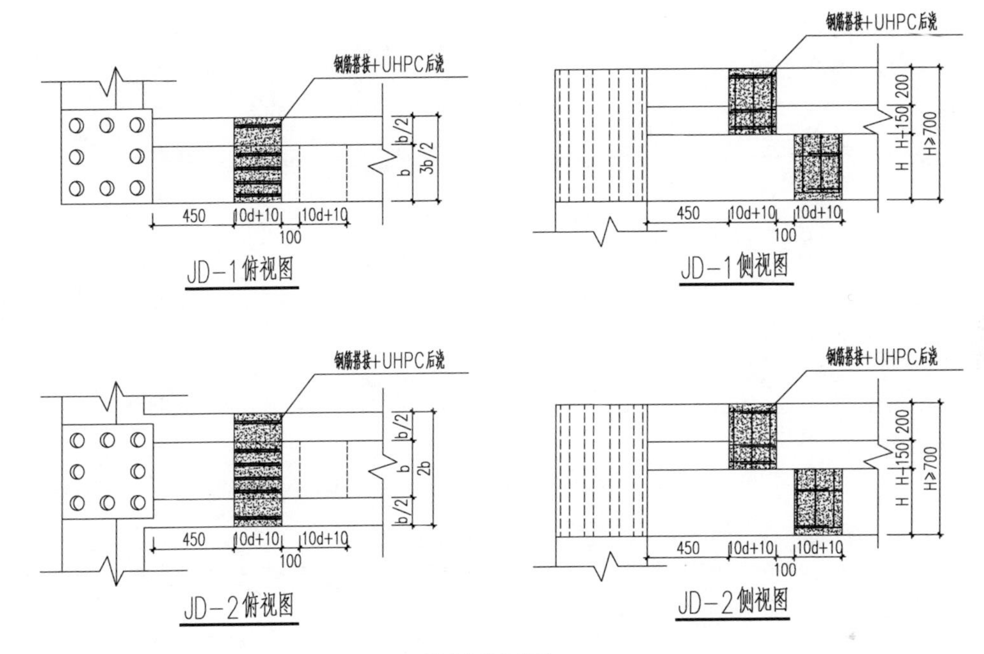

H≥700梁连接节点详图

说明：1. 从耗能角度考虑，为使梁塑性铰出现在梁端部，PC试件梁后浇段设置在离节点核心区450mm梁高处。

2. 钢筋搭接长度为10d（d为钢筋直径），试验结果表明，钢筋搭接长度为10d时，以UHPC材料连接的装配式试件的力学性能均可等同现浇试件，以UHPC材料连接的装配式试件的力学性能甚至优于现浇试件。

3. 图示钢筋段为钢筋套丝段，套丝长度见预制柱详图。

4. 柱顶约束钢板处外露钢筋端随屋顶面施工完成后不外露。

5. 梁（搭板）启口配筋应按本图标识配筋。

6. 钢筋伸出段尺寸应按本图进行设置。

7. 钢筋伸出段所用钢筋直径d为所配钢筋最大直径，具体梁梁搭接口长度应按梁拆分图。

8. H为梁高度，b为标准梁宽度。

图号	12.2.3-04	图名	配电装置室预制节点连接详图（HN-35-E3-1-T02-04）

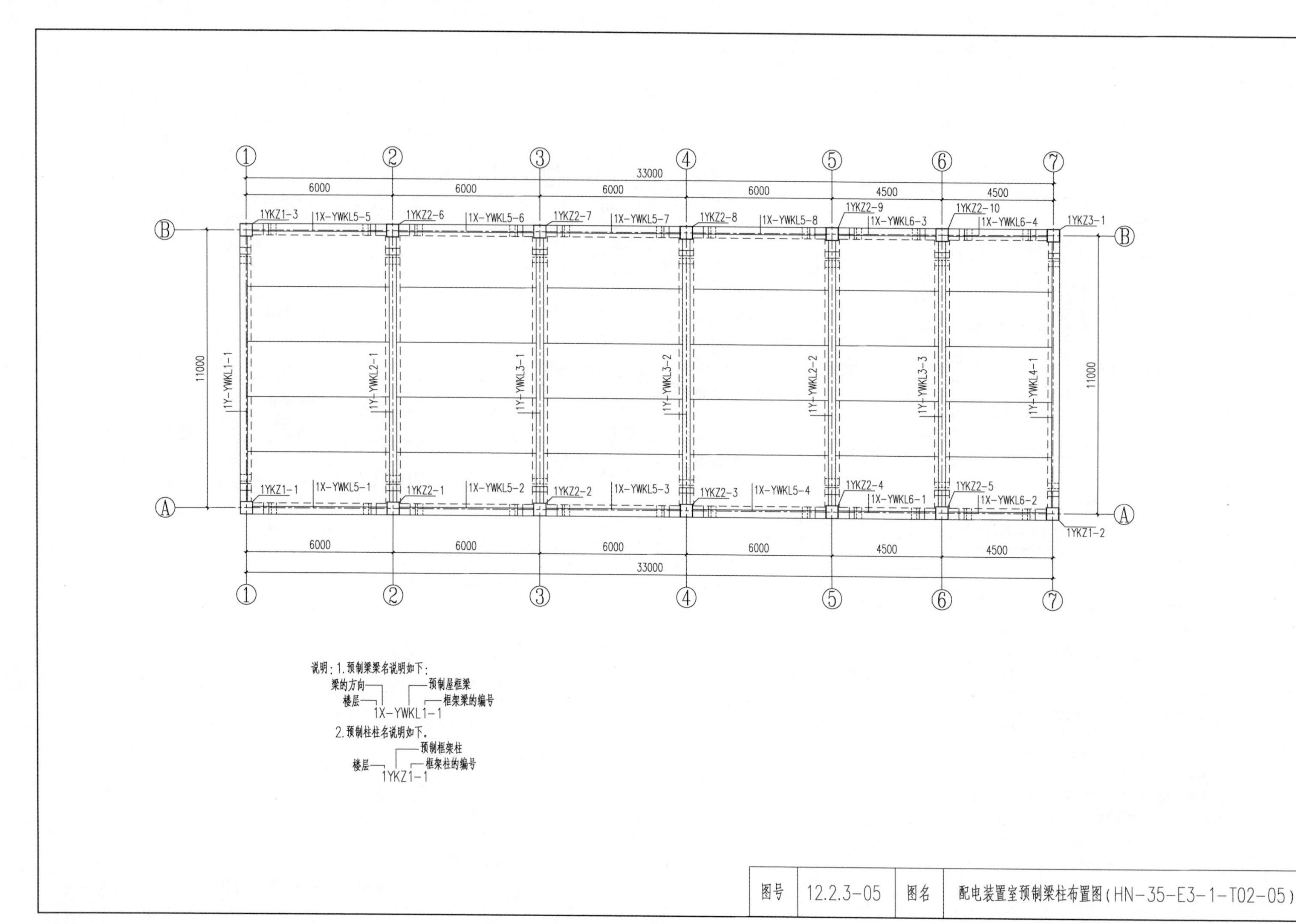

33000
6000
4500
11000
1YKZ1-1
1YKZ1-2
1YKZ1-3
1YKZ2-1
1YKZ2-2
1YKZ2-3
1YKZ2-4
1YKZ2-5
1YKZ2-6
1YKZ2-7
1YKZ2-8
1YKZ2-9
1YKZ2-10
1YKZ3-1
1X-YWKL5-1
1X-YWKL5-2
1X-YWKL5-3
1X-YWKL5-4
1X-YWKL5-5
1X-YWKL5-6
1X-YWKL5-7
1X-YWKL5-8
1X-YWKL6-1
1X-YWKL6-2
1X-YWKL6-3
1X-YWKL6-4
1Y-YWKL1-1
1Y-YWKL2-1
1Y-YWKL3-1
1Y-YWKL3-2
1Y-YWKL2-2
1Y-YWKL3-3
1Y-YWKL4-1
说明：1.预制梁梁名说明如下：
梁的方向
楼层
预制屋框梁
框架梁的编号
1X-YWKL1-1
2.预制柱柱名说明如下。
预制框架柱
楼层
框架柱的编号
1YKZ1-1
图号
12.2.3-05
图名
配电装置室预制梁柱布置图(HN-35-E3-1-T02-05)

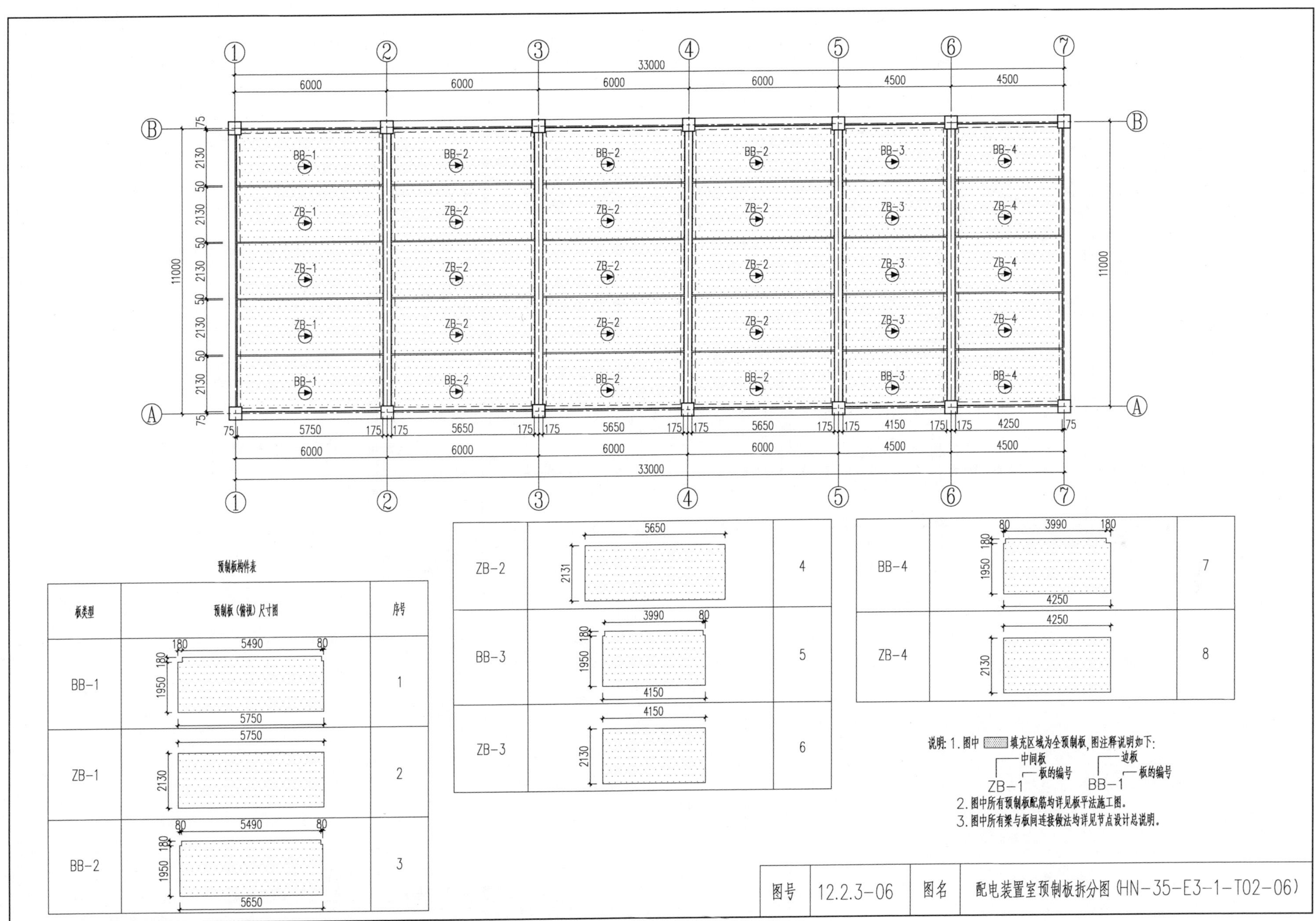

①
②
③
④
⑤
⑥
⑦
33000
6000
6000
6000
6000
4500
4500
Ⓑ
Ⓐ
75
2130
50
2130
50
2130
50
2130
50
2130
75
11000
11000
BB-1
BB-2
BB-3
BB-4
ZB-1
ZB-2
ZB-3
ZB-4
75
5750
175
175
5650
175
175
5650
175
175
5650
175
175
4150
175
175
4250
75
预制板构件表
板类型
预制板（俯视）尺寸图
序号
BB-1
180
5490
80
180
1950
5750
1
ZB-1
5750
2130
2
BB-2
80
5490
80
180
1950
5650
3
ZB-2
5650
2131
4
BB-3
3990
80
180
1950
4150
5
ZB-3
4150
2130
6
BB-4
80
3990
180
180
1950
4250
7
ZB-4
4250
2130
8
说明：1. 图中 填充区域为全预制板，图注释说明如下：
中间板
板的编号
ZB-1
边板
板的编号
BB-1
2. 图中所有预制板配筋均详见板平法施工图。
3. 图中所有梁与板间连接做法均详见节点设计总说明。
图号
12.2.3-06
图名
配电装置室预制板拆分图（HN-35-E3-1-T02-06）

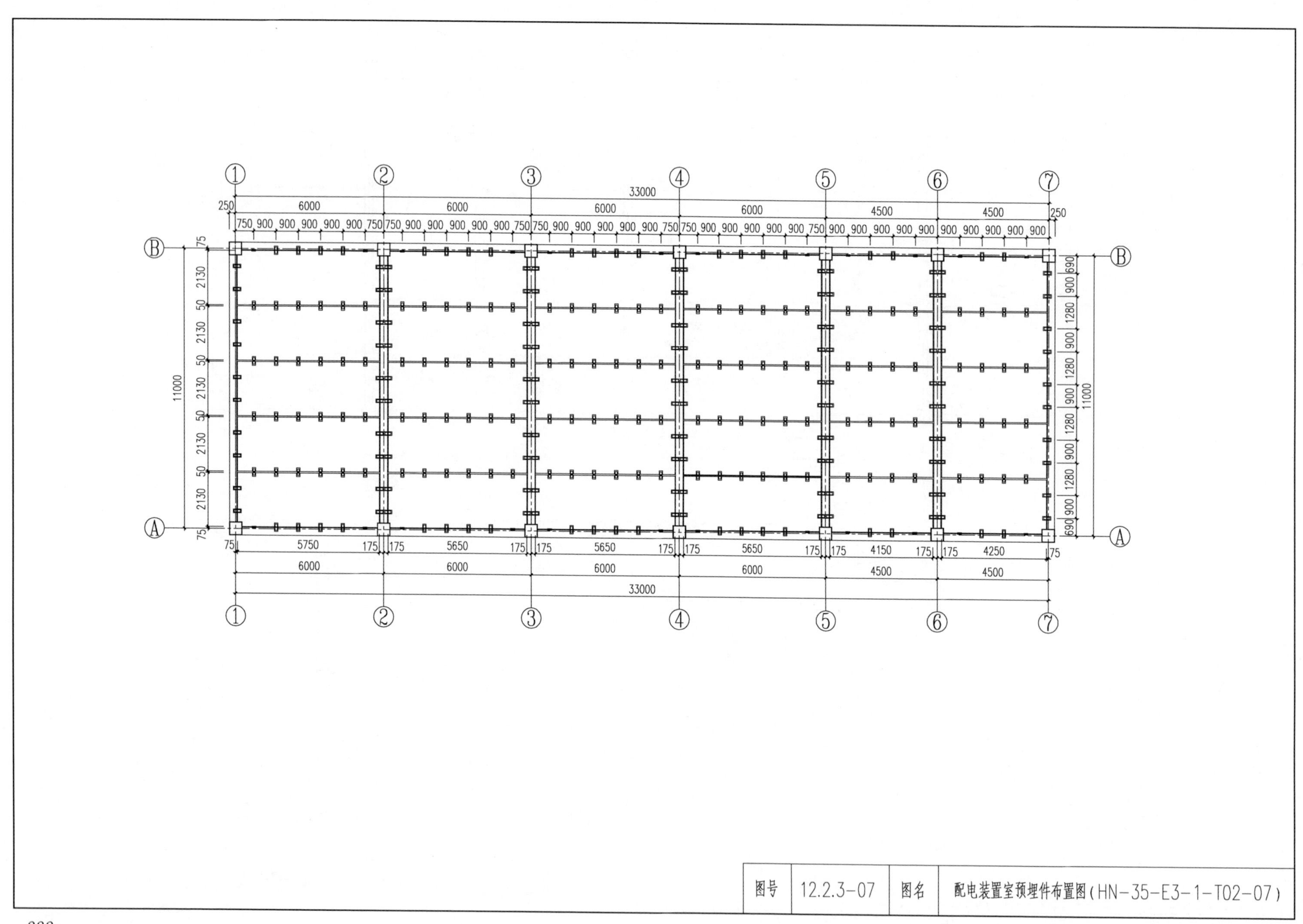

33000
6000
4500
250
750
900
175
5750
5650
4150
4250
11000
2130
50
75
690
1280
图号
12.2.3-07
图名
配电装置室预埋件布置图(HN-35-E3-1-T02-07)

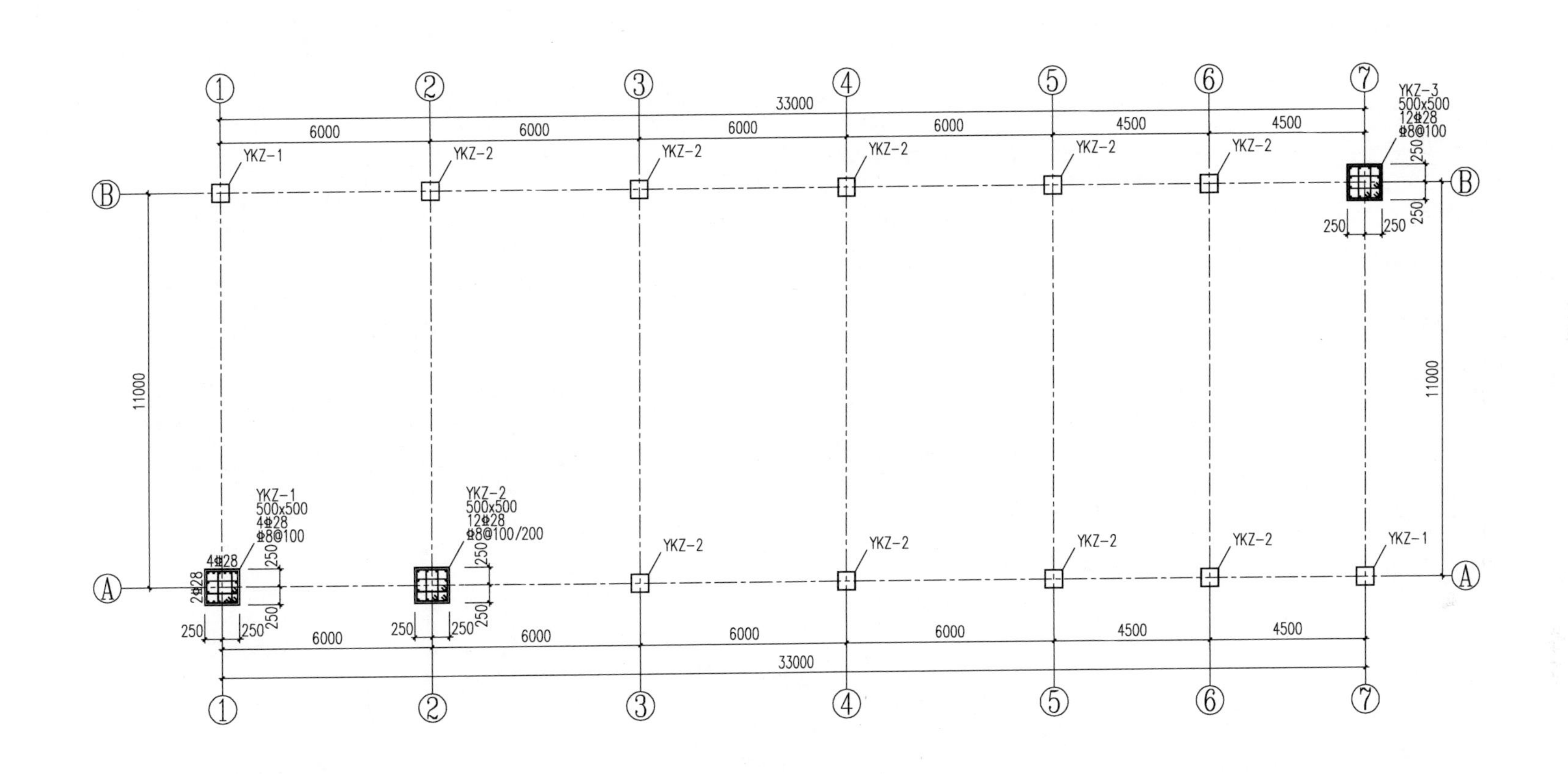

图号	12.2.3-08	图名	配电装置室预制柱配筋图（HN-35-E3-1-T02-08）

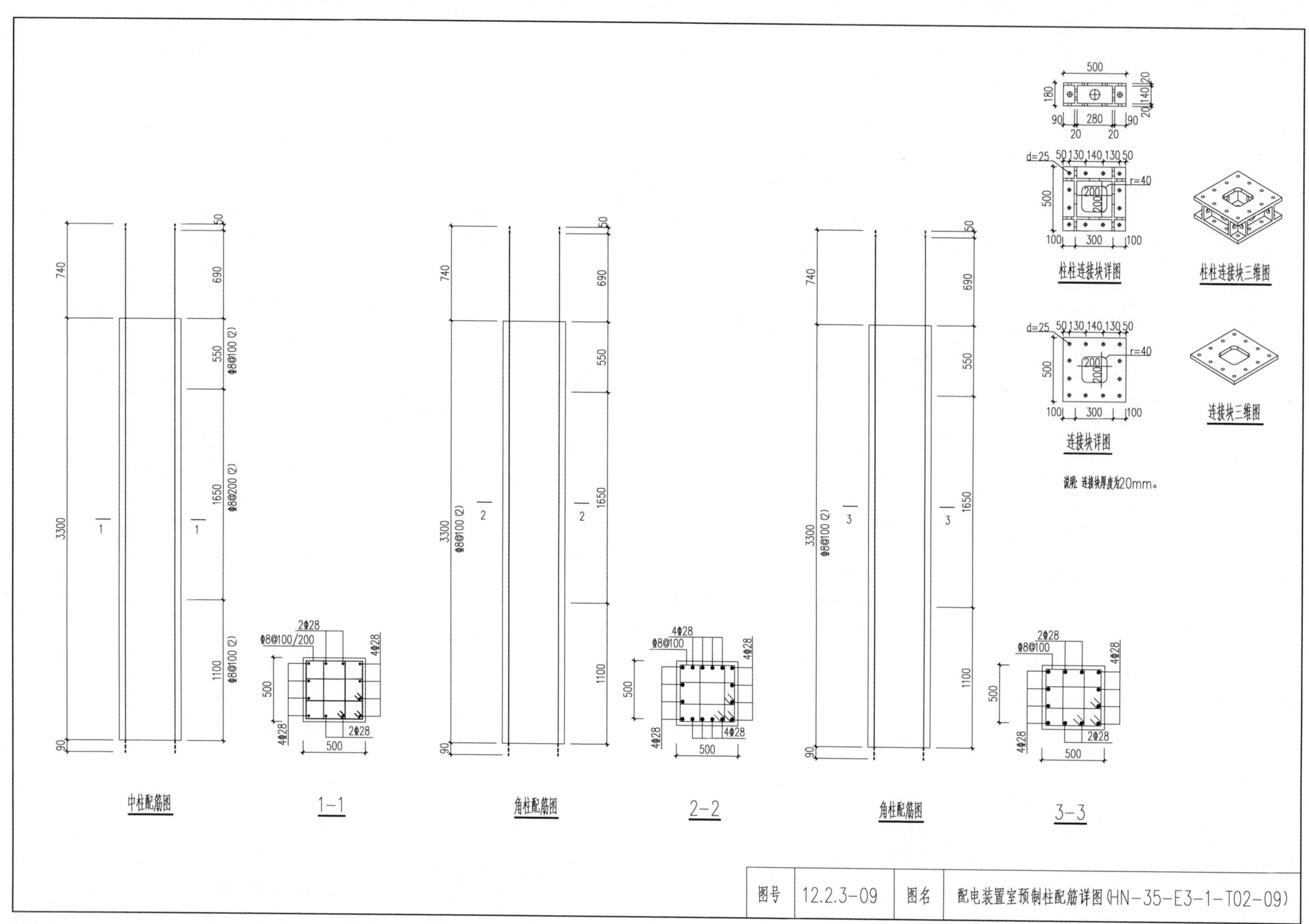
中柱配筋图
1-1
角柱配筋图
2-2
角柱配筋图
3-3
柱柱连接块详图
柱柱连接块三维图
连接块详图
连接块三维图
说明：连接块厚度为20mm。
图号 12.2.3-09
图名 配电装置室预制柱配筋详图(HN-35-E3-1-T02-09)

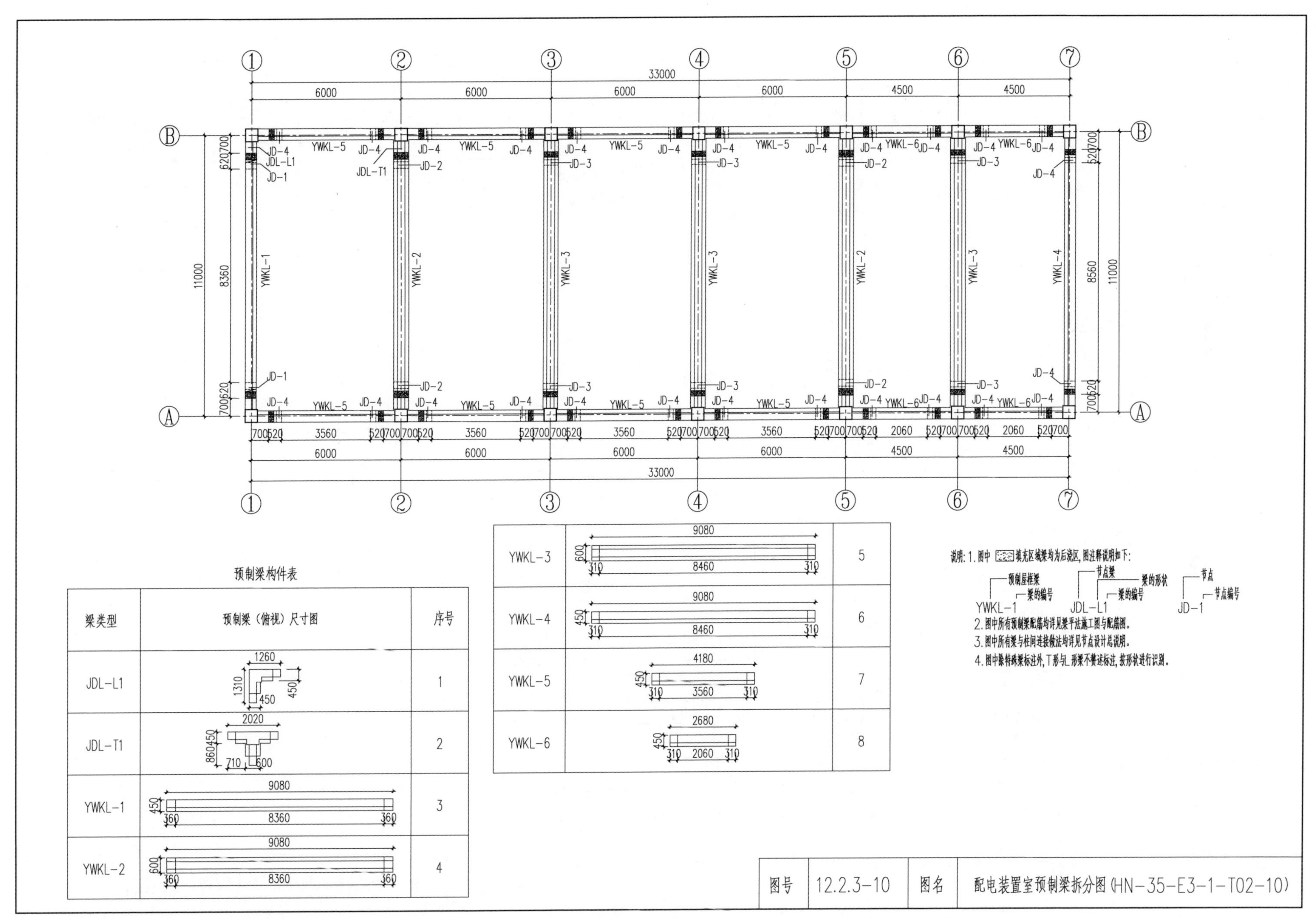

预制梁构件表

梁类型	预制梁（俯视）尺寸图	序号
JDL-L1	1260; 1310; 450; 450	1
JDL-T1	2020; 860; 450; 710; 600	2
YWKL-1	9080; 450; 360; 8360; 360	3
YWKL-2	9080; 600; 360; 8360; 360	4
YWKL-3	9080; 600; 310; 8460; 310	5
YWKL-4	9080; 450; 310; 8460; 310	6
YWKL-5	4180; 450; 310; 3560; 310	7
YWKL-6	2680; 450; 310; 2060; 310	8

说明：1.图中 填充区域梁均为后浇区，图注释说明如下：

2.图中所有预制梁配筋均详见梁平法施工图与配筋图。

3.图中所有梁与柱间连接做法均详见节点设计总说明。

4.图中除特殊梁标注外，T形与L形梁不赘述标注，按形状进行识别。

图号	12.2.3-10	图名	配电装置室预制梁拆分图(HN-35-E3-1-T02-10)

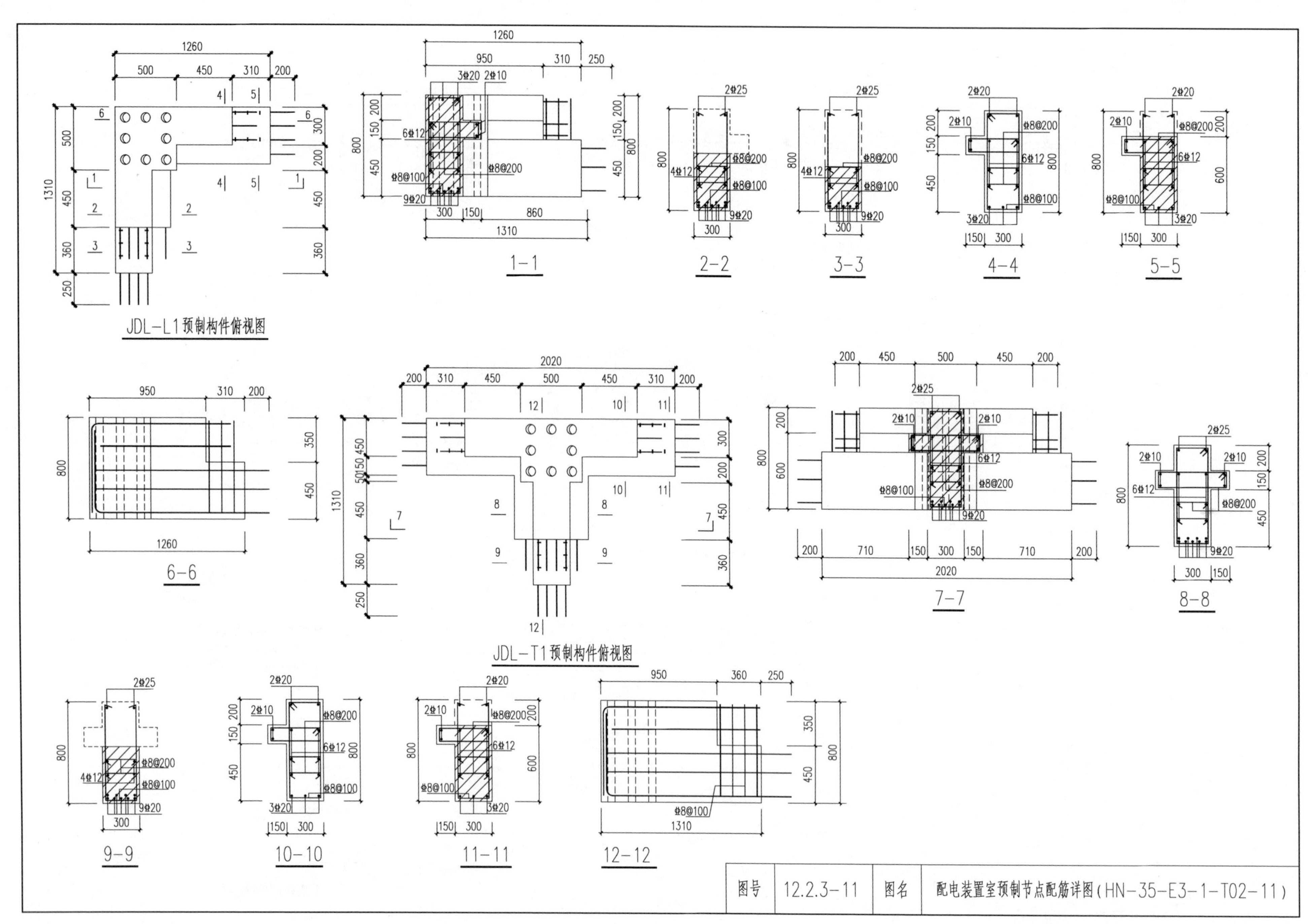

JDL-L1预制构件俯视图
1-1
2-2
3-3
4-4
5-5
6-6
JDL-T1预制构件俯视图
7-7
8-8
9-9
10-10
11-11
12-12
3⌀20
2⌀10
6⌀12
⌀8@100
⌀8@200
9⌀20
2⌀25
4⌀12
2⌀20
3⌀20
1260
950
310
250
500
450
200
1310
800
150
860
360
2020
710
600
350
图号
12.2.3-11
图名
配电装置室预制节点配筋详图(HN-35-E3-1-T02-11)

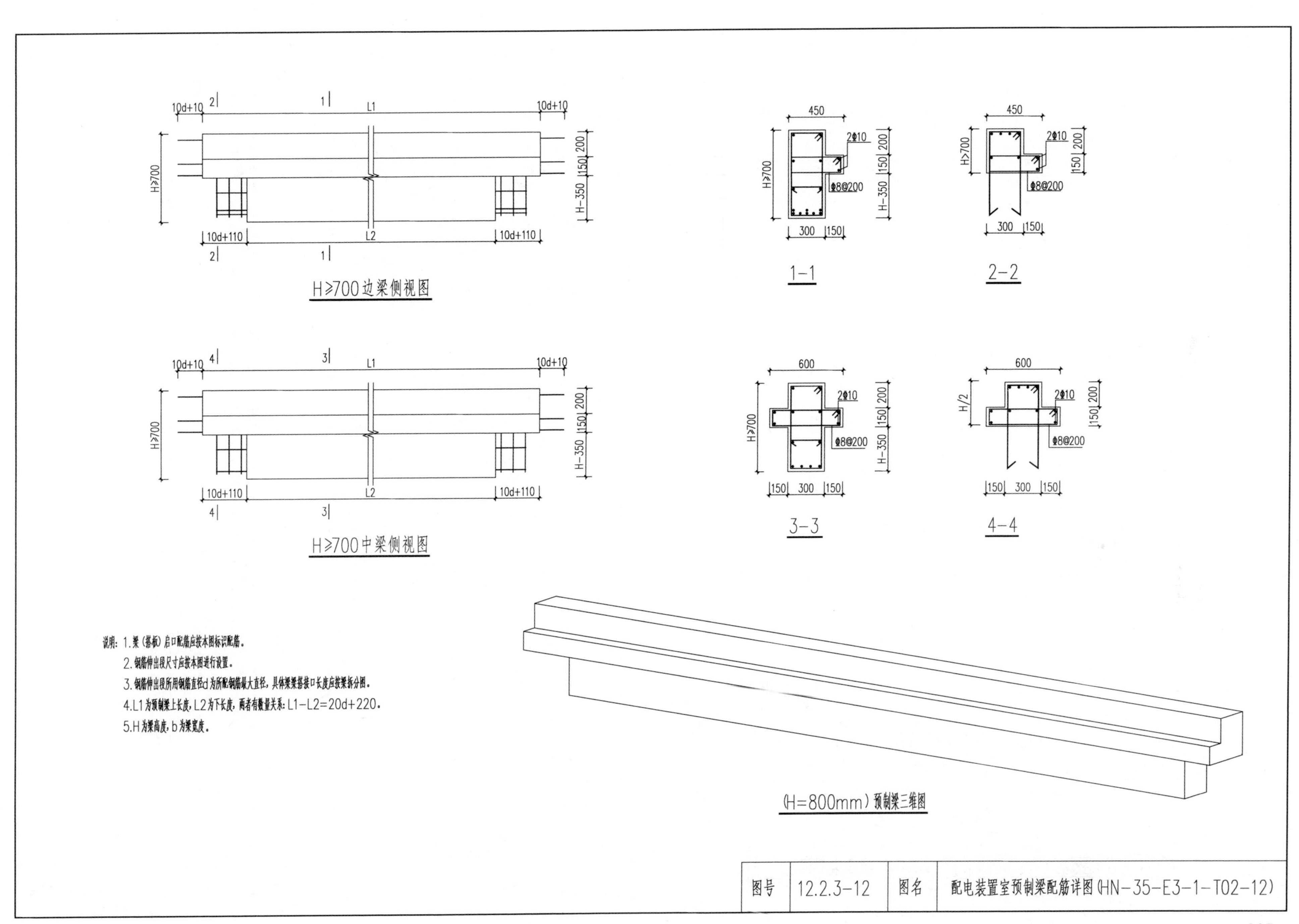
10d+10
2
1
L1
10d+10
H≥700
200
150
H-350
10d+110
L2
10d+110
H≥700边梁侧视图
450
2Φ10
Φ8@200
300
150
1-1
2-2
10d+10
4
3
L1
10d+10
H≥700
10d+110
L2
10d+110
H≥700中梁侧视图
600
H/2
3-3
4-4
说明：1.梁（搭板）启口配筋应按本图标识配筋。
2.钢筋伸出段尺寸应按本图进行设置。
3.钢筋伸出段所用钢筋直径d为所配钢筋最大直径，具体梁梁搭接口长度应按梁拆分图。
4.L1为预制梁上长度，L2为下长度，两者有数量关系：L1−L2=20d+220。
5.H为梁高度，b为梁宽度。
(H=800mm）预制梁三维图
图号
12.2.3-12
图名
配电装置室预制梁配筋详图(HN-35-E3-1-T02-12)

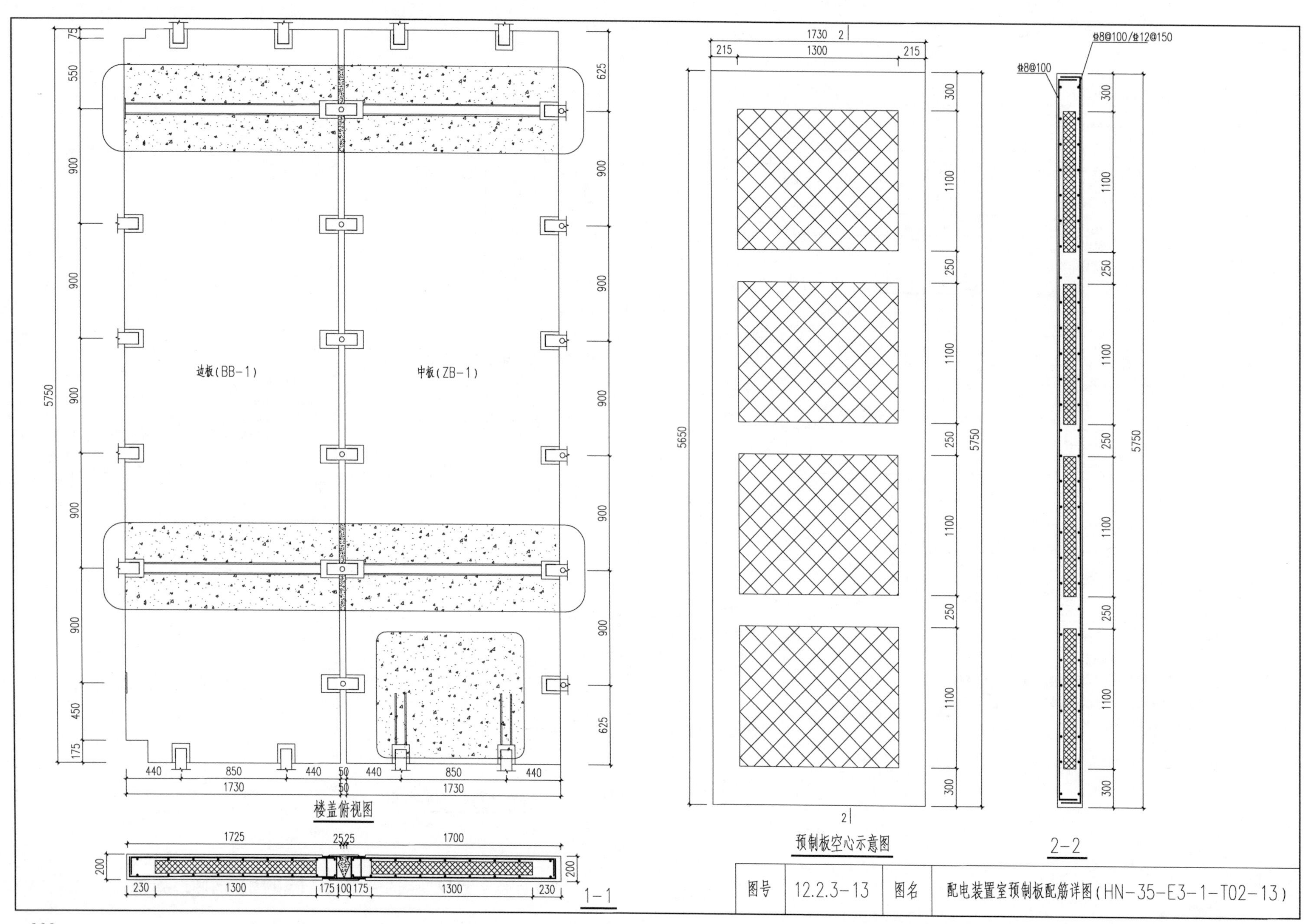

图号	12.2.3-13	图名	配电装置室预制板配筋详图(HN-35-E3-1-T02-13)

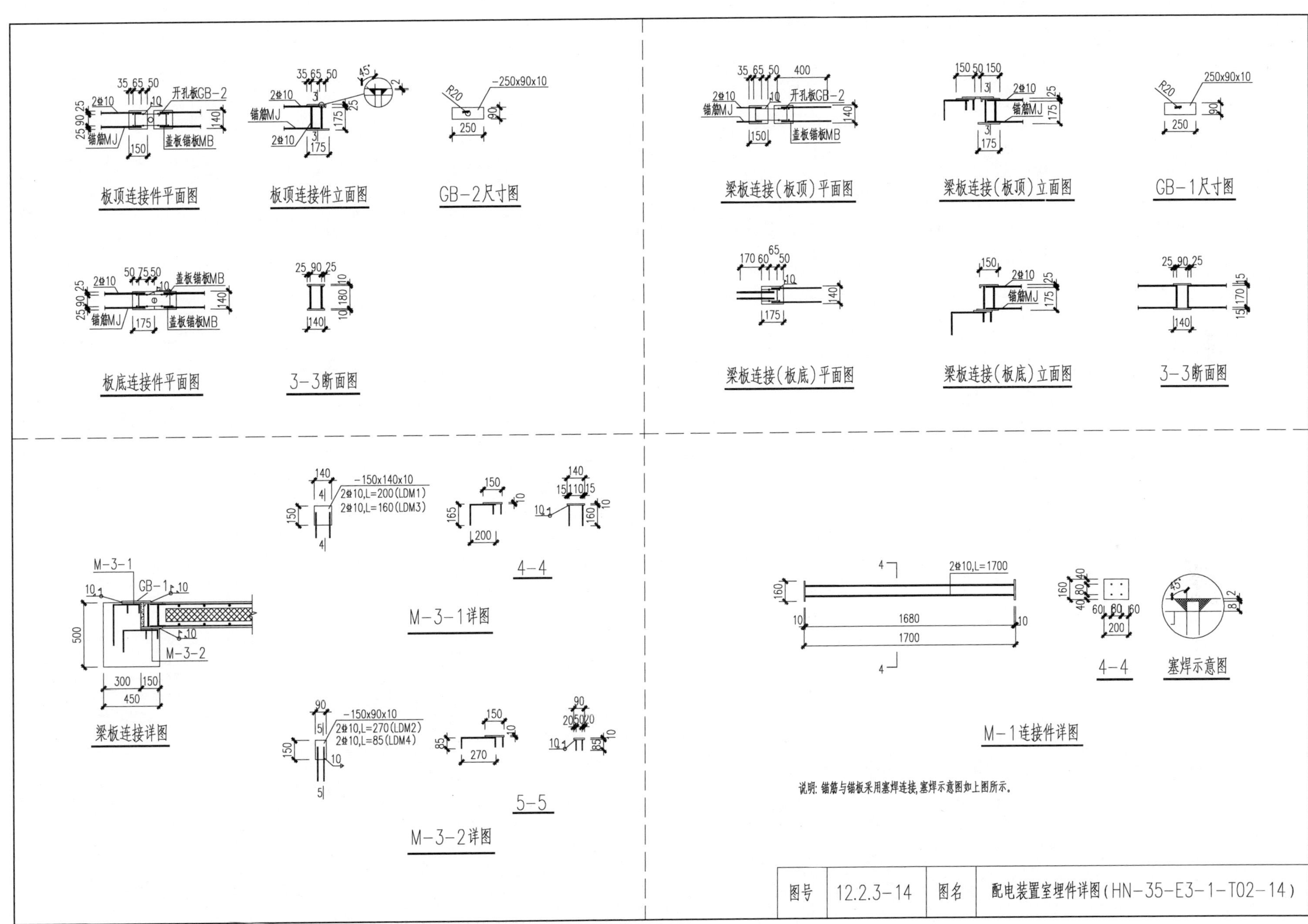

图号	12.2.3-14	图名	配电装置室埋件详图(HN-35-E3-1-T02-14)